工业和信息化部"十四五" 规划教材

教育部高等学校材料类专业教学指导委员会规划教材

材料热力学

主　编　王锦程　李俊杰　吴　锵
副主编　王海丰　王志军　林　鑫
参　编　刘建睿　何　峰　王　雷

U0256022

机械工业出版社

本书分两部分，前半部分主要介绍热力学第一定律、热力学第二定律、热力学第三定律和热力学函数及基本关系式等内容，重点讲解热力学三大定律及热力学性质和函数间的关系，其目的是巩固和强化材料热力学的基础理论。后半部分主要讲述多元系统热力学、相平衡状态图、相图热力学分析与计算、相变热力学、化学平衡及界面热力学等内容，重点讲解材料热力学在处理纯物质及溶体的相平衡、相变及界面问题中的应用，目的是提升学生利用材料热力学理论解决实际问题的能力。

本书可作为普通高等院校材料类本科生的教材，也可作为其他相关专业本科生或研究生的教学参考书。

图书在版编目（CIP）数据

材料热力学/王锦程，李俊杰，吴锵主编. —北京：机械工业出版社，2023.7

工业和信息化部"十四五"规划教材　教育部高等学校材料类专业教学指导委员会规划教材

ISBN 978-7-111-73552-6

Ⅰ.①材…　Ⅱ.①王…②李…③吴…　Ⅲ.①材料力学-热力学-高等学校-教材　Ⅳ.①TB301

中国国家版本馆 CIP 数据核字（2023）第 135593 号

机械工业出版社（北京市百万庄大街 22 号　邮政编码 100037）
策划编辑：丁昕祯　　　　　　责任编辑：丁昕祯　刘元春
责任校对：韩佳欣　陈　越　　封面设计：张　静
责任印制：常天培
北京铭成印刷有限公司印刷
2024 年 2 月第 1 版第 1 次印刷
184mm×260mm · 16.25 印张 · 399 千字
标准书号：ISBN 978-7-111-73552-6
定价：55.00 元

电话服务　　　　　　　　　　网络服务
客服电话：010-88361066　　机 工 官 网：www.cmpbook.com
　　　　　010-88379833　　机 工 官 博：weibo.com/cmp1952
　　　　　010-68326294　　金 书 网：www.golden-book.com
封底无防伪标均为盗版　　机工教育服务网：www.cmpedu.com

前　言

热力学贯穿于材料研究的整个过程，现代材料科学的每一次进步和发展都离不开热力学的支撑和帮助，材料热力学的形成和发展是材料科学走向成熟的标志之一。

材料热力学课程是材料学科的一门重要专业基础课程，也是世界一流大学材料类专业的必修课程。能熟练应用材料热力学知识来分析和解决材料科学中的问题，是材料类专业学生应具有的基本能力和素质。目前国内已有多所高校在材料类专业本科生培养中开设了材料热力学课程，但其教学用书或采用外文教材或自编讲义，尚缺乏适合材料类专业本科生教学的高水平中文教材。此外，还有很大一部分高校的材料专业仍采用物理化学课程作为材料热力学知识的教学支撑。物理化学原本是化学与化工学科的专业基础课，虽然也涉及热力学的基础知识，部分满足了材料热力学课程的教学要求，但由于其课程体系针对的是化学与化工学科，在课程内容、知识框架、课程目标等方面都与材料热力学课程存在差异，无法完全满足材料学科对于热力学知识的需求。由于国内材料热力学课程体系建设相对落后，适合本科教学的教材缺失，采用物理化学替代材料热力学，也是很多高校的无奈之举。

基于此，西北工业大学材料热力学教学团队在多年教学经验总结的基础上，针对本科教学特点和材料热力学知识逻辑体系，兼顾热力学基础知识及其在材料科学中应用，编写了本书。

热力学在材料科学中的应用主要集中于两点：①通过平衡条件，分析材料体系平衡时的状态特点；②通过化学势分析材料组织结构演化的方向和驱动力。因此，本书以热力学平衡条件和化学势为纽带，联通热力学基础知识和材料科学，构建了以热力学平衡条件和化学势分析为核心的知识框架；将热力学平衡条件的推导，从传统物理化学教材中的溶液热力学章节，前移至组成不变系统热力学基本关系式后，使学生更早地接触这一核心内容；以热力学平衡条件和化学势分析为核心，贯穿后续相平衡状态图、相图热力学、相变热力学、化学平衡及界面热力学等章节，从而实现热力学基础知识与材料科学的有机融合。同时，为强化热力学与材料学科的关联，在热力学三大定律及基础知识部分，对自发概念、功与热的计算等与材料研究相关性较弱的内容进行了精简，对熵、吉布斯自由能、化学势等重要概念及相关公式推导思路的阐释进行加强，对状态函数计算、基本关系式等繁多公式进行了归类整理；在相图热力学、相变热力学、界面热力学等章节，对材料平衡状态的分析方法以及材料加工过程中驱动力等内容进行了扩展。最终构建基础知识翔实、逻辑结构清晰、与材料科学密切关联的知识体系。

全书共计 11 章，包括热力学基本定律、热力学函数及基本关系式、多元系统热力学、相平衡状态图、相图的热力学分析与计算、相变热力学、化学平衡及界面热力学等章节，其中王锦程编写了第 1、2、11 章，王海丰编写了第 3、4 章，李俊杰编写了第 5~7 章，南京理工大学吴锵教授编写了第 8 章并审阅了全书，王志军编写了第 9 章，林鑫编写了第 10 章，刘建睿、何峰、王雷协助编写了部分章节。

本书得到了西北工业大学教材出版基金资助，并入选工业和信息化部"十四五"规划教材和教育部高等学校材料类专业教学指导委员会规划教材，在此表示感谢！

习近平总书记指出："当今世界的竞争说到底是人才竞争、教育竞争""我国要实现高水平科技自立自强，归根结底要靠高水平创新人才"。材料热力学课程作为材料类本科专业一门重要的基础课，在材料领域创新型人才培养中发挥着重要作用。希望本书的出版能为国内材料类专业本科教学与人才培养提供一定的帮助。

限于编者水平有限，书中如有取材不当、叙述不清甚至错误之处，希望读者批评指正，以便再版时得以更正。

编　者

目　　录

前言
第1章　基本知识 …………………………………………………………………… 1
　1.1　热力学简介 ………………………………………………………………… 1
　　1.1.1　热力学基本内涵 …………………………………………………… 1
　　1.1.2　热力学发展历史 …………………………………………………… 2
　　1.1.3　热力学基本定律 …………………………………………………… 2
　　1.1.4　热力学分类 ………………………………………………………… 3
　　1.1.5　材料热力学简介 …………………………………………………… 3
　1.2　热力学基本概念 …………………………………………………………… 4
　　1.2.1　系统与环境 ………………………………………………………… 4
　　1.2.2　热力学平衡状态 …………………………………………………… 5
　　1.2.3　状态与状态函数 …………………………………………………… 5
　　1.2.4　广度性质和强度性质 ……………………………………………… 6
　　1.2.5　热力学过程 ………………………………………………………… 6
　　1.2.6　饱和蒸气压 ………………………………………………………… 8
　　1.2.7　相与相图 …………………………………………………………… 8
　1.3　气体概述 …………………………………………………………………… 8
　　1.3.1　气体状态的描述 …………………………………………………… 9
　　1.3.2　理想气体状态方程 ………………………………………………… 9
　　1.3.3　实际气体 ………………………………………………………… 10
　1.4　浓度的表示方法 ………………………………………………………… 12
　1.5　热力学中常用的数学知识 ……………………………………………… 13
　　1.5.1　全微分 …………………………………………………………… 13
　　1.5.2　常用关系式 ……………………………………………………… 13
　习题 …………………………………………………………………………… 13
第2章　热力学第一定律 ………………………………………………………… 15
　2.1　热平衡定律与热力学温标 ……………………………………………… 15
　　2.1.1　热平衡定律 ……………………………………………………… 15
　　2.1.2　热力学温标 ……………………………………………………… 15
　2.2　热力学第一定律 ………………………………………………………… 16
　　2.2.1　内能 ……………………………………………………………… 16
　　2.2.2　热和功 …………………………………………………………… 17

2.2.3　热力学第一定律的数学表达式 ……………………………… 17
2.3　功的计算 …………………………………………………………… 18
2.3.1　体积功的计算 ………………………………………………… 18
2.3.2　其他形式功的计算 …………………………………………… 20
2.4　热的计算 …………………………………………………………… 21
2.4.1　等容热效应 …………………………………………………… 21
2.4.2　等压热效应和焓 ……………………………………………… 21
2.4.3　热容及简单变温过程热的计算 ……………………………… 22
2.5　热力学第一定律在理想气体中的应用 …………………………… 23
2.5.1　理想气体的内能和焓 ………………………………………… 23
2.5.2　理想气体的热容 ……………………………………………… 24
2.5.3　理想气体的绝热可逆过程 …………………………………… 24
2.6　热力学第一定律在实际气体中的应用 …………………………… 26
2.6.1　节流过程及焦耳-汤姆孙系数 ……………………………… 26
2.6.2　实际气体的内能和焓 ………………………………………… 27
2.7　热力学第一定律在化学反应中的应用 …………………………… 28
2.7.1　化学反应进度 ………………………………………………… 28
2.7.2　反应热及其计算 ……………………………………………… 29
2.7.3　化学反应的内能变化 ………………………………………… 31
2.8　热力学第一定律在相变过程中的应用 …………………………… 31
2.8.1　可逆相变 ……………………………………………………… 32
2.8.2　不可逆相变 …………………………………………………… 32
习题 ………………………………………………………………………… 33

第3章　热力学第二、三定律 ……………………………………………… 36
3.1　过程的方向和限度 ………………………………………………… 36
3.2　热力学第二定律的文字表达 ……………………………………… 37
3.3　卡诺循环与卡诺定理 ……………………………………………… 38
3.3.1　卡诺循环 ……………………………………………………… 38
3.3.2　卡诺定理 ……………………………………………………… 41
3.4　熵与克劳修斯不等式 ……………………………………………… 42
3.4.1　熵的引出及定义 ……………………………………………… 42
3.4.2　克劳修斯不等式及其意义 …………………………………… 43
3.4.3　熵增原理 ……………………………………………………… 44
3.4.4　不可逆熵的产生 ……………………………………………… 45
3.5　熵变的计算 ………………………………………………………… 46
3.5.1　简单物理过程的熵变 ………………………………………… 46
3.5.2　相变过程的熵变 ……………………………………………… 48
3.5.3　混合过程的熵变 ……………………………………………… 49
3.5.4　环境熵变 ……………………………………………………… 50
3.6　熵的统计概念 ……………………………………………………… 51
3.7　热力学第三定律 …………………………………………………… 52

　　　3.7.1　能斯特热定理 ·· 52

　　　3.7.2　热力学第三定律 ··· 53

　　　3.7.3　规定熵的计算 ··· 53

　　习题 ··· 54

第 4 章　热力学函数及基本关系式 ····································· **58**

　4.1　亥姆霍兹自由能和吉布斯自由能 ···························· 58

　　　4.1.1　克劳修斯不等式的转换 ·································· 58

　　　4.1.2　亥姆霍兹自由能及其判据 ······························ 59

　　　4.1.3　吉布斯自由能及其判据 ·································· 59

　4.2　热力学函数基本关系式 ······································· 60

　　　4.2.1　热力学基本方程 ·· 61

　　　4.2.2　特性函数 ·· 62

　　　4.2.3　对应系数关系式 ·· 62

　　　4.2.4　麦克斯韦关系式 ·· 63

　4.3　热力学基本关系式的应用 ···································· 63

　　　4.3.1　热力学函数变化的计算 ·································· 63

　　　4.3.2　热力学性质的证明 ······································· 65

　　　4.3.3　纯物质两相系统热力学平衡条件的推导 ············· 68

　4.4　自由能的计算 ··· 70

　　　4.4.1　简单物理过程 ·· 71

　　　4.4.2　相变过程 ·· 71

　　　4.4.3　理想混合过程 ·· 72

　　　4.4.4　吉布斯-亥姆霍兹方程 ··································· 73

　　习题 ··· 74

第 5 章　多元系统热力学 I ——基本热力学描述 ··················· **77**

　5.1　多元均相系统的独立变量数 ·································· 77

　5.2　偏摩尔量 ··· 78

　　　5.2.1　偏摩尔量定义 ·· 78

　　　5.2.2　偏摩尔量的重要公式 ····································· 79

　　　5.2.3　二元系统中偏摩尔量的确定 ···························· 82

　　　5.2.4　多元系统中偏摩尔量的确定 ···························· 84

　5.3　混合性质 ··· 85

　　　5.3.1　混合性质定义 ·· 85

　　　5.3.2　偏摩尔混合性质 ·· 86

　　　5.3.3　混合性质的实验测定 ····································· 87

　5.4　多元系统中的化学势及热力学平衡条件 ·················· 88

　　　5.4.1　多元系统中组元的化学势及热力学基本关系式 ······ 88

　　　5.4.2　多元多相系统热力学平衡的一般条件 ················ 90

　　习题 ··· 93

第 6 章　多元系统热力学 II ——化学势表达式及其应用 ··········· **95**

　6.1　理想气体的化学势 ·· 95

6.1.1 纯理想气体的化学势公式 ·············· 95

6.1.2 理想气体混合物的化学势公式 ·············· 96

6.1.3 理想气体的混合性质 ·············· 97

6.2 实际气体的化学势 98

6.2.1 逸度及逸度系数 ·············· 98

6.2.2 逸度与逸度系数的确定 ·············· 100

6.3 溶液中组元化学势表达式推导的一般思路 ·············· 102

6.4 理想溶液和拉乌尔定律 102

6.4.1 拉乌尔定律与理想溶液中组元的蒸气压 ·············· 103

6.4.2 理想溶液中组元的化学势 ·············· 104

6.4.3 理想溶液的混合性质 ·············· 105

6.5 稀溶液和亨利定律 106

6.5.1 亨利定律与稀溶液中溶质的蒸气压 ·············· 106

6.5.2 稀溶液中组元的化学势 ·············· 108

6.5.3 依数性 ·············· 111

6.6 实际溶液 115

6.6.1 活度与活度系数 ·············· 115

6.6.2 实际溶液各组元的化学势 ·············· 117

6.6.3 关于化学势和活度的总结 ·············· 120

6.6.4 活度的测定与计算 ·············· 121

6.6.5 实际溶液的混合性质与过剩性质 ·············· 122

习题 ·············· 125

第7章 相平衡状态图 ·············· **128**

7.1 相律 ·············· 128

7.2 一元系相图 ·············· 131

7.2.1 水的相图 ·············· 131

7.2.2 其他典型的一元系相图 ·············· 133

7.3 二元系相图概述 ·············· 134

7.4 二元系气-液相图 ·············· 137

7.4.1 理想溶液的气-液相图 ·············· 137

7.4.2 非理想溶液的气-液相图 ·············· 139

7.4.3 杠杆定律 ·············· 141

7.5 二元系液-液相图 ·············· 142

7.6 二元系固-液及固-固相图 ·············· 144

7.6.1 固-液系统相图的实验测绘 ·············· 144

7.6.2 具有简单低共熔混合物的相图 ·············· 147

7.6.3 具有化合物的相图 ·············· 149

7.6.4 具有固溶体的相图 ·············· 154

7.6.5 二元系复杂相图识别的一般方法 ·············· 159

7.7 三元系相图 ·············· 161

习题 ·· 167

第8章 相图的热力学分析与计算 ····································· 172

8.1 一元系相图热力学分析 ·· 172

8.1.1 一元系的吉布斯自由能 ································· 172

8.1.2 一元系相平衡分析 ····································· 173

8.1.3 一元系两相平衡温度与压力关系的推导 ········ 175

8.2 二元系中常用的吉布斯自由能模型 ························ 179

8.2.1 溶液的吉布斯自由能模型 ························· 179

8.2.2 化合物相的自由能模型 ····························· 181

8.2.3 磁性有序对吉布斯自由能的贡献 ················ 182

8.3 二元系的相平衡 ··· 183

8.3.1 相平衡分析判据 ······································· 183

8.3.2 多相共存时系统的摩尔吉布斯自由能 ·········· 183

8.3.3 理想溶液稳定性 ······································· 184

8.3.4 规则溶液稳定性 ······································· 184

8.3.5 实际溶液稳定性 ······································· 185

8.3.6 多相系统相平衡分析 ································· 186

8.4 二元系相图计算 ··· 187

8.4.1 二元相图计算的基本思路 ························· 188

8.4.2 匀晶相图计算 ·· 189

8.4.3 简单低共熔型相图计算 ····························· 191

8.4.4 基于规则溶液模型的各种形式相图 ·············· 193

8.4.5 包含化合物的相图计算 ····························· 194

8.4.6 实际复杂相图计算简介 ····························· 195

习题 ·· 196

第9章 相变热力学 ··· 198

9.1 相变的分类 ··· 198

9.2 形核-长大型相变热力学 ·· 201

9.2.1 形核驱动力 ··· 201

9.2.2 相变驱动力 ··· 204

9.3 连续长大型相变热力学 ··· 205

9.3.1 调幅分解的热力学条件 ····························· 206

9.3.2 调幅分解临界条件 ···································· 207

9.4 T_0 线及其应用 ··· 208

9.4.1 T_0 线 ··· 208

9.4.2 T_0 线的应用 ··· 209

9.5 朗道相变热力学 ··· 210

9.5.1 二级相变的描述 ······································· 211

　　　9.5.2　一级相变的描述 ……………………………………………………… 212

　　习题 ……………………………………………………………………………… 214

第10章　化学平衡 ………………………………………………………………………… **216**

　10.1　化学反应的平衡条件、方向和限度 ………………………………………… 216

　　　10.1.1　化学反应的平衡条件 ……………………………………………… 216

　　　10.1.2　化学反应的方向和限度 …………………………………………… 218

　10.2　标准平衡常数与化学反应等温式 …………………………………………… 219

　　　10.2.1　标准平衡常数 ……………………………………………………… 219

　　　10.2.2　化学反应等温式 …………………………………………………… 220

　　　10.2.3　$\Delta_r G_m^{\ominus}$ 的意义及计算 ……………………………………………… 221

　10.3　不同反应的标准平衡常数及化学平衡的影响因素 ………………………… 221

　　　10.3.1　不同反应的标准平衡常数 ………………………………………… 221

　　　10.3.2　化学平衡的影响因素 ……………………………………………… 223

　10.4　化学平衡应用实例 …………………………………………………………… 224

　　　10.4.1　金属中的渗碳 ……………………………………………………… 224

　　　10.4.2　莫来石-氮化硼烧结条件分析 …………………………………… 225

　　　10.4.3　氧势图 ……………………………………………………………… 226

　　习题 ……………………………………………………………………………… 228

第11章　界面热力学 ………………………………………………………………………… **229**

　11.1　含界面系统的热力学基本方程 ……………………………………………… 229

　11.2　含弯曲界面系统的热力学平衡条件及拉普拉斯方程 ……………………… 232

　11.3　表面张力与界面能 …………………………………………………………… 233

　11.4　晶体平衡形态与界面形态 …………………………………………………… 235

　　　11.4.1　晶体平衡形态 ……………………………………………………… 235

　　　11.4.2　界面形态 …………………………………………………………… 236

　11.5　界面效应对相平衡的影响 …………………………………………………… 238

　　　11.5.1　平衡饱和蒸气压 …………………………………………………… 238

　　　11.5.2　沸腾温度 …………………………………………………………… 239

　　　11.5.3　溶解度 ……………………………………………………………… 240

　　　11.5.4　熔化温度 …………………………………………………………… 240

　　　11.5.5　奥斯瓦尔德（Ostwald）熟化 …………………………………… 242

　　　11.5.6　两相区边界迁移 …………………………………………………… 242

　　习题 ……………………………………………………………………………… 246

参考文献 ………………………………………………………………………………… **248**

第1章 基本知识

热力学是研究热现象的宏观理论，材料热力学则是热力学理论在材料科学中的应用。本章主要介绍本书所需的基本知识，包括热力学简介、热力学基本概念、气体概述、浓度表示方法及热力学中常用的数学知识等。

1.1 热力学简介

热是人类最早发现的一种自然力，是地球上一切生命的源泉——恩格斯。人类很早就对热有所认识，并加以应用，但将热力学当成一门科学且进行定量研究，则是在 18 世纪末当温度计及其制造技术成熟后才真正开启。19 世纪初，蒸汽机的广泛应用及其带来的革命性影响，吸引了大批科学家和工程师开展以蒸汽机为对象的热力学研究，这些研究成为热力学的理论基础，由此蒸汽机与热力学兴起的关系也成为技术发明上升为科学理论的一个典型案例。1849 年，开尔文（Kelvin）首次使用热力学（thermodynamics）一词，标志着热力学作为一门独立的学科正式进入科学殿堂。

1.1.1 热力学基本内涵

热力学的最初任务是研究热与功的关系，后来逐渐发展成为从宏观角度研究物质的热运动性质及其规律的学科。由于热力学主要是从能量转化的观点来研究物质的热性质，揭示能量从一种形式转换为另一种形式时所遵从的宏观规律，所以经典热力学以大量粒子组成的宏观平衡系统为研究对象，不追求物质的微观结构，只关心系统的宏观热现象及其变化所遵循的基本规律，只涉及系统变化前后状态的宏观性质。正是由于以大量质点所构成的宏观系统为研究对象，因此热力学处理问题时采用宏观方法，通过温度、压力、体积、热与功等宏观物理量的变化来推知系统内部性质的变化。

热力学的基本内容就是论证温度、内能、熵、功、热等抽象热力学量的存在，并研究热力学量之间的关系。以经验概括出的热力学第一、第二定律为理论基础，基于易于实验直接测定的宏观量作为系统的宏观性质，经过归纳与演绎推理，得到一系列热力学公式或结论，得出物质不同宏观性质间的关系和宏观过程进行的方向和限度，以解决物质变化过程的能量平衡、相平衡和化学平衡等问题。经典热力学只考虑平衡态，对非平衡的不可逆过程将由非平衡态热力学研究。热力学与动力学（kinetics）的主要区别在于，热力学研究过程的可能性，与时间无关，而动力学则关注过程的现实性，与时间相关。

热力学是具有最大普遍性的一门科学，可应用于任何宏观物质系统，其概念和方法可应用于众多科学（物理学、化学、生物学等）与工程领域，甚至是宇宙学和社会科学，迄今为止，人们在实践中尚未发现与热力学理论所得结论相反的情况。

1.1.2　热力学发展历史

热力学理论起源于 17 世纪末，形成于 19 世纪中期。热动说、热功当量、卡诺（Carnot）定理、热力学第一定律、热力学第二定律等都是在这一期间提出和确立的。热力学的发展基本上可分成四个阶段：

第一阶段：17 世纪末—19 世纪中叶。这个时期主要是对热的本质展开研究和争论，为热力学理论的建立做准备，主要进展包括蒸汽机的出现、热质说与热动说之争、卡诺定理、热机理论（热力学第二定律的前身）和功热转换原理（热力学第一定律的基础），这一阶段的热力学主要停留在热力学现象的描述上。

第二阶段：19 世纪中叶—19 世纪 70 年代末。此阶段中，热力学第一定律和第二定律已完全理论化，这些理论的诞生与热功当量直接相关。热功当量奠定了热力学第一定律的基础；它和卡诺定理的结合，促进了热力学第二定律的形成；热功当量还彻底否定了热质说，为分子运动论的建立奠定了基础。但在这个时期内唯象热力学和分子运动论的发展还是彼此隔绝的。

第三阶段：19 世纪 70 年代末—20 世纪 30 年代。这个时期玻尔兹曼（Boltzmann）将唯象热力学与分子运动论结合，促进了统计热力学的诞生。1883 年，吉布斯（Gibbs）提出了热力学基本方程，从而实现了唯象热力学与分子运动论的统一。吉布斯进一步将热力学应用到各个领域，并提出自由能、相律等概念，使热力学成为成熟的学科。

第四阶段：20 世纪 30 年代至今。这个时期出现了量子统计物理学和非平衡态理论，形成了现代理论物理学的一个重要分支；同时热力学体系进一步衍生出工程热力学、化学热力学及材料热力学等不同分支，热力学在科学技术各个领域得到了进一步的广泛应用。

1.1.3　热力学基本定律

1842 年，迈耶（Mayer）指出热是能量的一种形式，提出能量守恒的概念。1850 年，克劳修斯（Clausius）完整明确地阐述了热力学第一定律。该定律认为若环境对系统做功 W，又给了系统热 Q，这会造成系统的内能增加 ΔU，即有

$$\Delta U = W + Q \tag{1.1-1}$$

但热力学第一定律仅说明封闭系统的能量守恒，不能指明系统变化的方向及限度。在仔细研究功热转换的不等价性后，克劳修斯给出了热力学第二定律的克氏表达——"不可能把热从低温物体传到高温物体，而不引起其他变化"。而几乎同时，开尔文则根据卡诺循环，提出了热力学第二定律的开氏表达——"不可能从单一热源取出热使之完全变为功，而不发生其他变化"，并提出绝对零度的概念。1865 年，克劳修斯基于卡诺定理提出了熵（entropy）的概念，并给出了热力学第二定律的数学表达。对于熵的微小变化，克劳修斯不等式为

$$dS \geqslant \frac{\delta Q}{T} \tag{1.1-2}$$

式中，dS 为实际过程的熵变；δQ 为实际过程的热效应；T 为环境温度；不可逆过程用

"＞"号，可逆过程用"＝"号。

1906 年，能斯特（Nernst）提出了一个热定理，即随着温度趋近于绝对零度，系统等温变化过程的熵变趋近于零，其数学表达为

$$\lim_{T \to 0} \Delta S^*(T) = 0 \tag{1.1-3}$$

普朗克（Planck）和吉布森（Gibson）等进一步对能斯特热定理进行了推广和修正，认为纯物质完美晶体在 0K 时的熵值为零，即热力学第三定律，则有

$$S^*(完美晶体, 0K) = 0 \tag{1.1-4}$$

1921 年，能斯特进一步给出了热力学第三定律的另外一种表达方式，即绝对温度的零点不能通过有限步骤达到。

1.1.4　热力学分类

根据分析方法的不同，热力学可分为经典热力学和统计热力学。①经典热力学不关心物质系统内部粒子的微观结构，以宏观系统作为研究对象，以经验概括出的热力学第一、第二定律为理论基础，引出或定义了内能 U、焓 H、熵 S、亥姆霍兹（Helmholtz）自由能 A、吉布斯自由能 G，再加上压力 p、体积 V、温度 T 这些可由实验直接测定的宏观量作为系统的宏观性质。利用这些宏观性质，经过归纳与演绎推理，得到一系列热力学公式或结论，用于解决物质变化过程的能量平衡、相平衡和化学平衡等问题。②统计热力学则是从组成系统的微观粒子性质（如质量、振动频率、转动惯量等）出发，通过统计概率的方法，定义出系统的正则配分函数或粒子的配分函数，并把这些函数作为主要桥梁，与系统的宏观热力学性质联系起来。统计热力学方法是从微观到宏观的方法，从系统的具体结构去计算热力学函数，它弥补了经典热力学方法的不足，填补了宏观、微观之间的鸿沟。需要说明的是，一般所说的热力学是指经典热力学。

根据研究对象的不同，热力学又可分为平衡热力学和非平衡热力学。①平衡热力学是描述平衡态的热力学理论。平衡热力学中，熵、自由能等热力学参量是建立在系统是处于平衡状态条件下的，这些热力学参量不随时间变化，系统内部也没有宏观上的物质流和能量流，因此在计算系统热力学参量的变化时，不考虑具体的路径，也没有时间因素。②非平衡热力学则是研究非平衡态条件下系统宏观性质的变化，解释自然界中存在的不可逆现象，涉及温度、压强、密度（或浓度）等强度量的不均匀性和能量、熵、粒子数等广度量的流动。

根据应用学科的不同，热力学可以分为工程热力学、化学热力学、材料热力学。①工程热力学。机械和动力工程中热能的产生、转换及其效率等都和热力学有关，于是形成了机械动力工程热力学，简称工程热力学。②化学热力学。化学反应或化工过程是否可行，需应用热力学加以判定，化学热力学应运而生。③材料热力学。在热力学原理的基础上，材料热力学以凝聚态材料为主要研究对象，着重研究相图与相变过程。近年来，随着热力学在不同学科领域中的广泛应用，其他热力学分支也逐渐形成，如生物热力学、环境热力学等。

1.1.5　材料热力学简介

材料科学是研究各种材料的成分、组织、制备/加工工艺、材料性能和使用效能，以及它们之间关系的科学，其核心任务是获得具备某些特殊性能或用途的材料。材料性能决定于材料的微观组织结构，而微观组织结构决定于能量（热力学）和过程（动力学）。因此，从

形式和目的上看，材料研究是研究材料的组织和性能，本质上是研究材料的能量和过程，即材料的热力学和动力学。

热力学是材料科学重要的基础和方法，材料热力学利用热力学基本原理和方法，研究材料在制备和服役中的物理变化与化学变化规律，是热力学定律在揭示材料中的相和组织形成规律方面的应用，主要研究对象是材料的相变、相平衡关系和相平衡成分、组织稳定性、相变方向及驱动力等。

热力学贯穿于材料研究的整个过程，材料科学的每一次进步和发展都受益于材料热力学，材料科学的进步也促进了材料热力学的发展。1876 年，吉布斯相律的建立是经典热力学的重要里程碑，也是材料热力学的起点。1899 年，罗泽博姆（Roozeboom）进一步将相律应用到多元系统，将物质内可能存在的各种相及平衡关系的认识提升到理论阶段。1900 年，罗伯茨-奥斯汀（Roberts-Austin）通过实验构建了初步的 Fe-Fe$_3$C 相图，使钢铁材料的研究有了理论支撑。20 世纪初，塔曼（Tamman）等通过实验建立了大量金属系相图，有力推动了合金材料的开发，极大促进了材料科学的发展。20 世纪 70 年代以来，随着热力学、统计力学、溶液理论和计算机技术的发展，由考夫曼（Kaufman）、希勒特（Hillert）等倡导的相图热力学计算，使材料相图的研究走向一个新的发展时期，为根据实际需要进行材料设计奠定了坚实的基础。

1.2 热力学基本概念

1.2.1 系统与环境

热力学中，系统（或称为体系）就是研究对象，而环境则是系统之外对系统有影响的部分。热力学的研究对象是大量分子、原子、离子等微粒物质组成的宏观集合体。一般情况下，系统与环境之间存在界面，这种分隔的界面可以是实际的，也可以是想象出来的。

如图 1.2-1 所示，根据系统与环境的相互关系，可把系统分为：

（1）开放系统（open systems） 与环境既有能量交换又有物质交换的系统，也称为敞开系统。如开口杯中正在加热的水就是开放系统，因为水与环境间不仅存在能量交换（从热源吸热），还存在物质交换（水分蒸发）。

（2）封闭系统（closed systems） 与环境只有能量交换而无物质交换的系统。封闭系统中所含物质的总量不变。这种系统最为常见，一个密闭容器一般就属于封闭系统。

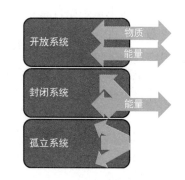

图 1.2-1　不同热力学系统示意图

（3）孤立系统（isolated systems） 与环境既无物质交换也无能量交换的系统，也称为隔离系统。孤立系统不以任何方式与环境发生相互作用。需要指出的是，绝对的孤立系统是不存在的，但某些情况下忽略掉一些次要因素可把系统视为孤立的，有时把封闭系统和对封闭系统产生影响的环境一起作为孤立系统来考虑。

选择合适的系统以确定该系统的属性是解决热力学问题时首先要面临的问题,不过系统是人为划定的,处理同一个问题时,考虑问题的角度不同,选择的系统也可能不同。

系统还有一些其他的分类方法,如单组分系统和多组分系统、单相系统和多相系统、有反应系统和无反应系统等。

1.2.2 热力学平衡状态

平衡热力学的研究对象是处于热力学平衡状态(equilibrium state)的系统,这是因为只有在热力学平衡态下,系统的性质才是有确定的值。那么什么是热力学平衡状态?系统在一定环境条件下,经足够长的时间,其各部分可观测到的宏观性质均不随时空而变,此时系统所处的状态称为热力学平衡状态。达到平衡时,宏观上系统与外界没有相互作用,既无物质交换,又无能量传递(做功和传热)。热力学平衡状态是针对一定的环境条件而言的,如果改变环境条件,系统的平衡状态一般会被打破,即平衡既包括系统内部的平衡,也包括系统与环境平衡间的平衡。热力学平衡状态必须同时满足以下几个方面的平衡:

(1)热平衡 系统各部分的温度相等;若系统不是绝热的,则系统与环境的温度也需相等。

(2)力学平衡 系统各部分的压力相等;若系统中没有刚性壁存在,则系统与环境间也没有不平衡的力存在。

(3)相平衡 相是指系统中物理和化学性质完全均匀的部分。系统中不止一个相时,平衡后系统中各相的性质与数量均不随时间变化,各相间虽然相互接触,但宏观上没有物质在相间传递。

(4)化学平衡 若系统各物质间可以发生化学反应,则系统达到平衡后,宏观上反应物和生成物的量及组成均不随时间而改变,即宏观上化学反应已经停止。

应该指出的是,系统性质不随时间改变的状态是稳态(steady state),未必是平衡状态。稳态也是静态的一种,但并不是严格意义上的平衡,因为此时不一定满足系统与环境平衡间的平衡。与平衡态相比,稳态需通过与环境进行物质或能量的交换来维持这种状态。例如以一定速度 v 行驶的火车,对火车上不动的乘客而言是静态,但假若将火车和乘客本身孤立起来,外界不再提供电力,那么火车就会慢慢停止,直至速度变为零,达到新的静态。又比如,用一段铜导线连接温度为 T_1 和 T_2 的两个恒温热源,以铜导线为研究系统,其温度分布将逐渐趋于稳定,一段时间之后达到稳态。这种稳态需要系统一端持续输入热量,另一端持续排除热量,虽然看起来系统中温度不发生变化,但系统和环境之间存在热量交换。如若将铜导线本身孤立起来,则这种有梯度的温度分布不再稳定,温度梯度将逐渐消失,直到温度处处相等。因此,平衡态和稳态的区别在于,对于前者,如果将系统孤立起来,则系统的状态依然不发生变化,而对于后者,如果将系统孤立起来,则系统的状态会发生变化,且最终状态是平衡态。

1.2.3 状态与状态函数

状态是指系统具有的外在宏观表现形式。热力学研究中,通常用系统的一些宏观可测量,如体积、压力、温度等热力学函数来描述系统的热力学状态,这些宏观可测量称为系统的宏观性质,简称为系统的性质或热力学变量。

热力学用系统所有的性质来描述它所处的状态。系统的所有性质确定后，系统就处于确定的状态。同理，系统状态确定后，系统的所有性质均有确定的值。鉴于状态与性质的这种对应关系，将系统的热力学性质称为状态函数。系统的热力学性质或状态函数仅取决于系统所处的平衡状态，而与此状态的形成过程无关。

状态函数在数学上具有全微分的性质，即系统由 A 状态变化到 B 状态，若有两个不同途径 I 和 II，则任一状态函数 Z 的增量 ΔZ 与其变化途径无关，即

$$\Delta Z = \int_{I(A\text{-}B)} dZ = \int_{II(A\text{-}B)} dZ = Z_B - Z_A \qquad (1.2\text{-}1)$$

数学上，把这种情况叫作 dZ 的积分与路径无关，也称 dZ 是全微分，还称 dZ 的环路积分等于零。热力学中，将具有全微分性质的函数称为状态函数。

需说明的是，系统的众多状态函数间并非完全独立，所以描述系统状态并不需要列出它的全部状态函数，而只需确定少数几个状态函数的值。即描述系统状态时，几个独立变量的值一旦指定，其他状态量的值便随之而定。描述系统状态时，将哪几个状态函数作为独立变量可人为选择。一个系统究竟有几个独立变量，这是一个十分复杂的问题。经验告诉我们，单组分均相封闭系统往往需要两个独立变量。或者说，对不发生化学反应、相变和混合的封闭系统，可用两个变量来描述其状态，这样的系统称为双独立变量系统。最常用的变量是 T、p 或 T、V，即对双独立变量系统，其热力学性质 Z 可描述为 $Z=f(T, p)$ 或 $Z=f(T, V)$。

1.2.4　广度性质和强度性质

根据系统的性质与系统物质的量的关系，一般可将热力学性质分为两类：

1）广度性质（extensive properties），又称为容量性质、广延量。这种性质具有加和性，即整个系统的某个广度性质是系统中各部分该种性质的总和，如体积、质量等。数学上，广度性质是物质的量的一次齐函数，即广度性质大小与系统的物质的量成正比。

2）强度性质（intensive properties），又称为强度量。该性质取决于系统自身的特性，而与系统的物质的量无关，不具有加和性，如温度、压力、密度等。在数学上，强度性质是物质的量的零次齐函数。

两种性质虽有区别，但也可相互转化。例如，两个广度性质相除就可得到强度性质。

一般而言，由于强度性质与系统中物质的量无关，所以尽可能用较易测定的强度性质，再加上必要的广度性质来描述系统的状态。例如，对于单组分纯水系统，指定了压力和温度，其密度、黏度等强度性质即可确定，如果再指定物质的量，则所有广度性质也即可确定。

1.2.5　热力学过程

在一定的环境条件下，系统发生了一个从始态到终态的变化，称系统发生了一个热力学过程，从始态到终态的具体步骤就是途径。实现同一个状态变化可以通过不同的途径来完成，例如一杯水由 10℃ 升温到 50℃，可以用一个 500℃ 的热源将其加热；也可以先将水蒸发，然后将水蒸气升温，再冷凝成液态水；还可以用高速搅拌的方式使水温升高。这便是实现同一个状态变化的三种不同途径或过程。

根据系统变化前后的状态差异，可把常见的过程分成：①简单物理过程，系统的化学组

成及聚集状态不变，只发生 T、p、V 等参量的改变；②复杂物理过程，这类过程包括相变和混合等，一般来说，这类过程从对系统的描述到过程本身都比简单物理过程复杂；③化学过程，即有化学反应的过程。

还可依照过程本身的特点，对过程进行分类，常见的过程包括：

1）等温过程。环境温度恒定不变的情况下，系统初态和末态温度相同且等于环境温度的过程，即

$$T_1 = T_2 = T_e = 常数 \tag{1.2-2}$$

式中，T_1、T_2 和 T_e 分别代表系统初态温度、末态温度和环境温度。

2）等压过程。环境压力（即外压）恒定不变的情况下，系统初态和末态的压力相同且等于环境压力的过程，即

$$p_1 = p_2 = p_e = 常数 \tag{1.2-3}$$

式中，p_1、p_2 和 p_e 分别代表系统初态压力、末态压力和环境压力。

3）等容过程。系统体积始终不变的过程。

4）绝热过程。系统与环境之间不发生热交换的过程。一般而言，有绝热壁存在，或因为变化太快而与环境来不及发生热交换，或热交换量太少等过程可近似看作绝热过程。

5）循环过程。系统从某一初态出发，经过一系列变化，最终又回到了初态，称系统经历了一个循环过程。循环过程的初、末态为同一个状态。

6）可逆过程（reversible process）。可逆是热力学中一个极其重要的概念，可逆过程是一种特殊的理想化过程。热力学中，把系统经过某一过程从状态 1 变到状态 2 后，如果能使系统和环境都恢复到原来的状态而不留下任何变化，称为热力学可逆过程。可逆过程中的每一步都可在相反方向进行，且在系统与环境中所产生的后果能够同时完全消除，即系统和环境都能复原。可逆与平衡之间有非常密切的关系，可逆就意味着平衡。可逆过程是在系统无限接近于平衡的状态下进行的，可逆过程由一连串无限接近于平衡的状态构成，因而可逆过程进行的动力必然无限小，进行的速度无限慢，因此可逆过程是一种准静态过程。实现可逆过程的关键是驱动力无限小，所以平衡条件下发生的过程就可认为是可逆过程。准静态过程中若没有因摩擦等因素造成能量的耗散，可看作为可逆过程。另外，如果一个系统在其变化过程中所经历的每一中间状态都无限接近热力学平衡态，这个过程称为准平衡过程或准静态过程。

客观世界中并不存在真正的可逆过程，实际过程只能无限趋近于它。实际变化中可当作可逆过程的例子也很多，如液体在其饱和蒸气压下蒸发、固体在其熔点温度时熔化、可逆电池在其电动势与外加电压几乎相等的情况下充放电、系统压力与外压相差无限小时的压缩或膨胀、无限缓慢的升温或降温过程等，这些实例也对应着热力学的四种平衡。

热力学中经常需要计算过程的某些状态函数变化量，而许多状态函数的变化需要设计可逆过程才能求得，所以可逆过程对热力学的计算分析非常重要。

需要指出的是，与描述状态的状态函数相对应，描述过程时也有相应的过程量。热力学中过程量描述的是过程中系统与环境之间交换的能量大小，因此热力学中过程量只有热与功两个，但状态量有很多。

1.2.6 饱和蒸气压

在密闭环境和一定温度的条件下，与固体或液体处于相平衡的蒸气所具有的压强称为该固体或液体在该温度下的饱和蒸气压，此时固（液）体的升华（汽化）与凝华（液化）的速率相等，达到气-固（气-液）平衡。对气-液系统，当液体蒸气压等于大气压力时，液体沸腾，这时的温度称为该液体的沸点，水在大气压力为 101.325kPa 时的沸点称为正常沸点。

饱和蒸气压是物质自身的性质，其数值随温度的变化而变化。同一物质的饱和蒸气压随着温度的上升而迅速增加，且其固态的饱和蒸气压小于液态的饱和蒸气压。

1.2.7 相与相图

材料热力学研究的目的是揭示材料中相（phase）的形成规律。相是指物理性质和化学性质完全均匀的部分，材料科学中，通常是指具有同一聚集状态、同一晶体结构和性质并以界面相互隔开的均匀组成部分。不同相之间有明显的界面，系统的宏观性质在界面上发生跳跃式改变。例如，对大气压力和 0℃ 下的冰-水混合系统，冰内部的物理和化学性质是均一的，为固相；而水内部的物理和化学性质也是均一的，为液相；冰与水之间有明显的界面，在界面上密度、黏度等宏观性质会发生突变。

对于气态混合物，无论它包含多少种气体，它们都是均匀混合，所以气体只有一种相。对于液体，根据其相互混溶程度，可以形成不同相数的系统。例如水与乙醇形成的是单相系统；而水与苯在通常情况下形成的是两相系统。而对于固相，一般是有一种固体便有一个相，所以固相的种类很多。例如，$CaCO_3(s)$ 与 $CaO(s)$ 的粉末，无论混合得多么均匀，还是两个相；而大块的 $CaCO_3(s)$ 与粉末的 $CaCO_3(s)$ 混在一起，即使视觉上不均匀，但它们仍是同一固相。

热力学中常用图形来表示多相系统的状态如何随温度、压力和组成等变量的改变而发生变化，并用图形来表示这种状态的变化，这种图称为相图（phase diagram），也称相态图、相平衡图或相平衡状态图。相图中的点、线、面、体表示一定条件下平衡系统中所包含的相、各相组成和各相之间的相互转变关系。相图不仅能直观给出系统的相平衡状态，而且能够表征系统的热力学性质。材料热力学的核心内容就是相图热力学，相图在材料、冶金、物理、化学及矿物学中具有重要的地位，是"材料科学工作者的地图"。图 1.2-2 所示为水的温度-压力相图，由图可知水的固、液、气三种相态的分布及其临界转变温度和压力等情况，其中三相点 D 为固、液、气三相平衡共存的温度-压力点。

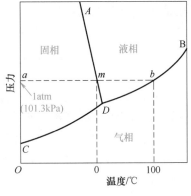

图 1.2-2 水的温度-压力相图

1.3 气体概述

气体在热力学中占有重要的地位。一方面，历史上人们对气态物质性质的研究比较多，也获得了许多经验定律，另一方面，在研究液体和固体所服从的热力学规律时也需借助它们与气体的关系，因此气体的热力学特性是凝聚态物质热力学研究的基础。

1.3.1 气体状态的描述

气体有各种各样的性质，对一定量的纯气体，温度、压力和体积是三个最基本的性质，这些基本性质可直接测定，常作为控制热力学过程的主要变量和研究其他性质的基础。

温度是表示物体冷热程度的物理量，微观上是物体分子热运动剧烈程度的一种度量，是分子热运动的集体表现。对气体而言，温度是物体分子运动平均平动动能的标志，具有统计意义。热力学温度用符号 T 表示，单位是 K。

压力是大量气体分子对容器壁持续碰撞所产生动量变化的总效应，是统计平均结果。压力用符号 p 表示，单位是 Pa，$1Pa = 1N/m^2$，它与能量密度（J/m^3）具有相同的单位。习惯上也常采用大气压（atm）作为压力单位，$1atm = 101325Pa$，有时也用 bar 来表示，$1bar = 10^5 Pa$。

由于气体能充满整个容器，所以气体的体积就是容纳气体容器的容积，用符号 V 表示，单位是 m^3。

物质的量也是描述气体状态的重要性质，用符号 n 表示，单位为 mol。

1.3.2 理想气体状态方程

从 17 世纪中期开始，人们对低压气体开展了大量实验，发现气体的 p、V、T、n 之间有一定的关系，比较典型的有 Boyle-Mariotte 定律、Charles-Gay Lussac 定律和 Avogadro 定律等经验定律。

1）Boyle-Mariotte 定律。英国化学家波义耳（Boyle）于 1662 年及法国科学家马略特（Mariotte）于 1679 年发现，在较低压力下保持气体的温度和物质的量不变，气体的体积与压力成反比，或气体的体积与压力的乘积为常数，即

$$V \propto \frac{1}{p}(T、n 一定) \tag{1.3-1}$$

2）Charles-Gay Lussac 定律。法国物理学家查尔斯（Charles）（1787 年）及法国物理学家、化学家盖·吕萨克（Gay Lussac）（1802 年）发现，在一定压力下，一定量气体的体积与热力学温度成正比，即

$$V \propto T(p、n 一定) \tag{1.3-2}$$

3）Avogadro 定律。1811 年，意大利化学家 Avogadro 提出在相同温度和压力下，相同体积的任何气体所含有的气体分子数相同。该定律也可表述为在相同温度和压力下，1mol 任何气体所占有的体积相同，即

$$V \propto n(T、p 一定) \tag{1.3-3}$$

因此，实践和理论都告诉我们，对一定量的低压气体，p、V、T 必然满足某种关系，描述这种关系的方程 [即 $f(p, V, T) = 0$] 称为气体的状态方程。

根据上述三条经验定律，低压气体的状态方程为

$$pV = nRT \tag{1.3-4}$$

式中，R 是摩尔气体常数，简称为气体常数，其值等于 $8.314J/(mol \cdot K)$。

定义摩尔体积 $V_m = V/n$，单位是 m^3/mol，式（1.3-4）也可写为

$$pV_m = RT \qquad (1.3\text{-}5)$$

实验证明，气体压力越低，越符合上述关系。我们把严格服从式（1.3-4）或式（1.3-5）的气体称为理想气体，上述方程即为理想气体状态方程。

理想气体状态方程代表着实际气体压力趋于零时的极限情况。气体压力趋于零意味着其体积无穷大，此时必有以下两个推论：①分子间的距离 $r \rightarrow \infty$，因此分子间没有相互作用；②分子本身所具有的体积与气体所占的体积相比可以忽略不计，即分子本身没有体积的质点。所以，从微观上讲，理想气体是分子间没有相互作用，分子也没有大小的气体，这就是理想气体的微观特征。

需要说明的是，理想气体实际上并不存在，它只是一个科学抽象，或者说理想气体状态方程是实际气体在 $p \rightarrow 0$ 时的极限情况。但引入理想气体的概念是非常有用的，因为理想气体的行为代表了各种气体在低密度（低压或高温）下的共性，且理想气体概念的建立为人们研究实际气体奠定了基础。在计算精度要求不高时，将较高温度或较低压力下的气体视为理想气体处理，可极大地简化计算过程，且不会带来太大误差。

1.3.3 实际气体

实际气体只有在很低的压力下才近似服从理想气体状态方程，在压力稍高的情况下便表现出对理想气体状态方程的明显偏差。理想气体服从 $pV_m = RT$，其中 p 是气体分子在无相互作用力下随机碰撞容器壁所产生的宏观效应，V_m 则是每摩尔气体分子所能够自由运动的空间大小。与理想气体不同，由于实际气体内部的分子受到周围各个方向分子的吸引力是相同的，所以引力处于平衡状态，对于分子的热运动并不产生影响；但靠近容器壁的分子由于内部气体分子对它的引力趋向于将其拉向容器的内部，减弱了它对器壁的碰撞，因而使得压力变小，如图 1.3-1 所示。即与理想气体相比，实际气体分子间的引力导致 p 值减小。由于实际分子本身占有体积，故与理想气体相比，实际气体分子自由运动空间减小了。

a) 理想气体(无分子间作用力)   b) 实际气体(有分子间作用力)

图 1.3-1　气体分子间引力对所产生压力的影响

工业生产中，实际气体的状态方程往往比理想气体状态方程具有更高的实用价值。因此，长期以来人们一直在努力寻找满意的实际气体状态方程。

（1）范德瓦尔斯方程　实际气体的状态方程中，以范德瓦尔斯（Van der Waals）方程

最具代表性。1873 年，荷兰科学家范德瓦尔斯将真实气体分子看作硬球，对理想气体的状态方程进行了两项修正：一项是体积修正，由于真实气体分子自身是有体积的，故需从 1mol 气体的体积 V_m 中扣除 1mol 气体分子自身占有的体积 b，即气体的体积修正为 V_m-b；另一项是压力修正，真实气体分子间是有引力的，撞向器壁的分子会受到其他气体分子的引力，使器壁承受的压力也减少。范德瓦尔斯把这种作用力称为内压力（internal pressure），其大小一方面与气体内部分子数成正比，另一方面又与碰撞器壁的分子数成正比，而这两者均与气体的密度成正比，与摩尔体积成反比，因此可用 a/V_m^2 表示内压力，因而压力项校正为 $p+a/V_m^2$。所以，范德瓦尔斯方程可表示为

$$(p+a/V_m^2)(V_m-b)=RT \tag{1.3-6}$$

如果气体的物质的量为 n，则式（1.3-6）可表示为

$$\left[p+a\left(\frac{n}{V}\right)^2\right](V-nb)=nRT \tag{1.3-7}$$

式中，a、b 为范德瓦尔斯常数。a 的单位是 $Pa \cdot m^6/mol^2$，分子间引力越大，a 值越大。b 是 1mol 气体分子自身占有的体积，单位是 m^3/mol。各种真实气体的 a、b 值可以由实验测定的 p、V_m 和 T 的数据拟合得出，也可通过气体的临界参数求取。通常温度下，当实际气体压力很低时，V_m 值相当大，于是 a/V_m^2 相对于 p，以及 b 相对于 V_m 就可以忽略，此时范德瓦尔斯方程就成为理想气体状态方程。而对于实际气体，当温度很高时，气体动能在内能中的占比较大，势能的影响可以忽略，所以其恒温 $pV_m \sim p$ 曲线呈近似线性；而当温度较低时，由于气体的 pV_m 受到分子间相互作用力效应和分子体积效应两个因素的共同影响。

（2）压缩因子　工程上更多采用压缩因子对理想气体状态方程进行校正。对任意实际气体，可将其状态方程写成

$$pV_m=ZRT \text{ 或 } pV=ZnRT \tag{1.3-8}$$

式中，校正因子 Z 反映实际气体对理想气体的偏差，Z 值越偏离 1，说明实际气体对理想气体的行为偏差越大。进一步由式（1.3-8）可得

$$Z=\frac{pV}{nRT}=\frac{V}{nRT/p}=\frac{V}{V_{理}} \tag{1.3-9}$$

式中，V 为实际气体在温度 T 及压力 p 时的体积，而 nRT/p 则为理想气体在 T、p 时所应具有的理想体积 $V_{理}$。可见，气体的校正因子是同温同压下实际气体与理想气体的体积比。如果 $Z>1$，表明实际气体的体积大于同温同压下理想气体的体积，说明与理想气体相比，该气体难以压缩。相反，如果 $Z<1$，则表明该气体比理想气体较易压缩。可见校正因子 Z 的数值，不仅表示实际气体相对理想气体的偏差程度，还表示该气体压缩的难易程度，因此，通常称为压缩因子。

由于压缩因子 Z 的数值反映实际气体对理想行为的偏差程度，而实际气体的偏差程度又与气体的状态有关，如温度越高、压力越低，气体就越接近理想气体，因此一种气体的 Z 值随气体的状态变化而变化，即 Z 并非气体的特性常数。即使对同一种气体，其 Z 值也必须根据不同状态具体求取。工程上常用查表的方式得到实际气体在某一状态下的压缩因子。

1.4　浓度的表示方法

溶液的组成（也常称为浓度）是溶液系统的状态函数，是描述溶液的重要变量之一。溶液组成的表示方法很多，最常用的有以下几种：

（1）摩尔分数　溶液中组元 i 的摩尔分数 x_i 定义为

$$x_i = \frac{n_i}{\sum_i n_i} \tag{1.4-1}$$

式中，n_i 为组元 i 的物质的量；$\sum_i n_i$ 为溶液总物质的量。x_i 是无量纲量，满足 $\sum_i x_i = 1$。

（2）质量分数　组元 i 的质量分数 w_i 是指溶液所含组元 i 的质量与溶液的总质量之比，则

$$w_i = \frac{g_i}{\sum_i g_i} \tag{1.4-2}$$

式中，g_i 为组元 i 的质量；$\sum_i g_i$ 为溶液总质量。w_i 也是无量纲量，且满足 $\sum_i w_i = 1$。

（3）物质的量浓度（也称体积摩尔浓度）　组元 i 的物质的量浓度 c_i 是指 $1m^3$ 溶液中所含组元 i 的物质的量，则

$$c_i = \frac{n_i}{V} \tag{1.4-3}$$

式中，V 为溶液的体积（m^3）。c_i 的单位为 mol/m^3。

（4）质量摩尔浓度　质量摩尔浓度 m_i 是指 $1kg$ 溶剂中所溶解的溶质 i 的物质的量，则

$$m_i = \frac{n_i}{g_A} \tag{1.4-4}$$

式中，g_A 为溶剂的质量（kg）。m_i 的单位为 mol/kg。

浓度是溶液系统的强度性质，与溶液物质的量无关，这为同一溶液中各种不同标度的浓度进行换算提供了方便。当溶液很稀，即溶质的量 n_B 很少时，$n_A + n_B \approx n_A$，$n_B/n_A \approx x_B$，溶液的密度 ρ 近似等于纯溶剂的密度 ρ_A^*，于是

$$m_B = \frac{n_B}{n_A M_A} \approx \frac{1}{M_A} x_B \tag{1.4-5}$$

$$w_B = \frac{n_B M_B}{n_B M_B + n_A M_A} \approx \frac{n_B M_B}{n_A M_A} \approx \frac{M_B}{M_A} x_B \tag{1.4-6}$$

$$c_B = \frac{n_B}{(n_B M_B + n_A M_A)/\rho} \approx \frac{n_B \rho_A^*}{n_A M_A} \approx \frac{\rho_A^*}{M_A} x_B \tag{1.4-7}$$

式中，M_A 和 M_B 分别为溶剂 A 和溶质 B 的摩尔质量。由上述关系式可见，在很稀的溶液中，各种浓度都与 x_B 成正比，即各种浓度间成正比关系。

1.5 热力学中常用的数学知识

1.5.1 全微分

假设某一热力学性质 Z 是热力学变量 x、y 的函数，即 $Z=f(x,y)$，则 Z 的全微分可写成

$$dZ=\left(\frac{\partial Z}{\partial x}\right)_y dx+\left(\frac{\partial Z}{\partial y}\right)_x dy \tag{1.5-1}$$

而对微分式 $dZ=L(x,y)dx+M(x,y)dy$，dZ 为全微分的充要条件是二阶导与求导次序无关，即

$$\left(\frac{\partial L}{\partial y}\right)_x=\left(\frac{\partial M}{\partial x}\right)_y \tag{1.5-2}$$

此式也称为 Euler 倒易关系。

1.5.2 常用关系式

热力学常用多元函数来描述研究对象，常用到下述公式。

对 $f(x,y,z)=0$，有：

（1）换下标公式

$$\left(\frac{\partial f}{\partial x}\right)_z=\left(\frac{\partial f}{\partial x}\right)_y+\left(\frac{\partial f}{\partial y}\right)_x\left(\frac{\partial y}{\partial x}\right)_z \tag{1.5-3}$$

（2）链关系

$$\left(\frac{\partial z}{\partial x}\right)_y=\left(\frac{\partial z}{\partial t}\right)_y\left(\frac{\partial t}{\partial x}\right)_y \tag{1.5-4}$$

式中，t 为中间变量。

（3）倒数关系

$$\left(\frac{\partial z}{\partial x}\right)_y=\frac{1}{\left(\frac{\partial x}{\partial z}\right)_y} \tag{1.5-5}$$

（4）循环关系

$$\left(\frac{\partial z}{\partial x}\right)_y\left(\frac{\partial x}{\partial y}\right)_z\left(\frac{\partial y}{\partial z}\right)_x=-1 \tag{1.5-6}$$

习 题

1. 查找热力学发展历史的资料，理清热力学发展的基本脉络。
2. 举例说明材料科学中哪些现象与热力学密切相关。
3. 举例说明什么是开放系统、封闭系统及孤立系统。
4. 说明状态函数与全微分的关系。

5. 试推导理想气体状态方程 $pV=nRT$。

6. 某气体符合状态方程 $p(V-nb)=nRT$，b 为常数。若在一定温度和压力下，摩尔体积 $V_m=10b$，试求该气体的压缩因子 Z。

7. 如第 7 题图所示，为什么在真实气体的恒温 pV_m-p 曲线中，当温度足够低时，pV_m 值先随 p 的增加而降低，然后随 p 的增加而增加，而当温度足够高时，pV_m 值总随 p 的增加而增加？

8. 推导换下标公式 $\left(\dfrac{\partial f}{\partial x}\right)_z=\left(\dfrac{\partial f}{\partial x}\right)_y+\left(\dfrac{\partial f}{\partial y}\right)_x\left(\dfrac{\partial y}{\partial x}\right)_z$ 及循环关系 $\left(\dfrac{\partial z}{\partial x}\right)_y\left(\dfrac{\partial y}{\partial z}\right)_x\left(\dfrac{\partial x}{\partial y}\right)_z=-1$。

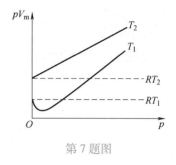

第 7 题图

第 **2** 章 热力学第一定律

热力学定律包括热力学第零定律、热力学第一定律、热力学第二定律和热力学第三定律。其中热力学第零定律又称为热平衡定律，热力学第一定律是能量守恒与转换定律在热现象中的应用。本章首先介绍热平衡定律与热力学温标，然后介绍热力学第一定律及功和热的计算，最后介绍热力学第一定律在理想气体、实际气体、化学反应及相变过程中的应用。

2.1 热平衡定律与热力学温标

2.1.1 热平衡定律

温度的概念最初来源于生活，用手触摸物体，感觉热者温度高，感觉凉者温度低。但仅凭主观感觉不能定量地表示物体真实的冷热程度，要定量表示出物体的温度，必须对温度做出严格的定义。

温度概念的建立和温度的测定都以热平衡定律为基础的。热平衡定律可描述为：一切互为热平衡的系统都具有相同的温度，这也是温度计测温的依据。如图 2.1-1 所示，如果两个热力学系统 B 和 C 均都与第三个热力学系统 A 处于热平衡，则系统 B 和 C 也必定处于热平衡。这一热平衡规律称为热平衡定律或热力学第零定律。这个结论是大量实验事实的总结和概括，它不能由其他定律或定义导出，也不能由逻辑推理导出。热力学第零定律于 1930 年由福勒（Fowler）正式提出，虽比热力学第一定律和热力学

图 2.1-1 热平衡定律

第二定律晚了 80 余年，但它是其他热力学定律的基础，逻辑上应该排在最前面，所以称为热力学第零定律。不过，热力学第零定律的说法至今没有获得科学界的公认，也没有多少人认真接受，原因是人们已习惯把系统热平衡看作其他三个热力学定律的前提条件。因此，至今仍沿用热力学三大基本定律的说法。

2.1.2 热力学温标

热力学第零定律不仅给出了温度的概念，而且给出了比较温度的方法。如图 2.1-2 所示，在比较各个物体的温度时，不需要将物体直接接触，只需将一个作为标准的第三物体分别与各个物体相接触达到热平衡，这个作为第三物

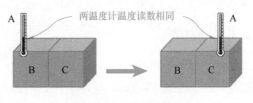

图 2.1-2 温度的测定

体的标准系统就是温度计。那么如何选择第三物体、如何利用第三物体的性质变化来衡量温度的高低以及如何定出刻度等，均为温标的问题。

温标是为了保证温度量值的统一和准确而建立的一个用于衡量温度的标准尺度，各种温度计的数值都是由温标决定的。温标通常将一些物质的相平衡温度作为固定点刻在温度计标尺上，而固定点中间的温度值则是利用某种函数关系（内插方程）来描述。通常将测温物质及其测温属性、定标点和分度法称为温标的三要素。

早期的温标为经验温标，是借助于某一种物质的物理量与温度变化的关系，由实验方法或经验公式确定的温标。1714 年，华轮海特（Fahrenheit）以汞（水银）为测温介质，以水银的体积随温度的变化为测温属性，制成了水银温度计，并规定水的沸腾温度为 212华氏度，氯化铵和冰的混合物为 0 华氏度，这两个固定点中间等分为 212 份，每一份为 1 华氏度，记作 1°F，此即为华氏温标。1740 年，摄氏（Celsius）把水的冰点定为 0 摄氏度，把水的沸点定为 100 摄氏度，用这两个固定点来分度水银温度计，在两固定点间等分 100 份，每一份为 1 摄氏度，记作 1℃，从而建立了摄氏温标，摄氏温度与华氏温度间的关系是 $t(℃) = \dfrac{5}{9}\left[\theta(°F) - 32\right]$。还有一些类似的经验温标，如兰氏温标和列氏温标等。

低压气体的经验定律提出后，人们用理想气体作为测温物质，进而提出了理想气体温标。理想气体温标的测温属性是理想气体的压强或体积，并规定温度与测温属性成正比关系，$T(p) = ap$ 或 $T(V) = aV$。理想气体温标可用气体温度计实现，但读数与特定气体的个性无关，而是受气体共性限制。此外，在气体液化点温度以下，理想气体温标不适用，因为此时气体已液化，理想气体温标也就失去了意义。

在理想气体温标的基础上，1848 年开尔文基于卡诺定理引入了热力学温标，又称为开氏温标。热力学温标以绝对零度（0K）为最低温度，规定水的三相点的温度为 273.16K。国际上规定热力学温标为基本温标，能在整个测温范围内采用，具有"绝对"的意义，所以有时又称绝对温标。热力学温标突破了测温物质对温标的限制，是一个不依赖于物质性质的统一理论温标，也体现了温度概念的普适性。需要说明的是，在理想气体温标适用范围内，热力学温标与理想气体温标是一致的。热力学温度用 $T(K)$ 表示，其与摄氏温度间的关系是 $T(K) = t(℃) + 273.15$。无特别说明的情况下，热力学公式中的温度均指热力学温度。

2.2　热力学第一定律

能量守恒定律是人们经过长期实践而总结出来的、具有普遍意义的自然规律之一，将能量守恒定律应用于宏观热力学系统，就形成了热力学第一定律。

2.2.1　内能

内能是指系统内部所有粒子具有能量的总和，从微观上说包括粒子运动的动能及粒子间相互作用的势能两部分。具体来说，内能包括分子的平动能、转动能、振动能、分子间的作用势能等。内能的绝对值无法测定，只能测定其变化值。内能用符号 U 表示，单位为 J。它是一个广度性质，与物质的量成正比。

内能是状态函数，在数学上具有全微分的性质。因此，对于物质的量一定的单组分均相封闭系统，即双独立变量系统，有

$$U = U(T, V) \tag{2.2-1}$$

则

$$dU = \left(\frac{\partial U}{\partial T}\right)_V dT + \left(\frac{\partial U}{\partial V}\right)_T dV \tag{2.2-2}$$

是全微分。

2.2.2　热和功

热和功不是系统本身的能量，而是系统与环境间传递的能量。热力学中的热是指由于温度不同而在系统与环境之间传递的能量，用符号 Q 表示。热是系统与环境之间交换的能量，系统内部的能量交换不能称为热。为区别传热的方向，一般规定系统吸热为正，即 $Q>0$；系统放热为负，即 $Q<0$，如图 2.2-1a 所示。

系统与环境还可以用其他方式传递能量，人们把除热以外，在系统与环境间传递的一切能量称为功，用符号 W 表示。一般规定环境对系统做功为正，即 $W>0$；系统对环境做功为负，即 $W<0$，如图 2.2-1b 所示。

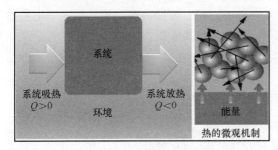

a) 热　　　　　　　　　　　　　　　　b) 功

图 2.2-1　热与功符号的定义及其微观解释

系统与环境之间传递能量，通常伴随着系统状态的变化。只有当系统经历一个过程时，才可能有功和热，而系统处于一个平衡状态时，无功和热可言。也就是说，功和热不是系统的性质，而与过程紧密联系，所以 W 和 Q 不是状态量而是过程量。过程量既不专属于系统，也不专属于环境，一般出现在系统与环境的相互作用中。

虽然功和热是两种不同的能量传递方式，两者在量上可相互量度，但它们的物理本质不同。热是由于温差而在系统与环境之间引起的能量流，是在分子水平上的能量传递，使系统的无序程度改变，在宏观上不能用任何机械装置加以控制；功代表的是一种有序的能量传递，在宏观上一般可用机械装置来控制，如图 2.2-1 所示。

2.2.3　热力学第一定律的数学表达式

19 世纪中叶，焦耳（Joule）、迈耶和亥姆霍兹等通过独立研究得出了几乎相同的结论，即能量可以从一种形式转变为另一种形式，但在转变过程中能量总值保持不变。热

力学第一定律是能量守恒定律在热力学系统中的应用，即内能、热和功之间可以相互转化，但总能量不变。克劳修斯（Clausius）是第一位把热力学第一定律用数学形式表达出来的学者。

对于一个封闭系统，系统的内能变化与功和热的关系可写成

$$\Delta U = Q + W \tag{2.2-3}$$

对于一个微小的状态变化，则为

$$dU = \delta Q + \delta W \tag{2.2-4}$$

式（2.2-3）和式（2.2-4）便是热力学第一定律的数学表达式。式中，dU 表示微小过程的内能变化，而 δQ 和 δW 则分别为微小过程的热和功。采用不同的符号是因为 dU 是全微分而 δQ 和 δW 不是全微分；或者说 dU 与过程无关，而 δQ 和 δW 与过程有关。需要说明的是式（2.2-3）和式（2.2-4）只适用于封闭系统，因为开放系统还可与环境交换物质，而物质的进出必然伴随内能的变化。

2.3　功的计算

功的形式是多种多样的，如系统克服外力而改变体积时要做体积功（也称膨胀功）、电流通过导体时要做电功、液体克服表面张力而改变其表面积时要做表面功等。热力学中最常遇到的是体积功，因为在科学研究和生产活动中，系统的体积变化最常见。因此，热力学中把形式众多的功分为体积功和非体积功（体积功以外的其他功）。体积功用 W_e 表示，非体积功用符号 W_f 表示。

2.3.1　体积功的计算

在讨论热力学基本定律时，一般只考虑体积功，故首先讨论体积功的计算。

将一定量的气体装入一个带有理想活塞（无重量、无摩擦）的容器中，如图 2.3-1 所示，活塞上部施加外压 p_e。当气体膨胀微小体积 dV 时，活塞便向上移动微小距离 dl，此微小过程中气体克服外力所做的功等于作用在活塞上的推力 F 与活塞上移距离 dl 的乘积，即 $\delta W_e = -Fdl$。因为理想活塞没有重量和摩擦，所以此活塞实际上只代表系统与环境间可自由移动的界面。因此推力 F 实际上作用于环境，而由 p_e 产生的外力则作用于系统，两者为作用力与反作用力。这两个作用力大小相等方向相反，若 A 代表活塞的面积，则 $F = p_e A$，于是

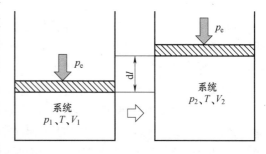

图 2.3-1　体积功的计算

$$\delta W_e = -p_e A dl = -p_e dV \tag{2.3-1}$$

由式（2.3-1）可知，如果系统体积膨胀，$dV > 0$，则 $\delta W_e < 0$，表示系统对环境做功；如果系统体积缩小，$dV < 0$，则 $\delta W_e > 0$，表示环境对系统做功。这与前面规定的功的符号一致。

如果系统发生明显的体积变化（$V_2 - V_1$），则

$$W_e = -\int_{V_1}^{V_2} p_e dV \qquad (2.3\text{-}2)$$

式（2.3-1）和式（2.3-2）即为计算体积功的基本公式，式中，压力 p_e 是环境的压力。

对于恒外压过程，$p_e =$ 常数，式（2.3-2）变为

$$W_e = -p_e(V_2 - V_1) = -p_e \Delta V \qquad (2.3\text{-}3)$$

而等压过程，$p_1 = p_2 = p_e =$ 常数，故等压过程也是恒外压过程，有

$$W_e = p_1 V_1 - p_2 V_2 = -\Delta(pV) \qquad (2.3\text{-}4)$$

式中，p 是系统的压力。

对等容过程，$dV = 0$，则由式（2.3-4）得

$$W_e = 0 \qquad (2.3\text{-}5)$$

即等容过程无体积功。

可逆过程在热力学中具有非常重要的地位，很多热力学状态量的计算是通过设计可逆过程来实现的，那么可逆过程的体积功如何计算呢？

考虑一定量理想气体的等温可逆膨胀过程，结合可逆过程的定义，可逆过程可通过无限小的驱动力来实现。故可将膨胀过程分无穷多步完成，每一步都是在外压比气体压力小一个无穷小量的情况下进行的，即 $p_e = p - dp$，其中 p 是气体的压力。如图 2.3-2 所示，将外压缓慢减小看作是活塞上一杯水的缓慢蒸发过程。所以等温可逆膨胀过程中的体积功为

$$W_e = -\int_{V_1}^{V_2} p_e dV = -\int_{V_1}^{V_2} (p - dp) dV \qquad (2.3\text{-}6)$$

式（2.3-6）最右侧积分中，第二项是一个无穷小量，与第一项相比可略去。于是

$$W_e = -\int_{V_1}^{V_2} p dV \qquad (2.3\text{-}7)$$

进一步结合理想气体状态方程 $pV = nRT$，可得等温可逆膨胀过程的体积功为

$$W_e = -\int_{V_1}^{V_2} \frac{nRT}{V} dV = -nRT \ln \frac{V_2}{V_1} \qquad (2.3\text{-}8)$$

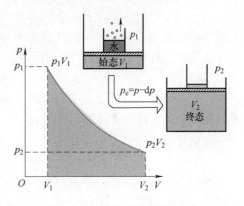

图 2.3-2　等温可逆膨胀过程中体积功的计算

根据积分的意义可知，体积功数值大小实际上就是 $p\text{-}V$ 图中等温线下方的面积，所以有时也可从 $p\text{-}V$ 图中过程路径的积分面积来确定功值的大小。对于等温可逆压缩，可假设每一小步都是在外压比气体压力大一个无穷小量的情况下进行的，进而得到与理想气体等温可逆膨胀过程相同的公式（2.3-8），不过根据对功的符号的定义，压缩过程中体积功为正值。

因此，如果系统经过一个等温可逆膨胀过程，使得系统的体积从 V_1 膨胀到 V_2，随后又经过一个等温可逆压缩的逆过程使体积回到 V_1，此时可逆膨胀过程与可逆压缩过程所做的功，大小相等但方向相反。经过这样一正一反的可逆过程后，系统回到了初态，环境也恢复到原样。这表明在可逆过程中系统与环境交换的热和功，在反向进行时环境又原封不动地还给了系统，在系统和环境中没有引起其他变化，这也是热力学可逆过程的特点。

2.3.2 其他形式功的计算

虽然功的具体形式多种多样，但它们在本质上是等价的。通常形式的功都可看作由强度因素和广度因素组成，其中强度因素为广义力 F，它决定能量的传递方向，是外在作用；广度因素为广义位移 d，是在力作用下变化的大小，是内在变化。功 W 就是在广义力（如压强、电动势等）的作用下产生了广义位移（如体积变化和电位移）。材料科学中，除体积功，还有其他形式的功，如表面功、磁功等。表 2.3-1 给出了不同类型的功及其微分表达式，下面对磁功和表面功的计算进行简要说明。

表 2.3-1 不同类型的功及其微分表达式

不同类型的功		广义力	广义位移	功的微分形式
机械功	体积功	压力 $-p_e$	体积 V	$-p_e dV$
	弹性功	应力 σ_{ij}	应变 ε_{ij}	$\sigma_{ij} d\varepsilon_{ij}$
	重力功	重力势 gh	质量 m	$gh dm$
	表面功	表面张力 σ	界面面积 A	σdA
电磁功	电荷转移	电势 ϕ	电荷 q	ϕdq
	电场极化	电场强度 E	电位移 D	EdD
	磁场极化	磁场强度 H	磁矩 m	Hdm

（1）磁功 在外磁场作用下，磁介质的分子电流会受到外磁场的作用。对于顺磁材料，其磁矩将转向外磁场方向，由此感生出与外磁场同向的磁化强度，使得介质磁化。可逆地使磁介质磁化，外界所需做的功可表示为

$$\delta W_f = \mu_0 H dm \tag{2.3-9}$$

式中，μ_0 为真空磁化率；H 为外部磁场强度；m 为磁介质总磁矩，其与磁化强度 M 的关系是 $m = VM$，V 为磁介质体积。

忽略体积功和真空磁场能的变化时，热力学第一定律可写为

$$dU = \delta Q + \mu_0 H dm \tag{2.3-10}$$

绝热去磁是指对顺磁材料施加磁场使其磁矩沿磁场方向规则排布，之后在绝热条件下将磁场撤销，在去磁过程中，磁矩会从有序态逐渐变为无序态。绝热去磁过程中，$\delta Q = 0$，$dm < 0$，所以根据上述热力学第一定律公式，$dU < 0$，这将使得系统温度降低。绝热去磁降温就是基于这一热力学原理使顺磁材料降温到接近绝对零度的一种技术，该技术是产生 1K 以下低温的有效方法。

（2）表面功 表面功是使凝聚态物体的表面积发生改变而需做的功。使物体表面积增大的过程是克服内部分子吸引力，使体积相中的分子转移到表面相的过程，需要环境对系统做非体积功。在温度、压力和组成恒定时，使系统表面积可逆地增加 dA，外界所需表面功的表达式为

$$\delta W_f = \sigma dA \tag{2.3-11}$$

式中，σ 为单位长度的表面张力，是存在于表面且使单位长度表面收缩的力，单位为 N/m 或 J/m^2。

材料科学中，材料的体积对系统能量的贡献比其表面积的贡献大得多时，表面能通常可

以忽略，但当表面能不可以忽略时，如金属粉末、微小液滴等情况，则需要考虑表面能的贡献，巨大表面系统是热力学不稳定系统。

2.4　热的计算

在生产实践和科学研究中，遇到的过程大多是等容过程和等压过程，本节将讨论等容热效应和等压热效应的计算。

2.4.1　等容热效应

等容热效应，即等容热，用符号 Q_V 表示，下标"V"代表等容过程。如用 W_e 代表体积功，而以 W_f 代表非体积功，则由热力学第一定律，对任意封闭系统，有

$$\Delta U = Q + (W_e + W_f) \tag{2.4-1}$$

即

$$Q = \Delta U - (W_e + W_f) \tag{2.4-2}$$

如果不做非体积功，$W_f = 0$，则

$$Q = \Delta U - W_e \tag{2.4-3}$$

如果等容，则体积功等于零，即 $W_e = 0$，于是

$$Q_V = \Delta U \tag{2.4-4}$$

式（2.4-4）表明，对等容且不做非体积功的过程，其热效应等于系统的内能变化量。因为等容且不做非体积功的过程是无功过程，所以系统吸收的热量全部用于增加内能。

2.4.2　等压热效应和焓

等压热效应，即等压热，用符号 Q_p 表示，下标"p"代表等压过程。由热力学第一定律得

$$Q = \Delta U - (W_e + W_f) \tag{2.4-5}$$

如果系统经历等压过程，则体积功 $W_e = -\Delta(pV)$，且不考虑非体积功，即 $W_f = 0$，所以

$$Q_p = \Delta U + \Delta(pV) = (U_2 - U_1) + (p_2 V_2 - p_1 V_1) \tag{2.4-6}$$

整理得

$$Q_p = (U_2 + p_2 V_2) - (U_1 + p_1 V_1) \tag{2.4-7}$$

进一步，定义焓

$$H = U + pV \tag{2.4-8}$$

则有

$$Q_p = \Delta H \tag{2.4-9}$$

式（2.4-9）表明，对等压且不做非体积功的过程，其热效应等于系统的焓变，即系统吸收的热全部用于增加系统的焓。

由于 U、p、V 均为状态函数，所以焓 H 也是状态函数。pV 虽然具有能量量纲，但并无物理意义，因此焓本身没有确切的物理意义。同时，因为 U 和 V 是物质的量的一次齐函数，而 p 是物质的量的零次齐函数，很容易证明，H 是物质的量的一次齐函数，即焓是容量性

质，单位是 J 或 kJ。由于不能确定内能的绝对值，所以也不可能确定焓的绝对大小。

需要说明的是，等压热等于焓变，但并不是只有等压过程才有焓变，任意过程中系统都有焓变，则

$$\Delta H = H_2 - H_1 = (U_2 + p_2 V_2) - (U_1 + p_1 V_1) = \Delta U + \Delta(pV) \tag{2.4-10}$$

2.4.3　热容及简单变温过程热的计算

对只发生简单物理变化的封闭系统，等容变温过程和等压变温过程称为简单变温过程，计算这类过程的热效应要用到系统的热容。热容是指在不发生相变和化学变化且无非体积功的情况下，系统与环境所交换的热与由此引起的温度变化的比值，即为系统温度升高 1K 时所吸收的热量，则热容为

$$C = \frac{\delta Q}{dT} \tag{2.4-11}$$

热容单位为 J/K。由于热量 δQ 与过程有关，所以不同的过程，系统有不同的热容。

等容情况下，系统温度升高 1K 时所吸收的热量为等容热容，记作

$$C_V = \frac{\delta Q_V}{dT} \tag{2.4-12}$$

在无非体积功的条件下，$\delta Q_V = dU$，于是

$$C_V = \left(\frac{\partial U}{\partial T}\right)_V \tag{2.4-13}$$

此即等容热容的定义。由此可知，对微小的等容简单变温过程，则有

$$dU = C_V dT \tag{2.4-14}$$

或写成积分形式

$$\Delta U = \int_{T_1}^{T_2} C_V dT \tag{2.4-15}$$

同理，等压热容为等压情况下系统温度升高 1K 时所吸收的热量，记作

$$C_p = \frac{\delta Q_p}{dT} \tag{2.4-16}$$

在无非体积功且等压的条件下，$\delta Q_p = dH$，于是

$$C_p = \left(\frac{\partial H}{\partial T}\right)_p \tag{2.4-17}$$

此即等压热容的定义。同理可得等压简单变温过程热量的计算公式为

$$\Delta H = \int_{T_1}^{T_2} C_p dT \tag{2.4-18}$$

由等压热容的定义式（2.4-17）可以看出，C_p 是 T 和 p 的函数。实际上，与温度的影响相比，压力对于热容的影响很小，在压力改变不是很大的情况下，通常可以忽略这种影响，而只把热容表示成温度的函数。如果温度变化不大，还可进一步将 C_p 近似为常数。同理，等容热容 C_V 也是如此。另外，还可以定义摩尔等压热容 $C_{p,m}$ 和摩尔等容热容 $C_{V,m}$，其单位为 $J/(mol \cdot K)$。

处在某状态的物质在等容下升温 1K 与在等压下升温 1K，两种情况不仅过程不同，到达

的末态也不相同，所以两个过程的热量不相等，即等容热容与等压热容不相同。一般讲，等压热容大于等容热容，这是因为在等容过程中，系统不做功，温度升高所吸收的热量全部用于增加分子热运动的动能。但在等压升温过程中，系统除增加分子动能外，还要多吸收一些热量以对外做体积功并增加分子的作用势能。不过对凝聚态系统，其等容热容和等压热容相差不大。二者具体的关系将在第 4 章介绍。

2.5　热力学第一定律在理想气体中的应用

2.5.1　理想气体的内能和焓

盖·吕萨克在 1807 年和焦耳在 1843 年做了类似的气体自由膨胀实验，实验过程如图 2.5-1 所示，将两个容积较大的容器放入水浴中，它们之间有旋塞连通，其中一个容器充满低压气体，另一个抽成真空。将旋塞打开，用温度计测量气体膨胀前后水温变化情况。测量结果表明，气体膨胀前后水温没有发生改变。

下面以气体为系统，对上述实验结果进行分析。由于水温没有变化，说明气体（系统）与水（环境）没有热交换，即 $Q=0$。系统与环境间没有热交换，且环境温度不变，这意味着气体经历的是等温膨胀过程，即 $\Delta T=0$。另外，向真空膨胀表明此过程不做功，即 $W=0$，根据热力

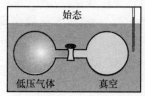

图 2.5-1　实验过程

学第一定律，此过程 $\Delta U=0$。由以上讨论得知，此过程 $\mathrm{d}T=\mathrm{d}U=0$，而 $\mathrm{d}V\neq0$（发生体积膨胀）。

将气体的内能视为温度和体积的函数，$U=V(T,V)$，则有

$$\mathrm{d}U=\left(\frac{\partial U}{\partial T}\right)_V\mathrm{d}T+\left(\frac{\partial U}{\partial V}\right)_T\mathrm{d}V \tag{2.5-1}$$

进一步结合上述实验结果，可得

$$\left(\frac{\partial U}{\partial V}\right)_T=0 \tag{2.5-2}$$

同理，如果将 U 视为 T 和 p 的函数，亦可得

$$\left(\frac{\partial U}{\partial p}\right)_T=0 \tag{2.5-3}$$

因为低压气体可当作理想气体，于是根据式（2.5-2）和式（2.5-3）可得，在温度不变的情况下，理想气体的内能不随气体的体积和压力而改变，即理想气体的内能与 V 和 p 无关。因此，理想气体的内能只是温度的函数，即对一定量、一定组成的理想气体，$U=U(T)$，这是焦耳实验得出的重要结论，也称焦耳定律。这样，理想气体内能变化量可写为

$$\mathrm{d}U=C_V\mathrm{d}T \text{ 或 } \Delta U=\int_{T_1}^{T_2}C_V\mathrm{d}T \tag{2.5-4}$$

式（2.5-4）也是等容不做非体积功条件下的内能变化量计算公式。但对于理想气体，不再

要求等容条件，而适用于无非体积功的任意简单物理过程。

焦耳定律是理想气体分子间无相互作用的必然结果。这是因为，理想气体分子间没有相互作用，故没有作用势能，所以改变 V 或 p 不会影响它的能量，只有改变 T 时才能改变分子的动能。所以，理想气体的内能只是温度的函数。

同理可证，理想气体的焓也只是温度的函数，即

$$\left(\frac{\partial H}{\partial V}\right)_T = 0 \tag{2.5-5}$$

因此，对理想气体的任意过程，有

$$dH = C_p dT \text{ 或 } \Delta H = \int_{T_1}^{T_2} C_p dT \tag{2.5-6}$$

2.5.2 理想气体的热容

由于理想气体的内能和焓均仅为温度的函数，所以根据式（2.5-4）和式（2.5-6），理想气体的 C_V 和 C_p 也只是 T 的函数，即

$$C_V = \frac{dU}{dT}, C_p = \frac{dH}{dT} \tag{2.5-7}$$

根据焓的定义（$H = U + pV$），当系统发生微小变化时，有

$$dH = dU + d(pV) \tag{2.5-8}$$

对于理想气体，将 $dH = C_p dT$ 和 $dU = C_V dT$ 代入式（2.5-8）可得

$$C_p dT = C_V dT + nR dT \tag{2.5-9}$$

于是有

$$C_p - C_V = nR \text{ 或 } C_{p,m} - C_{V,m} = R \tag{2.5-10}$$

根据气体分子运动论和能量均分原理，每个平动或转动自由度对内能的贡献为 $0.5RT$，表明其对摩尔等容热容的贡献为 $0.5R$。在常温下通常不考虑振动的贡献，因此，在温度不高的情况下，单原子理想气体（如 He、Ar）的 $C_{V,m}$ 近似为 $1.5R$（3 个自由度），双原子理想气体（如 H_2、O_2）的 $C_{V,m}$ 近似为 $2.5R$（5 个自由度），相应的 $C_{p,m}$ 分别为 $2.5R$ 和 $3.5R$。低压下气体的热容测定结果表明，这一结论是正确的。

2.5.3 理想气体的绝热可逆过程

如果系统与环境用绝热壁隔开，则系统内发生的过程为绝热过程。绝热过程中，系统与环境之间只能以功的方式交换能量，所以系统对外做的功等于系统内能的减少。因此，对于理想气体绝热过程，只要做功，系统的 p、V、T 便会同时改变。

根据热力学第一定律，理想气体绝热过程有

$$dU = \delta W \tag{2.5-11}$$

如果不做非体积功，则 δW 即为体积功，故有

$$\delta W = -p_e dV \tag{2.5-12}$$

对理想气体绝热可逆过程，$p_e = p$，进一步可得

$$C_V dT = -p dV \tag{2.5-13}$$

结合理想气体状态方程 $pV = nRT$，有

$$nC_{V,m}\mathrm{d}T = -\frac{nRT}{V}\mathrm{d}V \tag{2.5-14}$$

整理得

$$\mathrm{d}\ln T = -\frac{C_{p,m}-C_{V,m}}{C_{V,m}}\mathrm{d}\ln V \tag{2.5-15}$$

定义热容比 $\gamma = C_{p,m}/C_{V,m}$，则式（2.5-15）变为

$$\mathrm{d}\ln T = (1-\gamma)\mathrm{d}\ln V \tag{2.5-16}$$

在绝热过程的初末态之间对式（2.5-16）进行积分，则

$$\int_{T_1}^{T_2}\mathrm{d}\ln T = \int_{V_1}^{V_2}(1-\gamma)\mathrm{d}\ln V \tag{2.5-17}$$

对于理想气体，γ 为常数，进一步可得

$$TV^{\gamma-1} = 常数 \tag{2.5-18}$$

式（2.5-18）是在理想气体绝热可逆过程中，不同状态变量间应满足的关系，它与状态方程不同，此式为过程方程。如果将理想气体状态方程代入式（2.5-18），进一步可得

$$\begin{cases} pV^{\gamma} = 常数 \\ T^{\gamma}p^{1-\gamma} = 常数 \end{cases} \tag{2.5-19}$$

上述两式也为过程方程。

上述过程方程只适用于理想气体的绝热可逆且不做非体积功的过程，常用于确定绝热可逆过程的初末态。需要指出的是，绝热可逆过程与绝热不可逆过程具有不同的末态。对于膨胀过程，因为如果两过程的末态压力相同（或末态体积相同），则绝热可逆膨胀过程的功值较大，而不同的功值，导致内能变化量不同，末态的内能不同，即两过程的末态不同。

那么理想气体的绝热可逆过程与等温可逆过程有何区别呢？等温可逆膨胀过程中，系统对外做功的同时，从环境吸收等值的热以维持温度不变。而在绝热可逆膨胀过程中，系统只对外做功而不吸热，这使得系统的温度不断降低，因此，膨胀相同体积时，绝热可逆过程的压力比等温可逆过程低，如图 2.5-2 所示，图中蓝色曲面为 $pV = nRT$，其中 n 为常数。

这一结论也可通过两个过程的过程方程式来证明。对于绝热可逆过程，根据过程方程 $pV^{\gamma} = 常数$，即 $p \propto 1/V^{\gamma}$，可得 p-V 图上绝热线的斜率为

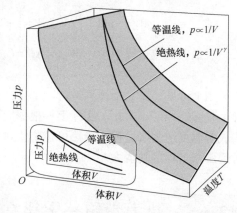

图 2.5-2 理想气体的等温线和绝热线

$$\left(\frac{\partial p}{\partial V}\right)_S = -\gamma\frac{p}{V} \tag{2.5-20}$$

需要说明的是，因为绝热可逆过程就是等熵过程（见热力学第二定律），所以下标用 "S" 来表示。而对于等温可逆膨胀过程，其过程方程为 $pV = 常数$，即 $p \propto 1/V$，同理可得等温线的斜率为

$$\left(\frac{\partial p}{\partial V}\right)_T = -\frac{p}{V} \tag{2.5-21}$$

因为 $\gamma>1$，所以 $\left|\left(\dfrac{\partial p}{\partial V}\right)_S\right|>\left|\left(\dfrac{\partial p}{\partial V}\right)_T\right|$，即绝热可逆过程曲线更陡。

【例 2-1】 1mol 单原子理想气体从初态 1（$T_1=1000\text{K}$，$p_1=20\text{atm}$）分别经等温可逆和绝热可逆过程膨胀到压力为 4atm 的末态 2 和 3，试比较这两个过程气体对外做功的情况。

解：根据体积功的定义可知，可逆膨胀过程的体积功为

$$W=-\int_{V_1}^{V_2}p\mathrm{d}V$$

对于理想气体等温可逆膨胀过程，有

$$W_{1-2}=-\int_{V_1}^{V_2}p\mathrm{d}V=-nRT\ln\frac{V_2}{V_1}=-nRT\ln\frac{p_1}{p_2}=\left[-8.314\times1000\times\ln\left(\frac{20}{4}\right)\right]\text{kJ}=-13.38\text{kJ}$$

而对于理想气体绝热可逆膨胀过程，首先根据理想气体的状态方程 $pV=nRT$ 可知

$$V_1=\frac{nRT}{p_1}=\left(\frac{8.314\times1000}{20\times101325}\right)\text{m}^3=0.0041\text{m}^3$$

进一步根据理想气体绝热可逆过程方程 $pV^\gamma=$ 常数，可得

$$p_1V_1^\gamma=p_3V_3^\gamma$$

$$V_3=5^{\frac{1}{\gamma}}V_1$$

其中，$p_1=20\text{atm}$，$p_3=4\text{atm}$，$pV^\gamma=$ 常数所以

对单原子气体，$\gamma=\dfrac{C_p}{C_V}=\dfrac{5}{3}$，则 $V_3=0.0108\text{m}^3$

因此，根据功的计算公式，可得

$$W_{1-3}=-\int_{V_1}^{V_3}p\mathrm{d}V=-p_1V_1^\gamma\int_{V_1}^{V_3}V^{-\gamma}\mathrm{d}V=\left[-20\times101325\times0.0041^{\frac{5}{3}}\times\int_{0.0041}^{0.0108}V^{-\gamma}\mathrm{d}V\right]\text{kJ}=-5.92\text{kJ}$$

或根据绝热过程 $Q=0$，$W_{1-3}=\Delta U=C_V\Delta T$ 也可求出绝热可逆过程的功。

由上可见，理想气体绝热可逆膨胀过程中对外所做的功要小于理想气体等温可逆膨胀过程中气体对外所做的功。实际上，根据定积分的几何意义，等温线和绝热线下面的面积分别代表等温可逆膨胀过程和绝热可逆膨胀过程的功值，显然，等温可逆膨胀过程的功值比绝热可逆膨胀过程的功值大。

2.6　热力学第一定律在实际气体中的应用

2.6.1　节流过程及焦耳-汤姆孙系数

1843 年焦耳所做的气体自由膨胀实验，由于环境（即水浴）的热容比气体大得多及温度测量不够精确等原因，没能观察到气体膨胀前后可能发生的温度变化。1852 年，焦耳和汤姆孙（Thomson）重新设计了实验，精确观察到了气体由于膨胀而发生的温度变化。

图 2.6-1 为焦耳-汤姆孙实验装置示意图，在一个圆形绝热筒的中部，有一个用软木塞

制成的多孔塞。当有气体流过多孔塞时，会在多孔塞的两侧形成压力差。把压力和温度恒定在 p_1 和 T_1、所占体积为 V_1 的某种气体，连续压过多孔塞，使气体在多孔塞右侧的压力恒定在 $p_2(p_1 > p_2)$，所占体积为 V_2。当气体经过一定时间达到稳定后，可观察到双方气体的温度分别稳定在 T_1 和 T_2，这个过程称为节流过程。

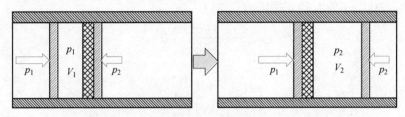

图 2.6-1　焦耳-汤姆孙实验装置示意图

节流过程中，气体在多孔塞左侧压缩时接收了环境所做的功 $p_1 \Delta V = p_1 V_1$，而在多孔塞右侧进行膨胀时对环境做功 $p_2 \Delta V = -p_2 V_2$。因此，节流过程的净功为

$$W = p_1 V_1 - p_2 V_2 \tag{2.6-1}$$

由于过程绝热，$Q = 0$，所以

$$\Delta U = W \tag{2.6-2}$$

即

$$U_2 - U_1 = p_1 V_1 - p_2 V_2 \tag{2.6-3}$$

整理后可得

$$U_2 + p_2 V_2 = U_1 + p_1 V_1 \tag{2.6-4}$$

即

$$H_2 = H_1 \tag{2.6-5}$$

由此可见，节流过程是定焓过程，即节流过程不引起焓值变化，$\Delta H = 0$。

大量实验表明，节流过程后大多数气体的温度降低，即 $\Delta T < 0$，但不同气体温度降低的程度各不相同。在相同条件下节流，也有少数气体，如 H_2 和 He 等，温度非但没有降低，反而升高，即 $\Delta T > 0$，这表明节流过程中温度的变化与气体的性质有关。为定量描述各种气体的温度变化情况，定义

$$\mu_{J\text{-}T} = \left(\frac{\partial T}{\partial p} \right)_H \tag{2.6-6}$$

$\mu_{J\text{-}T}$ 称为焦耳-汤姆孙系数，它表示在节流过程中，降低单位压力所引起的温度变化。$\mu_{J\text{-}T} > 0$，节流后温度降低，称正焦耳-汤姆孙效应；$\mu_{J\text{-}T} < 0$，节流后温度升高，称负焦耳-汤姆孙效应。$\mu_{J\text{-}T}$ 的绝对值越大，焦耳-汤姆孙效应越显著。$\mu_{J\text{-}T}$ 的值与气体种类及温度和压力有关，因此，对于同一种气体，其 $\mu_{J\text{-}T}$ 随气体的状态变化而变化。

2.6.2　实际气体的内能和焓

因为实际气体分子间有相互作用，所以实际气体的 ΔU 和 ΔH 不仅与温度有关，而且与体积或压力有关。对于一定量的气体，在双独立变量系统中可将其内能 U 写成温度 T 和体积 V 的全微分形式，即

$$dU = C_V dT + \left(\frac{\partial U}{\partial V} \right)_T dV \tag{2.6-7}$$

式中，$\left(\dfrac{\partial U}{\partial V}\right)_T$ 为内压，记作 π_T，它是分子间相互作用大小的标志，内压的数值越大，表明分子间的相互作用越大，且液体和固体的内压比气体要大得多。实际气体的内压可通过气体状态方程计算得到，对范德瓦尔斯气体，其内压为 a/V_m^2，参见式（1.3-6）。

由于实际气体分子间有相互作用力，所以

$$\pi_T = \left(\frac{\partial U}{\partial V}\right)_T \neq 0 \tag{2.6-8}$$

又因为

$$\left(\frac{\partial U}{\partial p}\right)_T = \left(\frac{\partial U}{\partial V}\right)_T \left(\frac{\partial V}{\partial p}\right)_T \tag{2.6-9}$$

气体有较大的可压缩性，其等温压缩率 $\kappa_T = -\dfrac{1}{V}\left(\dfrac{\partial V}{\partial p}\right)_T \neq 0$，因此 $\left(\dfrac{\partial V}{\partial p}\right)_T \neq 0$，所以

$$\left(\frac{\partial U}{\partial p}\right)_T \neq 0 \tag{2.6-10}$$

式（2.6-8）和式（2.6-10）表明，在保持温度不变的情况下，实际气体的内能随气体的体积和压力而变化，即实际气体的内能不只是 T 的函数，而且与 p 和 V 有关，因此，实际气体任意过程的内能变化量可通过式（2.6-11）得到

$$\Delta U = \int_{T_1}^{T_2} C_V \mathrm{d}T + \int_{V_1}^{V_2} \pi_T \mathrm{d}V \tag{2.6-11}$$

等温条件下，式（2.6-11）可进一步化简为

$$\Delta U = \int_{V_1}^{V_2} \pi_T \mathrm{d}V \tag{2.6-12}$$

这说明实际气体在等温膨胀时，可以用反抗分子间引力所做的功来衡量内能的变化量。

同样可以证明，在保持温度不变的情况下，实际气体的焓随气体的体积和压力而变化，即实际气体的焓不只是 T 的函数。而其焓变的计算，既可根据焓的定义式 $H = U + pV$ 计算得到，还可根据其全微分式

$$\mathrm{d}H = C_p \mathrm{d}T + \left(\frac{\partial H}{\partial p}\right)_T \mathrm{d}p \tag{2.6-13}$$

积分得到

$$\Delta H = \int_{T_1}^{T_2} C_p \mathrm{d}T + \int_{p_1}^{p_2} \left(\frac{\partial H}{\partial p}\right)_T \mathrm{d}p \tag{2.6-14}$$

式中，系数 $\left(\dfrac{\partial H}{\partial p}\right)_T$ 可利用实际气体的状态方程推导得到，具体推导参见第 4 章。

2.7 热力学第一定律在化学反应中的应用

2.7.1 化学反应进度

对任意化学反应

$$a_1 R_1 + a_2 R_2 + \cdots = b_1 P_1 + b_2 P_2 + \cdots \tag{2.7-1}$$

式中，R_1，R_2 等为反应物；P_1，P_2 等为生成物；a_1，a_2，$\cdots$，b_1，b_2 等为系数。将反应物移到方程右端，可得

$$0 = -aR_1 - aR_2 - \cdots + b_1P_1 + b_2P_2 + \cdots \tag{2.7-2}$$

若用 B 代表反应系统中的任意物质，则式（2.7-2）可简写成

$$0 = \sum_{B} \nu_B B \tag{2.7-3}$$

式中，ν_B 为物质 B 的化学计量数，是没有量纲的纯数字，对反应物其为负数，而对生成物其为正数，且与化学反应方程式的写法有关。

设反应开始前系统中物质 B 的物质的量为 n_0，反应进行到某时刻时为 n_B，则 $\Delta n_B = n_B - n_0$。一般情况下，反应过程中各物质的量的变化并不相等，但相互关联，它们与各自化学计量数之比一定相等，即

$$\frac{\Delta n_{R_1}}{\nu_{R_1}} = \frac{\Delta n_{R_2}}{\nu_{R_2}} = \cdots = \frac{\Delta n_{P_1}}{\nu_{P_1}} = \frac{\Delta n_{P_2}}{\nu_{P_2}} = \cdots \tag{2.7-4}$$

令此比值为 ξ，则

$$\frac{\Delta n_B}{\nu_B} = \xi \tag{2.7-5}$$

ξ 称为化学反应进度。因为 ν_B 是无量纲的纯数字，所以化学反应进度 ξ 与物质的量 n 有相同的量纲，其单位为 mol。由于化学计量数 ν_B 与反应方程式的写法有关，所以 ξ 值虽与物质种类无关，但与方程式写法有关，因此使用化学反应进度时，必须使用确定的反应方程式。

式（2.7-5）还可写成

$$n_B - n_0 = \nu_B \xi \tag{2.7-6}$$

当化学反应进行时，n_0 和 ν_B 并不发生变化，对式（2.7-6）两端微分，得

$$dn_B = \nu_B d\xi \tag{2.7-7}$$

因此，物质的量的变化也可用化学反应进度的变化来表示。

2.7.2　反应热及其计算

反应热是指在等温条件下发生化学反应时吸收或放出的热量。绝大多数化学反应是在等温等容或等温等压条件下发生的，因此，反应热是系统的 ΔU 或 ΔH。通常所说的反应热是指系统的 ΔH，1mol 物质反应时系统的焓变为该反应的摩尔焓变，用符号 $\Delta_r H_m$ 表示，其中下标 "r" 代表化学反应过程，"m" 代表化学反应进度为 1mol。如果反应系统中化学反应进度从 ξ_1 变化到 ξ_2 时，焓变为 ΔH，则

$$\Delta_r H_m = \frac{\Delta H}{\Delta \xi} \tag{2.7-8}$$

同样，等容反应热是指反应的摩尔内能变化量，即

$$\Delta_r U_m = \frac{\Delta U}{\Delta \xi} \tag{2.7-9}$$

对于任意反应，$0 = \sum_{B} \nu_B B$，反应热可写为

$$\Delta_r H_m = \sum_B \nu_B H_{m,B} \tag{2.7-10}$$

为方便计算 $H_{m,B}$，规定 298.15K 时标准状态下所有稳定单质的摩尔焓为零，记作

$$H_m^\ominus(稳定单质,298.15K) = 0 \tag{2.7-11}$$

式中，上标"$\ominus$"代表标准状态（全书余同）。

习惯上，纯液体和纯固体的标准状态分别取 101325Pa 下的纯液体和纯固体，而气体的标准状态则取 101325Pa 下的理想气体。因为所有物质处在标准状态时的压力均规定为 101325Pa，所以该压力又称为标准压力，用符号 $p^\ominus$ 表示。

若参与反应的所有物质都处于标准状态，则该反应的摩尔焓变称为标准摩尔焓变，记为 $\Delta_r H_m^\ominus$。对标准状态下的任意反应 $0 = \sum_B \nu_B B$，显然

$$\Delta_r H_m^\ominus = \sum_B \nu_B H_{m,B}^\ominus \tag{2.7-12}$$

一般来说，化学反应热的计算主要有以下几种方法：

（1）利用赫斯定律计算反应热　　1840 年，赫斯（Hess）在大量实验的基础上总结出一条定律："一个化学反应不论是一步完成还是分几步完成，其热效应相同，即化学反应的热效应与中间经过的反应步骤无关"，此即赫斯定律。热是过程量，与途径有关，但因为赫斯的实验都是在等容或等压条件下完成的，因此反应热就是 $\Delta_r U_m$ 或 $\Delta_r H_m$，二者只取决于反应系统的初末态，与中间步骤无关。这样基于赫斯定律，就可通过可测的反应热计算不可测的反应热。

例如，对反应（1）$C(s) + (1/2)O_2(g) \rightarrow CO(g)$，由于其产物中必然混有 CO_2，故其焓值 $\Delta_r H_m(1)$ 不能直接实验测定，此时根据赫斯定律，可利用在相同条件下（如温度、压力等）进行的化学反应（2）$C(s) + O_2(g) \rightarrow CO_2(g)$ 和反应（3）$CO(g) + (1/2)O_2(g) \rightarrow CO_2(g)$ 的焓值 $\Delta_r H_m(2)$ 及 $\Delta_r H_m(3)$ 求得，即 $\Delta_r H_m(1) = \Delta_r H_m(2) - \Delta_r H_m(3)$。

（2）利用生成焓计算反应热　　标准状态下，由稳定单质生成 1mol 物质 B 的反应称为 B 的生成反应（其反应方程式中 B 的化学计量数为 1），该反应热称为物质 B 的标准摩尔生成焓（简称为生成焓），用符号 $\Delta_f H_{m,B}^\ominus$ 表示，单位是 J/mol 或 kJ/mol，下标"f"代表生成反应。$\Delta_f H_{m,B}^\ominus$ 可通过测量生成反应的热效应得到。显然，稳定单质的标准摩尔生成焓等于零。对不能测量或不易测量的生成反应，可通过易测反应的 $\Delta_f H_{m,B}^\ominus$ 并利用赫斯定律求得。实际上，在温度为 298.15K 时标准状态下各种物质的标准摩尔生成焓 $\Delta_f H_{m,B}^\ominus$ 均可从手册查得，所以对 298.15K 时标准状态下的任意反应 $0 = \sum_B \nu_B B$，有

$$\Delta_f H_m^\ominus = \sum_B \nu_B \Delta_f H_{m,B}^\ominus \tag{2.7-13}$$

式（2.7-13）表明，标准状态下化学反应的反应热等于反应物和产物生成焓的代数和，即等于产物的生成焓减去反应物的生成焓。需要注意的是，运用式（2.7-13）计算反应热时，每种物质的生成焓需乘以它的化学计量数。

（3）利用基尔霍夫公式计算反应热　　一般而言，压力对反应热的影响很小，可以忽略。那么只改变反应温度时，化学反应热如何变化呢？

1858 年，基尔霍夫（Kirchhoff）提出对任意反应 $\sum_B \nu_B B = 0$，若保持压力不变而改变反

应温度，则

$$\left(\frac{\partial \Delta_r H_m}{\partial T}\right)_p = \left(\frac{\partial \sum\limits_B \nu_B H_{m,B}}{\partial T}\right)_p = \sum_B \nu_B \left(\frac{\partial H_{m,B}}{\partial T}\right)_p = \sum_B \nu_B C_{p,m,B} \tag{2.7-14}$$

$\sum\limits_B \nu_B C_{p,m,B}$ 代表产物与反应物的热容之差，记作 $\Delta_r C_{p,m}$，于是

$$\left(\frac{\partial \Delta_r H_m}{\partial T}\right)_p = \Delta_r C_{p,m} \tag{2.7-15}$$

式（2.7-15）为基尔霍夫公式。它描述了等温等压化学反应的热效应对反应温度的依赖关系：即产物与反应物的热容相差越大，反应热对温度的变化就越敏感。若一个化学反应不引起热容变化，则该反应的反应热不受温度影响。

式（2.7-15）的积分式为

$$\int_{\Delta_r H_m(T_1)}^{\Delta_r H_m(T_2)} d\Delta_r H_m = \int_{T_1}^{T_2} \Delta_r C_{p,m} dT \tag{2.7-16}$$

即

$$\Delta_r H_m(T_2) = \Delta_r H_m(T_1) + \int_{T_1}^{T_2} \Delta_r C_{p,m} dT \tag{2.7-17}$$

式（2.7-17）也称为基尔霍夫公式，式中，$\Delta_r H_m(T_1)$ 和 $\Delta_r H_m(T_2)$ 分别为温度 T_1 和 T_2 时化学反应的摩尔焓变。式（2.7-17）也可通过设计可逆途径的方法计算得到，因此，只要知道参与反应的各物质热容数据，即可由 T_1（一般是 298.15K）下的反应热求得任意温度 T_2 下的反应热。

应该注意，只有在 T_1 到 T_2 之间参与反应的各种物质均不发生相变时，式（2.7-17）才能使用。如果有相变发生，则只能通过设计可逆途径的办法进行计算。

2.7.3　化学反应的内能变化

如果已知化学反应的焓变，如何求得化学反应的内能变化呢？可根据焓与内能的关系 $H = U + pV$ 来计算得到。根据焓的定义可知

$$\Delta U = \Delta H - \Delta(pV) \tag{2.7-18}$$

对于只涉及凝聚相的化学反应，其 $\Delta(pV)$ 值较小，可忽略不计，此时，$\Delta U = \Delta H$。对有气体参与的反应，并假定气体是理想气体，则在反应温度 T 和标准压力下有

$$\Delta_r U_m^\ominus = \Delta_r H_m^\ominus - RT \sum_B \nu_B(g) \tag{2.7-19}$$

式中，$\sum\limits_B \nu_B(g)$ 是反应中气相物质的化学计量数的代数和；$\Delta_r U_m^\ominus$ 是化学反应的标准摩尔内能变化量。

2.8　热力学第一定律在相变过程中的应用

系统中物理及化学性质完全相同的均匀部分称为相。物质可保持不同的相态，或称为处于不同的聚集状态，如固态、液态、气态及不同的晶态等。对纯物质而言，相变就是从一相

转变至另一相的过程，如蒸发、冷凝、熔化、凝固、升华、凝华、晶型转变等都是相变。对多元系统相变会有更复杂的情形，详见第9章。

相变热就是相变过程中的热效应，为了区别于由热容而引起的显热，又称为相变潜热。它是一定量的物质在一定温度下由一相转变为另一相时吸收或放出的热量，主要包括蒸发热（由液相变为气相时的相变热）、熔化热（由固相变为液相时的相变热）、升华热（由固相直接变为气相时的相变热）等。一般情况下，相变是在等温等压下进行的，所以没有非体积功时，相变热又称相变焓。摩尔相变焓是1mol物质在恒定温度及恒定压力下发生相变时的焓变，而相变前后物质温度相同且均处于标准状态时的焓变则称为标准相变焓。

纯物质在正常沸点时的摩尔蒸发焓 $\Delta_{vap}H_m$ 以及在正常熔点时的摩尔熔化焓 $\Delta_{fus}H_m$ 可以通过实验测定，这类数据也可以从手册中查到。由于焓与温度和压力有关，所以相变热与相变的温度和压力也有关。但压力对固体、液体焓的影响很小，故在压力变化不大的情况下可忽略压力的影响。从手册上查到的 $\Delta_{vap}H_m$ 和 $\Delta_{fus}H_m$ 分别是正常沸点和熔点时的数据，如果需要其他温度下的相变热，则可利用状态函数的变化量与途径无关的特性，通过设计可逆途径的方法求得。

相变过程中，由于聚集状态的改变，系统的内能也要发生变化。另外相变过程中由于系统体积也可能发生变化，因此可能会有体积功。相变过程可分为可逆相变与不可逆相变过程。下面我们应用热力学第一定律计算不同相变过程中的 W、Q、ΔU 及 ΔH。

2.8.1 可逆相变

可逆相变就是在两相处于平衡状态条件下所进行的相变，又称为平衡相变。可逆相变是在一定温度时的相平衡压力下发生的，所以可逆相变是等温等压条件下的相变。例如，标准压力下液体在其正常沸点下的沸腾及固体在其正常熔点下的熔化，均为可逆相变。对可逆相变过程的 Q、ΔH、ΔU 和 W 的计算可直接利用以下公式

$$Q_p = \Delta H = n\Delta H_m(T) \tag{2.8-1}$$

$$\Delta U = \Delta H - \Delta(pV) = \Delta H - p\Delta V \tag{2.8-2}$$

$$W = -p\Delta V \tag{2.8-3}$$

其中，在计算 ΔV 时，对于气体近似为理想气体，$V = nRT/p$，对于液、固等凝聚态系统，$\Delta V \approx 0$。

2.8.2 不可逆相变

非平衡温度、压力下的相变则属于不可逆相变过程。如在100℃、非标准压力下水的汽化，由于此时已偏离平衡条件，为不可逆相变；又如水在真空中汽化，水会迅速变成水蒸气，汽化过程中，水-气两相处于不平衡状态，此相变也为不可逆相变。对于不可逆相变，由于 ΔU、ΔH 为状态函数，其数值仅由系统的始、末态决定，故可在始、末态之间设计可逆途径来求解。设计可逆途径的原则是：①途径中的每一步必须可逆；②途径中每步的 ΔH 计算有相应的公式可利用；③有相应于每步 ΔH 计算式所需的数据。

通常文献中给出的是标准大气压力 101.325kPa 及其平衡温度下的相变数据。但有时对不可逆相变则需要在不可逆变化的初、末态之间设计简单物理变化+可逆相变+另一简单物理变化的可逆路径。

例如，$-5℃$、1atm 下的 $H_2O(l) \rightarrow H_2O(s)$ 相变是不可逆相变，此不可逆相变的 ΔH 可通过设计如图 2.8-1 所示的可逆路径来计算。

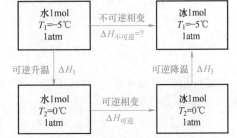

这样

$$\Delta H_{不可逆} = \Delta H_1 + \Delta H_{可逆} + \Delta H_3$$

$$= \int_{T_1}^{T_2} C_p(水)\mathrm{d}T + \Delta H_{可逆} + \int_{T_2}^{T_1} C_p(冰)\mathrm{d}T$$

$$= \Delta H_{可逆} + \int_{T_1}^{T_2} \Delta C_p \mathrm{d}T \qquad (2.8\text{-}4)$$

式中，$\Delta C_p = C_p(水) - C_p(冰)$

图 2.8-1　不可逆相变焓 ΔH 的计算

【例 2-2】 1mol 100℃、101.325kPa 的水汽化为相同温度、相同压力的水蒸气。已知，100℃ 下水的摩尔汽化焓 $\Delta_{vap}H_m = 40.637\text{kJ/mol}$。

（1）$p_e = 101.325\text{kPa}$ 时，计算该相变过程中的 W、Q、ΔU 及 ΔH。

（2）若向真空蒸发，始、终态同上，计算该相变过程中的 W、Q、ΔU 及 ΔH。

解：（1）100℃、101.325kPa 的水汽化为同温同压的水蒸气，此相变为可逆相变，$p_e = 101.325\text{kPa}$ 时，相变过程为等压且不做非体积功的过程。此时有

$$Q_p = \Delta H = n\Delta_{vap}H_m = (1 \times 40.637)\text{kJ} = 40.637\text{kJ}$$

$$W = -\int_{V_1}^{V_2} p_e \mathrm{d}V = -p_e(V_2 - V_1) \approx -p_e V_2 = -nRT = -[1 \times 8.314 \times (100 + 273.15)]\text{J} \approx -3102\text{J}$$

$$\Delta U = Q_p + W = (40637 - 3102)\text{J} = 37535\text{J}$$

或 $\Delta U = \Delta H - \Delta(pV) \approx \Delta H - p_2 V_2 = \Delta H - nRT = (40637 - 3102)\text{J} = 37535\text{J}$

（2）因为向真空蒸发，所以相变过程为不可逆相变。此外有

$$W = 0$$

又因为此不可逆相变过程始、终态与（1）完全相同，所以，状态函数变化量也与（1）相同，则

$$\Delta H = 40.637\text{kJ}, \quad \Delta U = 37535\text{J}$$

故

$$Q = \Delta U - W = 37535\text{J} - 0\text{J} = 37535\text{J}$$

习 题

1. 以下说法对吗？为什么？

1）当系统的状态一定时，所有的状态函数都有一定的数值。当系统的状态发生变化时，所有状态函数的数值也随之发生变化。

2）系统温度升高则一定从环境吸热，系统温度不变就不与环境交换热。

3）根据热力学第一定律，因为能量不会无中生有，所以一个系统如要对外做功，必须从外界吸收热量。

4）因 $Q_p = \Delta H$，$Q_V = \Delta U$，所以 Q_p 和 Q_V 都是状态函数。

5）封闭系统在等压过程中吸收的热等于该系统的焓变。

6）在 101.325kPa 下，1mol100℃的水等温蒸发为 100℃的水蒸气。若水蒸气可视为理想气体，那么由于过程等温，所以该过程 $\Delta U=0$。

7）1mol 水在 101.325kPa 下由 25℃升温到 120℃，其 $\Delta H=\int_{T_1}^{T_2}C_{p,m}\mathrm{d}T$。

8）因焓是温度、压力的函数，即 $H=f(T,p)$，所以在等温等压下发生相变时，由于 $\mathrm{d}T=0$，$\mathrm{d}p=0$，故 $\Delta H=0$。

2. 2mol 的理想气体等温可逆膨胀，体积从 V_1 胀大到 $10V_1$，对外做了 41.85kJ 的功，系统的初始压力为 202.65kPa，试求系统的温度和 V_1。

3. 温度为 298K 时，将 0.05kg 的氮气由 0.1MPa 等温可逆压缩到 2MPa，试计算此过程的功。如果被压缩了的气体在反抗外压 0.1MPa 下等温膨胀到原来状态，此过程的功又为多少？

4. 气缸内储有理想气体 5mol，温度为 298K，压力为 10132.5kPa。

1）使该气体等温可逆膨胀到最后压力为 101.325kPa，计算此过程中气体吸收的热量。

2）如果过程分为 3 个等温膨胀阶段进行：第一阶段，施于气缸活塞的外压由 $100p^{\ominus}$ 突然降到 $50p^{\ominus}$；第二阶段，活塞外压由 $50p^{\ominus}$ 突然降到 $20p^{\ominus}$；第三阶段，活塞外压由 $20p^{\ominus}$ 突然降到 $1p^{\ominus}$，求此过程中气体吸收的热量。

5. 1mol 单原子理想气体从始态 298K、202.6kPa 经 $p=10132.5V+b$ 的途径方程可逆变化（式中 b 为常数，p 和 V 的单位分别为 Pa 和 $\mathrm{dm}^{-3}\cdot\mathrm{mol}^{-1}$），为了使系统体积加倍，计算气体的终态压力及 Q、W、ΔU。

6. 始态温度为 273K、压力为 $10^6\mathrm{Pa}$、体积为 $10\mathrm{dm}^3$ 的氦气经下列各种途径膨胀至终态压力为 $10^5\mathrm{Pa}$，分别计算各途径的 Q、W、ΔU、ΔH（假设氦气为理想气体）。①自由膨胀。②等温抗恒外压力 $10^5\mathrm{Pa}$ 膨胀。③等温可逆膨胀。④绝热可逆膨胀。⑤绝热抗恒外压力 $10^5\mathrm{Pa}$ 膨胀。

7. 如第 7 题图所示，物质的量为 n 的理想气体从 p_2、V_1 等温膨胀至 V_2，再等压冷却至 V_1，然后等容加热使压力增加至 p_2（恢复原状）。请根据该循环导出理想气体 C_p 与 C_V 的关系。

8. 装置如第 8 题图所示，始态时绝热理想活塞两侧容积各为 $20\mathrm{dm}^3$，均充满 298K、$10^5\mathrm{Pa}$ 的双原子分子理想气体。对左侧气室缓慢加热，直至左室气体压力为 $2\times10^5\mathrm{Pa}$。请分别以左室气体、右室气体和所有气体为系统，求此过程的 Q、W、ΔU、ΔH。

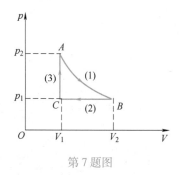

第 7 题图

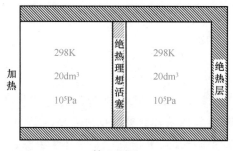

第 8 题图

9. 证明 $\left(\dfrac{\partial U}{\partial T}\right)_p=C_p-p\left(\dfrac{\partial V}{\partial T}\right)_p$，并证明对于理想气体有 $\left(\dfrac{\partial H}{\partial V}\right)_T=0$，$\left(\dfrac{\partial C_V}{\partial V}\right)_T=0$。

10. 某理想气体在 p-V 图上等温线与绝热线相交于 A 点，如第 10 题图所示，已知 A 点的压强 $p_1 = 2 \times 10^5 \mathrm{Pa}$，体积 $V_1 = 0.5 \times 10^{-3} \mathrm{m}^3$，而且 A 点处等温线斜率与绝热线斜率之比为 0.714，现使气体从 A 点绝热膨胀至 B 点，其体积 $V_2 = 1 \times 10^{-3} \mathrm{m}^3$。①求 B 点处的压强。②求在此过程中气体对外做的功。

11. 设有 5mol 的氢气，最初的压强为 $1.013 \times 10^5 \mathrm{Pa}$，温度为 20℃，求在下列过程中，把氢气压缩为原体积的 1/10 至少需做的功：①等温过程，②绝热过程。经这两过程后，气体的压强各为多少？

12. 如第 12 题图所示，一个四周用绝热材料制成的气缸，中间有一固定的用导热材料制成的导热板 C 把气缸分成 A、B 两部分。D 为一绝热活塞。A 中盛有 1mol 氢气，B 中盛有 1mol 氮气（均视为刚性分子的理想气体）。今外界缓慢地移动活塞 D，压缩 A 部分的气体，对气体做功为 W，试求在此过程中 B 部分气体内能的变化。

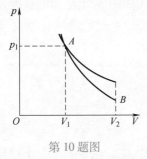

第 10 题图

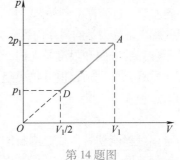

第 12 题图

13. 3mol 温度为 273K 的理想气体，先经等温可逆过程使体积膨胀到原来的 5 倍，然后等容可逆加热，使其末态压强刚好等于初态压强，整个过程传给气体的热量为 $8 \times 10^4 \mathrm{J}$。试画出该过程的 p-V 图，并求该气体的热容比。

14. 已知 1mol 双原子分子理想气体经如第 14 题图过程，求该过程的摩尔热容。

15. 2mol、300K 某理想气体由 1000kPa 的始态分别经下列等温途径变化到 100kPa 的末态，计算各过程的功。①向真空膨胀。②反抗恒外压 100kPa 到末态。③先反抗恒外压 500kPa 到达一中间态，再反抗恒外压 100kPa 到末态。④等温可逆膨胀。

第 14 题图

16. 一理想气体，经过等压可逆过程、等温可逆过程、绝热可逆过程，使体积增加一倍，试扼要说明：①哪一过程的温度变化最大和最小；②哪一过程完成的功值最大和最小；③哪一过程吸热最多和最少。

17. 已知锡在 505K（熔点）时熔化热为 7070.96J/mol，并有 $C_{p(1)} = 34.69 - 9.20 \times 10^{-3} T$ $[\mathrm{J/(mol \cdot K)}]$，$C_{p(s)} = 18.49 + 26.36 \times 10^{-3} T [\mathrm{J/(mol \cdot K)}]$，计算锡在绝热容器内过冷到 495K 时能自动凝固的分数。

第 **3** 章 热力学第二、三定律

自从焦耳以无以辩驳的实验证明机械能、电能和内能等能量间可以相互转化且满足能量守恒条件以来，热力学第一定律便被认为是自然界的一个普遍基本规律。热力学第一定律给出了过程发展的一个一般规律，但针对具体变化过程，人们依然无法判断过程发展的方向和限度，这就需要另一个一般定律，即热力学第二定律。本章首先从判断过程方向与限度的需求引出热力学第二定律的文字表达，然后从卡诺循环和卡诺定理出发引出熵的概念及克劳修斯不等式，并介绍熵判据及不同过程中熵变的计算方法，最后介绍熵的统计意义及热力学第三定律。

3.1　过程的方向和限度

根据热力学第一定律，违背能量守恒定律的过程不可能发生。但事实上，不违背能量守恒定律的过程也可能不发生。譬如，一个长方体容器中间有一固定挡板，左侧为理想气体，右侧为真空。若将挡板抽掉，气体便充满整个容器。由热力学第一定律可知，此过程无功无热，内能保持不变。但同样在无功无热的情况下，经验告诉我们理想气体却不能自动地全部回到左侧，进而恢复到初态。换言之，此过程虽不违背能量守恒定律，也不可能发生。此类问题的解决是热力学的另一内容，为过程的方向和限度问题这也是热力学第二定律的主要任务。

过程的方向和限度是人们十分关心的问题。例如，昂贵的金刚石与廉价的石墨，虽然物理性质有天壤之别，但其物质组成都是单质碳。故人们希望用石墨来制造金刚石，并设计了如下过程

$$C(石墨)\!=\!\!=\!\!=C(金刚石)$$

即希望过程能朝着生成金刚石的方向进行。在一个很长的历史时期内，人们在当时所能达到的条件下做了许多实验，但均以失败而告终。事实说明，在一定条件下，并非任何变化都能朝着人们希望的方向发展。因此，科研工作者在进行实验之前迫切需要知道在一定条件下哪些方向的变化可以进行，哪些方向的变化不可能进行，或者说要使变化朝着人们所希望的方向进行，应该具备什么样的外界条件。

关于限度问题，以气相化学反应为例，假设存在如下化学反应

$$A(g)+B(g)\!=\!\!=\!\!=C(g)+D(g)$$

当在系统中放入同物质的量的 A 和 B 两种物质之后，在一定条件下化学反应开始，并不断生成 C 和 D 两种物质。人们发现最终化学反应停止后，系统中会同时存在 A、B、C 和 D 四种物质而不是只有 C 和 D 两种物质。换言之，化学反应存在一限度问题，即让所有反应物反应完全是不可能的。因此，掌握限度问题，对化学反应设计非常重要，也是化学反应研究

最重要的内容之一。

对更具普遍意义的热功转换，如果把"功变为热"和"热变为功"看作两个相反的方向，那么，这两个方向是不等价的。实践经验告诉我们：功能够无代价地全部变为热，例如将两物体摩擦，则功可无代价地全部变为热；但热却不能无代价地全部变为功，如果不付出代价，则热只能部分变为功，例如，理想气体的等温膨胀，气体从环境中吸收的热量全部变成了功，代价是气体的状态（体积、压力）发生了变化。又如蒸汽机、内燃机等工作时，经过热机吸热做功的循环，热机恢复到原来状态，但一定有一部分热散失。要想不散失这部分热，就设计不出能循环工作的热机。因此，热机的热功转换效率一定小于 1，也就是热功转化是有限度的。

过程的方向和限度问题与过程的不可逆性紧密相关。本书 1.2.5 节介绍了热力学经常用到的一种理想化过程，即可逆过程，与之对应的就是不可逆过程。事实上，可通过讨论不可逆过程的性质，如不可逆性，来解决所有实际发生的热力学过程的方向和限度问题。可逆过程的重要特征是"双复原"，即当该过程方向反向时，系统和环境能够同时回复到初始状态。而对于实际发生的不可逆过程，当该过程方向反向时，系统恢复到初态时，环境必然发生其他变化，即无法实现"双复原"。换言之，能够实现"双复原"的过程是可逆过程，系统不具备不可逆性，在无外界影响的条件下，系统状态不会变化，即处于热力学平衡状态；不能实现"双复原"的过程是不可逆过程，初始系统具有不可逆性，热力学过程的发生对应于系统不可逆性的降低，直到系统不具有不可逆性，而后处于热力学平衡状态。此外，过程的不可逆性同样说明能量具有品味性（the quality of energy）。例如，机械能的品味大于热能，这是因为功热转化不等价；高温热能的品味大于低温热能，这是因为当二者接触时，热会自发地从高温传向低温。

总之，实际发生的热力学过程总是伴随不可逆性的降低、能量品味的降低，且当过程反向时，无法实现"双复原"。这一结论同样也可从生活中找到类似例子，如破镜难圆、覆水难收、逐渐衰老、生米煮熟等。这些例子均说明，实际过程发生后，再也不可能一切恢复如初而没有任何代价。

不可逆过程中，有一类过程人们特别感兴趣，即自发过程。自发过程是指在一定环境条件下，环境不作非体积功时，系统可自动发生的过程。对自发过程，当其逆向进行后，系统恢复到原来状态的同时必定在环境中引起某种变化，这也说明一切自发过程都是不可逆过程。人们之所以对自发过程感兴趣，是因为自发过程在适当的条件下可以对外做有用功，而非自发过程必须依靠外力，即环境要消耗有用功才能进行。人们在生产生活中会遇到许多自发过程，即热力学上的不可逆过程。而这些不可逆过程之间又是互相关联的，可以从一个自发过程的不可逆性推断另一个自发过程的不可逆性。人们逐渐总结出反映这种自发过程的简便说法，即用某种不可逆过程来概括一切不可逆过程，这个普遍原理就是热力学第二定律。

3.2　热力学第二定律的文字表达

上一节基于经验总结出：能够发生的过程一定是不可逆过程。Clausius 与 Kelvin 则分别从反面概括了这一普遍规律，从而给出热力学第二定律的两种著名的文字表述。

1）克劳修斯文字表述。不可能把热由低温物体传到高温物体而不引起其他变化。

2）开尔文文字表述。不可能从单一热源取热，使其全部转变为功而不引起其他变化。

以上文字表达并不违反热力学第一定律，因此它们是独立于热力学第一定律的另一条自然法则。两位热力学大师克劳修斯和开尔文的说法虽略有不同，但本质是一样的，都是指某种热力学过程的逆过程不能自动进行，一旦进行必留下影响。克劳修斯说的是热传导的不可逆性，开尔文指的是功转变为热的不可逆性。需要说明的是，他们并没有说不能把热从低温传到高温（事实上冰箱就是把热从低温传到高温），也没有说热不能全部变成功（事实上理想气体的等温可逆膨胀，就把所吸的热全部变成了功），而是强调要实现这两个过程不留下影响是不可能的，这是这两种文字表述的精髓。

下面证明这两种文字表述的等价性。证明之前，先简单介绍热机及其在第二定律发展史中的贡献。所谓热机，是指将热转化为功的机器，而且这种转化要循环往复，以满足工业生产的需要。不难看出，热机的效率（即热与功的比值）与热/功转化的不可逆性密切相关。因此，热机效率的研究既是工业生产的需求，也与热力学理论息息相关。克劳修斯表述和开尔文表述等价性的证明，其总思路是反证法。如图 3.2-1 所示，假定克劳修斯表述不成立，即热量 $|Q_c|$ 能够自动地从低温热源 T_c 传给高温热源 T_h 而不引起其他变化。今使一热机在 T_c 和 T_h 之间工作，并使其传给热源 T_c 的热量恰为 $|Q_c|$，则整个循环过程的总结果是：热机从单一热源 T_h 取热（$|Q_h|-|Q_c|$），使之全部变成了功 $|W|$ 而没引起其他变化，即开尔文表述不成立。显然，若开尔文表述成立，即图中左端的过程，在不引起其他变化的条件下不可能，则整个循环过程在不引起其他变化的条件下不可能，此即为开尔文表述。同样可以证明：若开尔文表述不成立，则克劳修斯表述也不成立；若开尔文表述成立，则克劳修斯表述必成立。

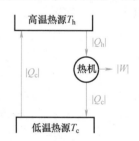

图 3.2-1　热力学第二定律克劳修斯表述与开尔文表述的等价性

由于热机在第二定律中的重要性，将第二定律的开尔文表述与热机相结合，得到开尔文-普朗克表述如下：热机不可能做这样的循环，即唯一效果是热机从单一热源取热，而把它们全部变为对外所做的功。开尔文-普朗克表述的通俗说法就是，第二类永动机是不可能造成的。

3.3　卡诺循环与卡诺定理

将热转变为功在实际生产生活中十分重要。1769 年，瓦特（Watt）发明了蒸汽机，然而，提高热机效率的根本途径是什么？热机效率的极限是？这些问题一直困扰着人们，直到 1824 年卡诺设计了卡诺循环，并提出了著名的卡诺定理，才从理论上解决了这些问题。

3.3.1　卡诺循环

热机由于工程的需要而必须循环运行。因此，研究循环工作的热机很有必要。鉴于循环方式很多，Carnot 从最简单的循环方式着手，称为 Carnot 循环，它包含两个等温可逆过程和两个绝热可逆过程，从下面的分析不难看出，两个等温过程是关键，而两个绝热可逆过程会相互抵消。

如图 3.3-1 所示，卡诺循环以理想气体为工作物质，从温度为 T_h 的高温热源吸收热量 Q_h，而 Q_h 的一部分通过理想热机做功 W，另一部分热量 Q_c 释放给温度为 T_c 的低温热源。假设工作物质为 n mol 理想气体，则卡诺循环在 $p\text{-}V$ 图上可分为四步，如图 3.3-2 所示。

（1）过程 1：理想气体的等温可逆膨胀　状态变化为 $A(p_1, V_1, T_h) \rightarrow B(p_2, V_2, T_h)$。此时内能变化量 $\Delta U_1 = 0$，从高温热源吸热 Q_h 全部用于做功 W_1，其值等于 $ABbaA$ 包围面积（图 3.3-3）。

$$W_1 = -\int_{V_1}^{V_2} p \mathrm{d}V = -nRT_h \ln \frac{V_2}{V_1} \tag{3.3-1}$$

$$Q_h = -W_1 \tag{3.3-2}$$

（2）过程 2：绝热可逆膨胀　状态变化为 $B(p_2, V_2, T_h) \rightarrow C(p_3, V_3, T_c)$，此时 $Q_2 = 0$，对环境所做的功 W_2 等于内能的减少，其值等于 $BCcbB$ 包围面积（图 3.3-4）。

$$W_2 = \Delta U_2 = \int_{T_h}^{T_c} C_V \mathrm{d}T \tag{3.3-3}$$

图 3.3-1　卡诺循环

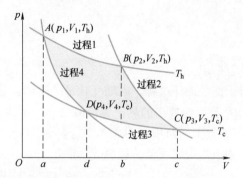

图 3.3-2　理想气体卡诺循环的 $p\text{-}V$ 示意图

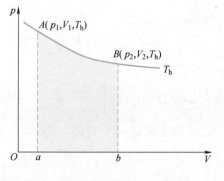

图 3.3-3　过程 1：理想气体的
等温可逆膨胀

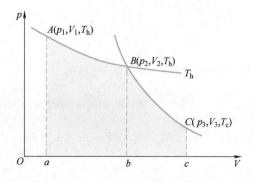

图 3.3-4　过程 2：绝热可逆膨胀

（3）过程 3：等温可逆压缩　状态变化为 $C(p_3, V_3, T_c) \rightarrow D(p_4, V_4, T_c)$，此时，$\Delta U_3 = 0$，向低温热源 T_c 放出热量 Q_c，同时接收环境做的等量功 W_3，环境对系统所做的功等于 $DCcdD$

包围的面积（图 3.3-5）。

$$W_3 = -nRT_c \ln \frac{V_4}{V_3} \tag{3.3-4}$$

$$Q_c = -W_3 \tag{3.3-5}$$

（4）过程 4：绝热可逆压缩　状态变化为 $D(p_4, V_4, T_c) \rightarrow A(p_1, V_1, T_h)$，此时 $Q_4 = 0$，环境对系统所做的功 W_4 全部用于增加理想气体的内能，其值等于 $DAadD$ 包围的面积（图 3.3-6）。

$$W_4 = \Delta U_4 = \int_{T_c}^{T_h} C_V \mathrm{d}T \tag{3.3-6}$$

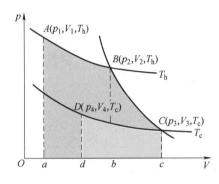

图 3.3-5　过程 3：等温可逆压缩

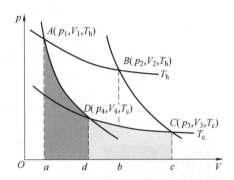

图 3.3-6　过程 4：绝热可逆压缩

对于整个循环过程，内能变化量 $\Delta U = 0$，热量变化 $Q = Q_h + Q_c$（Q_h 是系统吸收的热，为正值；Q_c 是系统放出的热，为负值），W_2 和 W_4 相互抵消，故热机所作的功为 $W = W_1 + W_3$，即 $ABCDA$ 包围的面积（图 3.3-6）。

对于绝热可逆过程，理想气体满足

$$\begin{cases} T_h V_2^{\gamma-1} = T_c V_3^{\gamma-1}（过程 2）\\ T_h V_1^{\gamma-1} = T_c V_4^{\gamma-1}（过程 4）\end{cases} \tag{3.3-7}$$

由式（3.3-7）可得

$$\frac{V_2}{V_1} = \frac{V_3}{V_4} \tag{3.3-8}$$

故热机所做的功 $W = W_1 + W_3$ 可写为

$$W = W_1 + W_3 = -nRT_h \ln \frac{V_2}{V_1} - nRT_c \ln \frac{V_4}{V_3} = nR(T_c - T_h) \ln \frac{V_2}{V_1} \tag{3.3-9}$$

由式（3.3-1）、式（3.3-2）、式（3.3-4）、式（3.3-5）和式（3.3-8）可得

$$\frac{Q_h}{T_h} + \frac{Q_c}{T_c} = 0 \tag{3.3-10}$$

定义热机效率 η 为热机所做的功与所吸收的热之比值，即任意热机的效率可表示为

$$\eta = \frac{|W|}{Q} = \frac{Q_h + Q_c}{Q_h} = 1 + \frac{Q_c}{Q_h} \tag{3.3-11}$$

由于 $Q_c < 0$，则 $\eta < 1$。这样，卡诺热机的效率可表示为：

$$\eta = \frac{nR(T_h-T_c)\ln\dfrac{V_2}{V_1}}{nRT_h\ln\dfrac{V_2}{V_1}} = \frac{T_h-T_c}{T_h} = 1-\frac{T_c}{T_h} \tag{3.3-12}$$

从第一定律的角度看，完成一个卡诺循环后，发生的主要情况是：①系统复原，因此系统的内能变化为零，即 $\Delta U=0$；②系统从高温热源吸收热量 $Q_h(Q_h>0)$，向低温热源释放热量 $Q_c(Q_c>0)$；③对外做功为 $-W(Q_h+Q_h=-W>0)$。因此，只有一部分热转化为功，而不是全部，故热机效率 $\eta<1$。

3.3.2 卡诺定理

卡诺认为，对于任意两个热机，其中一个为可逆热机，其效率记为 η_R，另一个为不可逆热机，其效率记为 η_1；如果这两个热机的高温热源的温度 T_h 一致，低温热源的温度 T_h 也一致，则可逆热机的效率更大，即

$$\eta \leqslant \eta_R = 1-\frac{T_c}{T_h} \tag{3.3-13}$$

此即卡诺定理。根据卡诺定理还可得出推论：所有工作于同温热源与同温冷源之间的可逆热机，其热机效率都相等，即热机效率与热机的工作物质无关。卡诺定理的提出，不仅从原理上解决了热机效率的极限值问题，确定了提高热机效率 η 的根本途径，还通过引入不等号从原理上解决了过程方向的判断问题，更重要的是卡诺定理为熵这一重要热力学状态量的提出奠定了基础。

卡诺定理的证明需借助于热力学第二定律。证明的基本思路仍然是反证法，假设在高温热源 T_h 与低温热源 T_c 之间可逆热机的效率为 η_R，如果存在一个效率 $\eta_1>\eta_R$ 的不可逆热机，可调整这两个热机的运转速度，使它们在同一时间间隔内从高温热源 T_h 吸热，并对外做相同的功 $W(W<0)$，如图 3.3-7a 所示。热机效率可表示为

$$\eta_1 = \frac{W}{Q_1'}, \quad \eta_R = \frac{W}{Q_1} \tag{3.3-14}$$

根据反证法，假设 $\eta_1>\eta_R$，则

$$\frac{W}{Q_1'} < \frac{W}{Q_1} \tag{3.3-15}$$

因为 $W<0$，故有

$$Q_1>Q_1' \tag{3.3-16}$$

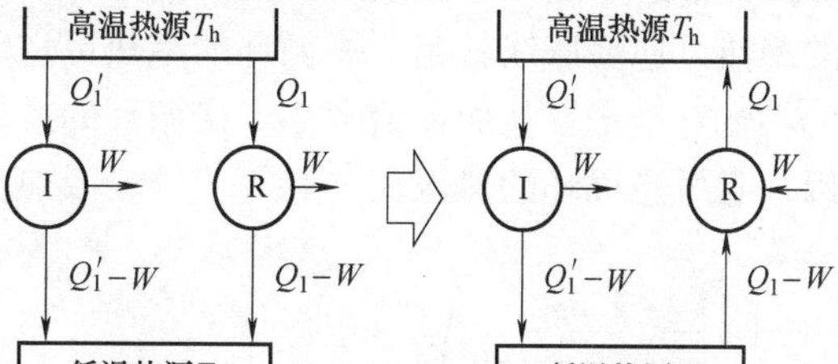

a) 热机正开   b) 热机倒开

图 3.3-7 卡诺定理的证明

现在将可逆热机倒开，使它变为制冷机。因为该热机可逆，所以在制冷循环中，功和热与其正开时大小相等，符号相反，即需要用 $-W$ 的功来开动它，而它从 T_c 吸热后向 T_h 传递 $-Q_1$ 的热量。我们用上述效率为 η_R 的热机来开动此制冷机，两个机器均循环工作。以此二机为系统，工作后系统复原，如图 3.3-7b 所示。由于 $Q_1>Q_1'$，所以工作过程中，热机从低温热源吸热 $(Q_1-W)-(Q_1'-W)=Q_1-Q_1'>0$，高温热源得到热为 Q_1-Q_1'，即热由低温物体传到高温物体而不引起其他变化。这显然与克劳修斯说法相矛盾，故原假设错误，故只有 $\eta_1 \leqslant \eta_R$。

3.4 熵与克劳修斯不等式

3.4.1 熵的引出及定义

1865 年，克劳修斯将卡诺定理进行了延伸，从中发现了状态函数熵的存在。由式（3.3-11）和式（3.3-14）可得

$$1+\frac{Q_c}{Q_h}\leqslant 1-\frac{T_c}{T_h} \tag{3.4-1}$$

式中，"<"代表不可逆循环；"="代表可逆循环。对于卡诺循环（即可逆循环），则

$$1+\frac{Q_c}{Q_h}= 1-\frac{T_c}{T_h} \tag{3.4-2}$$

整理得

$$\frac{Q_c}{T_c}+\frac{Q_h}{T_h}=0 \tag{3.4-3}$$

即卡诺循环中，热效应与温度的比值（热温商）的加和等于零。

卡诺循环只是在两个热源之间的可逆循环，下面讨论一个任意的可逆循环。首先证明任意可逆循环都可分解为若干个小卡诺循环。图 3.4-1a 以 P、Q 两点为例，首先在任意可逆循环的曲线上取很靠近的 P、Q 两点，其次通过 P、Q 点分别作 RS 和 TU 两条绝热可逆膨胀线，然后在 P、Q 之间通过 O 点作等温可逆线 VW，使两个近似三角形 PVO 和 OWQ 的面积相等，这样，PQ 过程与 $PVOWQ$ 过程所做的功相同。同理，对 MN 过程进行相同处理，使 $MXO'YN$ 折线所经过程做功与 MN 过程相同。这样 $VWYX$ 就构成了一个卡诺循环。用相同的方法把任意可逆循环分成许多首尾连接的小卡诺循环，如图 3.4-1b 所示。这样，前一循环的绝热可逆膨胀线就是下一循环的绝热可逆压缩线（如图所示的虚线部分），两个绝热过程的功恰好抵消。从而使诸多小卡诺循环的总效应与任意可逆循环封闭曲线的总效应相当，所以任意可逆循环的热温商之和等于零，或热温商环路积分等于零。

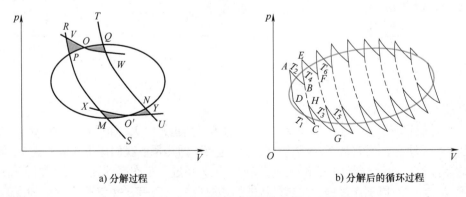

a) 分解过程   b) 分解后的循环过程

图 3.4-1 任意可逆循环可分解为大量小卡诺循环

任意可逆循环分为若干小卡诺循环后，用公式可表述为

$$\frac{\delta Q_2}{T_2} + \frac{\delta Q_1}{T_1} = 0, \frac{\delta Q_4}{T_4} + \frac{\delta Q_3}{T_3} = 0, \frac{\delta Q_6}{T_6} + \frac{\delta Q_5}{T_5} = 0, \cdots \tag{3.4-4}$$

或者可改写为

$$\frac{\delta Q_1}{T_1} + \frac{\delta Q_2}{T_2} + \frac{\delta Q_3}{T_3} + \frac{\delta Q_4}{T_4} + \cdots = 0 \tag{3.4-5}$$

上式即

$$\sum_i \left(\frac{\delta Q_i}{T_i} \right)_R = 0 \ \text{或者} \oint \left(\frac{\delta Q_i}{T_i} \right)_R = 0 \tag{3.4-6}$$

如图 3.4-2 所示，用一闭合曲线代表任意可逆循环。在曲线上任意取 A 和 B 两点，把循环分成 $A \rightarrow B$ 和 $B \rightarrow A$ 两个可逆过程。如此可将式（3.4-6）分成两项的加和

$$\int_A^B \left(\frac{\delta Q}{T} \right)_{R_1} + \int_B^A \left(\frac{\delta Q}{T} \right)_{R_2} = 0 \tag{3.4-7}$$

将式（3.4-7）移项可得

$$\int_A^B \left(\frac{\delta Q}{T} \right)_{R_1} = \int_A^B \left(\frac{\delta Q}{T} \right)_{R_2} \tag{3.4-8}$$

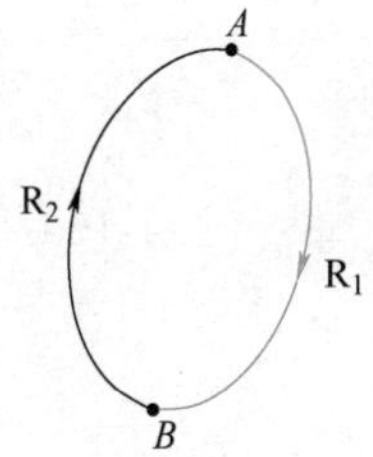

图 3.4-2 任意可逆循环示意图

式（3.4-8）说明任意可逆过程热温商的值决定于始态和终态，而与可逆途径无关，这个热温商具有状态函数的性质。根据数学知识可知，与积分路径无关意味着存在某个函数，该函数具有全微分性质，在热力学中属于状态函数。

克劳修斯将这个新的状态函数定义为"熵"（entropy），用符号"S"表示，单位为 J/K，是广度量。设始态 A 和终态 B 的熵分别为 S_A 和 S_B，则

$$S_B - S_A = \Delta S = \int_A^B \left(\frac{\delta Q}{T} \right)_R \ \text{或者} \ \Delta S = \sum_i \left(\frac{\delta Q_i}{T_i} \right)_R \tag{3.4-9}$$

对于微小变化

$$dS = \left(\frac{\delta Q}{T} \right)_R \tag{3.4-10}$$

式（3.4-9）和式（3.4-10）为熵的定义式，即熵的变化值可用可逆过程的热温商来衡量。

3.4.2 克劳修斯不等式及其意义

设有一个可逆热机（记为 R）和一个不可逆热机（记为 I），它们的高温热源温度相同，低温热源温度也相同，则

$$\eta_I = 1 + \frac{Q_c}{Q_h}, \eta_R = 1 - \frac{T_c}{T_h} \tag{3.4-11}$$

根据卡诺定理，有 $\eta_I < \eta_R$，则

$$\frac{Q_c}{T_c} + \frac{Q_h}{T_h} < 0 \tag{3.4-12}$$

进一步推广为与 n 个热源接触的任意不可逆过程，得

$$\left(\sum_i^n \frac{\delta Q_i}{T_i} \right)_I < 0 \tag{3.4-13}$$

如图 3.4-3 所示，设有一个循环，$A \to B$ 为不可逆过程，$B \to A$ 为可逆过程，则整个循环为不可逆循环，因此

$$\left(\sum_i \frac{\delta Q}{T} \right)_{I, A \to B} + \left(\sum_i \frac{\delta Q}{T} \right)_{R, B \to A} < 0 \qquad (3.4\text{-}14)$$

注意到

$$\left(\sum_i \frac{\delta Q}{T} \right)_{R, B \to A} = S_A - S_B \qquad (3.4\text{-}15)$$

则

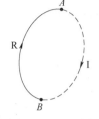

图 3.4-3　不可逆
循环示意图

$$S_B - S_A > \left(\sum_i \frac{\delta Q}{T} \right)_{I, A \to B} \quad \text{或} \quad \Delta S_{A \to B} - \left(\sum_i \frac{\delta Q}{T} \right)_{I, A \to B} > 0 \quad (3.4\text{-}16)$$

式（3.4-16）为著名的克劳修斯不等式。如 $A \to B$ 为可逆过程，则

$$\Delta S_{A \to B} - \left(\sum_i \frac{\delta Q}{T} \right)_{R, A \to B} = 0 \qquad (3.4\text{-}17)$$

故克劳修斯不等式可扩展为更普遍的形式：

$$\Delta S_{A \to B} - \left(\sum_i \frac{\delta Q}{T} \right)_{A \to B} \geqslant 0 \qquad (3.4\text{-}18)$$

式中，δQ 为实际过程的热效应；T 为环境温度。若是不可逆过程，用"$>$"号；可逆过程用"$=$"号，可逆过程中环境温度等于系统温度。对于微小变化有

$$\mathrm{d}S - \frac{\delta Q}{T} \geqslant 0 \quad \text{或} \quad \mathrm{d}S \geqslant \frac{\delta Q}{T} \qquad (3.4\text{-}19)$$

这些都称为克劳修斯不等式，也可作为热力学第二定律的数学表达式。根据克劳修斯不等式，不可逆过程中系统的熵变大于过程的热温商，而在可逆过程中，系统的熵变等于过程的热温商；显然系统中不可能发生熵变小于热温商的过程，这是一切封闭系统的普遍规律。

克劳修斯不等式的诞生意味着热力学第二定律在理论上的完全建立，后续分析都是基于克劳修斯不等式进行的。下面介绍克劳修斯不等式的意义。

1）借助克劳修斯不等式，就可以圆满地回答本章开头的问题，即一个热力学过程在何种条件下才能发生？由于能够发生的过程一定是不可逆的，因此 $\mathrm{d}S > \dfrac{\delta Q}{T}$ 就是热力学过程发生的条件。注意，$\mathrm{d}S = \dfrac{\delta Q_R}{T}$ 时对应可逆过程，而可逆过程可理解为不可逆过程的理论极限，因此实际发生过程对应克劳修斯不等式中的大于号，而不是等于号。

2）克劳修斯不等式中的符号如果是小于，意味着该过程不可能发生。尽管不可能发生的过程无法实际观察，但这个小于号对热力学过程的理论设计是有帮助的，一旦符合了小于号，则该过程无需进一步研究，就像违反能量守恒的过程无需研究一样。

3）克劳修斯不等式与过程方向的关系。热力学过程向克劳修斯不等式允许的方向进行，这就是克劳修斯不等式与方向的关系。

3.4.3　熵增原理

克劳修斯不等式是热力学第二定律的数学表达式，相对于热力学第二定律的文字表达，

定量化数学表达的应用要方便得多，但仍要计算系统熵变和过程热温商。但是过程热温商的计算往往比较复杂，有时甚至无法计算，因此，首先可将克劳修斯不等式应用于一些特殊的系统，以避免这种麻烦。

对于绝热系统（$\delta Q=0$），此时克劳修斯不等式变为 $dS\geq0$，等号表示绝热可逆过程，不等号表示绝热不可逆过程。$dS\geq0$ 表明在绝热条件下，过程使系统的熵增加，或者说在绝热条件下，不可能发生熵减少的过程，这一结论称为熵增加原理。

对于孤立系统，环境与系统间既无热的交换，又无功的交换，则熵增加原理可表述为：

$$dS_{iso}\geq0 \tag{3.4-20}$$

等号表示可逆过程，系统已达到平衡；不等号表示不可逆过程。上式表明，孤立系统中发生的过程，总是自发地朝向熵增加的方向进行，直到系统熵值达到最大，即孤立系统平衡状态是其熵值最大的状态。由于孤立系统不受外界干扰，因此孤立系统中发生的过程，也可以称为自发过程。

但在实际生产或研究中，孤立系统或可近似为孤立系统非常少见，因此熵判据的使用具有很大的局限性。因为系统常与环境有着密切的联系，若把与系统密切相关的环境部分包括在一起，看作一个更大的新系统，这个新系统一定是孤立的，因此：

$$dS_{iso}=\Delta S_{sys}+\Delta S_{sur}\geq0 \tag{3.4-21}$$

式中，">"号为自发过程；"="号为可逆过程，上式可用于判断新孤立系统的方向和限度。严格来讲，此时整个孤立系统的熵增加，并不能说明抛开环境的非孤立系统（即原系统）中的过程是自发的。不过，当原系统与环境交换的热量对环境的影响很小时，也可近似判断原系统的方向和限度。

3.4.4 不可逆熵的产生

由热力学第二定律可知，对可逆过程有 $dS=\delta Q_R/T$，但实际过程大多是不可逆热 Q 而不是可逆热 Q_R，此时对封闭系统，有克劳修斯不等式 $dS-\delta Q/T\geq0$，该式可用于判断过程的方向（可逆与否）。结合克劳修斯不等式，系统的熵变可以表述为

$$dS=\frac{Q_R}{T}=dS_{irr}+dS_{ex} \tag{3.4-22}$$

式中，

$$dS_{irr}=\frac{Q_R-Q}{T},dS_{ex}=\frac{Q}{T}$$

dS_{irr} 是系统内部不可逆熵的产生，而 dS_{ex} 是系统与环境交换的熵。对于前者其值不能为负，即 $dS_{irr}\geq0$，也常用于表示不可逆程度，而对于后者其值可正可负，也可以为零。首先，公式（3.4-22）实际上是克劳修斯不等式的另一种表达式，与克劳修斯不等式的内涵等价。其次，对不可逆熵 dS_{irr} 中的第一部分 Q_R/T 是系统的熵变，第二部分 $-Q/T$ 实际上是环境的熵变，故系统的不可逆熵变实际上就是系统与环境所组成孤立系统的熵变，这也是 $dS_{irr}\geq0$ 的原因。再次，dS_{irr} 的物理意义实际上就是不可逆性的量度，dS_{irr} 值大则不可逆性强，当 $dS_{irr}=0$ 时，发生的是可逆反应，此时无不可逆性。最后，虽然式（3.4-22）针对的是微元系统，但其蕴含的概念可以拓展到宏观系统，即对于宏观系统，同样存在系统内的熵产生 ΔS_{irr} 和从系统流入环境的熵变 ΔS_{ex}。

3.5 熵变的计算

根据熵的定义可知，熵变等于可逆过程的热温商，因此

$$\Delta S = \int_1^2 \frac{\delta Q_R}{T} \mathrm{d}T \tag{3.5-1}$$

式（3.5-1）是计算熵变的基本公式。需要注意的是，式（3.5-1）中的 Q_R 为可逆热，因此上式只适用于可逆过程如果过程不可逆，可根据状态函数理论通过其他路径的设计（但过程的始未态不变）来完成熵变计算。

3.5.1 简单物理过程的熵变

简单物理过程中，系统不发生相变、混合和化学变化，只有 p、V、T 发生变化。

（1）理想气体的等温过程 对于理想气体的等温可逆过程，$\Delta U = 0$，$Q_R = -W$，则

$$W = -\int_{V_1}^{V_2} p_e \mathrm{d}V = -\int_{V_1}^{V_2} p\mathrm{d}V = -\int_{V_1}^{V_2} \frac{nRT}{V}\mathrm{d}V = -nRT\ln\frac{V_2}{V_1} = nRT\ln\frac{p_2}{p_1} \tag{3.5-2}$$

$$\Delta S = \frac{Q_R}{T} = \frac{-W}{T} = nR\ln\frac{V_2}{V_1} = nR\ln\frac{p_1}{p_2} \tag{3.5-3}$$

对于理想气体的等温不可逆过程，也可应用上述公式。

（2）简单变温过程（等压变温或等容变温过程） 对于等压变温过程，有

$$\left(\frac{\partial S}{\partial T}\right)_p = \left(\frac{\delta Q_R / T}{\partial T}\right)_p = \left(\frac{C_p \mathrm{d}T / T}{\partial T}\right)_p = \frac{C_p}{T} \tag{3.5-4}$$

式（3.5-4）表明温度升高，系统的熵值升高，且温度每升高 1K，熵的增加量为 C_p/T。式（3.5-4）也可改写为微分或者积分形式

$$\mathrm{d}S = \frac{C_p}{T}\mathrm{d}T \text{ 或 } \Delta S = \int_{T_1}^{T_2} \frac{C_p}{T}\mathrm{d}T \tag{3.5-5}$$

如果 C_p 可视为常数，则上述积分形式可改写为

$$\Delta S = C_p \ln\frac{T_2}{T_1} \tag{3.5-6}$$

类似地，对于等容变温过程，有

$$\left(\frac{\partial S}{\partial T}\right)_V = \frac{C_V}{T} \text{ 或 } \Delta S = \int_{T_1}^{T_2} \frac{C_V}{T}\mathrm{d}T \tag{3.5-7}$$

若 C_V 可视为常数，则有

$$\Delta S = C_V \ln\frac{T_2}{T_1} \tag{3.5-8}$$

【例 3-1】 有一绝热容器，如例 3-1 图所示，销钉固定的绝热隔板将容器分为两部分，两边分别装有理想气体 He 和 H_2，具体状态数据如图所示。若将隔板换作一块铝板，则容器内

的气体便发生状态变化。求此过程的 ΔH 和 ΔS。

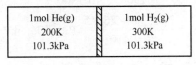

1mol He(g)	1mol H$_2$(g)
200K	300K
101.3kPa	101.3kPa

例 3-1 图

解： 设平衡状态温度为 T_2。对于孤立系统 $\Delta U = 0$，则

$$\Delta U = \Delta U(\text{He}) + \Delta U(\text{H}_2) = n\frac{3}{2}R(T_2 - 200) + n\frac{5}{2}R(T_2 - 300) = 0$$

由上式可得 $T_2 = 262.5\text{K}$。

$$\Delta H = \Delta H(\text{He}) + \Delta H(\text{H}_2) = n\frac{5}{2}R(262.5 - 200) + n\frac{7}{2}R(262.5 - 300)$$

$$= \left[1 \times \frac{5}{2} \times 8.314 \times (262.5 - 200) + 1 \times \frac{7}{2} \times 8.314 \times (262.5 - 300)\right]\text{J} = 207.9\text{J}$$

$$\Delta S = \Delta S(\text{He}) + \Delta S(\text{H}_2) = n\frac{3}{2}R\ln\frac{262.5}{200} + n\frac{5}{2}R\ln\frac{262.5}{300}$$

$$= \left[1 \times \frac{3}{2} \times 8.314 \times \ln\frac{262.5}{200} + 1 \times \frac{5}{2} \times 8.314 \times \ln\frac{262.5}{300}\right]\text{J/K} = 0.62\text{J/K}$$

（3）p、V、T 同时改变的过程　考虑物质的量一定，状态从 (p_1, V_1, T_1) 变化到 (p_2, V_2, T_2)，这种情况下不能一步计算，一般可采用两步计算（图 3.5-1），即

① 先等温后等容（路径 A→C→B），则

$$\Delta S = nR\ln\left(\frac{V_2}{V_1}\right) + \int_{T_1}^{T_2} \frac{nC_{V,\text{m}}}{T}\text{d}T \qquad (3.5\text{-}9)$$

② 先等温后等压（路径 A→D→B），则

$$\Delta S = nR\ln\left(\frac{p_1}{p_2}\right) + \int_{T_1}^{T_2} \frac{nC_{p,\text{m}}}{T}\text{d}T \qquad (3.5\text{-}10)$$

③ 先等压后等容（路径 A→E→B），则

$$\Delta S = nC_{p,\text{m}}\ln\left(\frac{V_2}{V_1}\right) + nC_{V,\text{m}}\ln\left(\frac{p_2}{p_1}\right) \qquad (3.5\text{-}11)$$

需要说明的是式（3.5-9）~式（3.5-11）虽然形式上不一样，但它们是等价的。

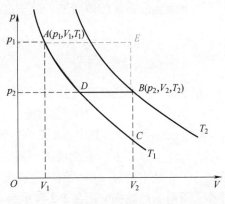

图 3.5-1　p、V、T 同时改变的过程

【例 3-2】 与例 3-1 中图一样有一绝热容器，其中一块用销钉固定的绝热隔板将容器分为两部分，两边分别装有理想气体 He 和 H$_2$。若将隔板换作一个可导热的理想活塞，则容器内的气体发生状态变化。求此过程的 ΔS。

解： 首先求末态，由于孤立系统的 $Q = 0$，$W = 0$，所以 $\Delta U = 0$。

故 T_2 与例 3-1 相同，即 $T_2 = 262.5\text{K}$。

$$V = \frac{200R}{101300} + \frac{300R}{101300} = \frac{500 \times 8.314}{101300} \text{m}^3 = 0.0410 \text{m}^3$$

$$p_2 = \frac{2 \times 8.314 \times 262.5}{0.0410} \text{kPa} = 106.5 \text{kPa}$$

其次求熵变：$\Delta S = \Delta S(\text{He}) + \Delta S(\text{H}_2)$。

He 的变化如下图（例 3-2 图）所示，

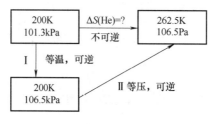

例 3-2 图

$$\Delta S(\text{He}) = \Delta S_{\text{I}} + \Delta S_{\text{II}} = nR\ln\frac{101.3}{106.5} + n\frac{5}{2}R\ln\frac{262.5}{200}$$

$$= \left[1 \times 8.314 \times \ln\frac{101.3}{106.5} + 1 \times \frac{5}{2} \times 8.314 \times \ln\frac{262.5}{200} \right] \text{J/K} = 5.24 \text{J/K}$$

同理 $\Delta S(\text{H}_2) = n\frac{7}{2}R\ln\frac{T_2}{T_1} + nR\ln\frac{101.3}{106.5} = \left[1 \times \frac{7}{2} \times 8.314 \times \ln\frac{262.5}{300} + 1 \times 8.314 \times \ln\frac{101.3}{106.5} \right] \text{J/K} =$

-4.30J/K

所以 $\Delta S = 5.24 - 4.30 = 0.94 \text{J/K} > 0$

可见此孤立系统的熵增加，故其过程是自发的。

3.5.2 相变过程的熵变

相变过程的熵变计算可分为两种情况：

（1）可逆相变　因为可逆相变一般是在等温等压条件下进行的，此过程 $W = 0$，此时 $Q_R = \Delta H$，$\Delta S = \Delta H / T$，其中 ΔH 是可逆相变热（焓），T 是可逆相变温度。

（2）不可逆相变　在此情况下需寻求可逆途径进行计算。可逆途径的确定应遵循如下原则：①途径中的每一步必须可逆；②途径中每步 ΔS 的计算有相应的公式；③有每步 ΔS 计算式所需的热数据。图 3.5-2 所示为不可逆相变熵变计算的路径设计（α、β 为不同相），此时熵变为

$$\Delta S = \Delta S_1 + \Delta S_2 + \Delta S_3 \tag{3.5-12}$$

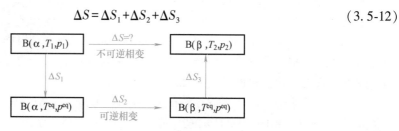

图 3.5-2　不可逆相变熵变计算的路径设计

【例 3-3】　试求 298.2K 及 $p^\ominus$ 下，1mol$H_2O(l)$ 汽化过程的 ΔS。已知 $C_{p,m}(H_2O,l)=$ 75J/(mol·K)，$C_{p,m}(H_2O,g)=33J/(mol·K)$，298.2K 时水蒸气压为 3160Pa，$\Delta_l^g H_m(H_2O,$ 373.2K)=40.6kJ/mol。

解：上述相变过程是不可逆相变，需设计可逆途径。

方法一是设计如下图（例 3-3 图）所示的路径①。根据上述分析，可知

$$\Delta S=\Delta S_I+\Delta S_{II}+\Delta S_{III}=\left[75\times\ln\frac{373.2}{298.2}+\frac{40.6\times10^3}{373.2}+33\times\ln\frac{298.2}{373.2}\right]J/K=117.9J/K$$

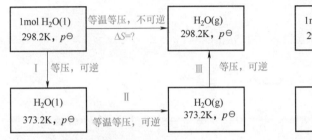

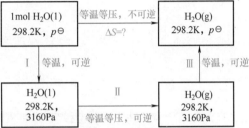

a) 水汽化的可逆相变路径①　　　　　　　　　　b) 水汽化的可逆相变路径②

例 3-3 图

方法二是设计如例 3-3 图所示的路径②，由于液体的熵对压力不敏感，$\Delta S_I\approx0$，另外压力对 ΔH 的影响也不大，故 $\Delta H_{II}(p=3160\text{Pa})\approx\Delta H_{II}(p=p^\ominus)$。根据基尔霍夫定律，可知，

$$\Delta H_{II}(p=p^\ominus)=\Delta H(373.2K)+\int_{373.2K}^{298.2K}(33-75)dT=(40.6\times10^3+42\times75)J=43.75kJ$$

$$\Delta S_{II}=\frac{\Delta H}{T}=\frac{43750}{298.2}J/K=146.7J/K$$

$$\Delta S_{III}=8.314\ln\frac{3160}{101325}J/K=-28.8J/K$$

所以

$$\Delta S=\Delta S_I+\Delta S_{II}+\Delta S_{III}=(0+146.7-28.8)J/K=117.9J/K$$

3.5.3　混合过程的熵变

混合过程是常见的物理过程，它包括溶液的配制、气体的混合等，固体溶解于液体也与混合有关。由于混合过程比较复杂，本节仅以理想气体的混合为例介绍如何计算混合过程的熵变。

理论上讲，混合过程的熵变计算超出了经典热力学范畴。因此，根据统计物理学知识，直接给出理想气体等温等压混合过程的熵变计算式，即

$$\Delta_{mix}S=-R\sum_B n_B\ln x_B \tag{3.5-13}$$

式中，n_B 泛指混合前纯 B 气体的摩尔数；x_B 指混合后气体混合物中 B 气体的摩尔分数。

需要说明的是：①上式也可以用于两种纯溶液在等温等压下的理想混合过程的熵变计

算；②对于非等温等压过程，可以先将系统变为等温等压，这一变化过程一定是简单物理过程，因此其熵变很容易计算；然后再利用式（3.5-13），将两个部分的熵变相加，就是非等温等压混合过程的总熵变。

【例 3-4】 273K 时，将一个 22.4dm³ 的盒子用隔板一分为二，求抽去隔板后，两种气体混合过程的熵变？

0.5mol $O_2(g)$	0.5mol $N_2(g)$

解：方法 1

$$\Delta S(O_2) = nR\ln\frac{V_2}{V_1} = 0.5R\ln\frac{22.4}{11.2}$$

$$\Delta S(N_2) = 0.5R\ln\frac{22.4}{11.2}$$

$$\Delta_{mix}S = \Delta S(O_2) + \Delta S(N_2) = 2\times0.5R\ln\frac{22.4}{11.2} = R\ln2 = [8.314\times\ln2]J/K = 5.76J/K$$

方法 2

$$\Delta_{mix}S = -R\sum_B n_B\ln x_B = -R\left[n(O_2)\ln\frac{1}{2} + n(N_2)\ln\frac{1}{2}\right]$$

$$= [1.0\times R\ln2]J/K = 5.76J/K$$

3.5.4 环境熵变

讨论物理变化或化学变化时，环境通常是指容器及容器外边的空气。在这种情况下，环境的范围远大于系统，系统状态发生变化时，环境的温度 T_e 可视为常数；同时传递给环境的热量可视为可逆热。由于环境热等于系统热的负值，所以环境熵变的计算公式如下：

$$dS(环) = \frac{\delta Q_R(环境)}{T_e} = -\frac{\delta Q(系统)}{T_e} \tag{3.5-14}$$

【例 3-5】 试证明 298.2K 及 $p^{\ominus}$ 下，水的汽化过程不可能自发发生。已知 $C_{p,m}(H_2O,l) = 75J/(mol \cdot K)$，$C_{p,m}(H_2O,g) = 33J/(mol \cdot K)$，298.2K 时水的蒸气压为 3160Pa，$\Delta_l^g H_m(H_2O,373.2K) = 40.60kJ/mol$。

证明：

1mol $H_2O(l)$ 298.2K, $p^{\ominus}$	等温等压 →	$H_2O(g)$ 298.2K, $p^{\ominus}$

由例 3-3 可知，系统的熵变 $\Delta S = 117.9J/K$。

$$\Delta S_{环} = -\frac{Q}{T_e} = -\frac{\Delta H}{T_e} = -\frac{43.75\times10^3}{298.2}J/K = -146.7J/K$$

所以 $\Delta S_{孤} = 117.9 - 146.7 = -28.8J/K < 0$，即该过程不可能自发发生。

3.6 熵的统计概念

　　热力学历史上，热力学第一定律一经建立便被人们普遍接受，原因在于内能 U、功 W 和热 Q 的概念非常明确且容易理解。但是，热力学第二定律中熵 S 的概念非常抽象，尽管人们很容易理解除了热力学第一定律外，还存在其他定律，但是热力学第二定律的接受过程非常缓慢。直到波尔兹曼（Boltzmann）从统计热力学的角度，给出了熵的统计概念之后，热力学第二定律才完全被人们接受。

　　事实上，一切不可逆过程都是向混乱度增加的方向进行，而熵函数可以作为系统混乱度的一种量度，这就是热力学第二定律阐明的不可逆过程的微观本质。例如，对热与功转换的不可逆性，热是分子混乱运动的一种表现，而功是分子有序运动的结果；功转变成热是从规则运动转化为不规则运动，混乱度增加，是自发过程；而要将无序运动的热转化为有序运动的功就不可能自动发生。而对热传导过程的不可逆性，这是因为处于高温时的系统，分布在高能级上的原子/分子数较多，而处于低温时的系统，分子较多地集中在低能级上；当热从高温物体传入低温物体时，两物体各能级上分布的分子数都将改变，总的分子分布能级数增加，是一个自发过程，其逆过程不可能自动发生。

　　熵是混乱和无序的度量，混乱无序的程度越大，熵值越大。以固相、液相、气相三态为例，气体的混乱度最大，液体次之、固体最小，如图 3.6-1 所示。

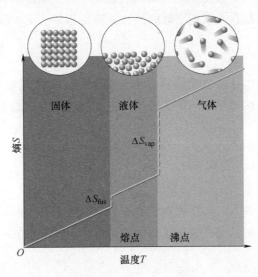

图 3.6-1　气体、液体和固体的混乱度

　　熵值对应系统混乱的程度，也可从微观状态变化来解释这一现象。如果定义微观状态为在微观上能够加以区别的每一种分配方式，宏观状态为在宏观上能够加以区分的每一种分配方式。那么可以理解，微观状态数对应着系统的混乱度，不同的微观状态可对应一种宏观状态，而系统某宏观状态出现的概率与该宏观状态对应的微观状态数成正比，热力学平衡态就是概率最大的宏观状态，其对应的微观状态数目最大。所以，从统计的角度，包含微观状态

数最多的宏观状态就是出现概率最大的状态，孤立系统中发生的一切实际过程都是从微观状态数少的宏观状态向微观状态数多的宏观状态进行。

下面从微观状态的角度解释几个典型的不可逆过程。对于气体的自由膨胀，气体可以向真空自由膨胀但却不能自动收缩，这是因为气体自由膨胀的初始状态所对应的微观状态数最少，而最后均匀分布状态对应的微观状态数最多，所以如果没有外界影响，自由膨胀的逆过程不可能发生。对热传导，能量从高温物体传向低温物体的概率，要比反向传递的概率大得多。从微观上看，系统处于低温时，分子相对集中于低能级上。当热量从高温物体传递至低温物体时，低温物体中的部分分子将从低能级转到较高能级，使得分子在各能级上的分布较为均匀，即从相对有序变为相对无序。因此，热量会自动地从高温物体传向低温物体，相反的过程实际上不可能自动发生。对功热转换，功转化为热就是有规律的宏观运动转变为分子的无序热运动，这种转变的概率极大，可以自动发生，相反，热转化为功的概率极小，因而实际上不可能自动发生。换句话说，从微观角度而言，气体的自由收缩、低温到高温的传热以及热转化为功不是完全不可能自发进行，只是这种事件发生的概率相比于相反的过程来说可以忽略不计，以至于在宏观热力学中不可能自发发生。

如果用热力学概率 Ω 来表征实现某种宏观状态的微观状态数，则热力学概率 Ω 和熵 S 之间必定有某种联系，函数形式可表示为 $S = S(\Omega)$，这是因为宏观状态实际上是大量微观状态的平均，自发变化的方向总是向热力学概率增大的方向进行，这与熵的变化方向相同。另外，熵是广度量，具有加和性，而复杂事件的热力学概率应是各个简单、互不相关事件概率的乘积，所以两者之间应为对数关系。所以，从宏观上讲，熵是系统状态的单值函数，满足可加性；从微观上讲，熵是系统微观态数的函数，满足相乘法则。故熵与热力学概率的函数关系是对数关系，则

$$S = k_B \ln \Omega$$

此即为波尔兹曼公式。波尔兹曼公式把热力学宏观量熵 S 和微观量热力学概率 Ω 联系在一起，建立了热力学与统计热力学之间的关系，奠定了统计热力学的基础。

3.7 热力学第三定律

为了计算化学反应的熵变，需介绍规定熵的概念。由于无法得到熵的绝对数值，所以在讨论熵值时需规定一个相对标准，这是热力学第三定律所要解决的问题。

3.7.1 能斯特热定理

1902 年，理查德（Richard）研究了一些低温下电池反应中 ΔH、ΔG（吉布斯自由能变化量，$G = H - TS$）与 T 的关系，发现温度降低时，ΔH 和 ΔG 值有趋于相等的趋势。用公式可表示为

$$\lim_{T \to 0} (\Delta G - \Delta H) = 0 \qquad (3.7\text{-}1)$$

借助于理查德的研究结果，能斯特发现在低温范围内，等温过程的熵变随温度的降低越来越接近于零。1906 年，能斯特提出

$$\lim_{T \to 0} \Delta S = 0 \tag{3.7-2}$$

式（3.7-2）称为能斯特热定理，可表述为在 $T \to 0K$ 时，一切等温过程的熵值不变。能斯特热定理是在研究低温现象时发现的一条普遍规律。

3.7.2　热力学第三定律

能斯特定理指出，在 $T \to 0K$ 时低温过程 $A \to B$ 的熵变为零，即 $T \to 0K$ 时物质 A 的熵与物质 B 的熵同值。在该定理的启发下，1911 年，普朗克进一步假设，在 0K 时，一切物质的熵值均为零，即

$$\lim_{T \to 0} S = 0 \tag{3.7-3}$$

1920 年，路易斯和吉布森进一步指出，普朗克的假设只适用于纯物质的完美晶体。所谓完美晶体是指晶体中的分子或原子只有一种排列方式，即排列有序。例如 CO 晶体中，两种排列 C—O 和 O—C 不同时存在才叫作完美晶体。即只有当参与反应的各物质都是完美晶体时，才遵守能斯特热定理。

至此，热力学第三定律应完整表述为：0K 时，一切纯物质态完美晶体的熵值为零。除上述表述外，热力学第三定律还可表述为"不可能用有限的步骤使物体冷却到 0K"，即 0K 不可达到原理。热力学第三定律的意义是断定了 0K 只能无限逼近，但不能通过有限步骤达到，因此熵值为零的状态是不能实现的状态。即热力学第三定律选择了一种假想的状态作为熵的零点，这为任意状态下物质的熵值提供了相对基准。

3.7.3　规定熵的计算

热力学第三定律只是一种规定，因此人们将以此规定为基础而计算出的其他状态下的熵称为规定熵。规定在 0K 时纯物质完美晶体的熵值为零，从 0K 到温度 T 进行积分，这样便可求得规定熵值。已知

$$dS = \frac{C_p}{T} dT \tag{3.7-4}$$

则

$$S_T = S_0 + \int_0^T \frac{C_p}{T} dT \tag{3.7-5}$$

若 $S_0 = 0$，则

$$S = \int_0^T \frac{C_p}{T} dT = \int_0^T C_p \, d\ln T \tag{3.7-6}$$

若 0K 到 T 之间有相变，则积分不连续。下面举例说明利用式（3.7-6）计算规定熵。首先以 $\frac{C_p}{T}$ 为纵坐标，T 为横坐标，求某物质在 40K 时的熵值，如图 3.7-1 所示，此时

$$S = \int_{0K}^{40K} \frac{C_p}{T} dT \tag{3.7-7}$$

图 3.7-1 的阴影面积就是该物质的规定熵。如果要求某物质在沸点以上某温度 T 时的规定熵，则积分不连续，要加上在熔点（T_m, melting point）和沸点（T_b, boiling point）的相应熵变，如图 3.7-2 所示。其积分公式可表示为

$$S(T) = S(0) + \int_0^{T_m} \frac{C_p(s)}{T} dT + \frac{\Delta_{melt}H}{T_m} + \int_{T_m}^{T_b} \frac{C_p(l)}{T} dT + \frac{\Delta_{vap}H}{T_b} + \int_{T_b}^{T} \frac{C_p(g)}{T} dT \qquad (3.7\text{-}8)$$

如当温度超过熔点 T_m，又有液相存在时，熵值 S_T 为

$$S_T = S_{298K} + \int_{298}^{T_m} C_p(s) \, d\ln T + \Delta S_{melt} + \int_{T_m}^{T} C_p(l) \, d\ln T \qquad (3.7\text{-}9)$$

式中，熔化熵 ΔS_{melt} 与熔化焓 ΔH_{melt} 的关系为

$$\Delta S_{melt} = \frac{\Delta H_{melt}}{T_m} \qquad (3.7\text{-}10)$$

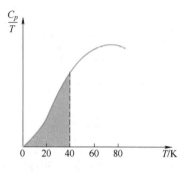

图 3.7-1　无相变时的规定熵

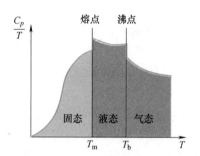

图 3.7-2　有相变时的规定熵

习　题

1. 试用热力学第二定律证明 $p\text{-}V$ 图上两条绝热线不可能相交。

2. 1mol 理想气体于 27℃、101.325kPa 状态下受恒定外压等温压缩到平衡状态，再由该状态等容升温到 97℃，则压力升到 1013.25kPa。求整个过程的 W、Q、ΔU 及 ΔH。已知该气体的 $C_{V,m}$ 为 20.92J/(mol·K)。

3. 1mol 双原子分子理想气体进行如第 3 题图所示的可逆循环过程，其中 1→2 为直线，2→3 为绝热线，3→1 为等温线。已知 $\theta = 45°$，$T_2 = 2T_1$，试求：①各过程的功，内能增量和传递的热量（用 T_1 和已知常数表示）；②此循环的效率 η。

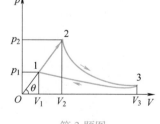

第 3 题图

4. 有 1m³ 的单原子分子的理想气体，始态为 273K、1000kPa。现分别经①等温可逆膨胀、②绝热可逆膨胀、③绝热等压膨胀，到达相同的终态压力 100kPa。请分别计算终态温度 T_2、终态体积 V_2 和所做的功。

5. 四冲程柴油机的理想工作过程称为狄塞尔循环，如第 5 题图所示。1→2 为绝热压缩，2→3 为等压膨胀，3→4 为绝热膨胀，4→1 为等容降压。已知压缩比 $r = V_1/V_2$，等压膨胀比为 $\rho = V_3/V_2$。求狄塞尔循环的效率。

6. 1mol 氦气经过第 6 题图所示的循环过程，其中 $p_2 = 2p_1$、$V_4 = 2V_1$。求 1→2、2→3、3→4、4→1 各过程中气体吸收的热量（用 T_1 表示）和热机的效率。

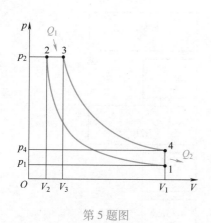

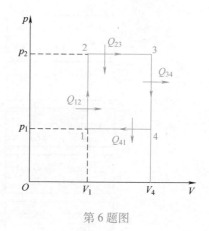

第 5 题图   第 6 题图

7. 判断下列说法或结论是否正确,并说明原因。

(1) 不可逆过程一定自发,自发过程一定不可逆。

(2) 功可以全部变成热,但热一定不能全部转化为功。

(3) 自然界中存在温度降低但熵值增加的过程。

(4) 熵值不可能为负值。

(5) 系统到达平衡时的熵值最大,吉布斯自由能最小。

(6) 不可逆过程的熵不会减少。

(7) 绝热系统中,发生一个从状态 A→B 的不可逆过程,无论用什么方法,系统再也回不到原来状态。

(8) 可逆热机的效率最高,在其他条件相同的情况下,假设由可逆热机牵引火车,其速度将最慢。

(9) 一个系统经历一个无限小的过程,此过程必为可逆。

(10) 理想气体在等温膨胀过程中,$\Delta U = 0$,$Q = W$,即在膨胀过程中系统吸收的热全部变成了功,这违反了热力学第二定律。

(11) 空调、冰箱可以把热从低温热源吸出,释放给高温热源,这与热力学第二定律矛盾。

(12) 处于绝热瓶中的气体进行不可逆压缩,此过程的熵变一定大于零。

(13) 不论孤立系统内部发生什么变化,系统的内能和熵总是不变的。

(14) 一个系统经绝热可逆过程由始态 A 变至终态 B,可以经绝热不可逆过程由 B 态返回至 A 态。

8. 如第 8 题图所示,计算图中各过程的熵变(A、B 均为理想气体)。

9. 在 298K、$p^{\ominus}$ 下,1mol 双原子理想气体经下列过程体积膨胀,增大一倍,求各过程的 ΔS:①等温自由膨胀;②抗恒外压力($p_{外} = p_2$)等温膨胀;③等温可逆膨胀;④绝热自由膨胀;⑤绝热可逆膨胀;⑥反抗 $p^{\ominus}/10$ 外压力绝热膨胀;⑦在 $p^{\ominus}$ 下加热。

10. 在 90℃、$p^{\ominus}$ 下,1mol 水蒸发成等温、等压下的水蒸气,求此过程的 ΔS,并判断此过程是否可能发生。已知 90℃时水的饱和蒸汽压为 7.012×10^4 Pa,90℃时的可逆汽化焓为 41.10kJ/mol,100℃时可逆汽化焓为 40.67kJ/mol,液态水和气态水的摩尔等压热容分别为

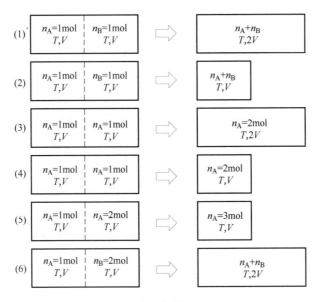

第 8 题图

75.30J/(mol·K) 和 33.58J/(mol·K)。

11. 2mol 某理想气体，其摩尔等容热容 $C_{V,m}=1.5R$，由 500K、405.2kPa 的始态，依次经历下列过程：①恒外压 202.6kPa 下，绝热膨胀至平衡状态；②可逆绝热膨胀至 101.3kPa；③等容加热至 500K 的终态。试求整个过程的 Q、W、ΔU、ΔH、ΔS。

12. 0.5mol 单原子理想气体由 25℃、2dm³ 绝热可逆膨胀到 101325Pa，然后等温可逆压缩到 2dm³。计算整个过程的 Q、W、ΔU、ΔH、ΔS。

13. 1mol、−5℃ 的过冷水，在绝热容器中部分凝结，形成 0℃ 的冰、水两相共存的平衡混合物（已知冰在 0℃ 的摩尔熔化焓是 6009J/mol，水与冰的比等压热容分别为 4.184J/(g·K)、2.092J/(g·K)）。

（1）写出系统物态的变化。

（2）析出多少摩尔的冰。

（3）计算此过程的 ΔH 和 ΔS。

（4）该过程是可逆的吗？

14. 试计算−10℃、101325Pa 下 1mol 过冷水变成冰这一过程的 ΔS，并与实际的热温商比较以判断此过程是否自发。已知水和冰的比等压热容分别为 4.184J/(g·K) 和 2.092J/(g·K)，0℃ 时冰的熔化热 $L_f=335$J/g。

15. 将装有 0.1mol 乙醚液体的微小玻璃泡，放入 35℃、101325Pa、10dm³ 的恒温瓶中，其中充满氮气。将小玻璃泡打碎后，乙醚完全汽化，此时形成一混合理想气体。已知乙醚在 101325Pa 时的沸点为 35℃，其汽化焓为 25.104kJ/mol，请分别计算乙醚及氮气在变化过程中的 ΔH 和 ΔS。

16. 在一带活塞（设无摩擦、无质量）的容器中有氮气 0.5mol，容器底部有一密封小瓶，瓶中有液体水 1.5mol，整个系统的温度为 100℃、压力为 101.3kPa。今使小瓶破碎，维持 101.3kPa 压力下水全部蒸发为水蒸气，终态温度仍为 100℃。已知水在 100℃、101.3kPa

下的汽化焓为 40.67kJ/mol，氮气和水蒸气均按理想气体考虑。求此过程的 Q、W、ΔU、ΔH、ΔS。

17. 一定量的纯理想气体由同一始态 T_1、p_1、V_1 分别经绝热可逆膨胀至 T_2、p_2、V_2 和绝热不可逆膨胀至 T_2'、p_2'、V_2'。若 $p_2 = p_2'$，试证明 $V_2 < V_2'$。

18. 常压下冰的熔点为 0℃，比熔化焓 $\Delta_{fus} H = 335 J/g$，水比等压热容为 4.184J/(g·K)。在一绝热容器中有 1kg、25℃ 的水，现向容器中加入 0.5kg、0℃ 的冰，这是系统的始态。求系统达到平衡状态后，此过程的 ΔS。

第 4 章　热力学函数及基本关系式

随着克劳修斯不等式的建立，热力学第二定律在理论上已经完备，接下来的任务就是克劳修斯不等式的应用。但由于克劳修斯不等式涉及过程量 Q，而 Q 又不像内能、熵等状态量那样容易求算，因此克劳修斯不等式的应用受到一定的限制。正因为如此，才有熵增原理，它是克劳修斯不等式在绝热过程中的体现。不过，尽管熵增原理的数学表达式很简单，但毕竟有绝热条件的限制。因此，当系统不是绝热，且过程中功的确定又比较方便时，如何应用克劳修斯不等式就是面临的首要问题。为此，人们进一步引进了热力学函数亥姆霍兹自由能 A 和吉布斯自由能 G。

本章首先介绍亥姆霍兹自由能 A 和吉布斯自由能 G 函数及其判据，然后介绍热力学函数间的关系式及其应用，最后讨论自由能的计算。

4.1　亥姆霍兹自由能和吉布斯自由能

4.1.1　克劳修斯不等式的转换

深入分析克劳修斯不等式不难发现，它涉及两方面的物理量：一方面是状态量熵；另一方面是过程量热。我们知道，系统的状态量不仅仅有熵，而过程量除了热还有功。因此，可以在克劳修斯不等式的基础上，设法将其中的状态量与过程量转换，使之能更方便地应用到上面所述情形。

我们知道，热力学第一定律涉及热与功，而且第一定律与第二定律的适用条件完全一致。因此，就可以通过第一定律，对克劳修斯不等式进行等价转换，即把克劳修斯不等式中的 δQ 用 $\mathrm{d}U - \delta W$ 进行替换，从而得到

$$\mathrm{d}U - T_e \mathrm{d}S \leqslant \delta W \tag{4.1-1}$$

上式与克劳修斯不等式等价，简称等价式。其中 T_e 是环境温度。下面对等价式做进一步说明：

1）等价式的地位与克劳修斯不等式相当，只不过使用的物理量不同于克劳修斯不等式。对功容易确定的非绝热过程，等价式更为方便，因为该式中没有 Q。

2）一般情况下，T_e 应理解为环境温度。但如果过程可逆，由于可逆过程中系统与环境视为平衡，所以可逆过程的 T_e 可采用系统温度 T；此外，如果过程是等温的，由于等温的定义是 $T_1 = T_2 = T_e =$ 常数，等价式中的 T_e 也可以采用系统温度 T。

3）工程上人们对做功（指对外做功）的大小往往很感兴趣。由于对外做功被规定为负，故等价式改写为

$$T_e dS - dU \geqslant -\delta W = \delta W_{\text{对外}} \tag{4.1-2}$$

不难看出，对外做功的大小受 $T_e dS - dU$ 影响，可逆过程对外做功最大；同时，一个过程内能降低越多，对外做功能力越大；而当过程的 $dU = 0$ 时，熵增（$dS > 0$）也能对外做功。

4.1.2　亥姆霍兹自由能及其判据

对封闭系统，如果过程是在等温下进行的，且该过程是非绝热过程，则由式（4.1-1）可知，其增量式为（对等温过程，式（4.1-1）中的 T_e 可用系统温度 T 代替）：

$$\Delta U - T\Delta S \leqslant W \tag{4.1-3}$$

即

$$(U_2 - U_1) - (T_2 S_2 - T_1 S_1) \leqslant W$$

进一步整理得

$$(U_2 - T_2 S_2) - (U_1 - T_1 S_1) \leqslant W \tag{4.1-4}$$

式中，W 是体积功与非体积功的总和。左端两项形式相同，定义

$$A = U - TS \tag{4.1-5}$$

式中，A 为亥姆霍兹自由能。因为 U、T、S 都是状态函数，因而 A 也是状态函数，具有广度性质，单位是 J 或 kJ。

根据式（4.1-5）的定义，式（4.1-4）可写成

$$\Delta A \leqslant W \text{ 或} -\Delta A \geqslant -W \tag{4.1-6}$$

式（4.1-6）适用于封闭系统的等温过程，其中"="代表等温可逆过程，"<"代表等温不可逆过程。如果等温可逆过程 I 与等温不可逆过程 II 是系统由状态 1 变化到状态 2 的不同途径，那么它们的 ΔA 相同，据式（4.1-6）有

$$-W_I = -\Delta A, -W_{II} < -\Delta A \tag{4.1-7}$$

所以 $-W_I > -W_{II}$，即等温可逆过程对外所做的功大于等温不可逆过程对外所做的功，这也是"等温可逆过程功值最大"的理论根据。式（4.1-6）表明，在等温过程中，系统亥姆霍兹自由能的减少等于在此过程中系统所能做的最大功，即系统的亥姆霍兹自由能实际上代表着系统做功的能力，因此人们也把 A 叫作功函（work function）。

当系统经历等温等容且无非体积功的过程时，功值为零，则式（4.1-6）可写为

$$\Delta A \leqslant 0 \begin{pmatrix} < & \text{不可逆} \\ = & \text{可逆} \end{pmatrix} \tag{4.1-8}$$

式中"<"代表不可逆过程，但由于非体积功 $W_f = 0$，所以也是自发过程，"="代表可逆过程。

式（4.1-8）就是等温等容且 $W_f = 0$ 条件下，过程方向和限度的判据，即如果 A 减少，则为自发过程；如果 A 不变，则为可逆过程。此式的意义可以表述为：在等温等容且无非体积功的条件下，封闭系统中的过程总是自发地朝着亥姆霍兹自由能减少的方向，直至该条件下 A 值最小的平衡状态；在平衡情况下再进行的过程，就是 A 值不变的可逆过程，这就是亥姆霍兹自由能减少原理。

4.1.3　吉布斯自由能及其判据

对于封闭系统的等温过程，式（4.1-6）必然成立。如果进一步限定过程是等压的，此

时体积功 $W_e = -p_e \Delta V$，则对封闭系统的等温等压过程，有

$$\Delta A \leq (-p_e \Delta V + W_f) \tag{4.1-9}$$

考虑到 $p_1 = p_2 = p_e =$ 常数，进一步整理得

$$(U_2 + p_2 V_2 - T_2 S_2) - (U_1 + p_1 V_1 - T_1 S_1) \leq W_f \tag{4.1-10}$$

式（4.1-10）左端两项形式相同，定义吉布斯自由能为

$$G = U + pV - TS = H - TS \tag{4.1-11}$$

式中，G 为状态函数，是系统的广度性质，单位是 J 或 kJ。

根据式（4.1-11）的定义，式（4.1-10）可写成

$$\Delta G \leq W_f \tag{4.1-12}$$

式中，"<" 代表等温等压下的不可逆过程；"=" 代表等温等压下的可逆过程。

同样，如果过程Ⅰ为等温等压的可逆过程，过程Ⅱ为等温等压的不可逆过程，则两个过程 ΔG 相同（两个过程的始末态相同），在数值上 ΔG 恰好等于过程Ⅰ中的非体积功，即 $\Delta G = W_f^{\mathrm{I}}$。因此，封闭系统吉布斯自由能的减少等于在定温定压的可逆过程中系统所做的最大非体积功。这说明在特殊条件（等温等压的可逆过程）下，ΔG 表现出了特定的物理意义。

当系统经历等温等压且无非体积功的过程时，式（4.1-12）变为

$$\Delta G \leq 0 \begin{pmatrix} < & 不可逆 \\ = & 可逆 \end{pmatrix} \tag{4.1-13}$$

式中，"<" 代表不可逆过程，但由于 $W_f = 0$，所以是自发过程，"=" 代表可逆过程。

式（4.1-13）就是等温等压且 $W_f = 0$ 的条件下过程方向和限度的判据，即如果 G 减少，则是自发过程；如果 G 不变，则是可逆过程。它的意义可以表述为：在等温等压且无非体积功的条件下，封闭系统中的过程总是自发地朝着吉布斯自由能减少的方向，直至到达该条件下 G 值最小的平衡状态为止；在平衡状态下再进行的过程是吉布斯自由能不变的可逆过程。这就是吉布斯自由能减少原理。

除上述克劳修斯不等式（即熵判据）、亥姆霍兹判据、吉布斯判据外，从克劳修斯不等式 $dS \geq \delta Q/T$ 出发，还可推出 3 个其他判据，但这 3 个判据的使用条件在实际过程中很难实现，仅存在于理论分析过程。其具体的推导过程同样是将克劳修斯不等式与热力学第一定律进行联立。由热力学第一定律可知，对于封闭系统的微小过程有 $dU = \delta Q + \delta W$，故：

1）等熵等容且不做非体积功的条件下，$\delta W = 0$，$dS = 0$，$dU = \delta Q$，代入克劳修斯不等式得 $0 \geq dU/T$。此时的判据为：$(dU)_{S,V} \leq 0$。

2）等熵等压且不做非体积功的条件下，$dH = \delta Q$，$dS = 0$，代入克劳修斯不等式得 $0 \geq dH/T$。此时等判据为：$(dH)_{S,p} \leq 0$。

3）等熵等压且不做非体积功的条件下，$dH = \delta Q = 0$，代入克劳修斯不等式得 $dS \geq 0$。此时等判据为：$(dS)_{H,p} \geq 0$。

4.2　热力学函数基本关系式

在第一定律和第二定律中，最常遇到的状态函数包括 T，p，V，U，H，S，A 和 G。这八个函数中 T，p，V，U，S 是基本函数，它们都有明确的物理意义，而 H、A 和 G 是导出

函数，它们由基本函数组合而成。

五个基本函数中，由于 T，p，V 可直接测量而容易确定，但 U 与 S 的确定较为困难。到目前为止，关于 U 与 S，都是通过热力学定律来确定它们的变化值，如通过第一定律，由热与功求算内能的变化值 ΔU；同样，通过第二定律，可逆的前提下由热温商求算熵的变化值 ΔS。而且求算 ΔU、ΔS 所借助的都是过程量，但过程量不像状态量那样容易求算。正因为内能与熵的求算存在上述困难，人们希望通过其他状态量（而非热、功这两个过程量）直接求算内能与熵，这就是热力学基本方程提出的背景。

4.2.1　热力学基本方程

在封闭系、没有非体积功、均相和组成不变的前提下，热力学基本方程是一组微分方程，其中第一个微分方程的推导如下。

对于满足上述前提的微小可逆过程，第一定律 $\mathrm{d}U = \delta Q + \delta W$ 可进一步写为

$$\mathrm{d}U = T\mathrm{d}S - p\mathrm{d}V \tag{4.2-1}$$

式（4.2-1）是第一定律与第二定律的联立表达式。有了式（4.2-1），其他三个微分方程很容易推导。

由焓的定义 $H = U + pV$，两端微分得

$$\mathrm{d}H = \mathrm{d}U + p\mathrm{d}V + V\mathrm{d}p$$

将式（4.2-1）代入上式，可得

$$\mathrm{d}H = T\mathrm{d}S + V\mathrm{d}p \tag{4.2-2}$$

由定义式 $A = U - TS$，两边取微分得

$$\mathrm{d}A = \mathrm{d}U - T\mathrm{d}S - S\mathrm{d}T$$

将式（4.2-1）代入上式，整理后得

$$\mathrm{d}A = -S\mathrm{d}T - p\mathrm{d}V \tag{4.2-3}$$

由定义式 $G = A + pV$ 两边取微分得

$$\mathrm{d}G = \mathrm{d}A + p\mathrm{d}V + V\mathrm{d}p$$

将式（4.2-3）代入上式，整理得

$$\mathrm{d}G = -S\mathrm{d}T + V\mathrm{d}p \tag{4.2-4}$$

式（4.2-1）~式（4.2-4）是四个十分重要的关系式。这一组关系式称为热力学基本方程，又称为 Gibbs 公式。

下面对热力学基本方程（特别是其前提条件）做几点说明。由于方程 $\mathrm{d}U = T\mathrm{d}S - p\mathrm{d}V$ 是根本，而其他三个均由纯数学推导而来，因此着重说明这一方程。

1）尽管 $\mathrm{d}U = T\mathrm{d}S - p\mathrm{d}V$ 的推导过程有可逆的要求，但 $\mathrm{d}U = T\mathrm{d}S - p\mathrm{d}V$ 已经与过程量无关，它完全由状态量构成。因此，$\mathrm{d}U = T\mathrm{d}S - p\mathrm{d}V$ 与过程无关，它本质上是状态方程，只不过是状态方程的微分形式。

2）没有非体积功的前提条件主要是针对 $\mathrm{d}U = T\mathrm{d}S - p\mathrm{d}V$ 中的体积功项。假如有非体积功，如表面功，则 $\mathrm{d}U = T\mathrm{d}S - p\mathrm{d}V$ 变为 $\mathrm{d}U = T\mathrm{d}S - p\mathrm{d}V + \sigma\mathrm{d}A$，其中，$\sigma$ 是比表面能；A 是表面面积。没有非体积功保证了 $\mathrm{d}U = T\mathrm{d}S - p\mathrm{d}V$ 的右侧只有两项，第一项与热有关，第二项与体积功有关。

3）组成不变的反面是组成改变，组成改变有两个含义：①成分不变的前提下物质总量

变化，即开放系；②物质总量不变但成分变化，封闭系中的化学反应就是如此。因此，$dU = TdS-pdV$ 只能用于封闭系，且其中不能有化学反应。

4）均相的含义是均匀的单相，均匀指系统中处处温度一致、压力一致及成分一致；单相有一个隐含的意思，即不涉及相变，因为相变至少涉及两相。

综上所述，热力学基本方程本质上是描述均相系统不同状态量之间的二元函数关系。

4.2.2 特性函数

对于 U、H、S、A 和 G 等状态函数，在没有非体积功的前提下，它们都是二元函数。以这些状态函数为因变量（也称函数）并选取适当的自变量，所得的特殊二元函数称为特性函数。常用的特性函数有 $G = G(T, p)$、$A = A(T, V)$、$U = U(S, V)$、$H = H(S, p)$、$S = S(H, p)$ 和 $S = S(U, V)$ 等。马休（Massieu）在 1869 年证明，在均相的前提下，对任意一个特性函数，通过求偏导数等数学手段，可以得到任何（其他的）状态函数。例如，从特性函数 G 及其特征变量 T、p 出发，就可求出 H、U、A、S 等函数的表达式。

由 $G(T, p)$ 可知，

$$dG = -SdT+Vdp，其中，V = \left(\frac{\partial G}{\partial p}\right)_T, S = -\left(\frac{\partial G}{\partial T}\right)_p$$

$$H \equiv G+TS = G-T\left(\frac{\partial G}{\partial T}\right)_p$$

$$U \equiv H-pV = G-T\left(\frac{\partial G}{\partial T}\right)_p -p\left(\frac{\partial G}{\partial p}\right)_T$$

$$A \equiv G-pV = G-p\left(\frac{\partial G}{\partial p}\right)_T$$

不难看出，V、S、H、U、A 等状态函数，均由 G 或 G 的偏导数组成。按照类似的方法，完全可以写出 C_p、C_V 等状态函数的表达式，且式中各项完全由 G 或 G 的偏导数组成。

需要说明的是，特性函数主要是为统计热力学服务的，其与统计热力学中的配分函数相对应，材料热力学中，特性函数概念较少使用。

4.2.3 对应系数关系式

对只发生简单物理变化的封闭系统，有

$$dG = -SdT+Vdp$$

此式为全微分式。

如果设 $G = G(T,p)$，则 G 的全微分为

$$dG = \left(\frac{\partial G}{\partial T}\right)_p dT+\left(\frac{\partial G}{\partial p}\right)_T dp \tag{4.2-5}$$

对比以上两个全微分式，可得

$$\left(\frac{\partial G}{\partial T}\right)_p = -S, \left(\frac{\partial G}{\partial p}\right)_T = V \tag{4.2-6}$$

同理，通过吉布斯公式中其他几个关系式还可得到

$$\left(\frac{\partial U}{\partial S}\right)_V = T, \left(\frac{\partial U}{\partial V}\right)_S = -p \tag{4.2-7}$$

$$\left(\frac{\partial H}{\partial S}\right)_p = T, \left(\frac{\partial H}{\partial p}\right)_S = V \tag{4.2-8}$$

$$\left(\frac{\partial A}{\partial T}\right)_V = -S, \left(\frac{\partial A}{\partial V}\right)_T = -p \tag{4.2-9}$$

以上式（4.2-6）~式（4.2-9）中的 8 个关系式叫作对应系数关系式，在分析问题或证明推导时常常用到。

4.2.4　麦克斯韦关系式

我们知道，在数学上 $\mathrm{d}z = M\mathrm{d}x + N\mathrm{d}y$ 是全微分的充要条件为

$$\left(\frac{\partial M}{\partial y}\right)_x = \left(\frac{\partial N}{\partial x}\right)_y$$

对于只发生简单物理变化的均相封闭系统，4 个吉布斯公式中的关系式（4.2-1）、式（4.2-2）、式（4.2-3）和式（4.2-4）均为全微分式，于是根据上面的规则，可得到下面一组关系式

$$\begin{cases} \left(\dfrac{\partial p}{\partial S}\right)_V = -\left(\dfrac{\partial T}{\partial V}\right)_S \\[2mm] \left(\dfrac{\partial V}{\partial S}\right)_p = \left(\dfrac{\partial T}{\partial p}\right)_S \\[2mm] \left(\dfrac{\partial S}{\partial V}\right)_T = \left(\dfrac{\partial p}{\partial T}\right)_V \\[2mm] \left(\dfrac{\partial S}{\partial p}\right)_T = -\left(\dfrac{\partial V}{\partial T}\right)_p \end{cases} \tag{4.2-10}$$

这一组关系式就是麦克斯韦关系式，它们在热力学中有着广泛的应用。首先，它将一些难以用实验测定的量转化为容易测的量，例如根据式（4.2-10）中的第 4 个公式，变化率 $(\partial S/\partial p)_T$ 难以用实验测定，而 $(\partial V/\partial T)_p$ 代表系统的热膨胀情况，较易用实验测定，若能从手册中查到热膨胀系数，则可直接进行计算该变化率。其次，由麦克斯韦关系式还可得出一些有用的公式，这些公式对于分析解决许多实际问题、揭示一些普遍规律均有帮助。

4.3　热力学基本关系式的应用

4.3.1　热力学函数变化的计算

（1）ΔU　从基本关系式（4.2-1）可知，内能 U 的特征变量为 S 和 V，但在实际过程中，人们更关心 U 随着温度 T、压力 p 和体积 V 的变化。若假设 $U = U(T,V)$，则有

$$\mathrm{d}U = \left(\frac{\partial U}{\partial T}\right)_V \mathrm{d}T + \left(\frac{\partial U}{\partial V}\right)_T \mathrm{d}V = C_V \mathrm{d}T + \left(\frac{\partial U}{\partial V}\right)_T \mathrm{d}V \tag{4.3-1}$$

因此需求出 $\left(\dfrac{\partial U}{\partial V}\right)_T$，具体过程如下：

将方程 $dU = TdS - pdV$ 在等温条件下两端除以 dV，可得

$$\left(\frac{\partial U}{\partial V}\right)_T = T\left(\frac{\partial S}{\partial V}\right)_T - p \tag{4.3-2}$$

据麦克斯韦关系式，有

$$\left(\frac{\partial S}{\partial V}\right)_T = \left(\frac{\partial p}{\partial T}\right)_V$$

所以

$$\left(\frac{\partial U}{\partial V}\right)_T = T\left(\frac{\partial p}{\partial T}\right)_V - p \tag{4.3-3}$$

第 2 章中曾指出，内压 $(\partial U/\partial V)_T$ 代表分子之间相互作用的强弱。式（4.3-3）表明可以通过状态方程求得系统内压的大小。将式（4.3-3）代入式（4.3-1），可得：

$$dU = C_V dT + \left[T\left(\frac{\partial p}{\partial T}\right)_V - p\right]dV \tag{4.3-4}$$

由循环公式可知

$$\left(\frac{\partial V}{\partial T}\right)_p \left(\frac{\partial T}{\partial p}\right)_V \left(\frac{\partial p}{\partial V}\right)_T = -1 \tag{4.3-5}$$

进一步定义等压膨胀系数 $\alpha = \dfrac{1}{V}\left(\dfrac{\partial V}{\partial T}\right)_p$ 及等温压缩系数 $\kappa = -\dfrac{1}{V}\left(\dfrac{\partial V}{\partial p}\right)_T$，故有

$$\left(\frac{\partial p}{\partial T}\right)_V = -\left(\frac{\partial V}{\partial T}\right)_p \left(\frac{\partial p}{\partial V}\right)_T = \frac{\alpha}{\kappa_T} \tag{4.3-6}$$

然后代入式（4.3-4）可得

$$dU = C_V dT + \left(T\frac{\alpha}{\kappa_T} - p\right)dV \tag{4.3-7}$$

需特别说明的是，实际实验可测的量是等压膨胀系数 α、等温压缩率 κ_T 和等压比热容 C_p。式（4.3-7）表明：在知道 α、κ_T 和 C_V 之后，内能的变化 ΔU 可通过温度和体积的积分得到。同样也可假设 $U(T,p)$ 和 $U(V,p)$，从而得到类似公式（4.3-7）的另外 2 个公式，同样也可证明这 3 个公式是等价的。

（2）ΔH 从热力学基本方程可知，焓 H 的特征变量为 S 和 p，但实际过程中，人们更关心 H 随着温度 T、压力 p 和体积 V 的变化。若假设 $H(T,p)$，则有

$$dH = \left(\frac{\partial H}{\partial T}\right)_p dT + \left(\frac{\partial H}{\partial p}\right)_T dp = C_p dT + \left(\frac{\partial H}{\partial p}\right)_T dp \tag{4.3-8}$$

此时需要求出 $\left(\dfrac{\partial H}{\partial p}\right)_T$。具体过程如下：

将方程 $dH = TdS + Vdp$ 在等温条件下两端除以 dp，得

$$\left(\frac{\partial H}{\partial p}\right)_T = T\left(\frac{\partial S}{\partial p}\right)_T + V \tag{4.3-9}$$

将麦克斯韦关系式

$$\left(\frac{\partial S}{\partial p}\right)_T = -\left(\frac{\partial V}{\partial T}\right)_p$$

代入式（4.3-9），得

$$\left(\frac{\partial H}{\partial p}\right)_T = -T\left(\frac{\partial V}{\partial T}\right)_p + V = -TV\alpha + V \tag{4.3-10}$$

此式表明，可以通过状态方程获得等压膨胀系数 α，进而求得压力对焓的影响。将式（4.3-10）代入式（4.3-8）中可得

$$dH = C_p dT + V(1-T\alpha)dp \tag{4.3-11}$$

式（4.3-11）表明，若已知 α 和 C_p，焓的变化 ΔH 可通过关于温度和压力的积分得到。同样也可假设 $H(T,V)$ 和 $H(V,p)$，从而得到类似公式（4.3-11）的另外 2 个公式，同样也可证明这 3 个公式是等价的。

（3）ΔS　对熵函数 S，为了和上述的内能 U 和焓 H 进行区分，设 S 是体积 V 和压力 p 的函数，则有

$$dS = \left(\frac{\partial S}{\partial V}\right)_p dV + \left(\frac{\partial S}{\partial p}\right)_V dp \tag{4.3-12}$$

由链关系可知

$$\left(\frac{\partial S}{\partial V}\right)_p = \left(\frac{\partial S}{\partial T}\right)_p \left(\frac{\partial T}{\partial V}\right)_p = \frac{C_p}{T}\frac{1}{V\alpha}$$

$$\left(\frac{\partial S}{\partial p}\right)_V = \left(\frac{\partial S}{\partial T}\right)_V \left(\frac{\partial T}{\partial p}\right)_V = \frac{C_V}{T}\frac{\kappa_T}{\alpha}$$

将上式代入式（4.3-12）得

$$dS = \frac{C_p}{T}\frac{1}{V\alpha}dV + \frac{C_V}{T}\frac{\kappa_T}{\alpha}dp \tag{4.3-13}$$

式（4.3-13）表明，若已知 α、κ_T、C_V 和 C_p，熵的变化 ΔS 可通过关于体积和压力的积分得到。同样也可假设 $S(T,p)$ 和 $S(T,V)$，从而得到类似公式（4.3-13）的另外 2 个公式，同样也可证明这 3 个公式是等价的。

需要说明的是，从 4 个基本方程可知亥姆霍兹自由能 A 和吉布斯自由能 G 本身已经分别表达为 T 与 V、T 与 p 的函数，但基本关系式本身都含有 S，如 $dA = -SdT - pdV$ 和 $dG = -SdT + Vdp$。换言之需要首先知道过程中的熵值，才能积分得到亥姆霍兹自由能和吉布斯自由能的变化 ΔA 和 ΔG。

4.3.2　热力学性质的证明

（1）理想气体的 U 和 H 只是温度的函数　第 2 章中的这一结论是基于焦耳实验结果推理得到的，但焦耳的实验并不精确，因此只能说在热力学第一定律中是将实验结果适当近似之后得出上述结论的。现在对该结论进行严格的数学证明。

将理想气体状态方程 $pV = nRT$ 代入式（4.3-3）得

$$\left(\frac{\partial U}{\partial V}\right)_T = T\left(\frac{\partial p}{\partial T}\right)_V - p = T\left[\frac{\partial}{\partial T}\left(\frac{nRT}{V}\right)\right]_V - p$$

$$= T\frac{nR}{V} - p = p - p = 0 \tag{4.3-14}$$

同理，将 $pV=nRT$ 代入式（4.3-10），即可证明 $(\partial H/\partial p)_T=0$。这就严格证明了理想气体的 U 和 H 只是温度的函数。

（2）理想气体的热容只是温度的函数　对于任意系统有

$$
\begin{aligned}
\left(\frac{\partial C_p}{\partial p}\right)_T &= \left[\frac{\partial}{\partial p}\left(\frac{\partial H}{\partial T}\right)_p\right]_T \\
&= \left[\frac{\partial}{\partial T}\left(\frac{\partial H}{\partial p}\right)_T\right]_p = \left\{\frac{\partial}{\partial T}\left[V-T\left(\frac{\partial V}{\partial T}\right)_p\right]\right\}_p \\
&= \left(\frac{\partial V}{\partial T}\right)_p - \left(\frac{\partial V}{\partial T}\right)_p - T\left(\frac{\partial^2 V}{\partial T^2}\right)_p = -T\left(\frac{\partial^2 V}{\partial T^2}\right)_p
\end{aligned}
\tag{4.3-15}
$$

同理，可证明

$$
\left(\frac{\partial C_V}{\partial V}\right)_T = T\left(\frac{\partial^2 p}{\partial T^2}\right)_V
\tag{4.3-16}
$$

式（4.3-15）和式（4.3-16）是两个具有普遍意义的式子，在等温下将两式积分便分别得到 C_p 与 p 及 C_V 与 V 的关系。知道系统的状态方程后，就可得到这种具体关系。对于一般系统，式（4.3-15）中的二阶偏导数 $(\partial^2 V/\partial T^2)_p$ 的值很小，因而 p 对 C_p 的影响不大，以至于在压力变化不太大时可忽略这种影响。

将理想气体状态方程 $pV=nRT$ 代入式（4.3-15），得

$$
\begin{aligned}
\left(\frac{\partial C_p}{\partial p}\right)_T &= -T\left[\frac{\partial^2}{\partial T^2}\left(\frac{nRT}{p}\right)\right]_p \\
&= -T\left[\frac{\partial}{\partial T}\left(\frac{nR}{p}\right)\right]_p = 0
\end{aligned}
\tag{4.3-17}
$$

同理，将理想气体状态方程代入式（4.3-16），得 $(\partial C_V/\partial V)_T=0$。这就从理论上证明了理想气体的热容只是温度的函数。

（3）理想气体无焦耳-汤姆孙效应

根据焦耳-汤姆孙系数定义及循环公式 $\left(\dfrac{\partial T}{\partial p}\right)_H\left(\dfrac{\partial p}{\partial H}\right)_T\left(\dfrac{\partial H}{\partial T}\right)_p=-1$，可知：

$$
\mu_{J\text{-}T} = \left(\frac{\partial T}{\partial p}\right)_H = -\left(\frac{\partial T}{\partial H}\right)_p\left(\frac{\partial H}{\partial p}\right)_T = -\frac{1}{C_p}\left[V-T\left(\frac{\partial V}{\partial T}\right)_p\right]
\tag{4.3-18}
$$

对于理想气体，根据理想气体状态方程 $pV=nRT$，可得，

$$
\mu_{J\text{-}T} = -\frac{1}{C_p}\left[V-T\left(\frac{\partial\left(\frac{nRT}{p}\right)}{\partial T}\right)_p\right] = -\frac{1}{C_p}\left[V-T\frac{nR}{p}\right] = 0
$$

这表明经节流过程以后，理想气体的温度不变，即理想气体无焦耳-汤姆孙效应。这是因为节流过程是等焓过程，而理想气体的焓又只是温度的函数，故理想气体经节流过程之后，温度不变。

（4）等压等容与等容热容之间的关系　在第 2 章我们对理想气体的 C_p 与 C_V 的关系进行了讨论。现在有了热力学基本关系式，我们可对任意物质 C_p 与 C_V 的关系进行讨论。根据热容的定义可知

$$
C_p - C_V = \left(\frac{\partial H}{\partial T}\right)_p - \left(\frac{\partial U}{\partial T}\right)_V = \left(\frac{\partial(U+pV)}{\partial T}\right)_p - \left(\frac{\partial U}{\partial T}\right)_V = \left(\frac{\partial U}{\partial T}\right)_p + p\left(\frac{\partial V}{\partial T}\right)_p - \left(\frac{\partial U}{\partial T}\right)_V
\tag{4.3-19}
$$

进一步结合换下标公式得

$$\left(\frac{\partial U}{\partial T}\right)_p = \left(\frac{\partial U}{\partial T}\right)_V + \left(\frac{\partial U}{\partial V}\right)_T\left(\frac{\partial V}{\partial T}\right)_p \tag{4.3-20}$$

整理可得

$$C_p - C_V = \left(\frac{\partial U}{\partial V}\right)_T\left(\frac{\partial V}{\partial T}\right)_p + p\left(\frac{\partial V}{\partial T}\right)_p \tag{4.3-21}$$

即

$$C_p - C_V = \left(\frac{\partial V}{\partial T}\right)_p\left[\left(\frac{\partial U}{\partial V}\right)_T + p\right] \tag{4.3-22}$$

式（4.3-22）适用于任意系统。其中内压 $\left(\dfrac{\partial U}{\partial V}\right)_T$ 是分子间相互作用大小的标志，由于 p 和 $\left(\dfrac{\partial U}{\partial V}\right)_T$ 都大于零，因此

$$\left(\frac{\partial V}{\partial T}\right)_p\left[\left(\frac{\partial U}{\partial V}\right)_T + p\right] > 0 \tag{4.3-23}$$

因此，$C_p > C_V$，即等压热容大于等容热容，这是不难理解的。在等容升温过程中，系统不做功，温度升高时所吸收的热量全部用于增加分子热运动的动能，而在等压升温过程中，系统除增加分子动能外，还要多吸收一些热量以对外做体积功并增加分子的作用势能。

进一步，将式（4.3-3）代入式（4.3-22）并整理得

$$C_p - C_V = T\left(\frac{\partial V}{\partial T}\right)_p\left(\frac{\partial p}{\partial T}\right)_V = T\left(\frac{\partial V}{\partial T}\right)_p\frac{-1}{\left(\frac{\partial T}{\partial V}\right)_p\left(\frac{\partial V}{\partial p}\right)_T} = \frac{T\left(\frac{\partial V}{\partial T}\right)_p^2}{-\left(\frac{\partial V}{\partial p}\right)_T} \tag{4.3-24}$$

注意到等压膨胀系数 α 和等温压缩率 κ_T 的定义，则

$$C_p - C_V = \frac{TV\alpha^2}{\kappa_T} \tag{4.3-25}$$

由于实验测定 C_p、α 和 κ_T 比测定 C_V 容易，所以通常利用式（4.3-25）由 C_p、α 和 κ_T 求算 C_V。式（4.3-25）是个普遍性的关系式，由它可以得出以下具有普遍意义的结论：

1）对处于稳定平衡状态的任何系统，T、V 和 κ_T 总大于 0，而 $\alpha^2 \geq 0$，所以 $C_p - C_V \geq 0$ 或 $C_p \geq C_V$，即 C_p 永不小于 C_V。

2）当 $T \rightarrow 0\mathrm{K}$ 时，$C_p - C_V \rightarrow 0$，即在 0K 附近有 $C_p \approx C_V$。

3）当 $\alpha = 0$ ［即 $(\partial V/\partial T)_p = 0$］ 时，$C_p = C_V$。例如 101325Pa、277.15K 时的液态水便是如此，因为水在该状态时的密度最大，即此时 $V_\mathrm{m}(\mathrm{H_2O,l})$ 有最小值。

（5）温度和压力对 U、H、S、G 和 A 等状态函数的影响　温度和压力是最常使用的人为控制因素，总是通过选定适当的 T 和 p 控制生产过程。下面将 T 和 p 对几个主要状态函数的影响进行如下定性分析。

1）温度的影响。为了便于考察温度 T 对各函数的影响，将 U、H、S、G 和 A 在等压或等容条件下随温度的变化率用便于测量的量来表示，即有

$$\begin{cases} \left(\dfrac{\partial U}{\partial T}\right)_V = C_V, \quad \left(\dfrac{\partial H}{\partial T}\right)_p = C_p \\[3mm] \left(\dfrac{\partial S}{\partial T}\right)_p = \dfrac{C_p}{T}, \quad \left(\dfrac{\partial S}{\partial T}\right)_V = \dfrac{C_V}{T} \\[3mm] \left(\dfrac{\partial G}{\partial T}\right)_p = -S, \quad \left(\dfrac{\partial A}{\partial T}\right)_V = -S \end{cases} \tag{4.3-26}$$

显然，上述各式右端的量，在数值上都是相当可观的。因此，对于任何系统，不论是气体、液体还是固体，温度 T 对这 5 个主要函数的影响都是显著的，即使在温度变化不是很大的情况下，也不可忽略这种影响。

2）压力的影响。与上面类似，将 U、H、S、G 和 A 在等温条件下随压力的变化率用便于测量的量来表示，则有

$$\left(\frac{\partial U}{\partial p}\right)_T = \left(\frac{\partial U}{\partial V}\right)_T\left(\frac{\partial V}{\partial p}\right)_T = \left[T\left(\frac{\partial p}{\partial T}\right)_V - p\right]\left(\frac{\partial V}{\partial p}\right)_T \tag{4.3-27a}$$

$$\left(\frac{\partial H}{\partial p}\right)_T = V - T\left(\frac{\partial V}{\partial T}\right)_p \tag{4.3-27b}$$

$$\left(\frac{\partial S}{\partial p}\right)_T = -\left(\frac{\partial V}{\partial T}\right)_p \tag{4.3-27c}$$

$$\left(\frac{\partial G}{\partial p}\right)_T = V \tag{4.3-27d}$$

$$\left(\frac{\partial A}{\partial p}\right)_T = \left(\frac{\partial A}{\partial V}\right)_T\left(\frac{\partial V}{\partial p}\right)_T = -p\left(\frac{\partial V}{\partial p}\right)_T \tag{4.3-27e}$$

式（4.3-27a）中，$[T(\partial p/\partial T)_V - p]$ 是内压，代表分子间相互作用的强弱。通常情况下，气体内压比液体和固体的内压小得多，使得 $[T(\partial p/\partial T)_V - p](\partial V/\partial p)_T$ 的值不大。对于液体和固体，虽有较大的内压，但由于它们都具有难以压缩的特性，$(\partial V/\partial p)_T$ 的值接近于 0，因而 $[T(\partial p/\partial T)_V - p](\partial V/\partial p)_T$ 的值很小。在式（4.3-27b）中，实验表明，在一般压力范围内，气体的 $[V - T(\partial V/\partial T)_p]$ 值不大，而液体和固体的 V 本身较小，再减去 $T(\partial V/\partial T)_p$ 后整个差值接近于 0。在式（4.3-27c）中，由于气体具有显著的热膨胀性，所以 $(\partial V/\partial T)_p$ 值很大，而液体和固体的热膨胀性比气体要小得多。在式（4.3-27d）中，若就 1mol 物质而言，气体的 V 很大，而液体和固体的 V 却很小。在式（4.3-27e）中，由于气体的压缩性很大，$-(\partial V/\partial p)_T$ 值很大，即 $-p(\partial V/\partial p)_T$ 值很大，而液体和固体由于难以压缩，$-p(\partial V/\partial p)_T$ 值很小。

由以上讨论可知：对于气体，p 对 U 和 H 的影响不大，在压力变化不大时（即 Δp 值不大），可忽略这种影响，但 p 对 S、G 和 A 有显著影响，任何情况下都不可无视这种影响。对于液体和固体，p 对这 5 个函数的影响都很小，即固体和液体对于压力变化都不敏感，因此，在等温且 Δp 不是很大的情况下，液体和固体的 ΔU、ΔH、ΔS、ΔG 和 ΔA 可近似等于零。

4.3.3 纯物质两相系统热力学平衡条件的推导

以纯物质的两相平衡为例，讨论如何从熵判据出发得到相应的热力学平衡条件。设 α 和 β 相的物质的量分别为 n_α 和 n_β，所组成的体系为孤立系统。α 和 β 相均为均相（homogeneous phase)，对应的温度分别为 T_α 和 T_β，体积分别为 V_α 和 V_β，内能分别为 U_α 和 U_β。α 和 β 相之间为相界面，此处不考虑界面的性质。通过界面 α 和 β 相可以发生物质和能量的交换。换言之，α 和 β 相本身均为开放系统，但所组成的整体为孤立系统。

对于孤立系统，能量守恒意味着

$$U = U_\alpha + U_\beta = 常数 \rightarrow dU = dU_\alpha + dU_\beta = 0 \tag{4.3-28}$$

此外，由于没有外界做功，系统的体积也保持不变，即

$$V = V_\alpha + V_\beta = 常数 \rightarrow dV = dV_\alpha + dV_\beta = 0 \tag{4.3-29}$$

物质的量守恒意味着

$$n = n_\alpha + n_\beta = 常数 \rightarrow dn = dn_\alpha + dn_\beta = 0 \tag{4.3-30}$$

对于孤立系统，从熵判据可知，平衡状态对应的是系统的熵达到最大值，函数表达为

$$\max(S)_{U,V,n} = \max(S_\alpha + S_\beta)_{U,V,n} \rightarrow (dS)_{U,V,n} = [d(S_\alpha + S_\beta)]_{U,V,n} = 0 \tag{4.3-31}$$

在 4 个基本关系式中由内能 U 的表达式（4.2-7）表明 $U = U(S,V)$。需要说明的是，简单物理过程系统的这 4 个基本关系式中均未考虑物质的量的变化，对开放系统，则有 $U = U(S,V,n)$，此时，内能的全微分为

$$dU = \left(\frac{\partial U}{\partial S}\right)_{V,n} dS + \left(\frac{\partial U}{\partial V}\right)_{S,n} dV + \left(\frac{\partial U}{\partial n}\right)_{S,V} dn \tag{4.3-32}$$

与式（4.2-7）进行对比可知

$$\left(\frac{\partial U}{\partial S}\right)_{V,n} = T, \left(\frac{\partial U}{\partial V}\right)_{S,n} = -p \tag{4.3-33}$$

而 $\left(\frac{\partial U}{\partial n}\right)_{S,V}$ 实际上就是纯物质的化学势或偏摩尔量（详见第 5 章论述），即

$$\left(\frac{\partial U}{\partial n}\right)_{S,V} = \mu \tag{4.3-34}$$

将式（4.3-33）和式（4.3-34）代入式（4.3-32）得

$$dU = TdS - pdV + \mu dn$$

上式可以重写为

$$dS = \frac{1}{T}dU + \frac{p}{T}dV - \frac{\mu}{T}dn \tag{4.3-35}$$

此式即为开放系统中熵 S 的全微分形式。

将式（4.3-35）应用于 α 和 β 相，然后代入平衡条件式（4.3-31）中得

$$dS = dS_\alpha + dS_\beta = \frac{1}{T_\alpha}dU_\alpha + \frac{p_\alpha}{T_\alpha}dV_\alpha - \frac{\mu_\alpha}{T_\alpha}dn_\alpha + \frac{1}{T_\beta}dU_\beta + \frac{p_\beta}{T_\beta}dV_\beta - \frac{\mu_\beta}{T_\beta}dn_\beta = 0 \tag{4.3-36}$$

结合系统中的限制条件式（4.3-28）~式（4.3-30），可得

$$dS = \left(\frac{1}{T_\alpha} - \frac{1}{T_\beta}\right)dU_\alpha + \left(\frac{p_\alpha}{T_\alpha} - \frac{p_\beta}{T_\beta}\right)dV_\alpha - \left(\frac{\mu_\alpha}{T_\alpha} - \frac{\mu_\beta}{T_\beta}\right)dn_\alpha = 0 \tag{4.3-37}$$

式（4.3-37）中 dU_α、dV_α 和 dn_α 是可变化的量，要使上式成立，则其系数需为零，即

$$\begin{cases} \dfrac{1}{T_\alpha} - \dfrac{1}{T_\beta} = 0 \rightarrow T_\alpha = T_\beta \,(\text{热平衡}) \\[3mm] \dfrac{p_\alpha}{T_\alpha} - \dfrac{p_\beta}{T_\beta} = 0 \rightarrow p_\alpha = p_\beta \,(\text{力平衡}) \\[3mm] \dfrac{\mu_\alpha}{T_\alpha} - \dfrac{\mu_\beta}{T_\beta} = 0 \rightarrow \mu_\alpha = \mu_\beta \,(\text{化学平衡}) \end{cases} \tag{4.3-38}$$

式（4.3-38）即为纯物质两相平衡的 3 个平衡条件，分别对应热平衡、力平衡和化学平衡。需要说明的是尽管在推导过程中假设系统为孤立系统，但这一结论同样可用于其他类型的绝热和开放体系；尽管此处用到的是熵判据，但若从其他任何判据出发，得到的结论也是一样的。在随后章节中，平衡条件将会推广到多元多相系统，并在此基础讨论相图及其性质，进而解决实际的热力学问题。

4.4 自由能的计算

ΔG 和 ΔA 的计算是热力学的重要任务之一，尤其 ΔG 的计算有很大实用价值。由 A 和 G 的定义不难得出，

$$\begin{cases} \Delta A = \Delta U - \Delta(TS) \\ \Delta G = \Delta H - \Delta(TS) \end{cases} \tag{4.4-1}$$

上式对任何过程都是成立的，不论是化学反应还是物理过程，不论过程是否可逆。进一步，如果是等温过程，则有，

$$\begin{cases} \Delta A = \Delta U - T\Delta S \\ \Delta G = \Delta H - T\Delta S \end{cases} \tag{4.4-2}$$

此时，只需得到等温过程的 ΔU、ΔH 和 ΔS，就可求出 ΔA 和 ΔG。在特定情况下，往往可利用 ΔA 和 ΔG 与功的关系简捷地求出 ΔA 和 ΔG，如在等温可逆过程中 $\Delta A = W$，在等温等压可逆过程中 $\Delta G = W_f$。如果分别是等温等容且无非体积功的过程或等温等压且无非体积功的过程，则 ΔA 与 ΔG 均为零。

【例 4-1】 1mol 理想气体 H_2 由 300K、10^6Pa 分别经等温可逆膨胀和自由膨胀至 300K、10^5Pa，试求两个过程的 ΔA 和 ΔG。

解：对等温可逆膨胀过程，$\Delta U = \Delta H = 0$，所以据式（4.4-1）得

$$\Delta A = \Delta U - T\Delta S = -T\Delta S$$

即

$$\Delta A = -nRT\ln\frac{V_2}{V_1} = -nRT\ln\frac{p_1}{p_2}$$

所以

$$\Delta A = -\left(1\times 8.314\times 300\times\ln\frac{10^6}{10^5}\right)\text{J} = -5743\text{J}$$

同样据式（4.4-1）得

$$\Delta G = \Delta H - T\Delta S = -T\Delta S$$

即

$$\Delta G = \Delta A = -5743\text{J}$$

对于自由膨胀过程，虽是不可逆过程，但由于与上述可逆过程的初末状态相同，ΔA 和 ΔG 值与上述过程相同，即 $\Delta A = -5743\text{J}$，$\Delta G = -5743\text{J}$。可见，理想气体等温过程的 ΔG 和 ΔA 同值，这是理想气体的 U 和 H 只是温度的函数的必然结果。

4.4.1　简单物理过程

由吉布斯公式得

$$\begin{cases} \Delta A = \int_{T_1}^{T_2} (-S)\,\mathrm{d}T - \int_{V_1}^{V_2} p\,\mathrm{d}V \\ \Delta G = \int_{T_1}^{T_2} (-S)\,\mathrm{d}T + \int_{p_1}^{p_2} V\,\mathrm{d}p \end{cases} \tag{4.4-3}$$

由于吉布斯公式对简单物理过程，无论过程可逆与否均成立，所以上述公式可用于计算简单物理过程的 ΔA 和 ΔG。

【例 4-2】 物质的量为 n 的 CO_2 气体在等压情况下从 T_1 升温到 T_2，求此过程的 ΔG。

解： 据式 (4.4-3)，由于等压，$\mathrm{d}p = 0$，所以

$$\Delta G = \int_{T_1}^{T_2} (-S)\,\mathrm{d}T$$

为了求得积分，必须先求出每个温度下的熵 S。等压条件下，有

$$\left(\frac{\partial S}{\partial T} \right)_p = \frac{C_p}{T}$$

故等压下，有

$$\mathrm{d}S = \frac{C_p}{T}\,\mathrm{d}T$$

设在该压力下温度为 T_0 时系统的熵为 S_0，在 $T_0 \sim T$ 时对上式积分（这里 T_0 是任一指定的温度）

$$\int_{S_0}^{S} \mathrm{d}S = \int_{T_0}^{T} \frac{C_p}{T}\,\mathrm{d}T$$

$$S = S_0 + \int_{T_0}^{T} \frac{C_p}{T}\,\mathrm{d}T$$

故

$$\Delta G = -\int_{T_1}^{T_2} \left(S_0 + \int_{T_0}^{T} \frac{C_p}{T}\,\mathrm{d}T \right) \mathrm{d}T$$

由此看来，为了求得等压变温过程的 ΔG，需要查找 C_p 数据，另外还必须知道系统在某一温度下的规定熵。一般我们可以从手册上查到 298.15K 时物质的标准熵，以此数据为基础，求出上式中的 S_0。可见变温过程中 ΔG 的计算较为烦琐。

4.4.2　相变过程

由于大多数相变过程是在等温等压条件下进行的，所以对等温等压条件下的可逆相变，根据吉布斯自由能判据，此时 $\Delta G = 0$，$\Delta A = \Delta G - \Delta(pV) = -p\Delta V$。如果不是可逆相变，则需要

设计相变过程的可逆路径来求 ΔA 和 ΔG。下面举例说明如何设计可逆路径。

【例 4-3】 已知 268.15K 时，固态苯 C_6H_6 的饱和蒸气压为 2280Pa，液态苯的饱和蒸气压为 2675Pa，求 268.15K、101325Pa 下 1mol 过冷液态苯凝固过程的 ΔG。

解： 因为过冷液态苯的凝固是等温等压下的不可逆相变，应该设计如例 4-3 图所示的可逆过程。

过程 I 和 V 分别为液体和固体的等温过程且压力变化不大，可忽略吉布斯自由能的变化，

$$\Delta G_{I} \approx 0, \quad \Delta G_{V} \approx 0$$

过程 II 和 IV 分别为等温等压可逆汽化和等温等压可逆凝华，据吉布斯自由能判据可知

$$\Delta G_{II} = 0, \quad \Delta G_{IV} = 0$$

过程 III 是理想气体等温过程，据式（4.4-3）得

$$\Delta G_{III} = \int_{P_1}^{P_2} V \mathrm{d}p = nRT\ln \frac{p_2}{p_1}$$

$$= \left[1 \times 8.314 \times 268.15 \times \ln \frac{2280}{2675} \right] \mathrm{J} = -356.2\mathrm{J}$$

因此，$\Delta G = \Delta G_{I} + \Delta G_{II} + \Delta G_{III} + \Delta G_{IV} + \Delta G_{V} \approx \Delta G_{III} = -356.2\mathrm{J}$

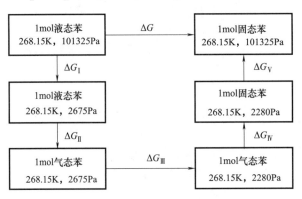

例 4-3 图

4.4.3　理想混合过程

理想气体的等温等压混合过程没有热效应发生，所以混合焓 $\Delta_{mix}H = 0$，据式（3.5-13），混合熵 $\Delta_{mix}S = -R\sum\limits_{B} n_B\ln x_B$，所以混合过程的吉布斯自由能变为

$$\Delta_{mix}G = \Delta_{mix}H - T\Delta_{mix}S = -T\Delta_{mix}S \tag{4.4-4}$$

即

$$\Delta_{mix}G = RT\sum_{B} n_B\ln x_B \tag{4.4-5}$$

式中，n_B 和 x_B 分别为理想气体 B 的物质的量及混合气体中 B 的摩尔分数。而对理想气体的非等温等压混合过程，则需根据加和性，分别求出每种气体的 ΔG，然后加和得到 $\sum\limits_{B}\Delta G_B$。

4.4.4　吉布斯-亥姆霍兹方程

对于等温等压下的相变或化学反应，当相变或化学反应的温度不同时，ΔG 不同。为了讨论等温等压条件下相变或化学反应过程的 ΔG 随 T 的变化，首先要了解纯物质的 G 与 T 的关系。在等压条件下，纯物质的 G 随 T 的变化率为

$$\left(\frac{\partial G}{\partial T}\right)_p = -S = \frac{G-H}{T} = \frac{G}{T} - \frac{H}{T} \tag{4.4-6}$$

将式（4.4-6）中右侧的 G/T 移到等号左端，然后两端同乘以 $1/T$ 得：

$$\frac{1}{T}\left(\frac{\partial G}{\partial T}\right)_p - \frac{G}{T^2} = -\frac{H}{T^2} \tag{4.4-7}$$

即

$$\frac{T\left(\dfrac{\partial G}{\partial T}\right)_p - G}{T^2} = -\frac{H}{T^2} \tag{4.4-8}$$

根据微分法则，式（4.4-8）左端是 G/T 对 T 的偏导数，所以记作

$$\left[\frac{\partial (G/T)}{\partial T}\right]_p = -\frac{H}{T^2} \tag{4.4-9}$$

式（4.4-9）称为吉布斯-亥姆霍兹公式，它描述纯物质的吉布斯自由能随 T 的变化关系。

对于等温等压下的相变或化学反应，则

$$\left[\frac{\partial (\Delta G/T)}{\partial T}\right]_p = \left[\frac{\partial ((G_{产物}-G_{反应物})/T)}{\partial T}\right]_p = \left[\frac{\partial (G/T)_{产物}}{\partial T}\right]_p - \left[\frac{\partial (G/T)_{反应物}}{\partial T}\right]_p$$

$$= \left(-\frac{H}{T^2}\right)_{产物} - \left(-\frac{H}{T^2}\right)_{反应物} = -\frac{H_{产物}-H_{反应物}}{T^2} \tag{4.4-10}$$

即

$$\left[\frac{\partial (\Delta G/T)}{\partial T}\right]_p = -\frac{\Delta H}{T^2} \tag{4.4-11}$$

式（4.4-11）也称为吉布斯-亥姆霍兹公式。如果知道了 T_1 时某相变或化学反应的 ΔG_1，就可通过式（4.4-11）计算另一温度 T_2 时的 ΔG_2。等压条件下对式（4.4-11）积分得

$$\int_{\Delta G_1 T_1}^{\Delta G_2 T_2} \mathrm{d}\left(\frac{\Delta G}{T}\right) = \int_{T_1}^{T_2} -\frac{\Delta H}{T^2}\mathrm{d}T \tag{4.4-12}$$

$$\frac{\Delta G_2}{T_2} = \frac{\Delta G_1}{T_1} - \int_{T_1}^{T_2}\frac{\Delta H}{T^2}\mathrm{d}T \tag{4.4-13}$$

显然，具体计算时还需先将相变焓或反应焓 ΔH 利用第 2 章中的基尔霍夫公式求出，然后再利用式（4.4-13）求出吉布斯自由能的变化量 ΔG。

对亥姆霍兹自由能同样可以用上述推导过程得到另一个吉布斯-亥姆霍兹公式，即

$$\left[\frac{\partial (\Delta A/T)}{\partial T}\right]_V = -\frac{\Delta U}{T^2} \tag{4.4-14}$$

同样，在具体计算时需先求出内能的变化量 ΔU，然后再利用式（4.4-14）求出亥姆霍兹自由能的变化量 ΔA。

【例 4-4】 已知 $H_2O(l)$ 和 $H_2O(g)$ 的摩尔等压热容分别为 75.30J/(mol·K) 和 33.58J/(mol·K)，在 373.15K、101325Pa 时水的汽化热为 40.6kJ/mol，试求在 298.15K、101325Pa 下 1mol $H_2O(l)$ 汽化过程的 ΔG。

解：设 $T_1 = 373.15K$，$T_2 = 298.15K$，则在 T_1 和 101325Pa 下水的汽化过程为等温等压可逆相变，所以 $\Delta G_1 = 0$，据吉布斯-亥姆霍兹公式得

$$\frac{\Delta G_2}{T_2} = -\int_{T_1}^{T_2} \frac{\Delta H}{T^2} \mathrm{d}T$$

$$\Delta G_2 = -T_2 \int_{T_1}^{T_2} \frac{\Delta H}{T^2} \mathrm{d}T$$

由基尔霍夫公式知，任意温度下水汽化过程的 ΔH 与温度的关系为

$$\Delta H = \Delta H(373.15K) + \int_{373.15K}^{T} \Delta C_p \mathrm{d}T$$

$$= 40.6 \mathrm{kJ} + \int_{373.15}^{T} (33.58 - 75.30) \times 10^{-3} \mathrm{d}T$$

$$= 56.17 - 41.72 \times 10^{-3} T$$

将此关系代入前式得

$$\Delta G_2 = -T_2 \int_{T_1}^{T_2} \frac{56.17 - 41.72 \times 10^{-3} T}{T^2} \mathrm{d}T$$

$$= -T_2 \left[56.17 \times \left(\frac{1}{T_1} - \frac{1}{T_2} \right) - 41.72 \times 10^{-3} \ln \frac{T_2}{T_1} \right]$$

$$= -298.15 \times \left[56.17 \times \left(\frac{1}{373.15} - \frac{1}{298.15} \right) - 41.72 \times 10^{-3} \times \ln \frac{298.15}{373.15} \right] \mathrm{kJ}$$

$$= 8.5 \mathrm{kJ}$$

可知，在 298.15K、101325Pa 下，$H_2O(l)$ 的汽化过程是吉布斯自由能增加的过程，故不自发进行。

习 题

1. 298K、1mol 的理想气体从压力 101325Pa 等温膨胀到 10.1325Pa，试计算等温可逆膨胀和自由膨胀过程的 ΔG。

2. 计算 1mol、298K、101325Pa 的过冷水蒸气变成同温同压下液态水的 ΔG，并判断过程的自发性。已知 298K 时，液态水的饱和蒸汽压为 3168Pa，液态水的摩尔体积 $V_m = 0.018 \mathrm{dm}^3/\mathrm{mol}$，与压力无关。

3. 如第 3 题图所示，1mol 单原子理想气体从状态 A 点出发，沿途经 $ABCA$ 经历一个循环过程。已知 $T_A = 546K$，$p_2 = 2p_1$，$V_2 = 2V_1$。求：①过程 AB 的 Q、W、ΔU；②过程 BC 的 Q、ΔS；③过程 CA 的 Q、W、ΔG（该过程为可逆过程）。

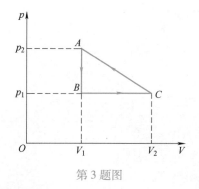

第 3 题图

4. 指出在下述各过程中，系统的 ΔU、ΔH、ΔS、ΔA、ΔG 何者为零。

(1) 非理想气体卡诺循环过程。

(2) H_2 和 O_2 在绝热等容容器中反应生成水的过程。

(3) 实际气体节流膨胀过程。

(4) 液态水在 100℃ 及标准压力下蒸发成水蒸气的过程。

5. $1 mol H_2O(l)$ 在 100℃、$p^{\ominus}$ 下，向真空蒸发变成 100℃、$p^{\ominus}$ 的 $H_2O(g)$。求该过程中系统的 W、Q、ΔU、ΔH、ΔS、ΔA 和 ΔG 值，并判断过程的方向。已知该温度下 $\Delta_{vap} H_m$ 为 40.67kJ/mol，蒸汽可视为理想气体，液态水的体积与蒸汽体积相比可忽略不计。

6. 在温度为 298K、压力为 $p^{\ominus}$ 下，C（金刚石）和 C（石墨）的摩尔熵分别为 2.45J/(mol·K) 和 5.71J/(mol·K)，其燃烧热分别为 −395.40kJ/mol 和 −393.51kJ/mol，其密度分别为 $3513 kg/m^3$ 和 $2260 kg/m^3$。试求：①在 298K 及 $p^{\ominus}$ 下，石墨-金刚石的 $\Delta_{trs} G_m$；②哪一种晶型较为稳定；③增加压力能否使不稳定的晶体变成稳定的晶体，如有可能，则需要加多大的压力。

7. 苯在正常沸点 353K 下的 $\Delta_{vap} H_m = 30.77 kJ/mol$，今将 353K 及 $p^{\ominus}$ 下的 1mol 苯向真空等温蒸发为同温同压的苯蒸气（设为理想气体）。①请计算在此过程中苯吸收的热量 Q 与做的功 W。②求苯的摩尔汽化熵 $\Delta_{vap} S_m$ 及摩尔汽化吉布斯自由能 $\Delta_{vap} G_m$。③求环境的熵变 $\Delta S_{环}$。④应用有关原理，判断上述过程是否为不可逆过程？

8. 100℃ 的恒温槽中有一带活塞的导热圆筒，筒中为 2mol $N_2(g)$ 及装于小玻璃瓶中的 3mol $H_2O(l)$。环境压力即系统的压力维持 120kPa 不变。今小玻璃瓶打碎，液态水蒸发至平衡态。求过程的 Q、W、ΔU、ΔH、ΔS、ΔA 及 ΔG。已知：水在 100℃ 时的饱和蒸汽压为 $p_s = 101.325 kPa$，在此条件下水的摩尔蒸发焓 $\Delta_{vap} H_m = 40.668 kJ/mol$。

9. 证明：对理想气体存在

$$① \left(\frac{\partial T}{\partial p}\right)_S = \frac{V}{C_p}; \quad ② \left(\frac{\partial T}{\partial V}\right)_S = -\frac{p}{C_V}; \quad ③ \left(\frac{\partial H}{\partial p}\right)_V = C_{p,m} \frac{V}{R}$$

10. 试证明气体的焦耳系数有下列关系，并分别求出理想气体和范德瓦尔斯气体（实际气体）的焦耳系数。

$$\left(\frac{\partial T}{\partial V}\right)_U = \frac{1}{C_V}\left[p - T\left(\frac{\partial p}{\partial T}\right)_V\right]$$

11. 试证明以下各式成立。

(1) $\left(\frac{\partial U}{\partial V}\right)_p = C_p\left(\frac{\partial T}{\partial V}\right)_p - p$

(2) $\left(\dfrac{\partial H}{\partial p}\right)_T = V - T\left(\dfrac{\partial V}{\partial T}\right)_p$

(3) $C_p - C_V = T\left(\dfrac{\partial V}{\partial T}\right)_p \left(\dfrac{\partial p}{\partial T}\right)_V$

(4) $\left(\dfrac{\partial p}{\partial V}\right)_T = -\dfrac{(\partial p / \partial T)_V}{(\partial V / \partial T)_p}$

(5) $\left(\dfrac{\partial T}{\partial p}\right)_S = \dfrac{T\left(\dfrac{\partial V}{\partial T}\right)_p}{C_p}$

12. 某实际气体的状态方程 $pV = n(RT + \alpha p)$，式中 α 是只与气体的性质和温度有关的常数。若该气体在等温下进行可逆的变压过程，试推导出过程的 W、Q、ΔU、ΔH、ΔS、ΔA、ΔG 与 T、p 的关系式。

第 5 章 多元系统热力学 I——基本热力学描述

由一种化学物质构成的系统称为纯物质或单组元系统，简称一元系统或一元系；由两种及两种以上化学物质构成的系统称为多组元系统，简称多元系统或多元系，其中的每一种物质称为一种组元或组分。例如 H_2O、$CaCO_3$ 等分子化合物为单组元系统，而当其分解后形成多元系统，如高温下水蒸气部分分解为氢气和氧气后，形成 H_2O、H_2、O_2 共存的多元系统。如果多元系统在达到热力学平衡后处于单相状态，则称为多元均相系统（单相+平衡=均相）；如果是多种相态平衡共存，则称为多元多相系统。常见的多元均相系统包括气体混合物、液态溶液、固溶体等。对于气、液、固三种不同相态的多元均相系统，热力学上的描述方法相同。本章主要以液态溶液为例，介绍多元均相系统的热力学描述方法，相关结论对固态和气态的多元均相系统同样适用。

多元均相系统的广度性质，显然与构成系统的每一组元的物质量（记为 n_i）都有关系。以二元系的广度量体积为例，两种物质的量 n_A 与 n_B 越大，该二元系的体积显然越大。然而，溶液的体积通常并不等于构成溶液的纯组元体积之和。这是因为每一组元在多元均相系统中的性质，与该组元处于纯态时的性质通常并不相同。为了反映多元均相系统中某个组元的性质，需引入偏摩尔量的概念。通过多元均相系统中每一组元的偏摩尔量，可以计算系统的广度性质。此外，每个组元的各种偏摩尔量之间，以及不同组元的同一偏摩尔量之间，都存在特定关系。本章将对这些内容做详细介绍。

多元均相系统可在等温等压下通过各种纯物质混合而形成。混合前后系统各种广度性质的变化反映了多元均相系统与构成系统的纯组元之间的差异，这一差异的数值大小可以用来度量溶液内能、焓、吉布斯自由能等没有绝对值的广度性质。混合前后系统整体性质的改变同样与各组元在混合前后的性质变化密切相关，通过各个组元性质的变化可以计算出系统整体性质的改变。这些内容也将在本章详细介绍。

与第 4 章介绍的一元两相系统类似，多元多相系统平衡也要满足化学势相等条件，化学势是分析多元系统多相平衡问题的关键。多元系统中，化学势概念针对均相中的每一组元，且均相中每个组元的化学势通常并不等于与之相同相态纯组元的化学势。本章将对多元均相系统中组元的化学势进行详细介绍，通过化学势将组成不变系统的热力学基本关系式进一步扩展到组成可变系统，并推导出多元多相系统的热力学平衡条件。

5.1 多元均相系统的独立变量数

用热力学分析复杂系统时，最基本的任务是搞清楚确定系统的状态（或者说描述系统的状态）需要几个独立变量。如第 1.2 节所述，对于组成不变的均相系统，只需指定系统的 2 个性质，如温度 T 和压力 p，则系统的各种性质就能全部确定，即系统只有 2 个独立变量。多元均相系统的主要特征在于其组成可变，组成的变化往往带来系统性质的变化。对于多元均相系统，即使总物质的量一定，且系统的温度与压力也都确定时，系统的其他性质仍可随成分改变而发生变化。例如对于 10mol 的乙醇水溶液，即使指定温度为 25℃、压力为 1atm，当溶液中乙醇的占比不同时，溶液的各种其他性质（如体积）也不相同。因此，描述多元均相系统需要的独立变量数目显然大于 2。

大量实验表明，对于由组元 1、组元 2、…、组元 k 构成的多元均相系统，当系统中每种组元的物质的量 n_1、n_2、…、n_k 以及温度 T、压力 p 均确定，系统的全部性质都会确定下来。对于包含 k 种组元的均相系统，它的任意一个广度性质 Z 通常可描述为

$$Z=f(T,p,n_1,n_2,\cdots,n_k) \tag{5.1-1}$$

式（5.1-1）共有 $k+2$ 个独立变量。即多元均相系统广度性质要用 $k+2$ 个独立变量描述。

描述多元均相系统强度性质时，固然也可以用式（5.1-1）中的 $k+2$ 个独立变量，但由于强度性质与系统的总量无关，并不需要指定每种组元的物质量 n_1、n_2、…、n_k，通常选取 T、p 以及各组元的浓度（如摩尔分数 x_1、x_2、…、x_k）为自变量。由于 $x_1+x_2+\cdots+x_k=1$，所以只有 $k-1$ 个独立的浓度变量。如选择浓度变量 x_2、…、x_k 为独立变量，则多元均相系统的任意强度性质 Y 描述为

$$Y=f(T,p,x_2,\cdots,x_k) \tag{5.1-2}$$

上式共有 $k+1$ 个独立变量。

5.2 偏摩尔量

等温等压下，多元均相系统整体的广度性质显然由各个组元共同决定。如何由各个组元的性质计算整体的广度性质？对这一问题的回答需引入偏摩尔量。偏摩尔量是描述多元均相系统中某一组元性质的一类变量，包括偏摩尔体积、偏摩尔内能、偏摩尔焓、偏摩尔熵等。下面以偏摩尔体积为例，来说明什么是组元的偏摩尔量以及偏摩尔量与系统整体广度性质之间的关系。

5.2.1 偏摩尔量定义

根据式（5.1-1），对 k 种组元构成的均相系统，其体积 V 是 $k+2$ 个变量的函数，可以记为 $V=f(T,p,n_1,n_2,\cdots,n_k)$。当系统状态发生无限小量改变时，根据状态函数的性质，体积变化可以用全微分表示，即

$$\mathrm{d}V = \left(\frac{\partial V}{\partial T}\right)_{p,n_1,n_2,\cdots,n_k} \mathrm{d}T + \left(\frac{\partial V}{\partial p}\right)_{T,n_1,n_2,\cdots,n_k} \mathrm{d}p + \sum_B \left(\frac{\partial V}{\partial n_B}\right)_{T,p,n_{C(C\neq B)}} \mathrm{d}n_B \tag{5.2-1}$$

其中，下标中 $n_{C(C\neq B)}$ 表示除 B 以外其他组元的物质的量固定。式（5.2-1）中右端第一、第二项分别代表系统组成不变时，由温度、压力的改变而引起的体积变化，$\mathrm{d}T$ 和 $\mathrm{d}p$ 前面的系数分别与热胀系数和等温压缩率相关。右端第三项代表在温度、压力不变时，由各组元的

物质量改变而引起的体积变化之和。为方便表达，定义任意组元 B 的物质量变化 $\mathrm{d}n_B$ 前面的偏导数为系统中组元 B 的偏摩尔体积 $\overline{V}_B$，即

$$\overline{V}_B = \left(\frac{\partial V}{\partial n_B}\right)_{T,p,n_{C(C\neq B)}} \tag{5.2-2}$$

偏摩尔体积的单位为 $\mathrm{m}^3/\mathrm{mol}$，物理意义为：在等温等压且保持 B 以外其他所有组元的物质的量不变时，往巨大均相系统中单独加入 1mol 的 B，引起的系统体积变化。也可将其理解为温度、压力和浓度都固定的多元均相系统中，1mol 物质 B 对于整体体积的贡献。应当注意，在一般情况下，$\overline{V}_B$ 不等于纯 B 的摩尔体积 $V_{m,B}^*$（即 1mol 纯 B 的体积）。

多元均相系统的其他广度性质，如 U、H、S、A、G 等，同样可按上述思路进行分析。用 Z 代表多元均相系统的任意广度性质，则其微小变化可表示为

$$\mathrm{d}Z = \left(\frac{\partial Z}{\partial T}\right)_{p,n_1,n_2,\cdots,n_k} \mathrm{d}T + \left(\frac{\partial Z}{\partial p}\right)_{T,n_1,n_2,\cdots,n_k} \mathrm{d}p + \sum_B \left(\frac{\partial Z}{\partial n_B}\right)_{T,p,n_{C(C\neq B)}} \mathrm{d}n_B \tag{5.2-3}$$

式中，物质量变化 $\mathrm{d}n_B$ 前面的偏导数即为组元 B 的偏摩尔量，即

$$\overline{Z}_B = \left(\frac{\partial Z}{\partial n_B}\right)_{T,p,n_{C(C\neq B)}} \tag{5.2-4}$$

偏摩尔量是研究多元均相系统的重要热力学量，是系统广度性质对组元物质量的偏导数，但并非任意一个对物质量的偏导数都是偏摩尔量，偏导数的下标一定是 T, p, $n_{C(C\neq B)}$，否则就不能称为偏摩尔量。而且只有系统的广度性质才有相应的偏摩尔量，强度性质没有偏摩尔量。从定义式（5.2-4）可以看出，偏摩尔量本身是强度性质，其值与系统中总的物质的量无关，只决定于系统的温度、压力和浓度，即

$$\overline{Z}_B = f(T,p,x_2,\cdots,x_k) \tag{5.2-5}$$

对于纯物质 B，其广度性质 Z 等于 B 的物质量 n_B 与摩尔广度性质 $Z_{m,B}^*$ 的乘积，即 $Z = n_B Z_{m,B}^*$。如同样按照式（5.2-4）定义纯物质的偏摩尔量，则：

$$\overline{Z}_B = \left(\frac{\partial Z}{\partial n_B}\right)_{T,p} = \left[\frac{\partial(n_B Z_{m,B}^*)}{\partial n_B}\right]_{T,p} = Z_{m,B}^*\left(\frac{\partial n_B}{\partial n_B}\right)_{T,p} = Z_{m,B}^* \tag{5.2-6}$$

可见，等温等压下，纯物质偏摩尔量 $\overline{Z}_B$ 就是摩尔量 $Z_{m,B}^*$。

当溶液中组元 B 的浓度趋于 1 时，$\overline{Z}_B$ 将接近 $Z_{m,B}^*$。因而对于稀溶液中溶剂 $B(x_B\to 1)$，其偏摩尔量可以用纯 B 的摩尔量来近似，即：

$$\overline{Z}_B \approx Z_{m,B}^* \ (x_B\to 1) \tag{5.2-7}$$

5.2.2　偏摩尔量的重要公式

1. 加和公式

对于 k 种组元构成的均相系统，将偏摩尔体积的定义式（5.2-2）代入式（5.2-1）中，当温度、压力固定时（$\mathrm{d}T=0, \mathrm{d}p=0$），可得

$$\mathrm{d}V = \sum_B \overline{V}_B \mathrm{d}n_B = \overline{V}_1 \mathrm{d}n_1 + \overline{V}_2 \mathrm{d}n_2 + \cdots + \overline{V}_k \mathrm{d}n_k \tag{5.2-8}$$

式（5.2-8）表明，系统体积的变化等于各组元物质的量变化带来的贡献之和。对式（5.2-8）

积分，可以计算出组元物质的量发生有限变化后系统体积的变化。

对组元物质量为 n_1、n_2、$\cdots$、n_k 的均相系统，等温等压下，按各组元物质量从零到最终值对式（5.2-8）进行积分，可得到系统总体积为

$$V = \int_0^{n_1} \overline{V}_1 \mathrm{d}n_1 + \int_0^{n_2} \overline{V}_2 \mathrm{d}n_2 + \cdots + \int_0^{n_k} \overline{V}_k \mathrm{d}n_k \qquad (5.2\text{-}9)$$

如果各组元物质的量逐个发生变化（依次添加各个组元），则每种组元物质的量变化时都会引起系统浓度的改变。由于偏摩尔体积是浓度的函数，所以这一过程中偏摩尔体积也随之改变，此时上述积分计算需要知道偏摩尔体积随浓度变化的具体关系式。但如果按照系统中各组元的物质的量比例（$\mathrm{d}n_1 : \mathrm{d}n_2 : \cdots : \mathrm{d}n_k = n_1 : n_2 : \cdots : n_k$）同时不断加入各组元，则这一过程中系统内各组元的浓度保持不变，且由于温度、压力固定，故各组元的偏摩尔体积保持恒定。因此可将式（5.2-9）中每一个积分号内的偏摩尔体积提到积分号外，得

$$V = \overline{V}_1 \int_0^{n_1} \mathrm{d}n_1 + \overline{V}_2 \int_0^{n_2} \mathrm{d}n_2 + \cdots + \overline{V}_k \int_0^{n_k} \mathrm{d}n_k$$

$$= \overline{V}_1 n_1 + \overline{V}_2 n_2 + \cdots + \overline{V}_k n_k = \sum_B \overline{V}_B n_B \qquad (5.2\text{-}10)$$

式（5.2-10）即为溶液偏摩尔体积的加和公式（也称集合公式），表明多元均相系统的体积等于各种组元对系统体积贡献的总和。若系统只含有两种组元，则

$$V = n_A \overline{V}_A + n_B \overline{V}_B \qquad (5.2\text{-}11)$$

式中，$n_A \overline{V}_A$ 和 $n_B \overline{V}_B$ 分别代表系统中组元 A 和 B 对体积的贡献。

需要注意的是，多元均相系统的体积通常并不等于构成系统的各种纯组元体积之和。例如，在 20℃、1atm 下将 50mL 水与 50mL 乙醇混合，得到溶液的体积并不是 100mL 而大约为 96.5mL。这是由于混合后水分子和乙醇分子间的相互作用与混合前同种分子间的相互作用不同。

对于其他偏摩尔量也有相同形式的加和公式，即

$$Z = n_1 \overline{Z}_1 + n_2 \overline{Z}_2 + \cdots + n_k \overline{Z}_k = \sum_B n_B \overline{Z}_B \qquad (5.2\text{-}12)$$

式（5.2-12）两边同除以系统总的物质的量 n（$n = n_1 + n_2 + \cdots + n_k$），可得到关于系统摩尔容量性质的加和公式

$$Z_m = x_1 \overline{Z}_1 + x_2 \overline{Z}_2 + \cdots + x_k \overline{Z}_k = \sum_B x_B \overline{Z}_B \qquad (5.2\text{-}13)$$

2. 吉布斯-杜亥姆公式

在等温等压条件下，对加和公式（5.2-12）两端微分，可得

$$\mathrm{d}Z = \sum_B n_B \mathrm{d}\overline{Z}_B + \sum_B \overline{Z}_B \mathrm{d}n_B \qquad (5.2\text{-}14)$$

另外，在等温等压条件下，式（5.2-3）变为

$$\mathrm{d}Z = \sum_B \overline{Z}_B \mathrm{d}n_B \qquad (5.2\text{-}15)$$

比较式（5.2-14）和式（5.2-15），可得

$$\sum_B n_B \mathrm{d}\overline{Z}_B = 0 \qquad (5.2\text{-}16)$$

如两边除以系统总的物质的量，则得

$$\sum_B x_B \mathrm{d}\overline{Z}_B = 0 \qquad (5.2\text{-}17)$$

式（5.2-16）和式（5.2-17）均称为 Gibbs-Duhem（吉布斯-杜亥姆）公式，此式在等温等压下成立。吉布斯-杜亥姆公式表明溶液中各种物质的偏摩尔量是相互联系的。对二元溶液，吉布斯-杜亥姆公式可写为

$$x_A d\overline{Z}_A + x_B d\overline{Z}_B = 0 \tag{5.2-18}$$

可以看出，当一个组元的偏摩尔量增加时，另一个组元的偏摩尔量必将减少。此外，只要知道了一个组元的偏摩尔量，利用式（5.2-18）积分，便可求出另一个组元的偏摩尔量。

3. 各种偏摩尔量之间的热力学公式

前面章节介绍了各种状态函数之间的关系式，这些关系式对于多元均相系统同样适用。同时，多元均相系统中任一组元 B 的各种偏摩尔量之间也有相同形式的关系式。下面对这一问题进行举例说明。

例如，对均相系统，无论是纯物质还是多组元，整个系统焓 H 的定义式均为

$$H = U + pV$$

同时，多元均相系统中，任一组元的偏摩尔量也存在类似的关系，即

$$\overline{H}_B = \overline{U}_B + p\overline{V}_B \tag{5.2-19}$$

证明如下：

$$
\begin{aligned}
\overline{H}_B &= \left(\frac{\partial H}{\partial n_B}\right)_{T,p,n_{C(C \neq B)}} = \left[\frac{\partial(U+pV)}{\partial n_B}\right]_{T,p,n_{C(C \neq B)}} \\
&= \left(\frac{\partial U}{\partial n_B}\right)_{T,p,n_{C(C \neq B)}} + p\left(\frac{\partial V}{\partial n_B}\right)_{T,p,n_{C(C \neq B)}} \\
&= \overline{U}_B + p\overline{V}_B
\end{aligned}
$$

类似地，从亥姆霍兹自由能和吉布斯自由能的定义式，可以获得

$$\overline{A}_B = \overline{U}_B - T\overline{S}_B \tag{5.2-20}$$

$$\overline{G}_B = \overline{H}_B - T\overline{S}_B \tag{5.2-21}$$

又如，组成不变系统中对应关系式如下

$$\left(\frac{\partial G}{\partial p}\right)_{T,n_i} = V$$

式中，下标 n_i 表示所有物质的量都固定。则对多元均相系统，任一组元的偏摩尔量也有类似形式的关系，即

$$\left(\frac{\partial \overline{G}_B}{\partial p}\right)_{T,n_i} = \overline{V}_B \tag{5.2-22}$$

式（5.2-22）证明如下

$$
\begin{aligned}
\left(\frac{\partial \overline{G}_B}{\partial p}\right)_{T,n_i} &= \left[\frac{\partial}{\partial p}\left(\frac{\partial G}{\partial n_B}\right)_{T,p,n_{C(C \neq B)}}\right]_{T,n_i} = \left[\frac{\partial}{\partial n_B}\left(\frac{\partial G}{\partial p}\right)_{T,n_i}\right]_{T,p,n_{C(C \neq B)}} \\
&= \left(\frac{\partial V}{\partial n_B}\right)_{T,p,n_{C(C \neq B)}} = \overline{V}_B
\end{aligned}
$$

同理可得

$$\left(\frac{\partial \overline{G}_B}{\partial T}\right)_{p,n_i} = -\overline{S}_B \tag{5.2-23}$$

5.2.3　二元系统中偏摩尔量的确定

本小节以溶液中组元的偏摩尔体积为例，讨论二元系统中如何通过实验测量与理论计算相结合的方法确定偏摩尔量。具体方法包括斜率法和截距法两种。

1. 斜率法

该方法从偏摩尔量定义式出发，通过实验测量和作图分析获得偏摩尔量。以 A-B 二元溶液中组元 B 的偏摩尔体积为例，根据偏摩尔体积定义式（5.2-2）

$$\overline{V}_B = \left(\frac{\partial V}{\partial n_B}\right)_{T,p,n_A}$$

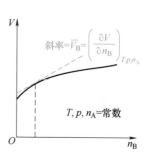

可见，在温度、压力以及组元 A 物质的量都固定的前提下，只需获得溶液体积随组元 B 的物质的量变化关系，即可通过体积对 B 的物质的量求导，以确定 B 的偏摩尔体积。具体操作时，在等温等压条件下，向一定量溶剂中逐次加入组元 B，测量添加不同物质的量 B 后的溶液体积 V，绘出如图 5.2-1 所示的 $V\sim n_B$ 曲线，式中 n_B 是溶液中所含组元 B 的物质的量。过曲线上任意一点作切线，则切线斜率 $(\partial V/\partial n_B)_{T,p,n_A}$ 即为该点对应溶液中 B 的偏摩尔体积 $\overline{V}_B$。也可将测量曲线用一定的数学函数 $V=f(n_B)$ 进行拟合，进而计算出 $f(n_B)$ 的导数，即可获得 $\overline{V}_B$。

图 5.2-1　等温等压且 n_A 固定条件下溶液体积随 n_B 的变化关系

对于可通过实验测量的其他广度性质，同样可通过上述步骤获得相应的偏摩尔量。

【例 5-1】 常温常压下，1kg 水中加入 $n$mol 的 NaCl 时，水溶液体积 V 随 n 的变化关系为

$$V = 1.0\times10^{-3} + 1.6\times10^{-5}n + 1.7\times10^{-6}n^{\frac{3}{2}} + 1.1\times10^{-7}n^2$$

式中，V 为溶液体积（m^3）。求当 $n=2$mol 时，H_2O 和 NaCl 的偏摩尔体积是多少？

解：根据偏摩尔体积定义有

$$\overline{V}_{NaCl} = \left(\frac{\partial V}{\partial n_{NaCl}}\right)_{T,p,n_{H_2O}}$$

$$= \left(1.6\times10^{-5} + \frac{3}{2}\times1.7\times10^{-6}n^{\frac{1}{2}} + 2\times1.1\times10^{-7}n\right) m^3/mol$$

当 $n=2$mol 时，得 $\overline{V}_{NaCl} = 2.0046\times10^{-5} m^3/mol$。

根据加和公式 $V = n_{H_2O}\overline{V}_{H_2O} + n_{NaCl}\overline{V}_{NaCl}$ 得

$$\overline{V}_{H_2O} = \frac{V - n_{NaCl}\overline{V}_{NaCl}}{n_{H_2O}}$$

$$= \frac{\left(1.0\times10^{-3} - \frac{1}{2}\times1.7\times10^{-6}n^{\frac{3}{2}} - 1.1\times10^{-7}n^2\right) m^3}{\dfrac{1kg}{0.018kg/mol}}$$

当 $n=2$mol 时，得 $\overline{V}_{H_2O} = 1.795\times10^{-5} m^3/mol$。

2. 截距法

该方法通过等温等压实验，获得溶液的摩尔性质随组元浓度的变化关系，进而确定各个组元的偏摩尔量。以 A-B 二元溶液体积为例，溶液的摩尔体积定义为 $V_m = V/(n_A + n_B)$，通过实验测定 n_A 与 n_B 比值变化时溶液的总体积，进而可换算出 V_m 随 x_B 的变化关系 $V_m = f(x_B)$。由此关系式出发，即可计算出溶液中 A、B 的偏摩尔体积，具体推导如下：

首先将体积的加和公式（5.2-11）两端同除以 $(n_A + n_B)$，可得

$$V_m = x_A \overline{V}_A + x_B \overline{V}_B \tag{5.2-24}$$

对式（5.2-24）微分得

$$dV_m = x_A d\overline{V}_A + \overline{V}_A dx_A + x_B d\overline{V}_B + \overline{V}_B dx_B \tag{5.2-25}$$

在等温等压条件下，由吉布斯-杜亥姆公式得

$$x_A d\overline{V}_A + x_B d\overline{V}_B = 0 \tag{5.2-26}$$

将式（5.2-26）代入式（5.2-25）得

$$dV_m = \overline{V}_A dx_A + \overline{V}_B dx_B \tag{5.2-27}$$

两端同除以 dx_B 得

$$\frac{dV_m}{dx_B} = -\overline{V}_A + \overline{V}_B \tag{5.2-28}$$

解式（5.2-24）和式（5.2-28）组成的方程组，得

$$\begin{cases} \overline{V}_A = V_m - x_B \dfrac{dV_m}{dx_B} \\[3mm] \overline{V}_B = V_m + x_A \dfrac{dV_m}{dx_B} \end{cases} \tag{5.2-29}$$

将实验测定的 V_m 随 x_B 的变化关系 $V_m = f(x_B)$ 代入式（5.2-29）中，即可计算出 $\overline{V}_A$ 和 $\overline{V}_B$。

此外，也可以通过 V_m 的变化曲线确定 $\overline{V}_A$ 和 $\overline{V}_B$。如图 5.2-2 所示，只需在 $V_m \sim f(x_B)$ 曲线上某点处（如图中 O 点）绘出曲线的切线，切线在两纵轴上的截距即分别为溶液中两种组元的偏摩尔体积。这一结论的证明如下：如图 5.2-2 所示，过 O 点作 $V_m \sim x_B$ 曲线的切线，切线的斜率即为 $\dfrac{dV_m}{dx_B}$，该切线与两边纵轴的交点为 h、c；再过 O 点做水平直线，与两纵轴交于 g 点和 e 点，则图中线段 $l_1 = V_m$，$Oe = x_A$，$Og = x_B$。

公式（5.2-29）中 $x_A\left(\dfrac{dV_m}{dx_B}\right) = l_2$，而 $x_B\left(\dfrac{dV_m}{dx_B}\right) = l_4$，因此，

$$\begin{cases} \overline{V}_A = V_m - x_B \dfrac{dV_m}{dx_B} = l_1 - l_4 = l_5 \\[3mm] \overline{V}_B = V_m + x_A \dfrac{dV_m}{dx_B} = l_1 + l_2 = l_3 \end{cases}$$

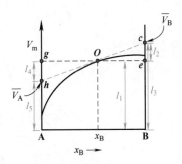

图 5.2-2　截距法求偏摩尔体积

l_5 和 l_3 即过 O 点的切线在两纵轴的截距，分别代表 O 点对应溶液中 A 和 B 的偏摩尔体积。

除偏摩尔体积以外，其他各种偏摩尔量都存在与式（5.2-29）类似形式的公式

$$\begin{cases} \overline{Z}_A = Z_m - x_B \dfrac{dZ_m}{dx_B} \\ \\ \overline{Z}_B = Z_m + x_A \dfrac{dZ_m}{dx_B} \end{cases} \tag{5.2-30}$$

在 $Z_m \sim f(x_B)$ 的变化曲线上，同样可以通过切线截距来确定 $\overline{Z}_A$ 和 $\overline{Z}_B$。如果 Z_m 代表摩尔吉布斯自由能 G_m，则通过上述方法可以确定组元的偏摩尔吉布斯自由能（即化学势），这对于分析二元系相平衡具有极大地帮助，相关内容将在第 8 章中详细介绍。

5.2.4 多元系统中偏摩尔量的确定

对于多元均相系统，也可采用截距法确定各组元的偏摩尔量。设均相系统由 1，2，…，k 种组元构成，将系统摩尔广度性质的加和公式（5.2-13）两端取微分得

$$dZ_m = x_1 d\overline{Z}_1 + \cdots + x_k d\overline{Z}_k + \overline{Z}_1 dx_1 + \cdots + \overline{Z}_k dx_k \tag{5.2-31}$$

等温等压条件下，将吉布斯-杜亥姆公式（5.2-17）代入式（5.2-31）得

$$dZ_m = \overline{Z}_1 dx_1 + \overline{Z}_2 dx_2 + \cdots + \overline{Z}_k dx_k \tag{5.2-32}$$

注意 x_1，x_2，…，x_k 并非完全独立，由于浓度之间要满足归一化关系，独立变量只有 $k-1$ 个。假设 x_1 是非独立变量，则其满足

$$x_1 = 1 - x_2 - \cdots - x_k \tag{5.2-33}$$

将这一关系代入式（5.2-32），可得

$$dZ_m = (\overline{Z}_2 - \overline{Z}_1) dx_2 + \cdots + (\overline{Z}_k - \overline{Z}_1) dx_k \tag{5.2-34}$$

等温等压下，除 x_2 外其他独立变量 $x_{C(C \neq 1,2)}$ 固定时，式（5.2-34）两边同除以 dx_2 得

$$\left(\frac{\partial Z_m}{\partial x_2}\right)_{T,p,x_{C(C \neq 1,2)}} = (\overline{Z}_2 - \overline{Z}_1) \text{ 或 } \overline{Z}_2 = \overline{Z}_1 + \left(\frac{\partial Z_m}{\partial x_2}\right)_{T,p,x_{C(C \neq 1,2)}} \tag{5.2-35}$$

同理，当除 x_k 外的其他独立变量 $x_{C(C \neq 1,k)}$ 固定时，可得：

$$\left(\frac{\partial Z_m}{\partial x_k}\right)_{T,p,x_{C(C \neq 1,k)}} = (\overline{Z}_k - \overline{Z}_1) \text{ 或 } \overline{Z}_k = \overline{Z}_1 + \left(\frac{\partial Z_m}{\partial x_k}\right)_{T,p,x_{C(C \neq 1,k)}} \tag{5.2-36}$$

将式（5.2-32）中的 $\overline{Z}_2$，…，$\overline{Z}_k$ 用式（5.2-35）、式（5.2-36）及类似关系式代替后可得

$$Z_m = x_1 \overline{Z}_1 + x_2 \left[\overline{Z}_1 + \left(\frac{\partial Z_m}{\partial x_2}\right)_{T,p,x_{C(C \neq 1,2)}} \right] + \cdots + x_k \left[\overline{Z}_1 + \left(\frac{\partial Z_m}{\partial x_k}\right)_{T,p,x_{C(C \neq 1,k)}} \right] \tag{5.2-37}$$

整理后即为

$$\overline{Z}_1 = Z_m - \sum_{j=2}^{k} x_j \left(\frac{\partial Z_m}{\partial x_j}\right)_{T,p,x_{C(C \neq 1,j)}} \tag{5.2-38}$$

再利用 $\overline{Z}_2$，…，$\overline{Z}_k$ 与 $\overline{Z}_1$ 之间的关系，可以得到其他任意组元 $i(i \neq 1)$ 的偏摩尔量表达式

$$\overline{Z}_i = Z_m + \left(\frac{\partial Z_m}{\partial x_i}\right)_{T,p,x_{C(C \neq 1,i)}} - \sum_{j=2}^{k} x_j \left(\frac{\partial Z_m}{\partial x_j}\right)_{T,p,x_{C(C \neq 1,j)}} \tag{5.2-39}$$

式（5.2-38）和式（5.2-39）可以利用统一形式的公式表示，即

$$\overline{Z}_i = Z_m + \sum_{j=2}^{k} (\delta_{ij} - x_j)\left(\frac{\partial Z_m}{\partial x_j}\right)_{T,P,x_{C(C\neq1,j)}} \tag{5.2-40}$$

式中

$$\delta_{ij} = \begin{cases} 1 & i=j \\ 0 & i\neq j \end{cases}$$

式（5.2-40）即为多元均相系统中任一组元 i 的偏摩尔量与浓度之间的关系式。对三元溶液，式（5.2-40）可展开为

$$\overline{Z}_1 = Z_m - x_2\frac{\partial Z_m}{\partial x_2} - x_3\frac{\partial Z_m}{\partial x_3} \tag{5.2-41}$$

$$\overline{Z}_2 = Z_m + (1-x_2)\frac{\partial Z_m}{\partial x_2} - x_3\frac{\partial Z_m}{\partial x_3} \tag{5.2-42}$$

$$\overline{Z}_3 = Z_m - x_2\frac{\partial Z_m}{\partial x_2} + (1-x_3)\frac{\partial Z_m}{\partial x_3} \tag{5.2-43}$$

若以等边三角形来表示成分，三角形的三个顶点分别表示三个组元，以垂直于该平面的轴表示系统的某种摩尔容量性质（如摩尔吉布斯自由能 G_m），则式（5.2-41）、式（5.2-42）和式（5.2-43）分别表示过此摩尔容量性质曲面上一点 M 的切平面 P 在三个纵轴上的截距，如图 5.2-3 所示。

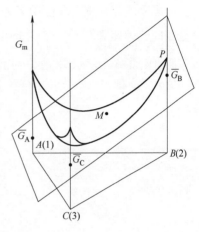

图 5.2-3　三体系截距法求偏摩尔量

5.3　混合性质

系统的体积、温度、压力以及熵这些性质具有绝对值，但内能、焓、亥姆霍兹自由能和吉布斯自由能这些具有能量量纲的性质并没有绝对值。对于这些具有能量量纲的状态量，通常采用相对某一参考状态的数值来表示其大小，而这种相对值也就是系统从参考状态变到实际状态后，状态函数的改变量。只要参考状态选择保持一致，通过相对值即可反映不同状态的能量大小，从而分析和解决实际问题。

对于多元均相系统，最常见的一种变化过程是等温、等压下由各种纯组元混合形成多元均相的过程。如果将混合前各种纯组元的总体性质作为参考状态，则可用混合前后系统性质的变化，来度量多元均相系统某些没有绝对值的性质。下面以溶液为例进行说明。

5.3.1　混合性质定义

在等温等压下，对于由 1，2，$\cdots$，k 种组元构成的溶液，其任一广度性质用符号 Z 表示，而构成溶液的任一纯组元 B 相应的广度性质用符号 Z_B^* 表示，上标星号代表此变量为纯物质的性质。混合性质 $\Delta_{mix}Z$ 定义为

$$\Delta_{mix}Z = Z - \sum_B Z_B^* \tag{5.3-1}$$

混合性质反映了等温等压下，由纯组元混合形成溶液的过程中，系统广度性质的变化。也

可将其理解为多元均相系统的性质与构成系统的各种纯组元总体性质之间的差异。故式（5.3-1）也可写为

$$Z = \sum_{B} Z_B^* + \Delta_{mix} Z \tag{5.3-2}$$

如将等式右端第一项 $\sum_{B} Z_B^*$ 视为参考状态，则第二项混合性质 $\Delta_{mix} Z$ 即为多元均相系统与参考状态的差异。在后面第 6 章中，我们可以看到，这种差异分为理想混合性质与过剩性质两部分，以方便问题的处理。

由于多元均相系统各种性质 Z 之间的关系式在形式上与纯组元各种性质 Z_B^* 之间的关系式完全相同，因此 Z 与 $\sum_{B} Z_B^*$ 之间的差值，即混合性质，仍满足相同形式的关系式。以混合吉布斯自由能 $\Delta_{mix} G$ 为例，存在与前面 G 的关系式（4.1-11）、式（4.2-6）、式（4.4-9）形式相同的公式，即

$$\Delta_{mix} G = \Delta_{mix} H - T \Delta_{mix} S \tag{5.3-3}$$

$$\left(\frac{\partial \Delta_{mix} G}{\partial p} \right)_{T, n_i} = \Delta_{mix} V \tag{5.3-4}$$

$$\left(\frac{\partial \Delta_{mix} G}{\partial T} \right)_{T, n_i} = -\Delta_{mix} S \tag{5.3-5}$$

$$\left(\frac{\partial (\Delta_{mix} G / T)}{\partial T} \right)_{p, n_i} = -\frac{\Delta_{mix} H}{T^2} \tag{5.3-6}$$

只需将混合性质定义式（5.3-1）代入上述公式左端，再利用均相系统性质之间的关系式，即可证明上述等式，以式（5.3-3）为例，其证明过程如下：

$$\begin{aligned}
\Delta_{mix} G &= G - \sum_{B} G_B^* \\
&= H - TS - \sum_{B} \left(H_B^* - TS_B^* \right) \\
&= \left(H - \sum_{B} H_B^* \right) - T \left(S - \sum_{B} S_B^* \right) \\
&= \Delta_{mix} H - T \Delta_{mix} S
\end{aligned}$$

其他公式证明类似，读者可自行完成。

5.3.2 偏摩尔混合性质

根据加和公式，多元均相系统的广度性质等于各个组元贡献之和。与之类似，混合性质也可以表示为各组元的贡献之和，证明如下：$\Delta_{mix} Z$ 定义式（5.3-1）中，溶液广度性质 Z 满足加和式（5.2-12），纯组元 B 的广度性质 Z_B^* 等于纯 B 的摩尔性质（也即偏摩尔性质）$Z_{m,B}^*$ 乘以组元 B 的物质的量 n_B，$Z_B^* = Z_{m,B}^* n_B$，将上述关系代入（5.3-1）得

$$\Delta_{mix} Z = \sum_{B} n_B \overline{Z}_B - \sum_{B} n_B Z_{m,B}^* = \sum_{B} n_B \left(\overline{Z}_B - Z_{m,B}^* \right) \tag{5.3-7}$$

为简化表达，可引入如下变量

$$\Delta_{mix} \overline{Z}_B = \overline{Z}_B - Z_{m,B}^* \tag{5.3-8}$$

$\Delta_{mix} \overline{Z}_B$ 为溶液中组元 B 的偏摩尔性质与同温、同压的纯组元 B 的偏摩尔性质之差，称为偏摩尔混合性质，又称为相对偏摩尔性质，反映了 1mol 组元 B 在形成溶液前后的性质

变化。

将偏摩尔混合性质 $\Delta_{mix}\overline{Z}_B$ 代入式（5.3-7），可得

$$\Delta_{mix}Z = \sum_B n_B\Delta_{mix}\overline{Z}_B \qquad (5.3\text{-}9)$$

由上可见，溶液混合性质与组元偏摩尔混合性质之间同样满足加和公式。如果已知溶液中各组元的偏摩尔混合性质，通过式（5.3-9）可求出溶液的混合性质。

当已知等温等压下溶液的混合性质随溶液浓度的变化关系时，也可通过截距法求出组元的偏摩尔混合性质。以 A-B 二元溶液为例，已知其摩尔混合性质 $\Delta_{mix}Z_m$ 随组元浓度 x_B 的变化关系 $\Delta_{mix}Z_m = f(x_B)$，其中 $\Delta_{mix}Z_m = \Delta_{mix}Z/(n_A + n_B)$，则组元的偏摩尔混合性质满足如下公式

$$\begin{cases} \Delta_{mix}\overline{Z}_A = \Delta_{mix}Z_m - x_B\dfrac{d\Delta_{mix}Z_m}{dx_B} \\[2mm] \Delta_{mix}\overline{Z}_B = \Delta_{mix}Z_m + x_A\dfrac{d\Delta_{mix}Z_m}{dx_B} \end{cases} \qquad (5.3\text{-}10)$$

式（5.3-10）与偏摩尔量的截距法公式（5.2-30）形式完全相同。

此外还可证明，等温等压下溶液中各组元的偏摩尔混合性质并非完全独立，它们之间同样满足类似吉布斯-杜亥姆公式形式的关系式。首先将 $\Delta_{mix}Z$ 定义式（5.3-1）两边取微分得

$$d\Delta_{mix}Z = \sum_B (\overline{Z}_B dn_B + n_B d\overline{Z}_B - Z^*_{m,B} dn_B - n_B dZ^*_{m,B}) \qquad (5.3\text{-}11)$$

根据吉布斯-杜亥姆公式（5.2-16），式（5.3-11）中 $n_B d\overline{Z}_B$ 求和等于零；等温等压下，纯组元的摩尔性质 $Z^*_{m,B}$ 不发生变化，所以 $n_B dZ^*_{m,B}$ 项也等于零。进而式（5.3-11）可进一步简化为

$$d\Delta_{mix}Z = \sum_B (\overline{Z}_B - Z^*_{m,B}) dn_B = \sum_B \Delta_{mix}\overline{Z}_B dn_B \qquad (5.3\text{-}12)$$

将式（5.3-9）两边取微分得

$$d\Delta_{mix}Z = \sum_B (\Delta_{mix}\overline{Z}_B dn_B + n_B d\Delta_{mix}\overline{Z}_B) \qquad (5.3\text{-}13)$$

比较式（5.3-13）和式（5.3-12），可得

$$\sum_B n_B d\Delta_{mix}\overline{Z}_B = 0 \qquad (5.3\text{-}14)$$

式（5.3-14）与组元偏摩尔性质之间的吉布斯-杜亥姆公式（5.2-16）形式完全相同。

还可证明同一组元的各种偏摩尔混合性质之间的公式，在形式上也与组元偏摩尔性质之间的公式 [式（5.2-19）~式（5.2-23）] 完全相同，读者可自行完成证明。

5.3.3　混合性质的实验测定

通过测量等温等压下溶液以及纯组元的密度或体积，可以方便获取混合体积 $\Delta_{mix}V$。等温等压下焓的变化等于系统和环境交换的热，因此通过测量纯物质等温等压下混合形成溶液过程中的热量，即可获得混合焓 $\Delta_{mix}H$。

混合 Gibbs 自由能 $\Delta_{mix}G$ 和混合熵 $\Delta_{mix}S$ 无法直接测量，需通过测量溶液中组元的活度或活度系数后，进一步计算获得，详细内容将在第 6.6 节中介绍。

5.4 多元系统中的化学势及热力学平衡条件

第 4 章在分析纯组元系统热力学平衡条件时引入了化学势的概念，纯组元多相平衡时，其在每一相的化学势相等。多元多相系统达到热力学平衡时，同样要满足化学势相等的条件。本节将详细介绍多元系统中的化学势概念以及平衡时的具体条件。

5.4.1 多元系统中组元的化学势及热力学基本关系式

由 5.1 节可知，对 k 个组元构成的均相系统，描述其容量性质需要 $k+2$ 个独立变量，对于系统的吉布斯自由能，可以写为

$$G = G(T, p, n_1, n_2, \cdots, n_k) \tag{5.4-1}$$

其全微分为

$$dG = \left(\frac{\partial G}{\partial T}\right)_{p, n_i} dT + \left(\frac{\partial G}{\partial p}\right)_{T, n_i} dp + \sum_B \left(\frac{\partial G}{\partial n_B}\right)_{p, T, n_{C(C \neq B)}} dn_B \tag{5.4-2}$$

式 (5.4-2) 右端第 1 项和第 2 项偏导数的下角标 n_i 代表系统中各个组元的物质的量保持不变，对于组成不变的均相系统，根据 (4.2-6)，得

$$\left(\frac{\partial G}{\partial T}\right)_{p, n_i} = -S$$

$$\left(\frac{\partial G}{\partial p}\right)_{T, n_i} = V$$

此外，式 (5.4-2) 中第 3 项偏导数的下标 $n_{C(C \neq B)}$ 表示除组元 B 以外其他组元物质的量均不变，这一偏导数即为多元均相系统中组元 B 的化学势，用符号 μ_B 来表示，即

$$\mu_B = \left(\frac{\partial G}{\partial n_B}\right)_{T, p, n_{C(C \neq B)}} \tag{5.4-3}$$

将上述关系代入 (5.4-2)，可得

$$dG = -SdT + Vdp + \sum_B \mu_B dn_B \tag{5.4-4}$$

同理，若令 $U = U(S, V, n_1, n_2, \cdots, n_k)$，则

$$dU = \left(\frac{\partial U}{\partial S}\right)_{V, n_i} dS + \left(\frac{\partial U}{\partial V}\right)_{S, n_i} dV + \sum_B \left(\frac{\partial U}{\partial n_B}\right)_{S, V, n_{C(C \neq B)}} dn_B \tag{5.4-5}$$

即

$$dU = TdS - pdV + \sum_B \left(\frac{\partial U}{\partial n_B}\right)_{S, V, n_{C(C \neq B)}} dn_B \tag{5.4-6}$$

可以证明式 (5.4-6) 中第 3 项的偏导数同样为组元 B 的化学势，证明如下。

由吉布斯自由能定义式 $G = U + pV - TS$，两端取微分得

$$dG = dU + pdV + Vdp - SdT - TdS \tag{5.4-7}$$

其中 dU 可由式 (5.4-6) 代替，代入整理后得

$$dG = -SdT + Vdp + \sum_B \left(\frac{\partial U}{\partial n_B}\right)_{S, V, n_{C(C \neq B)}} dn_B \tag{5.4-8}$$

比较式（5.4-8）和式（5.4-4），得

$$\mu_B = \left(\frac{\partial U}{\partial n_B}\right)_{S,V,n_{C(C \neq B)}} \tag{5.4-9}$$

采用上述方法，令 $H = H(S, p, n_1, n_2, \cdots, n_k)$、$A = A(T, V, n_1, n_2, \cdots, n_k)$，可以得到多元均相系统中组元 B 的化学势的其他表达形式，即

$$\mu_B = \left(\frac{\partial U}{\partial n_B}\right)_{S,V,n_{C(C \neq B)}} = \left(\frac{\partial H}{\partial n_B}\right)_{S,p,n_{C(C \neq B)}} = \left(\frac{\partial A}{\partial n_B}\right)_{T,V,n_{C(C \neq B)}} = \left(\frac{\partial G}{\partial n_B}\right)_{T,p,n_{C(C \neq B)}} \tag{5.4-10}$$

上述 4 个偏导数都是化学势，称为广义化学势，需要注意，上述 4 个偏导数的下标变量中，除 n_C 以外其他 2 个变量的选择各不相同。U、H、A、G 这 4 个热力学状态函数只有选择各自特定的独立变量时，其对 n_B 的偏导数才是化学势。

广义化学势定义的四个偏导数中，只有吉布斯自由能对 n_B 的偏导数符合偏摩尔量定义式（5.2-4），为偏摩尔吉布斯自由能，即

$$\mu_B = \left(\frac{\partial G}{\partial n_B}\right)_{T,p,n_{C(C \neq B)}} = \overline{G}_B \tag{5.4-11}$$

而式（5.4-10）中其他三个偏导数并非偏摩尔量，因为求这些偏导数时，系统温度、压力并不固定，所以其并非偏摩尔量，如

$$\mu_B = \left(\frac{\partial H}{\partial n_B}\right)_{S,p,n_{C(C \neq B)}} \neq \overline{H}_B \tag{5.4-12}$$

将式（5.4-9）代入（5.4-6）后，可得：

$$dU = TdS - pdV + \sum_B \mu_B dn_B \tag{5.4-13}$$

类似地，还可推导出关于多元均相系统 H、A 的全微分公式，将其与 G、U 的全微分公式（5.4-4）和式（5.4-13）统一表述如下：

$$dU = TdS - pdV + \sum_B \mu_B dn_B \tag{5.4-14a}$$

$$dH = TdS + Vdp + \sum_B \mu_B dn_B \tag{5.4-14b}$$

$$dA = -SdT - pdV + \sum_B \mu_B dn_B \tag{5.4-14c}$$

$$dG = -SdT + Vdp + \sum_B \mu_B dn_B \tag{5.4-14d}$$

这组公式称为多元均相系统的热力学基本关系式，适用于没有非体积功的多元开放系统。

应注意式（5.4-14）只适用于均相系统，对于多相系统，该式仅适用于其中的一相，以吉布斯自由能为例，多相系统中任意一相 α 的吉布斯自由能公式为

$$dG^\alpha = -S^\alpha dT + V^\alpha dp + \sum_B \mu_B^\alpha dn_B^\alpha \tag{5.4-15}$$

多相系统总的自由能为每一相的自由能之和，即：

$$G = G^\alpha + G^\beta + \cdots \tag{5.4-16}$$

两边取微分得

$$dG = dG^{\alpha} + dG^{\beta} + \cdots \qquad (5.4\text{-}17)$$

多相系统的其他热力学基本关系式与上式类似。

实际生产和实验中，等温、等压过程最为常见，所以 4 个基本关系式中 dG 的关系式最为常用，通过 dG 可以判断等温等压过程的方向和限度。同样，在化学势定义的 4 个表达式中，偏摩尔吉布斯自由能定义最为常用，如没有特别注明，化学势定义式一般即指式（5.4-11）。

由于化学势即偏摩尔吉布斯自由能，因此化学势同样满足有关偏摩尔量的各个公式。其中常用的公式为

$$\left(\frac{\partial \mu_B}{\partial T} \right)_{p, n_i} = -\overline{S}_B \qquad (5.4\text{-}18)$$

$$\left(\frac{\partial \mu_B}{\partial p} \right)_{T, n_i} = \overline{V}_B \qquad (5.4\text{-}19)$$

$$\left(\frac{\partial (\mu_B / T)}{\partial T} \right)_{p, n_i} = -\frac{\overline{H}_B}{T^2} \qquad (5.4\text{-}20)$$

式（5.4-18）~式（5.4-20）中，下标 n_i 表示系统中各个组元的物质的量均固定。式（5.4-18）给出了多元系统在组成及压力一定时，任意组元 B 的化学势随温度的变化关系；式（5.4-19）给出了多元系统在组成及温度一定时，任意组元 B 的化学势随压力的变化关系。

当已知多元均相系统中任意组元 B 的化学势 μ_B 随 T、p 的变化关系时，通过（5.4-18）、式（5.4-19）和式（5.4-20），可以求出组元 B 的偏摩尔熵 $\overline{S}_B$、偏摩尔体积 $\overline{V}_B$ 和偏摩尔焓 $\overline{H}_B$。此外，还可从化学势求出偏摩尔内能 $\overline{U}_B$ 和偏摩尔亥姆霍兹自由能 $\overline{A}_B$，公式为

$$\overline{U}_B = \overline{H}_B - p\overline{V}_B = \overline{G}_B + T\overline{S}_B - p\overline{V}_B$$

$$= \mu_B - T \left(\frac{\partial \mu_B}{\partial T} \right)_{p, n_i} - p \left(\frac{\partial \mu_B}{\partial p} \right)_{T, n_i} \qquad (5.4\text{-}21)$$

$$\overline{A}_B = \overline{U}_B - T\overline{S}_B = \mu_B + P \left(\frac{\partial \mu_B}{\partial P} \right)_{T, n_i} \qquad (5.4\text{-}22)$$

因此，对于给定浓度的溶液，当获得组元 B 的化学势随温度、压力的变化关系后，就可以求出组元 B 的各种偏摩尔性质。

此外，多元均相系统中各个组元的化学势间同样满足加和公式及吉布斯-杜亥姆公式。这样已知系统的摩尔吉布斯自由能随浓度的变化关系后，通过截距法可以求出每个组元的化学势。

最后需要注意，多元多相系统中化学势的概念是针对每一相中的每一个组元相而言的，不能笼统地说某一相的化学势，只有讨论某一相中某个组元的化学势才有意义。

5.4.2 多元多相系统热力学平衡的一般条件

对一个可与环境存在热、功及物质交换的任意系统，其向平衡状态自发演化过程中，各种热力学性质的变化方向并没有一般性的公式。但当系统达到平衡后，系统的各种性质不再

变化，且将平衡系统从环境中完全孤立出来后，系统的各种性质也不会发生任何变化。因此一个任意系统经过任意过程达到热力学平衡时，系统各种性质之间应满足的关系式，即平衡条件，应完全等同于达到相同平衡状态的孤立系统各种性质之间的关系式。只要求出孤立系统达到平衡时系统性质之间满足的关系式，则任意系统达到相同热力学平衡时必同样满足这些关系式。因此可以从孤立系统的平衡判据（即熵判据）出发，推导多元多相系统平衡的一般条件。本小节将应用此方法，分析不发生化学反应的多元多相系统热力学平衡的一般条件。

首先以多元两相系统为例，从熵判据出发，推导平衡条件，相关结论可扩展到多元多相系统。假设系统中包含 α 和 β 两相，每一相都包含 k 种组元。把系统从环境中隔离出来，构成孤立系统，则整个孤立系统的熵变 dS_{sys} 等于两相熵变 dS^{α} 与 dS^{β} 之和，即

$$dS_{sys} = dS^{\alpha} + dS^{\beta} \tag{5.4-23}$$

对于孤立系统中的每一相，其与另一相之间既可以交换能量，也可交换物质。因此，单独考虑孤立系统中的每一相时，其为开放系统。根据多元均相开放系统的热力学基本关系式（5.4-14a），可得

$$\begin{cases} dU^{\alpha} = T^{\alpha}dS^{\alpha} - p^{\alpha}dV^{\alpha} + \sum_{i=1}^{k} \mu_i^{\alpha} dn_i^{\alpha} \\ dU^{\beta} = T^{\beta}dS^{\beta} - p^{\beta}dV^{\beta} + \sum_{i=1}^{k} \mu_i^{\beta} dn_i^{\beta} \end{cases} \tag{5.4-24}$$

整理后可得

$$\begin{cases} dS^{\alpha} = \dfrac{1}{T^{\alpha}}dU^{\alpha} + \dfrac{p^{\alpha}}{T^{\alpha}}dV^{\alpha} - \dfrac{1}{T^{\alpha}}\sum_{i=1}^{k} \mu_i^{\alpha} dn_i^{\alpha} \\ dS^{\beta} = \dfrac{1}{T^{\beta}}dU^{\beta} + \dfrac{p^{\beta}}{T^{\beta}}dV^{\beta} - \dfrac{1}{T^{\beta}}\sum_{i=1}^{k} \mu_i^{\beta} dn_i^{\beta} \end{cases} \tag{5.4-25}$$

将式（5.4-25）代入式（5.4-23），可得

$$dS_{sys} = \frac{1}{T^{\alpha}}dU^{\alpha} + \frac{p^{\alpha}}{T^{\alpha}}dV^{\alpha} - \frac{1}{T^{\alpha}}\sum_{i=1}^{k} \mu_i^{\alpha} dn_i^{\alpha} + \frac{1}{T^{\beta}}dU^{\beta} + \frac{p^{\beta}}{T^{\beta}}dV^{\beta} - \frac{1}{T^{\beta}}\sum_{i=1}^{k} \mu_i^{\beta} dn_i^{\beta} \tag{5.4-26}$$

由于两相构成的孤立系统的内能、总体积以及各组元的总物质的量不会发生任何改变，因此 α 相的上述性质变化与 β 相的上述性质变化必相互抵消，用公式表述为

$$dU_{sys} = 0 = dU^{\alpha} + dU^{\beta} \rightarrow dU^{\beta} = -dU^{\alpha} \tag{5.4-27}$$

$$dV_{sys} = 0 = dV^{\alpha} + dV^{\beta} \rightarrow dV^{\beta} = -dV^{\alpha} \tag{5.4-28}$$

$$dn_{i,sys} = 0 = dn_i^{\alpha} + dn_i^{\beta} \rightarrow dn_i^{\beta} = -dn_i^{\alpha} \tag{5.4-29}$$

通过上述 3 式将（5.4-26）式中 dU^{β}、dV^{β}、dn_i^{β} 替换，并进一步整理后得

$$dS_{sys} = \left(\frac{1}{T^{\alpha}} - \frac{1}{T^{\beta}}\right)dU^{\alpha} + \left(\frac{p^{\alpha}}{T^{\alpha}} - \frac{p^{\beta}}{T^{\beta}}\right)dV^{\alpha} - \sum_{i=1}^{k} \left(\frac{\mu_i^{\alpha}}{T^{\alpha}} - \frac{\mu_i^{\beta}}{T^{\beta}}\right)dn_i^{\alpha} \tag{5.4-30}$$

根据熵判据，对于孤立系统，当其达到平衡时，系统的熵最大。此时要求式（5.4-30）中等号右边各微分前的系数等于零，即

$$\frac{1}{T^{\alpha}} - \frac{1}{T^{\beta}} = 0 \rightarrow T^{\alpha} = T^{\beta} \tag{5.4-31}$$

$$\frac{p^{\alpha}}{T^{\alpha}} - \frac{p^{\beta}}{T^{\beta}} = 0 \rightarrow p^{\alpha} = p^{\beta} \tag{5.4-32}$$

$$\frac{\mu_i^{\alpha}}{T^{\alpha}} - \frac{\mu_i^{\beta}}{T^{\beta}} = 0 \rightarrow \mu_i^{\alpha} = \mu_i^{\beta} \tag{5.4-33}$$

上述关系式即为多元两相系统热力学平衡时应满足的关系式，即第 1 章中给出的 3 个热力学平衡条件：两相的温度相等（热平衡）、两相压力相等（力平衡）、各个组元在两相中的化学势相等（相平衡）。如果系统中有化学反应发生，采用类似的方法，可以得出化学反应平衡时需满足的条件。

对于多元多相系统，由于系统中任意两相之间都满足上述平衡关系式，因此，平衡时各相的温度相等、压力相等、任一组元在其存在的所有相中的化学势均相等。

上述平衡条件虽然从孤立系统的熵判据出发获得，但其他任意系统通过任意过程达到平衡时，均需满足上述平衡条件。下面以封闭系统在等温等压下的相变过程为例，从吉布斯自由能判据出发，证明其达到平衡时同样满足上述条件。

对于包含 α 和 β 两相的封闭系统，等温等压下发生相变，设 α 相中有极微量的 B 物质转移到 β 相。由于系统封闭，则 α 相减少的物质的量必然等于 β 相增加的物质的量，即

$$dn_B^{\alpha} = -dn_B^{\beta} \tag{5.4-34}$$

根据式（5.4-15），此过程中两相吉布斯自由能的变化分别为

$$dG^{\alpha} = \mu_B^{\alpha} dn_B^{\alpha}, dG^{\beta} = \mu_B^{\beta} dn_B^{\beta} \tag{5.4-35}$$

系统总的自由能变化为

$$dG = dG^{\alpha} + dG^{\beta} = \mu_B^{\alpha} dn_B^{\alpha} + \mu_B^{\beta} dn_B^{\beta} = (\mu_B^{\beta} - \mu_B^{\alpha}) dn_B^{\beta} \tag{5.4-36}$$

在等温等压无非体积功的情况下，根据吉布斯自由能判据，当系统达到平衡时，$dG = 0$，将 dG 用等式（5.4-36）替换得

$$(\mu_B^{\beta} - \mu_B^{\alpha}) dn_B^{\beta} = 0 \tag{5.4-37}$$

由于 $dn_B^{\beta} > 0$，因此平衡时必然满足

$$\mu_B^{\alpha} = \mu_B^{\beta} \tag{5.4-38}$$

由上可见，当封闭系统等温等压相变达到平衡时，要满足化学势相等的条件，这与前面根据孤立系统熵判据推导的化学势相等关系（5.4-33）一致。至于热平衡条件 $T^{\alpha} = T^{\beta}$ 和力平衡条件 $p^{\alpha} = p^{\beta}$，这些是上述等温等压过程本身就具有的特征，系统演化到平衡时必然满足，无须推导。且等温、等压条件本身就是应用吉布斯自由能判据的前提，从吉布斯自由能判据无法再推出这两个平衡条件。

此外，如果上述等温等压下相变为自发过程，则 $dG < 0$，将 dG 用等式（5.4-36）替换得

$$(\mu_B^{\beta} - \mu_B^{\alpha}) dn_B^{\beta} < 0 (自发) \tag{5.4-39}$$

由于 β 相得到 B 物质，即 $dn_B^{\beta} > 0$，因此

$$\mu_B^{\beta} < \mu_B^{\alpha} (自发) \tag{5.4-40}$$

由此可见，在等温等压（或达到热平衡及力平衡）且没有非体积功的封闭系统中，物质 B 自发地从化学势高的相流向化学势低的相，直至物质 B 在各相中的化学势相等。

习　题

1. 简述偏摩尔量与摩尔量的异同。

2. 证明下述偏摩尔量公式：

(1) $\overline{G}_B = \overline{H}_B - T\overline{S}_B$。

(2) $\left(\dfrac{\partial \overline{G}_B}{\partial T}\right)_{p,n_i} = -\overline{S}_B$。

(3) $\left[\dfrac{\partial(\overline{G}_B/T)}{\partial T}\right]_{p,n_i} = -\dfrac{\overline{H}_B}{T^2}$。

3. 在 298K、1atm 条件下，含物质 A 摩尔分数 $x_A = 0.45$ 的水溶液密度 ρ 为 0.9kg/dm^3，A 的偏摩尔体积 $\overline{V}_A$ 为 $40\text{cm}^3/\text{mol}$，A 的摩尔质量 M_A 为 32g/mol，求该溶液中水的偏摩尔体积 $\overline{V}_{H_2O}$。

4. 在标准压力及某恒定温度下，乙醇的摩尔分数为 0.4 的水溶液中，水（A）和乙醇（B）的偏摩尔体积分别 $\overline{V}_A = 17.8\text{cm}^3/\text{mol}$ 和 $\overline{V}_B = 57.3\text{cm}^3/\text{mol}$，已知该条件下，纯水和乙醇的摩尔体积分别为 $V_{m,A}^* = 18.1\text{cm}^3/\text{mol}$ 和 $V_{m,B}^* = 60.5\text{cm}^3/\text{mol}$，现需配制上述溶液 1000cm^3，试求需要纯水和纯乙醇的体积。

5. 在一定温度和压力下，物质 A 在水（B）中的偏摩尔体积 $\overline{V}_A$（单位 m^3/mol）与溶液质量摩尔浓度 m（单位 mol/kg）的关系为：$\overline{V}_A = 3\times10^{-5} + 1.8\times10^{-5}m^{\frac{1}{2}} + 2\times10^{-8}m$，求含有 2kg 水的 A 溶液体积 V 与 m 的关系。已知水的摩尔体积为 $1.8\times10^{-5}\text{m}^3/\text{mol}$。

6. 在 300K、1atm 条件下，A-B 二元合金的摩尔吉布斯自由能 G_m（单位 J/mol）与合金元素 B 含量 x_B 的关系为

$$G_m = -100 - 8x_B + 12x_B^2$$

求 $x_B = 0.6$ 的合金中组元 A 和 B 的偏摩尔吉布斯自由能 $\overline{G}_A$ 和 $\overline{G}_B$，并在第 6 题图中标出 $x_B = 0.6$ 时的 $\overline{G}_A$、$\overline{G}_B$ 和 $\mathrm{d}G_m/\mathrm{d}x_B$。

7. 已知 A-B 两组元形成溶液的摩尔混合体积（单位 cm^3/mol）与组元浓度间满足如下关系：

$$\Delta_{mix}V_m = 2.7x_Ax_B^2$$

分别求出溶液中 A 和 B 的偏摩尔混合体积随浓度的变化关系，并检验两组元的偏摩尔混合体积之间是否满足吉布斯-杜亥姆公式。

8. 已知 A-B 二元溶液中，A 的偏摩尔混合焓（单位 J/mol）与浓度间满足如下关系：

$$\Delta_{mix}\overline{H}_A = 12500x_A^2x_B$$

求溶液的摩尔混合焓与溶液浓度之间的关系式。

第 6 题图

9. 从焓的定义式 $H = U + pV$ 出发，证明溶液中任意组元 B 的偏摩尔混合焓满足关系：

$$\Delta_{mix}\overline{H}_B = \Delta_{mix}\overline{U}_B + p\Delta_{mix}\overline{V}_B$$

10. 在 1atm、25℃ 条件下，把一定量的 $(NH_4)_2SO_4$ 晶体加入水中，最终形成饱和

的 $(NH_4)_2SO_4$ 溶液，且还有部分 $(NH_4)_2SO_4$ 晶体剩余，分析在溶解之前，纯 $(NH_4)_2SO_4$ 固体的化学势与水溶液中 $(NH_4)_2SO_4$ 的化学势哪个更大？溶解过程中固体 $(NH_4)_2SO_4$ 以及溶液中 $(NH_4)_2SO_4$ 的化学势如何变化？

11. 比较下列情况下物质的化学势大小：

（1）25℃、1atm 条件下的水与 25℃、1atm 条件下的水蒸气。

（2）0℃、1atm 条件下的水与 0℃、1atm 条件下的冰。

（3）-5℃、1atm 条件下的过冷水与-5℃、1atm 条件下的冰。

（4）200℃、1atm 条件下的水蒸气与 200℃、2atm 条件下的水蒸气。

（5）25℃、1atm 条件下过饱和葡萄糖溶液中的葡萄糖与同温同压下的固态葡萄糖。

第6章 多元系统热力学Ⅱ——化学势表达式及其应用

化学势是热力学的核心概念，是分析材料中扩散、相变、化学反应等各种现象的重要工具。正如温度决定热量的传输、压力决定功的传输，化学势决定了物质的传输。在热平衡及力平衡的系统中，物质总是自发地从化学势高的地方流向化学势低的地方。当系统达到最终平衡时，必然满足化学势相等的条件。因此，通过分析化学势，可以确定材料中各种物质传输的方向和限度。

第5章给出了多元均相系统中广义的化学势定义，其中最常用的为偏摩尔吉布斯自由能，它是系统温度、压力以及浓度的函数。如果能够建立组元化学势与温度、压力以及浓度之间的具体关系式，即化学势表达式，则通过上一章介绍的偏摩尔量之间的关系式，可以确定组元的各种其他偏摩尔量，还可通过加和公式确定整个均相系统的各种广度性质。此外，化学势表达式的建立也是比较化学势高低以及分析系统平衡情况的重要基础。

本章将详细介绍各种多元均相系统中组元化学势的表达式，并且应用这些表达式，计算系统的各种性质，分析不同条件下两相平衡时的特征。

6.1 理想气体的化学势

理想气体具有明确的状态方程，因而可方便地确定化学势与温度、压力之间的关联。本节首先从最简单的纯理想气体入手，获得化学势表达式，进而利用一个特殊设计的两相平衡系统，推导出理想气体混合物中某一组元的化学势表达式。

6.1.1 纯理想气体的化学势公式

对于一定量的纯理想气体 B，其吉布斯自由能满足热力学基本关系式 $dG = -SdT + Vdp$，两边同除以气体总物质的量 n（n 为常数），得

$$dG_m = -S_m dT + V_m dp$$

对纯物质，根据式（5.2-6），其摩尔吉布斯自由能 G_m 即化学势 μ_m^*。等温下，上式也可写为

$$d\mu_B^* = V_m dp \tag{6.1-1}$$

将式（6.1-1）从标准压力 $p^\ominus$（1atm）至任意压力 p 之间积分，得

$$\int_{\mu_B^\ominus}^{\mu_B^*} d\mu_B^* = \int_{p^\ominus}^{p} V_m dp$$

即

$$\mu_B^* = \mu_B^\ominus + \int_{p^\ominus}^p V_m \, \mathrm{d}p \tag{6.1-2}$$

式中，μ_B^* 为纯理想气体 B 在压力 p 和温度 T 下的化学势，上标 $*$ 号代表纯物质；$\mu_B^\ominus$ 是纯理想气体 B 在标准压力 $p^\ominus$ 和温度 T 下的化学势，称为标准态化学势。将理想气体状态方程 $V_m = RT/p$ 代入式（6.1-2）进行积分，可得

$$\mu_B^* = \mu_B^\ominus + RT\ln\frac{p}{p^\ominus} \tag{6.1-3}$$

式（6.1-3）即为纯理想气体的化学势表达式，其中，μ_B^* 取决于气体的温度 T 和压力 p，记作 $\mu_B^*(T, p)$；而标准压力固定为 1 个大气压，因此 $\mu_B^\ominus$ 只与温度 T 有关，记作 $\mu_B^\ominus(T)$；等号右边第二项 $RT\ln(p/p^\ominus)$ 代表了纯理想气体 B 在任意状态下的化学势 μ_B^* 与标准状态下的化学势 $\mu_B^\ominus$ 之差。

式（6.1-3）将任意状态下纯理想气体的化学势表达为标准状态下化学势及相对标准状态的差异两部分，这是各种系统中化学势表达的通用形式。事实上，由于化学势并没有绝对值，各种条件下化学势的大小正是通过上述表达式中差异部分的数值来体现。

6.1.2　理想气体混合物的化学势公式

理想气体混合物中某一组元 B 的化学势，可通过设计如图 6.1-1 所示的两相平衡系统求出。图中密闭容器左侧充满理想气体混合物，右侧充满纯理想气体 B，中间用 B 气体分子半透膜隔开，整个系统温度恒定为 T。当半透膜左右两侧达到平衡时，左侧气体混合物压力为 p，其中 B 的分压和化学势分别为 p_B 和 μ_B；右侧纯 B 气体的压力和化学势分别为 p_B^* 和 μ_B^*。此时纯 B 的压力必等于混合气体中 B 的分压，即 $p_B^* = p_B$。

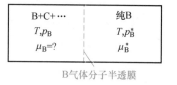

B气体分子半透膜

图 6.1-1　理想气体在半透膜两侧的平衡示意图

根据热力学平衡的一般条件式（5.4-33），当左右两边达到平衡时，B 气体在半透膜两侧的化学势必相等，则

$$\mu_B = \mu_B^* = \mu_B^\ominus + RT\ln\frac{p_B^*}{p^\ominus}$$

将 p_B^* 用 p_B 替换，即可得到理想气体混合物中气体 B 的化学势公式，即

$$\mu_B = \mu_B^\ominus + RT\ln\frac{p_B}{p^\ominus} \tag{6.1-4}$$

式（6.1-4）表明，只需将纯理想气体化学势表达式中的压力 p 换作理想气体混合物中 B 气体的分压 p_B，便可得到混合气体中组元 B 的化学势表达式。式（6.1-4）中 $\mu_B^\ominus$ 为标准状态下气体 B 的化学势，且标准状态系统的选择与理想气体化学势公式相同，仍然是与研究系统同温的压力为 1atm 的纯理想气体 B。当理想气体混合物的状态改变时，标准态的压力不会改变，只有标准态的温度会随系统温度而变化，所以 $\mu_B^\ominus$ 只是温度的函数。

可进一步将道尔顿（Dalton）分压定律 $p_B = px_B$，代入式（6.1-4）后得

$$\mu_B = \mu_B^\ominus + RT\ln\frac{p}{p^\ominus} + RT\ln x_B \tag{6.1-5}$$

式（6.1-5）等号右侧前两项之和等于纯气体 B 在温度为 T 和压力为 p 时的化学势 $\mu_B^*(T,p)$，因此式（6.1-5）也可写为

$$\mu_B = \mu_B^*(T,p) + RT\ln x_B \tag{6.1-6}$$

式（6.1-6）也是温度为 T 和压力为 p 的理想气体混合物中 B 气体的化学势表达，只是 $\mu_B^*(T,p)$ 并非标准状态，可认为是参考状态。$RT\ln x_B$ 代表压力为 p 的理想气体混合物与压力为 p 的纯理想气体之间由于浓度差异而引起的化学势差异。根据偏摩尔混合性质的定义式（5.3-8），可得

$$\Delta_{mix}\mu_B = \mu_B - \mu_B^*(T,p) = RT\ln x_B \tag{6.1-7}$$

此即理想气体混合物中任意组元 B 的偏摩尔混合吉布斯自由能的表达式，反映了气体 B 在等温等压混合前后化学势的变化。

6.1.3　理想气体的混合性质

如第 5.3 节所述，混合性质即等温等压下由纯组元混合形成多元均相系统过程中系统性质的变化，特别是对吉布斯自由能、焓等没有绝对值的能量性质，可以用其在混合过程中的变化来衡量其大小。

多元均相系统的混合性质与其中组元的偏摩尔混合性质之间满足加和公式。将理想气体混合物中任意组元 B 的偏摩尔混合自由能公式（6.1-7）代入加和公式（5.3-9），可以得到混合吉布斯自由能表达式，即

$$\Delta_{mix}G = RT\sum_B n_B\ln x_B \tag{6.1-8}$$

由第 5.3 节可知，组元偏摩尔混合性质之间的公式在形式上与偏摩尔性质之间的公式完全相同，参照化学势（即偏摩尔吉布斯自由能）与偏摩尔熵、偏摩尔体积以及偏摩尔焓之间的关系式（5.4-18）、式（5.4-19）和式（5.4-20）可写出偏摩尔混合性质之间的公式

$$\left(\frac{\partial\Delta_{mix}\mu_B}{\partial T}\right)_{T,n_i} = -\Delta_{mix}\overline{S}_B \tag{6.1-9}$$

$$\left(\frac{\partial\Delta_{mix}\mu_B}{\partial p}\right)_{T,n_i} = \Delta_{mix}\overline{V}_B \tag{6.1-10}$$

$$\left(\frac{\partial(\Delta_{mix}\mu_B/T)}{\partial T}\right)_{p,n_i} = -\frac{\Delta_{mix}\overline{H}_B}{T^2} \tag{6.1-11}$$

将偏摩尔混合自由能 $\Delta_{mix}\mu_B$ 的公式（6.1-7）代入式（6.1-9）~式（6.1-11）得

$$\Delta_{mix}\overline{S}_B = -R\ln x_B \tag{6.1-12}$$

$$\Delta_{mix}\overline{V}_B = 0 \tag{6.1-13}$$

$$\Delta_{mix}\overline{H}_B = 0 \tag{6.1-14}$$

因此，对于理想气体，混合后气体 B 的偏摩尔焓等于混合前纯气体 B（与混合物同温同压）的摩尔焓，混合后气体 B 的偏摩尔体积等于混合前纯气体 B 的摩尔体积，但混合前 B 的偏摩尔熵并不等于混合前纯气体 B 的摩尔熵。

将上述任意组元 B 的偏摩尔混合性质公式代入加和公式（5.3-9），可求出系统整体的混合性质，即

$$\Delta_{\mathrm{mix}}S = -R\sum_{\mathrm{B}} n_{\mathrm{B}}\ln x_{\mathrm{B}} \tag{6.1-15}$$

$$\Delta_{\mathrm{mix}}V = \sum_{\mathrm{B}} \Delta_{\mathrm{mix}}\overline{V}_{\mathrm{B}} n_{\mathrm{B}} = 0 \tag{6.1-16}$$

$$\Delta_{\mathrm{mix}}H = \sum_{\mathrm{B}} \Delta_{\mathrm{mix}}\overline{H}_{\mathrm{B}} n_{\mathrm{B}} = 0 \tag{6.1-17}$$

由式（6.1-8）及式（6.1-15）~式（6.1-17）可见，等温等压下理想气体混合过程中吉布斯自由能减小、熵增大、无体积变化、无热效应。需要注意上述结论只在等温等压下才成立，非等温等压的混合过程上述结论不一定成立。

6.2　实际气体的化学势

6.2.1　逸度及逸度系数

对于纯实际气体，等温下同样满足式（6.1-2），如果已知实际气体状态方程，代入式（6.1-2）并积分，即可得到实际气体的化学势表达式。但由于实际气体状态方程形式较多，没有统一的普适性公式，因而由其积分计算出的化学势公式形式也无法统一，这给实际应用造成很大不便。

为避免上述问题，可采用如下思路推导纯实际气体的化学势公式。对于任意压力 p 和温度 T 下的实际气体 B，其化学势 μ_{B}^{*} 同样可表示为标准状态化学势及相对标准状态的差异两部分。对标准状态，仍选择压力为 1atm 且与实际气体具有相同温度的纯理想气体 B，此时理想气体 B 为假想的状态，其化学势记为 $\mu_{\mathrm{B}}^{\ominus}$。为计算 μ_{B}^{*} 和 $\mu_{\mathrm{B}}^{\ominus}$ 的差异，设计如图 6.2-1 所示的变化路径。该变化路径可分为三步：第一步，标准状态的理想气体等温变压，压力由 $p^{\ominus}$ 变到 p；第二步，理想气体继续等温变压，压力由 p 下降到 $p\to 0$，当压力趋于 0 时，由于实际气体趋于理想气体，B 既可认为是理想气体，也可认为是实际气体；第三步，$p\to 0$ 的实际气体等温升压，最终达到压力 p。

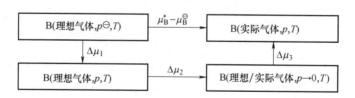

图 6.2-1　设计路径法计算实际气体与理想气体化学势差异

由于状态函数变化量与路径无关，可得

$$\mu_{\mathrm{B}}^{*} - \mu_{\mathrm{B}}^{\ominus} = \Delta\mu_1 + \Delta\mu_2 + \Delta\mu_3 \tag{6.2-1}$$

式中，$\Delta\mu_1$、$\Delta\mu_2$、$\Delta\mu_3$ 分别为上述三步等温过程中气体化学势的变化。对于第一步，理想气体等温变压过程，由式（6.1-3）可得

$$\Delta\mu_1 = RT\ln\frac{p}{p^{\ominus}}$$

对于第二步，理想气体等温降压到 $p\to 0$，将式（6.1-1）从压力 p 到 0 积分，得

$$\Delta\mu_2 = \int_P^0 \frac{RT}{p} \mathrm{d}p$$

对于第三步，实际气体等温变压过程，同样满足式（6.1-1），从压力 0 到 p 积分，得

$$\Delta\mu_3 = \int_0^p V_\mathrm{m} \mathrm{d}p$$

式中，V_m 为实际气体 B 的摩尔体积。将上述三式代入式（6.2-1），得

$$\mu_\mathrm{B}^* = \mu_\mathrm{B}^\ominus + RT\ln\frac{p}{p^\ominus} + \int_0^p \left(V_\mathrm{m} - \frac{RT}{p}\right)\mathrm{d}p \tag{6.2-2}$$

此即实际气体 B 的化学势表达式，与理想气体化学势表达式（6.1-3）相比，式（6.2-2）多出右端第三项，其中被积函数 $(V_\mathrm{m} - RT/p)$ 为相同温度和压力下真实气体与理想气体的摩尔体积之差。如果已知实际气体的状态方程，即实际气体 V_m 随温度、压力的函数关系，将其代入式（6.2-2）积分，便可得到实际气体化学势的具体公式。

为使实际气体化学势表达式具有与理想气体化学势公式一致的简单形式，1908 年美国化学家路易斯（Lewis）提出了逸度 f 及逸度系数 γ 的概念，其中逸度系数 γ 定义为

$$RT\ln\gamma = \int_0^p \left(V_\mathrm{m} - \frac{RT}{p}\right)\mathrm{d}p \tag{6.2-3}$$

即

$$\gamma = \mathrm{e}^{\int_0^p \left(\frac{V_\mathrm{m}}{RT} - \frac{1}{p}\right)\mathrm{d}p} \tag{6.2-4}$$

将式（6.2-3）代入式（6.2-2），得

$$\mu_\mathrm{B}^* = \mu_\mathrm{B}^\ominus + RT\ln\frac{\gamma p}{p^\ominus} \tag{6.2-5}$$

进一步定义逸度 f 为

$$f = \gamma p \tag{6.2-6}$$

将式（6.2-6）代入式（6.2-5），可得

$$\mu_\mathrm{B}^* = \mu_\mathrm{B}^\ominus + RT\ln\frac{f}{p^\ominus} \tag{6.2-7}$$

此即用逸度表示的任意压力 p 和温度 T 下实际气体 B 的化学势。该化学势表达式与纯理想气体化学势表达式（6.1-3）形式完全相同，只是将理想气体化学势公式中的压力 p 换成了逸度 f。逸度可以认为是实际气体的校正压力，其单位为 Pa。而逸度系数 $\gamma = f/p$，可理解为对压力校正时所用的系数，没有量纲。逸度系数计算公式（6.2-4）反映了实际气体与理想气体的差异。当实际气体压力趋于零时，实际气体趋于理想气体，由式（6.2-4）可得，此时 $\gamma = 1$，即不需要校正。

对实际气体混合物中的某种气体 B，路易斯提出同样可采用逸度和逸度系数来表达其化学势 μ_B，只需将理想气体混合物中组元 B 的化学势公式（6.1-4）中分压 p_B 换为逸度 f_B，即

$$\mu_\mathrm{B} = \mu_\mathrm{B}^\ominus + RT\ln\frac{f_\mathrm{B}}{p^\ominus} \tag{6.2-8}$$

式中，混合气体中 B 的逸度可视为校正分压，满足

$$f_\mathrm{B} = \gamma_\mathrm{B} p_\mathrm{B} \tag{6.2-9}$$

式中，γ_B 是混合气体中 B 的逸度系数。当混合气体压力趋于零，系统趋于理想气体混合物，γ_B 趋于 1。

6.2.2　逸度与逸度系数的确定

逸度系数 γ 反映实际气体与理想气体的偏差，这种偏差与气体所处的状态 (T,p) 以及气体本性有关。对于某种特定气体，其逸度系数 γ 和温度、压力有关，并非固定的常量，需根据实际状态进行测量或计算。当逸度系数确定后，乘以压力即可得到逸度。下面介绍 3 种确定逸度系数的方法。

（1）解析法　如果已知实际气体摩尔体积 V_m 与 T、p 的关系，即实际气体状态方程，则代入逸度系数计算式（6.2-4），即可求出逸度系数。

【例 6-1】已知某气体的状态方程为 $pV_m = RT + \alpha p$，其中 α 为常数，求该气体的逸度表达式。

解：由该气体状态方程得

$$V_m = \frac{RT}{p} + \alpha$$

代入式（6.2-4）得

$$\gamma = \mathrm{e}^{\left[\int_0^p \left(\frac{1}{p} + \frac{\alpha}{RT} - \frac{1}{p} \right) \mathrm{d}p \right]} = \mathrm{e}^{(\alpha p / RT)}$$

所以

$$f = p\,\mathrm{e}^{(\alpha p / RT)}$$

（2）图解法　对于某些状态方程未知的实际气体，可通过如下处理获得逸度系数。由式（6.2-3）可得

$$\ln\gamma = -\frac{1}{RT} \int_0^p \left(\frac{RT}{p} - V_m \right) \mathrm{d}p \tag{6.2-10}$$

式中，RT/p 和 V_m 分别代表了 (T,p) 状态下理想气体和实际气体的摩尔体积，设二者差值为 α，即

$$\alpha = \frac{RT}{p} - V_m \tag{6.2-11}$$

则

$$\ln\gamma = -\frac{1}{RT} \int_0^p \alpha\,\mathrm{d}p \tag{6.2-12}$$

式（6.2-12）表明，在一定温度下，不断调整气体压力并测量相应的体积，可算出不同压力所对应的 α 数值，然后作出 α 随 p 的变化曲线，由曲线下的面积即可求得上式的积分值，从而获得逸度系数。

（3）对比状态法　根据第 1 章中通过压缩因子 Z 写出的实际气体状态方程式（1.3-8），可得

$$\frac{V_m}{RT} = \frac{Z}{p} \tag{6.2-13}$$

将式（6.2-13）代入逸度系数计算公式（6.2-4）得

$$\gamma = e^{\left[\int_0^p \left(\frac{Z}{p}-\frac{1}{p}\right)\mathrm{d}p\right]} = e^{\left[\int_0^p \left(\frac{Z-1}{p}\right)\mathrm{d}p\right]} \tag{6.2-14}$$

引入对比压力 $p_r = p/p_c$ 和对比温度 $T_r = p/T_c$，其中 T_c 和 p_c 为气体的临界温度和临界压力，即气体能够液化的最高温度，以及此温度下液化需要的最小压力。对于大部分实际气体，压缩因子只是对比状态的函数，即 $Z = Z(p_r, T_r)$，而与气体种类无关。如进一步用对比压力 p_r 替换式（6.2-14）中的压力 p，则可得

$$\gamma = e^{\left[\int_0^{p_r} \left(\frac{Z-1}{p_r}\right)\mathrm{d}p_r\right]} \tag{6.2-15}$$

由上可见，逸度系数也是对比压力和对比温度的函数，即 $\gamma = \gamma(p_r, T_r)$。因此，处于相同对比状态的气体，具有相同的逸度系数（不满足对比状态的气体除外）。

通过实际气体压缩因子图，求出一定对比温度下的 $(Z-1)/p_r$，然后以 $(Z-1)/p_r$ 对 p_r 作图，由曲线下的面积可求出式（6.2-15）的积分值，并算出逸度系数 γ，即可得到一定对比温度下 γ 随对比压力 p_r 的变化曲线。将一系列不同对比温度下的 γ 随 p_r 变化曲线绘制到一张图中，此图被称为牛顿（Newton）图，如图 6.2-2 所示。只要知道了气体的对比温度 T_r 和对比压力 p_r，即可从牛顿图中方便地获得气体的逸度系数。不过，此方法只适用于满足对比状态原理的气体；对不满足对比状态原理的气体，此方法误差较大。

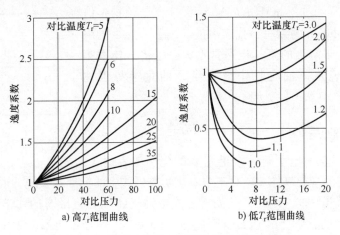

a) 高 T_r 范围曲线　　　　b) 低 T_r 范围曲线

图 6.2-2　牛顿图（曲线上标注数值为对比温度 T_r）

对于实际气体混合物中某种气体的逸度系数，可根据路易斯-兰德尔（Lewis-Randall）规则进行估算。由该规则，混合气体中某种气体的逸度系数等于与混合气体同温同压下该纯气体的逸度系数，即图 6.2-3 所示的两个体系中 B 的逸度系数相同，即

$$\gamma_B(T, p) = \gamma_B^*(T, p) \tag{6.2-16}$$

式（6.2-16）两边同乘以 px_B，可得

$$\begin{cases} \gamma_B p x_B = \gamma_B^* p x_B \\ \gamma_B p_B = f_B^* x_B \\ f_B = f_B^* x_B \end{cases} \tag{6.2-17}$$

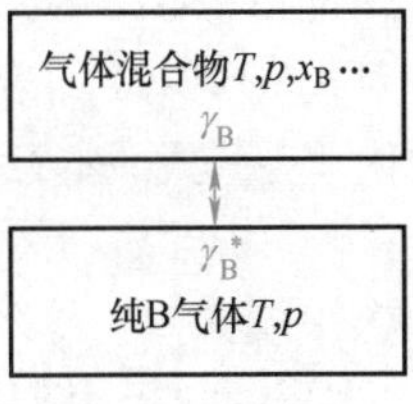

图 6.2-3　路易斯-兰德尔规则中具有相同逸度系数的系统示意图

式中，f_B 是混合气体中 B 的逸度；f_B^* 为与混合气体同温同压的纯 B 气体的逸度；x_B 为混合气体中 B 的摩尔分数。

路易斯-兰德尔规则只是近似规则，只有在混合气体中各种气体分子大小和分子作用力相近时才成立，在分子性质相差较大的情况下会产生较大偏差。

6.3 溶液中组元化学势表达式推导的一般思路

根据热力学平衡时化学势相等的条件，即式（5.4-33）可知，溶液与气相平衡共存时，溶液中组元 B 的化学势必然与气相中 B 的化学势相等。前面已经获得了气体的化学势表达式，因此通过气体化学势表达式即可获得液相中组元的化学势表达式。本节将介绍这种处理的具体过程。

对如图 6.3-1 所示的气-液两相平衡系统，由 $1，2，\cdots，k$ 种组元构成的溶液以及由其自身挥发形成的气体构成，气、液两相温度均为 T 而压力均为 p，溶液中各组元的浓度为 $x_1，x_2，\cdots，x_k$，气相中各组元的分压（即溶液中组元的蒸气压）为 $p_1，p_2，\cdots，p_k$，液相中任意组元 B 的化学势记为 $\mu_B(\text{sln})$，气相中 B 的化学势记为 $\mu_B(\text{g})$，根据两相平衡时化学势相等条件式（5.4-33），得

$$\mu_B(\text{sln}) = \mu_B(\text{g}) \qquad (6.3\text{-}1)$$

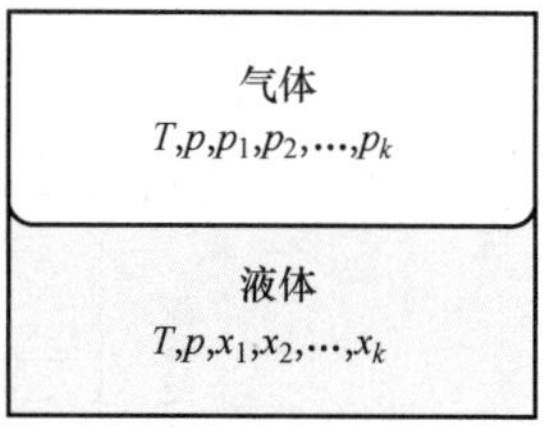

式中，"sln" 是 solution 的缩写，代表溶液；"g" 是 gas 的缩写，代表气体。由于溶液的蒸气压通常不大，可将气体视为理想气体。将理想气体混合物中任意组元的化学势表达式（6.1-4）代入式（6.3-1），得

$$\mu_B(\text{sln}) = \mu_B(\text{g}) = \mu_B^{\ominus}(\text{g}) + RT\ln\frac{p_B}{p^{\ominus}} \qquad (6.3\text{-}2)$$

气体
$T, p, p_1, p_2, \cdots, p_k$

液体
$T, p, x_1, x_2, \cdots, x_k$

图 6.3-1 多元溶液与其自身挥发的气体平衡示意图

式（6.3-2）虽然给出了溶液中组元 B 的化学势表达式，但其中标准态为纯的理想气体 B。对于溶液化学势公式中的标准态系统，通常的选择为构成溶液的纯组元，而非气体。因此，还需将上式中纯气体 B 在标准态的化学势 $\mu_B^{\ominus}(\text{g})$ 替换为纯液体 B 在标准态的化学势 $\mu_B^{\ominus}(\text{l})$。此外，式（6.3-2）等号右边第二项中的 p_B 为溶液中 B 的蒸气压。而在实际问题中，描述溶液所用的变量通常为溶液的温度、压力及组元浓度。因此，为方便问题的分析处理，需进一步找到蒸气压 p_B 与溶液温度、压力以及浓度的函数关系，并进行替换。

对式（6.3-2）中的 $\mu_B^{\ominus}(\text{g})$ 和 p_B 完成上述替换后，即可得到用溶液温度、压力及组元浓度表达的化学势公式。本章后面的小节将按照上述思路推导各种类型溶液中组元的化学势表达式。

6.4 理想溶液和拉乌尔定律

正如气体的研究是从最简单的理想气体入手一样，溶液的研究也从最简单的理想溶液开始。与理想气体类似，理想溶液也是从理论上抽象简化而来的一种模型系统。理想气体模型中将气体分子抽象为空间质点，分子没有体积，且气体分子间没有相互作用力。对于 A、B 两种组元构成的理想溶液，由于其为凝聚态系统，因而并不能假设分子之间没有作用力，但

可假设各种分子间的相互作用力完全相等，即溶液中 A-B 分子的作用力 f_{A-B}、A-A 分子的作用力 f_{A-A} 以及 B-B 分子的作用力 f_{B-B} 完全相等（严格说应为分子之间相互作用能相等），即

$$f_{A-B} = f_{A-A} = f_{B-B} \tag{6.4-1}$$

且假设各组元分子的形状、尺寸相同，任意一种分子被其他分子取代后不会引起溶液空间结构的任何变化。

严格满足上述要求的理想溶液并不存在，但对于某些由性质相似的组元混合而成的溶液可近似认为是理想溶液，如水和重水这类同位素化合物的混合物、邻二甲苯和对二甲苯这类同素异构体混合物、苯和甲苯的混合物、Fe-Mn 熔体、Ag-Au 熔体等。虽然实际溶液大多不满足理想溶液模型，但理想溶液模型是进一步讨论实际溶液的重要参考。实际溶液和理想溶液行为的偏差反映了 f_{A-B}、f_{A-A} 以及 f_{B-B} 三种分子作用力的差异以及 A、B 分子形状、尺寸上的差异。并且，通过对理想溶液性质计算公式进行修正，可进一步获得实际溶液相关性质的计算公式。因此，理想溶液概念的引入，不仅具有一定的实际意义，而且有重要的理论价值。

本节首先根据前面溶液中组元化学势表达式推导的一般思路，建立理想溶液中组元化学势的公式，然后应用化学势公式进一步分析理想溶液的混合性质。

6.4.1　拉乌尔定律与理想溶液中组元的蒸气压

根据第 6.3 节所述，通过气液两相平衡推导溶液中组元化学势与温度、压力及溶液浓度之间关系式时，需要找到溶液中组元的蒸气压与溶液浓度的函数关系。拉乌尔定律正是描述溶液中溶剂的蒸气压与溶剂浓度之间关系的定律。

法国化学家 Raoult（拉乌尔）对加入非挥发性溶质后溶剂的蒸气压变化情况进行了大量实验观测，1887 年通过对实验结果进行总结，得出如下结论：稀溶液中溶剂的蒸气压等于同一温度下纯溶剂的蒸气压乘以溶液中溶剂的摩尔分数，此即拉乌尔定律，用公式可表示为

$$p_A = p_A^* x_A \tag{6.4-2}$$

式中，p_A 为溶液中溶剂 A 的蒸气压；x_A 为溶液中溶剂 A 的浓度；p_A^* 为与溶液同温的纯溶剂的蒸气压。注意此处纯溶剂的蒸气压是纯 A 液体与纯 A 气体平衡共存时的压力，既是纯 A 气体的压力，也是纯 A 液体的压力，如图 6.4-1 中左侧系统所示。

拉乌尔定律最初由含非挥发溶质的溶液总结而来，后来被推广到含挥发性溶质的溶液，如图 6.4-1 右侧系统所示，此时溶液上方的气相中既有 A 气体，也有 B 气体，溶液总的压力 $p = p_A + p_B$，当溶质浓度足够小时，溶剂的蒸气压 p_A 同样满足式（6.4-2）。

在稀溶液中，虽然 A-B 分子作用力与 A-A 分子作用力不同，但由于溶质分子 B 数量极少，每个溶剂分子 A 周围的相邻分子绝大多数仍为 A 分子，可认为溶液中 A

图 6.4-1　蒸气压示意图

分子受到的分子相互作用力与同温度下纯 A 液体中的 A 分子受到的作用力相同，因而 A 分子从溶液液面逸出进入气相的概率与纯 A 液体情况相同。但由于溶液中少量溶质的存在，使得单位液面上溶剂分子 A 的占比从纯液体时的 100%下降至溶液中的 x_A，使溶液中 A 的蒸

发速率按比例相应下降，因而蒸气压降为 $p_A^* x_A$。这就是拉乌尔定律的微观本质。

上述拉乌尔定律中，纯 A 液体的蒸气压只是温度 T 的一元函数，即 $p_A^* = p_A^*(T)$，溶液中 A 的蒸气压是温度、浓度的二元函数 $p_A = p_A(T, x_A)$。通过第 7 章中的相律对图 6.4-1 所示的系统进行分析，可以得出上述结论。事实上，液体压力也可以和其蒸气压不同。如图 6.4-2 所示，通过设置半透膜，将气-液隔离，或向液体上方通入不溶于液体的惰性气体，均可改变液体的压力，使纯 A 液体的压力与 A 蒸气的压力不相等。此时 p_A^* 成为液体温度 T 和液体压力 p 的二元函数，即 $p_A^* = p_A^*(T, p)$。对于溶液，同样可以通过改变溶液压力来调整其中组元的蒸气压 p_A，即 $p_A = p_A(T, p, x_A)$。上述压力变化对蒸气压大小的具体影响，将在第 8 章中详细介绍。由于压力对蒸气压的影响非常微弱，通常将其忽略。

对于理想溶液，A-B 分子的作用力与 A-A 分子的作用力以及 B-B 分子的作用力均相等。溶液中无论是 A 分子还是 B 分子，受到的分子作用力与各自纯态时相同，均符合拉乌尔定律的微观本质，因此理想溶液中各个组元的蒸气压都满足拉乌尔定律，即

$$\begin{cases} p_A(T, x_A) = p_A^*(T) x_A \\ p_B(T, x_B) = p_B^*(T) x_B \end{cases} \tag{6.4-3}$$

式（6.4-3）对应的 p_A 及 p_B 随溶液浓度 x_B 的变化关系如图 6.4-3 所示，二者均随浓度线性变化。而溶液的总蒸气压（总压力）为 $p = p_A + p_B$，是连接 p_A^* 和 p_B^* 的直线，如图 6.4-3 所示。

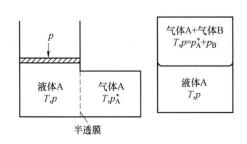

图 6.4-2　通过半透膜装置（左侧）或通入不溶于　　　　图 6.4-3　理想溶液总蒸气压及各组元蒸
纯 A 液体的惰性气体 B（右侧）改变纯液体压力　　　　　　　气压随浓度变化关系

当考虑液体压力对蒸气压影响时，对于温度为 T 和压力为 p 的 A-B 二元理想溶液，各组元蒸气压满足下式

$$\begin{cases} p_A(T, p, x_A) = p_A^*(T, p) x_A \\ p_B(T, p, x_B) = p_B^*(T, p) x_B \end{cases} \tag{6.4-4}$$

式中，$p_A^*(T, p)$ 和 $p_B^*(T, p)$ 分别为与溶液同温同压的纯 A 以及纯 B 液体的蒸气压。式（6.4-4）与拉乌尔定律式（6.4-3）形式相同，只是其中蒸气压的含义不同。下面应用式（6.4-4）推导任意温度和压力下理想溶液中组元的化学势表达式。

6.4.2　理想溶液中组元的化学势

对于温度为 T 和压力为 p 的 A-B 二元理想溶液，由第 6.3 节中化学势推导思路，利用气液两相平衡时化学势相等条件，将气体视为理想气体，可得

$$\mu_B(\text{sln}, T, p) = \mu_B(g) = \mu_B^\ominus(g) + RT\ln\frac{p_B}{p^\ominus} \tag{6.4-5}$$

式中，p_B 为溶液中组元 B 的蒸气压，利用式 (6.4-4) 将 p_B 替换，得

$$\mu_B(\text{sln}, T, p) = \mu_B^\ominus(g) + RT\ln\frac{p_B^*(T, p)}{p^\ominus} + RT\ln x_B \tag{6.4-6}$$

式 (6.4-6) 等号右端前两项之和是温度为 T 和压力为 $p_B^*(T, p)$ 的理想气体 B 的化学势，记为 $\mu_B(g, T, p_B^*)$。因为 $p_B^*(T, p)$ 是与溶液同温同压的纯液体 B 的蒸气压，也就意味着此状态的纯液体 B（温度为 T，压力为 p）与温度为 T 及压力为 p_B^* 的气体 B 平衡共存，将此纯 B 液体化学势记为 $\mu_B^*(1, T, p)$，则

$$\mu_B^*(1, T, p) = \mu_B(g, T, p_B^*) = \mu_B^\ominus(g) + RT\ln\frac{p_B^*(T, p)}{p^\ominus} \tag{6.4-7}$$

将式 (6.4-7) 代入式 (6.4-6) 得

$$\mu_B(\text{sln}, T, p) = \mu_B^*(1, T, p) + RT\ln x_B \tag{6.4-8}$$

此即理想溶液中任意组元 B 的化学势表达式。需要注意，如果忽略压力对蒸气压的影响，使用式 (6.4-3) 计算的 p_B 代入 (6.4-5) 中，同样可以推出式 (6.4-8)。

式 (6.4-8) 中的 $\mu_B^*(1, T, p)$ 虽然是纯 B 液体的化学势，但并非标准态的化学势。理想溶液中组元 B 的标准状态规定为与溶液同温且压力为 1atm 的纯 B 液体，标准状态化学势记为 $\mu_B^\ominus$。为计算两个相同温度 T、但不同压力的纯 B 液体化学势（摩尔吉布斯自由能）的差异，可利用式 (6.1-1)，即 $d\mu_B^* = V_{m,B}^* dp$，从标准压力 $p^\ominus$ 至任意压力 p 之间积分，可得到

$$\mu_B^*(1, T, p) = \mu_B^\ominus + \int_{p^\ominus}^p V_{m,B}^* dp \tag{6.4-9}$$

将式 (6.4-9) 代入式 (6.4-8)，可以得到以标准状态为基准时理想溶液中组元 B 的化学势与溶液温度、压力以及浓度的关系，即

$$\mu_B(\text{sln}, T, p) = \mu_B^\ominus + RT\ln x_B + \int_{p^\ominus}^p V_{m,B}^* dp \tag{6.4-10}$$

式 (6.4-10) 适用于理想溶液中的任意组元。等式右端第一项的标准状态化学势 $\mu_B^\ominus$ 与溶液的压力和组成无关，只是温度 T 的函数，右端第二项代表由于溶液浓度与标准状态浓度不同而造成的化学势差异，而右端第三项代表由于溶液压力与标准状态压力不同而造成的化学势差异。显然，当 $p = 1\text{atm}$ 时，右端第三项积分值为零。在通常情况下，溶液的压力不是很大，右端第三项积分数值很小，与 $RT\ln x_B$ 的数值相比可以忽略。因此理想溶液中任一组元化学势公式也可近似表示为

$$\mu_B(\text{sln}, T, p) = \mu_B^\ominus + RT\ln x_B \tag{6.4-11}$$

6.4.3　理想溶液的混合性质

与 6.1.3 小节中理想气体混合性质计算类似，通过理想溶液中组元的化学势表达式，可以求出等温等压下，由纯组元混合形成理想溶液过程中各种性质的变化，即理想溶液的混合性质。

由理想溶液中任意组元 B 的化学势表达式 (6.4-8) 可得组元 B 的偏摩尔混合自由能 $\Delta_{\text{mix}}\mu_B$ 为

$$\Delta_{\text{mix}}\mu_B = \mu_B - \mu_B^*(T, p) = RT\ln x_B \tag{6.4-12}$$

这与理想气体混合物中 B 的偏摩尔混合自由能式（6.1-7）形式完全相同。根据 $\Delta_{mix}\mu_B$ 与其他偏摩尔混合量之间的关系，可以得出理想溶液的各种偏摩尔混合性质。进一步将上述偏摩尔混合性质代入加和公式，可求出系统整体的混合性质。上述结果推导过程与理想气体混合性质推导过程完全类似，结果列于表 6.4-1 中。

表 6.4-1 理想溶液及理想气体混合物的混合性质

偏摩尔混合性质	整体混合性质
$\Delta_{mix}\overline{G}_B = RT\ln x_B$	$\Delta_{mix}G = RT\sum_B n_B \ln x_B$
$\Delta_{mix}\overline{S}_B = -R\ln x_B$	$\Delta_{mix}S = -R\sum_B n_B \ln x_B$
$\Delta_{mix}\overline{V}_B = 0$	$\Delta_{mix}V = 0$
$\Delta_{mix}\overline{H}_B = 0$	$\Delta_{mix}H = 0$
$\Delta_{mix}\overline{U}_B = 0$	$\Delta_{mix}U = 0$
$\Delta_{mix}\overline{A}_B = RT\ln x_B$	$\Delta_{mix}A = RT\sum_B n_B \ln x_B$

由上可见，等温等压下纯物质混合形成理想溶液过程中吉布斯自由能和亥姆霍兹自由能减小、熵增大，无体积变化、无热效应、无内能变化。这些结论和理想气体混合性质完全相同，这是因为理想气体混合物中各种分子之间作用力均为零，可以看作理想溶液模型的一个特例。

6.5 稀溶液和亨利定律

将微量的纯 B 加入大量的纯 A 中，如果 B 与 A 在分子或原子层面完全混合，则二者形成以 A 为溶剂、B 为溶质的稀溶液。本节将介绍关于稀溶液中溶质蒸气压的亨利定律，并利用气-液平衡，分析稀溶液中组元的化学势表达式，最后通过化学势分析稀溶液的一类特殊性质——依数性。

6.5.1 亨利定律与稀溶液中溶质的蒸气压

与拉乌尔定律相同，亨利定律也是从实验中总结出的经验定律。1803 年，英国化学家亨利（Henry）基于气体在液态溶剂中溶解度的大量实验结果，总结得出如下结论：在一定温度下，气体在液体中的溶解度与该气体的分压成正比，即亨利定律，可表示为

$$p_B = k_{x,B} x_B \tag{6.5-1}$$

式中，p_B 为气-液平衡时液面上方气体 B 的压力；x_B 为溶液中溶解的气体 B 的摩尔分数；$k_{x,B}$ 为比例常数，称为亨利常数，其单位与压力单位相同。由于气体在液体中的溶解度通常都很小，气体溶解在液体中形成的溶液为稀溶液。因此，实际上亨利定律给出了稀溶液中溶质蒸气压的计算公式。虽然亨利定律最初由气体溶解实验提出，后来人们发现它适用于所有挥发性溶质的稀溶液，且溶液越稀，对亨利定律的服从越好。

由式（6.5-1）可以看出，亨利常数 $k_{x,B}$ 为 $x_B = 1$ 时根据亨利定律计算出来的蒸气压，而 $x_B = 1$，意味液体从浓度上来说已经变为纯 B 液体，但 $k_{x,B}$ 通常并不等于真正纯 B 液体的蒸气压 p_B^*，这从图 6.5-1 所示的蒸气压随浓度变化关系曲线可以清楚地看到。图中实线为溶液上方 B 的蒸气压随溶液浓度的变化曲线，虚线为亨利定律公式（6.5-1）对应的直线。二者在 B 浓度极小时重合；随着 B 浓度增大，二者产生偏差；浓度增大到 $x_B = 1$ 时，亨利定律对应的蒸气压为 $k_{x,B}$，与实际纯 B 液体的蒸气压 p_B^* 并不重合。

从微观角度出发，稀溶液中由于溶质分子数量极少，每一个溶质分子 B 周围几乎全是溶剂分子 A。在溶液中 B 分子浓度保持极小的前提下，可以认为溶质分子 B 受到的分子作用力始终为 A-B 分子作用力 f_{A-B}，不会随溶质浓度变化而改变。因此，溶质分子 B 逸出液相的能力保持恒定。此时溶质 B 的蒸气压仅取决于单位液面中溶质 B 分子的占比，即与溶液中溶质浓度成正比。但由于稀溶液中 A-B 分子的作用力 f_{A-B} 通常并不等于纯 B 液体中 B-B 分子的作用力 f_{B-B}，因此比例常数 $k_{x,B}$ 并不等于纯 B 液体的蒸气压 p_B^*。事实上，随着溶液中 B 浓度的显著增大，B 分子周围将出现其他 B 分子，B 分子受到的分子作用力将不再保持为 f_{A-B}，因此不再满足亨利定律。但如果假设 B 分子周围邻居无论是 A 或 B，其受到的分子作用力始终为 f_{A-B}，则 B 的蒸气压就会始终符合亨利定律。按此假设外推到 $x_B = 1$，此时 B 分子周围邻居虽已经全部为 B 分子，但 B-B 分子之间作用力仍为 f_{A-B}，则这种假想的纯 B 液体仍符合亨利定律，其蒸气压为 $k_{x,B}$。

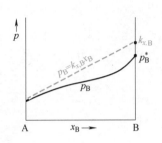

图 6.5-1　亨利常数与纯溶质蒸气压之间的关系图

严格来讲，溶质的蒸气压以及亨利常数都与压力有关，亨利定律的精确表达应为

$$p_B(T, p, x_B) = k_{x,B}(T, p) x_B \tag{6.5-2}$$

式中，$k_{x,B}(T, p)$ 为与溶液同温同压的假想纯 B 液体的蒸气压，其数值大小与溶液温度、溶液压力都有关。但与温度影响相比，压力对 $k_{x,B}$ 的影响非常小，一般可不予考虑，这与应用拉乌尔定律时通常忽略液体压力对 p_A^* 的影响类似。表 6.5-1 中列出了 25℃下几种气体在水及苯中的亨利常数。

表 6.5-1　25℃下几种气体在水及苯中的亨利常数

气体		H_2	N_2	O_2	CO	Ar	CH_4	C_2H_6
$k_{x,B}/10^9\,Pa$	水为溶剂	7.2	8.68	4.44	5.79	4.03	4.18	3.03
	苯为溶剂	3.67	0.239	0.163	0.163	0.115	0.0569	0.0068

最后，关于亨利定律还应注意以下几点：

1）$k_{x,B}$ 取决于溶剂分子与溶质分子之间的相互作用力，因此在一定温度和压力下，$k_{x,B}$ 与溶质和溶剂的性质均有关；使用 $k_{x,B}$ 时，既要指定溶质，也要指定溶剂。

2）溶质 B 在气相和溶液中的分子形态必须相同；若溶质在液相中发生解离，其在液相中的存在形态与气相中不同，此时亨利定律不再适用。如 HCl(g) 溶于苯或 $CHCl_3$ 时，在气相及液相中均为 HCl 分子状态，满足亨利定律；而溶于水时则电离为 H^+ 和 Cl^- 离子，此时亨利定律不再适用。

3）压力不大时，混合气体溶于同一溶剂，亨利定律可分别适用于每一种气体，其中 p_B 为气体 B 的分压。

4）对于大多数气体，其在水中的溶解度均随温度升高而降低，因此升高温度或降低气体的分压都可使溶液更稀薄，从而对亨利定律符合程度更高。

5）稀溶液中溶质的摩尔分数 x_B 与其他浓度成正比，因此还可用其他浓度来表示亨利定律，如

$$p_B = k'_{m,B} m_B \ \text{及} \ p_B = k'_{c,B} c_B$$

式中，比例常数 $k'_{m,B}$ 和 $k'_{c,B}$ 单位分别为 $Pa \cdot kg/mol$ 和 $Pa \cdot m^3/mol$，为使上述比例常数单位变为 Pa，可写为如下形式

$$p_B = k_{m,B} \frac{m_B}{m^\ominus} \tag{6.5-3}$$

$$p_B = k_{c,B} \frac{c_B}{c^\ominus} \tag{6.5-4}$$

式中，$m^\ominus$ 和 $c^\ominus$ 分别为标准质量摩尔浓度和标准体积摩尔浓度，通常取 $m^\ominus = 1mol/kg$ 和 $c^\ominus = 1000mol/m^3$，这样 $k_{m,B}$ 和 $k_{c,B}$ 的单位均为 Pa。显然，$k_{x,B}$、$k_{m,B}$ 和 $k_{c,B}$ 三种亨利常数可相互换算。

总之，对于稀溶液，溶质蒸气压满足亨利定律，溶剂的蒸气压满足拉乌尔定律，从图 6.5-2 所示的 A-B 二元溶液中蒸气压随溶液浓度的变化曲线可更直观地看到这一结论。图中两条实线分别为组元 A 和组元 B 的蒸气压随浓度 x_B 的变化曲线，曲线上方的虚线为拉乌尔定律公式结果，曲线下方的虚线为亨利定律公式结果。可以看到，在 $x_B \rightarrow 1$ 的稀溶液区，溶剂 B 的蒸气压曲线逐渐接近拉乌尔定律曲线，而溶质 A 的蒸气压曲线逐渐接近亨利定律曲线；而在 $x_B \rightarrow 0$ 的稀溶液区，溶剂

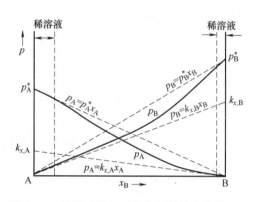

图 6.5-2　溶液中各组元蒸气压随浓度变化关系

A 的蒸气压曲线逐渐接近拉乌尔定律曲线，而溶质 B 的蒸气压曲线逐渐接近亨利定律曲线。事实上，通过吉布斯-杜亥姆公式可以证明，稀溶液中溶剂和溶质的蒸气压并非相互独立，当溶剂服从拉乌尔定律时，溶质就一定服从亨利定律。

6.5.2　稀溶液中组元的化学势

（1）溶剂的化学势　稀溶液中溶剂服从拉乌尔定律，采用与理想溶液中组元化学势公式完全相同的推导方法，可以得出稀溶液中溶剂的化学势表达式，其与理想溶液中组元的化学势表达式完全相同，即

$$\mu_A(\text{sln}, T, p) = \mu_A^*(1, T, p) + RT \ln x_A \tag{6.5-5}$$

或

$$\mu_A(\text{sln}, T, p) = \mu_A^\ominus + RT \ln x_A + \int_{p^\ominus}^{p} V_{m,A}^* \mathrm{d}p \tag{6.5-6}$$

式中，$\mu_A^{\ominus}$ 为标准状态化学势，即纯 A 液体在压力为 1atm 及温度 T 下的化学势；μ_A^* 为与溶液同温同压的纯 A 液体的化学势。

（2）溶质的化学势　稀溶液中，溶质服从亨利定律，通过气-液两相平衡的思路同样可以推导出溶质的化学势表达式。但由于稀溶液中溶质蒸气压服从亨利定律，最终获得的溶质化学势表达式将与溶剂的公式不同。具体推导过程如下：利用气-液两相平衡时化学势相等的条件，并将气体视为理想气体，可得稀溶液中溶质的化学势为

$$\mu_B(\text{sln},T,p) = \mu_B(g) = \mu_B^{\ominus}(g) + RT\ln\frac{p_B}{p^{\ominus}}$$

将 p_B 用亨利定律式（6.5-2）代换，得

$$\mu_B(\text{sln},T,p) = \mu_B^{\ominus}(g) + RT\ln\frac{k_{x,B}}{p^{\ominus}} + RT\ln x_B \tag{6.5-7}$$

式中，等号右端前两项 $\mu_B^{\ominus}(g) + RT\ln(k_{x,B}/p^{\ominus})$ 代表温度为 T、压力为 $k_{x,B}$ 的理想气体 B 的化学势，记为 $\mu_B(g,T,k_{x,B})$。假设存在一种 $x_B=1$ 仍服从亨利定律的假想纯 B 液体，将其化学势记为 $\mu_B^{\Delta}(1,T,p)$，这里用上标"Δ"代替"$*$"，表示纯 B 液体为假想状态。该假想纯 B 浓度已经和纯 B 浓度相同，B 分子周围均为 B 分子，但假设其分子之间的作用力仍为 $f_{A\text{-}B}$，因此其能满足亨利定律。根据亨利定律精确表达式（6.5-2）可知，与溶液同温同压的该假想纯 B 液体的蒸气压等于 $k_{x,B}$，即该假想液体与压力为 $k_{x,B}$ 的理想气体 B 平衡共存，因此

$$\mu_B^{\Delta}(1,T,p) = \mu_B(g,T,k_{x,B}) = \mu_B^{\ominus}(g) + RT\ln\frac{k_{x,B}}{p^{\ominus}} \tag{6.5-8}$$

将式（6.5-8）代入式（6.5-7），可得

$$\mu_B(\text{sln},T,p) = \mu_B^{\Delta}(1,T,p) + RT\ln x_B \tag{6.5-9}$$

此即为稀溶液中溶质 B 的化学势表达式。$\mu_B^{\Delta}(1,T,p)$ 为与溶液同温同压的假想纯 B 的化学势，假想纯 B 与稀溶液的差异仅仅是浓度不同，因此再加上浓度的影响 $RT\ln x_B$，即可得到稀溶液中溶质 B 的化学势。

式（6.5-9）中 $\mu_B^{\Delta}(1,T,p)$ 并非标准状态化学势。通常规定与溶液同温且压力为 1atm 的假想纯 B 液体为标准态，标准状态化学势记为 $\mu_B^{\ominus}$。$\mu_B^{\ominus}$ 与 μ_B^{Δ} 之间的差异仅由压力不同引起，根据式（6.1-1），在等温下满足

$$d\mu_B^{\Delta} = V_{m,B}^{\Delta}dp = \overline{V}_B^{\infty}dp$$

式中，$\overline{V}_B^{\infty}$ 为稀溶液中 B 的偏摩尔体积。由于稀溶液中 B 分子受到的分子作用力与假想纯 B 中 B 分子受到的作用力相同，均为 $f_{A\text{-}B}$，因此假想纯 B 的某些由分子作用力决定的性质（摩尔体积 $V_{m,B}^{\Delta}$）与稀溶液中 B 的相应性质（B 的偏摩尔体积 $\overline{V}_B^{\infty}$）相同。将上式从标准压力 $p^{\ominus}$ 至任意压力 p 之间积分，从而得到

$$\mu_B^{\Delta}(1,T,p) = \mu_B^{\ominus} + \int_{p^{\ominus}}^{p}\overline{V}_B^{\infty}dp \tag{6.5-10}$$

将式（6.5-10）代入式（6.5-9），可以得到稀溶液中溶质 B 的化学势表达式，即

$$\mu_B(\text{sln},T,p) = \mu_B^{\ominus} + RT\ln x_B + \int_{p^{\ominus}}^{p}\overline{V}_B^{\infty}dp \tag{6.5-11}$$

式（6.5-11）与理想溶液中任意组元 B 的化学势公式（6.4-10）在形式上完全相同，但

各项的含义有两点差异：①此处的标准状态是 $x_B = 1$ 仍服从亨利定律的假想纯 B，而理想溶液公式中的标准状态为真正的纯 B；②此处积分中的被积函数是无限稀溶液中 B 的偏摩尔体积，而理想溶液公式中该项为 B 的摩尔体积 $V_{m,B}^*$。

应当指出，标准状态的选择是任意的，式（6.5-9）与式（6.5-11）中选择假想纯 B 为标准状态，是为了保持稀溶液中溶质的化学势公式与溶剂的化学势公式（6.5-6）在形式上一致。事实上，稀溶液中，溶质 B 的化学势表达式也可选用真正的纯 B 液体作为标准状态，此时 B 的化学势公式推导如下。式（6.5-7）可写为

$$\mu_B(\text{sln}, T, p) = \mu_B^{\ominus}(g) + RT\ln\frac{k_{x,B}}{p^{\ominus}} - RT\ln\frac{k_{x,B}}{p_B^*} + RT\ln\frac{k_{x,B}}{p_B^*} + RT\ln x_B \tag{6.5-12}$$

$$= \mu_B^{\ominus}(g) + RT\ln\frac{p_B^*}{p^{\ominus}} + RT\ln\frac{k_{x,B}}{p_B^*} + RT\ln x_B$$

式中，p_B^* 为与溶液同温同压的纯 B 液体的蒸气压，等号右端前两项对应蒸气压为 p_B^* 的 B 气体化学势，该气体化学势等于与溶液同温同压的真正纯 B 液体的化学势 $\mu_B^*(l, T, p)$，即

$$\mu_B^*(l, T, p) = \mu_B^{\ominus}(g) + RT\ln(p_B^*/p^{\ominus})$$

将上式代入式（6.5-12）得

$$\mu_B(\text{sln}, T, p) = \mu_B^*(l, T, p) + RT\ln\frac{k_{x,B}}{p_B^*} + RT\ln x_B \tag{6.5-13}$$

进一步将 $\mu_B^*(l, T, p)$ 换为标准状态的化学势 $\mu_B^{\ominus}$，得

$$\mu_B(\text{sln}, T, p) = \mu_B^{\ominus} + RT\ln\frac{k_{x,B}}{p_B^*} + RT\ln x_B + \int_{p^{\ominus}}^p V_{m,B}^* \mathrm{d}p \tag{6.5-14}$$

此化学势表达式形式更为复杂，且与稀溶液中溶剂的化学势表达式（6.5-6）在形式上也不统一。

若将亨利定律用质量摩尔浓度的形式来表示，即 $p_B = k_{m,B}m_B/m^{\ominus}$，用与公式（6.5-11）类似的推导方法可以得到溶质化学势表示式为

$$\mu_B(\text{sln}, T, p) = \mu_B^{\ominus} + RT\ln\frac{m_B}{m^{\ominus}} + \int_{p^{\ominus}}^p \overline{V}_B^{\infty} \mathrm{d}p = \mu_B^{\square} + RT\ln\frac{m_B}{m^{\ominus}} \tag{6.5-15}$$

式中，标准状态为 1atm 下 $m_B = m^{\ominus}$ 且仍服从亨利定律的假想溶液；$\mu_B^{\square}$ 为与溶液同温同压的该假想溶液中组元 B 的化学势。

同样，若将亨利定律用体积摩尔浓度的形式来表示，即 $p_B = k_{c,B}c_B/c^{\ominus}$，用类似的方法可以得到溶质化学势表示式为

$$\mu_B(\text{sln}, T, p) = \mu_B^{\ominus} + RT\ln\frac{c_B}{c^{\ominus}} + \int_{p^{\ominus}}^p \overline{V}_B^{\infty} \mathrm{d}p = \mu_B^{\diamond} + RT\ln\frac{c_B}{c^{\ominus}} \tag{6.5-16}$$

式中，标准状态为 1atm 下 $c_B = c^{\ominus}$ 且仍服从亨利定律的假想溶液；$\mu_B^{\diamond}$ 为与溶液同温同压的该假想溶液中组元 B 的化学势。

【例 6-2】已知 298K、101325Pa 下，B(l) 溶于 A(l) 的亨利常数 $k_x = 45312$Pa，纯 B 的饱和蒸气压为 22656Pa，今有 1mol B 溶于 99mol A 形成稀溶液，试计算此过程的 $\Delta_{\text{mix}}G$。

解：系统的状态变化如下：

| 99mol A (l) | 1mol B (l) | $\Delta_{mix}G$ | 稀溶液(sln)x_A=0.99 |
| 298K，101325Pa | 298K，101325Pa | | 298K，101325Pa |

$$\Delta_{mix}G = G_2 - G_1 = (n_A\mu_A + n_B\mu_B) - (n_A\mu_A^* + n_B\mu_B^*) \tag{6.5-17}$$
$$= n_A(\mu_A - \mu_A^*) + n_B(\mu_B - \mu_B^*)$$

式中，

$$\mu_A - \mu_A^* = \mu_A^\ominus + RT\ln x_A + \int_{p^\ominus}^p V_{m,A}^* dp - \mu_A^* = \mu_A^\ominus + RT\ln x_A - \mu_A^* = RT\ln x_A$$

$$\mu_B - \mu_B^* = \mu_B^\ominus + RT\ln\frac{k_{x,B}}{p_B^*} + RT\ln x_B + \int_{p^\ominus}^p V_{m,B}^* dp - \mu_B^* = RT\ln\frac{k_x}{p_B^*} + RT\ln x_B$$

将以上两式代入式（6.5-17）得

$$\Delta_{mix}G = n_A RT\ln x_A + n_B RT\ln x_B + n_B RT\ln\frac{k_x}{p_B^*}$$
$$= 8.314 \times 298 \times (99 \times \ln0.99 + 1 \times \ln0.01 + 1 \times \ln2)J = -12157J$$

6.5.3　依数性

对于稀溶液，其有一类性质只依赖于溶液中溶质的浓度（即溶质分子数目），而与溶质的本性无关，称之为依数性。依数性反映了纯液体中加入少量溶质形成稀溶液后两相平衡性质（平衡压力、平衡温度）如何改变，具体包括蒸气压降低、凝固点降低、沸点升高及渗透压。从本质上讲，这些平衡性质的变化均是由于纯溶剂中加入少量溶质后引起溶剂化学势下降所致。本小节将利用前面获得的化学势表达式，分析上述平衡性质的变化，并推导相关计算公式。

（1）蒸气压降低　在恒定温度下，当纯溶剂 A 中加入少量非挥发性溶质形成稀溶液后，溶液的蒸气压将低于纯溶剂的蒸气压 p_A^*。由于溶质不挥发，溶液的蒸气压即为其中溶剂 A 的蒸气压 p_A。

下面从化学势角度出发分析这一现象。由稀溶液中溶剂的化学势表达式（6.5-5）可以看出，$\mu_A(sln, T, p) < \mu_A^*(l, T, p)$，即等温下稀溶液中 A 的化学势小于纯 A 的化学势。因此与溶液平衡共存的气体 A 的化学势小于与纯 A 液体平衡共存的气体 A 的化学势，而在温度一定时，气体化学势越小，气体压力越小，所以 $p_A < p_A^*$。

稀溶液中溶剂的蒸气压满足拉乌尔定律，由此可以计算出稀溶液蒸气压相对于纯溶剂蒸气压的降低值 Δp

$$\Delta p = p_A^* - p_A = p_A^* - p_A^* x_A = p_A^*(1 - x_A) = p_A^* x_B \tag{6.5-18}$$

由上可见，蒸气压降低值只取决于溶剂的本性 p_A^* 及溶质的浓度 x_B，而与溶质种类无关。对于指定的溶剂，无论添加何种溶质，只要溶质浓度 x_B 相同，则蒸气压的降低值相同，即依数性。

（2）凝固点降低　对于纯物质，凝固点与熔点温度相同，是一定压力下固-液两相平衡共存的温度。从可逆相变角度出发，此温度下，如无限缓慢散热，则发生可逆凝固；如无限缓慢加热，则发生可逆熔化。

但对于溶液，固-液共存温度通常不再是一个固定值，而是一个温度区间（详见第 7 章

7.6 节)。两相平衡共存温度区间的上限为凝固点。当向纯溶剂 A 中加入少量溶质 B 形成稀溶液，且在凝固时析出的固体为纯 A 固体，则溶液的凝固点就会低于纯溶剂 A 的凝固点，这一现象称为凝固点降低。

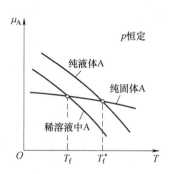

从化学势角度出发，凝固点降低的原因如图 6.5-3 所示。在一定压力下，对于纯溶剂 A，固体 A 与液体 A 两相化学势相等的温度 T_f^* 即为纯 A 液体凝固点。当纯 A 液体中加入少量溶质形成稀溶液后，溶液中 A 的化学势小于同温同压下纯 A 液体的化学势。因此在 T_f^* 温度下溶液中 A 的化学势小于固体 A 的化学势，溶液无法与固体 A 平衡共存。只有当温度继续下降到 T_f 时，溶液中 A 的化学势才和固体 A 的化学势相等，从而重新达到固-液两相平衡，T_f 即为溶液的凝固点，可见 $T_f < T_f^*$。

图 6.5-3　稀溶液凝固点降低现象原理图

对凝固点降低的具体数值，即 $\Delta T_f = T_f^* - T_f$，可通过化学势分析获得。在溶液的凝固点温度 T_f 时，含 A 为 x_A 的溶液与纯 A 固体 A(s) 平衡共存，根据化学势判据，得

$$\mu_A(\mathrm{sln}, T_f, p) = \mu_A^*(\mathrm{s}, T_f, p) \tag{6.5-19}$$

将稀溶液中溶剂的化学势式（6.5-5）代入式（6.5-19）得

$$\mu_A^*(\mathrm{l}, T_f, p) + RT_f \ln x_A = \mu_A^*(\mathrm{s}, T_f, p) \tag{6.5-20}$$

即

$$RT_f \ln x_A = \mu_A^*(\mathrm{s}, T_f, p) - \mu_A^*(\mathrm{l}, T_f, p) = \Delta G_{m,A}^{*,\mathrm{l \to s}} \tag{6.5-21}$$

式中，$\Delta G_{m,A}^{*,\mathrm{l \to s}}$ 是 1mol 纯溶剂 A 在稀溶液凝固点 T_f 时凝固为纯 A 固体的摩尔吉布斯自由能变化量，式（6.5-21）整理后得

$$\ln x_A = \frac{1}{R} \frac{\Delta G_{m,A}^{*,\mathrm{l \to s}}}{T_f} \tag{6.5-22}$$

根据吉布斯-亥姆霍兹公式有

$$\left[\frac{\partial (\Delta G_{m,A}^{*,\mathrm{l \to s}} / T)}{\partial T} \right]_p = -\frac{\Delta H_{m,A}^{*,\mathrm{l \to s}}}{T^2}$$

等压下，将上式在纯溶剂凝固点 T_f^* 和稀溶液凝固点 T_f 之间积分，得

$$\int_0^{\frac{\Delta G_{m,A}^{*,\mathrm{l \to s}}}{T_f}} \mathrm{d}\left(\frac{\Delta G_{m,A}^{*,\mathrm{l \to s}}}{T} \right) = -\int_{T_f^*}^{T_f} \frac{\Delta H_{m,A}^{*,\mathrm{l \to s}}}{T^2} \mathrm{d}T$$

将关系式 $\Delta H_{m,A}^{*,\mathrm{s \to l}} = -\Delta H_{m,A}^{*,\mathrm{l \to s}}$ 代入上式并整理得

$$\frac{\Delta G_{m,A}^{*,\mathrm{l \to s}}}{T_f} = \int_{T_f^*}^{T_f} \frac{\Delta H_{m,A}^{*,\mathrm{s \to l}}}{T^2} \mathrm{d}T$$

通常凝固点降低值很小，$\Delta H_{m,A}^{*,\mathrm{s \to l}}$ 在 $T_f \sim T_f^*$ 温度范围内可看成常数，则上式转化为

$$\frac{\Delta G_{m,A}^{*,\mathrm{l \to s}}}{T_f} = \Delta H_{m,A}^{*,\mathrm{s \to l}} \left(\frac{1}{T_f^*} - \frac{1}{T_f} \right)$$

将上式代入式（6.5-22）可得

$$\ln x_A = \frac{\Delta H_{m,A}^{*,\mathrm{s \to l}}}{R} \left(\frac{1}{T_f^*} - \frac{1}{T_f} \right) \tag{6.5-23}$$

式中，纯溶剂的凝固点 T_f^* 和摩尔熔化焓 $\Delta H_{m,A}^{*,\mathrm{s \to l}}$ 可由手册查得。故只要知道溶液的浓度，

即可计算溶液的凝固点 T_f 以及 ΔT_f。

对稀溶液，$x_B \ll 1$，式（6.5-23）可进一步简化，将上式等号左端 $\ln(1-x_B)$ 进行级数展开，并整理等号右端括号内的分式相减项后，得

$$-x_B - \frac{x_B^2}{2} - \frac{x_B^3}{3} - \cdots = \frac{\Delta H_{m,A}^{*,\,s \to l}(T_f - T_f^*)}{RT_f^* T_f}$$

由于 $x_B \ll 1$，左端级数可略去高次项，右端 $T_f^* T_f \approx T_f^{*2}$，$\Delta T_f = T_f^* - T_f$，因此前式可简化为

$$\Delta T_f = \frac{RT_f^{*2} x_B}{\Delta H_{m,A}^{*,\,s \to l}} \approx \frac{RT_f^{*2}}{\Delta H_{m,A}^{*,\,s \to l}} \frac{n_B}{n_A} = \frac{RT_f^{*2} M_A}{\Delta H_{m,A}^{*,\,s \to l}} \frac{n_B}{n_A M_A} = \frac{RT_f^{*2} M_A}{\Delta H_{m,A}^{*,\,s \to l}} m_B$$

式中，M_A 为溶剂 A 的摩尔质量，单位为 kg/mol。进一步令

$$K_f = \frac{RT_f^{*2} M_A}{\Delta H_{m,A}^{*,\,s \to l}} \tag{6.5-24}$$

代入前式可得

$$\Delta T_f = K_f m_B \tag{6.5-25}$$

式（6.5-25）是稀溶液的凝固点降低的近似计算公式，其中 m_B 是溶液中溶质的质量摩尔浓度，K_f 是凝固点降低常数，单位为 $K \cdot kg/mol$。由 K_f 定义式可知，它只取决于溶剂的本性，是溶剂的特性参数。表 6.5-2 列出了几种溶剂的熔点及凝固点降低常数。

表 6.5-2　几种溶剂的熔点及凝固点降低常数

溶剂	水	醋酸	苯	萘	四氯化碳	环己烷	樟脑
T_f^* / K	273.2	289.8	278.7	353.4	250.3	279.7	446.2
$K_f/(K \cdot kg/mol)$	1.86	3.90	5.12	6.94	30	20.8	40

若已知某纯溶剂的 K_f 值，通过实验测量加入一定量溶质后稀溶液的凝固点降低值 ΔT_f，利用式（6.5-25）就可计算出溶质的摩尔质量。

（3）沸点升高　沸点是液体的蒸气压等于外压时的温度，通常外压指定为 1atm。对于含非挥发性溶质的稀溶液，其沸点要高于纯溶剂的沸点，即沸点升高。

从化学势角度出发，产生稀溶液沸点升高现象的原因如图 6.5-4 所示。在 1atm 下，对于纯溶剂 A，气体 A 与液体 A 化学势相等的温度 T_b^* 即为纯 A 液体的沸点。当纯 A 液体中加入少量非挥发性溶质形成稀溶液后，由于稀溶液中 A 的化学势小于同温同压下纯 A 液体的化学势，因此在 T_b^* 温度下，溶液中 A 的化学势小于 1atm 下气体 A 的化学势，溶液无法与气体 A 平衡共存；只有当温度升高到 T_b 时，溶液中 A 的化学势与 1atm 下气体 A 的化学势相等，T_b 即为溶液的沸点，可见 $T_b > T_b^*$。

从气-液两相平衡时化学势相等条件出发，利用与前面凝固点降低类似的推导思路，可得

$$\ln x_A = \frac{\Delta H_{m,A}^{*,\,l \to g}}{R}\left(\frac{1}{T_b} - \frac{1}{T_b^*}\right) \tag{6.5-26}$$

式中，$\Delta H_{m,A}^{*,\,l \to g}$ 是纯溶剂的摩尔气化焓。

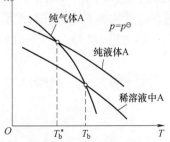

图 6.5-4　稀溶液沸点升高现象原理图

式（6.5-26）按凝固点降低公式类似的处理，将等号左端 $\ln(1-x_B)$ 进行级数展开，忽略高次项并进一步整理，可得沸点升高数值 $\Delta T_b = T_b^* - T_b$ 满足

$$\Delta T_b = \frac{RT_b^{*\,2}M_A}{\Delta H_{m,A}^{*,l \to g}} m_B$$

令

$$K_b = \frac{RT_b^{*\,2}M_A}{\Delta H_{m,A}^{*,l \to g}} \qquad (6.5\text{-}27)$$

则

$$\Delta T_b = K_b m_B \qquad (6.5\text{-}28)$$

此即稀溶液沸点升高的近似计算公式，其中 m_B 是溶液的质量摩尔浓度，K_b 为沸点升高常数，单位为 $K \cdot kg/mol$。K_b 仅与溶剂的本性有关，是溶剂的特性参数。表 6.5-3 列出几种溶剂的沸点及沸点升高常数。

表 6.5-3　几种溶剂的沸点及沸点升高常数

溶剂	水	醋酸	苯	萘	四氯化碳	甲醇	乙醇
T_b^*/K	373.2	391.05	353.25	491.05	349.9	337.7	351.5
$K_b/(K \cdot kg/mol)$	0.51	3.07	2.53	5.8	4.95	0.83	1.19

（4）渗透现象　一些自然界以及人工合成的膜能够有选择性地让某种物质透过而阻挡其他物质，这类膜称为半透膜。在一定温度下，把稀溶液和纯溶剂用一个只允许溶剂透过的半透膜隔开，如图 6.5-5 所示，则溶剂会由纯溶剂一侧流向溶液一侧，此现象称为渗透现象。渗透现象发生的原因在于，纯A 液体的化学势 $\mu_A^*(l)$ 高于稀溶液中溶剂 A 的化学势 $\mu_A(sln)$，因此 A 自发地从化学势高的相流入化学势低的相。

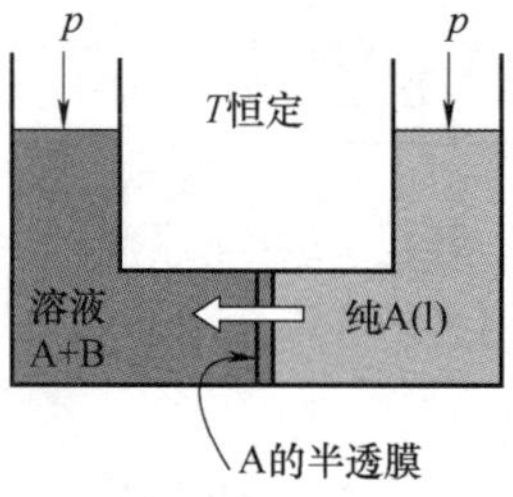

由

$$\left(\frac{\partial \mu_A(sln)}{\partial p}\right)_{T,x_i} = \overline{V}_A > 0$$

可知，化学势随压力升高而增大。如保持纯溶剂一侧压力 p 不变，而增加溶液的压力，则可以提高溶液中 A 的化学势。当溶液一侧压力增大到 $p+\Pi$ 时，溶液中 A 的化学势与纯 A 的化学势相等，半透膜两侧可达到平衡，称为渗透平衡，此时溶液上方增加的压力 Π 称为渗透压。从化学势角度看，渗透平衡的本质在于溶液压力增加引起的化学势升高，恰好补偿了 A 浓度降低（溶液中 A 的浓度低于纯 A）带来的化学势降低。

图 6.5-5　渗透现象示意图

渗透压 Π 可按如下方法计算。渗透平衡时两侧化学势相等，即

$$\mu_A(sln, T, p+\Pi, x_A) = \mu_A^*(l, T, p)$$

对于稀溶液，上式可写为

$$\mu_A^{\ominus} + RT\ln x_A + \int_{p^\ominus}^{p+\Pi} V_{m,A}^* \, dp = \mu_A^{\ominus} + \int_{p^\ominus}^{p} V_{m,A}^* \, dp$$

$$\int_{p}^{p^\ominus} V_{m,A}^* \, dp + \int_{p^\ominus}^{p+\Pi} V_{m,A}^* \, dp = -RT\ln x_A$$

$$\int_{p}^{p+\Pi} V_{m,A}^{*} \, \mathrm{d}p = -RT\ln x_{A}$$

若忽略纯溶剂摩尔体积随压力的变化，则由上式可得

$$V_{m,A}^{*}\Pi = -RT\ln x_{A} \qquad\qquad (6.5\text{-}29)$$

式中，$V_{m,A}^{*}$ 为纯溶剂的摩尔体积，可从手册中查得或由实验测定。由此式可求出稀溶液的渗透压。

对于稀溶液，式（6.5-29）经级数展开并做进一步近似处理后可得：

$$\Pi = c_{B}RT \qquad\qquad (6.5\text{-}30)$$

式中，c_{B} 为体积摩尔浓度，此式称为稀溶液的范特霍夫（van't Hoff）公式。

需要注意，由于化学势对压力的不敏感性，只有压力大幅增加后，才能使溶液中溶剂的化学势提升，因此渗透压数值通常较大。一般情况下，稀溶液的蒸气压降低值 Δp、凝固点降低值 ΔT_{f} 以及沸点升高值 ΔT_{b} 都很小。相对而言，渗透压 Π 值要大得多。因此，在依数性中渗透压是最灵敏的一个性质，相对其他依数性更易于精确地测量。

当溶液和纯溶剂渗透平衡后，如果继续增大溶液一侧的压力，则溶液中 A 的化学势将大于纯 A 的化学势，此时溶液中的 A 将通过半透膜流入纯溶剂，这种现象称为反渗透现象，反渗透可用于海水淡化或工业废水处理。

6.6　实际溶液

实际溶液既非稀溶液，也非理想溶液，其各种性质都与理想溶液性质存在偏差，为描述这种偏差，美国化学家路易斯提出了活度和活度系数的概念。通过活度和活度系数可以得到实际溶液中组元蒸气压以及化学势的表达式，且其形式与理想溶液的公式形式完全相同，从而方便实际应用。本节首先通过实际溶液蒸气压的计算引入活度和活度系数；在此基础上通过溶液中组元化学势表达式推导的一般思路，获得用活度表示的实际溶液中组元的化学势表达式；而后介绍活度以及活度系数如何获得；最后通过化学势，分析实际溶液的混合性质，以及实际溶液与理想溶液各种广度性质的差异，即过剩性质。

6.6.1　活度与活度系数

实际溶液的蒸气压随浓度的变化关系与理想溶液不同。如图 6.6-1 所示，丙酮-三氯甲烷溶液中各组元蒸气压曲线均位于理想溶液组元蒸气压曲线（拉乌尔定律的计算值）下方，称该溶液相对理想溶液呈现负偏差；而丙酮-二硫化碳溶液中各组元蒸气压曲线位于理想溶液组元蒸气压曲线上方，称该溶液相对理想溶液呈现正偏差。

实际溶液蒸气压对理想溶液产生偏差的根源在于溶液中的分子间作用力情况的差异。当实际溶液中 A-B 分子之间相互作用力小于理想溶液中的分子作用力时，A 和 B 分子比纯态时更容易逸出到气相中去，便产生正偏差；反之，则 A 和 B 的分子比纯态时更难以逸出到气相中，形成负偏差。从蒸气压的大小可以推知，在具有正偏差的溶液中，各组元的化学势将大于同浓度理想溶液中组元的化学势，此类溶液配制过程中往往伴随着吸热而且体积增大；而具有负偏差的溶液中，各组元的化学势将小于同浓度理想溶液中组元的化学势，此类

溶液的配制过程中往往伴随着放热而且体积减小。

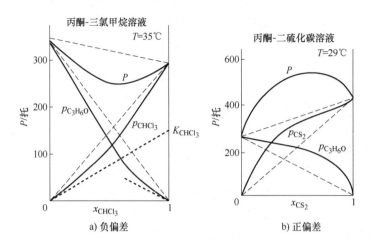

图 6.6-1　实际溶液蒸气压与理想溶液的偏差情况

实际溶液中任意组元 B 的蒸气压不满足拉乌尔定律公式，即 $p_B \neq p_B^* x_B$。为了使实际溶液中组元蒸气压的计算公式具有与拉乌尔定律相同的形式，美国化学家路易斯提出通过引入修正系数 γ_B 对浓度 x_B 进行校正，即

$$p_B = p_B^* \gamma_B x_B = p_B^* a_B \tag{6.6-1}$$

式中，校正系数 γ_B 为活度系数；a_B 为活度，$a_B = \gamma_B x_B$，显然活度与活度系数均无量纲。活度可理解为校正浓度，而 γ_B 则为校正因子。此外式（6.6-1）也可写为如下形式

$$a_B = \frac{p_B}{p_B^*} \tag{6.6-2}$$

因此，活度可看作溶液中组元 B 的蒸气压与纯 B 液体蒸气压之间的相对比值。对于理想溶液，这一相对比值等于溶液浓度；对于实际溶液，这一相对比值与浓度存在偏差。在一定温度下，纯 B 液体的蒸气压 p_B^* 为定值（忽略压力的影响），此时从式（6.6-2）可以看出，溶液中 B 的活度 a_B 与其蒸气压 p_B 保持固定的比例关系，因此只需将图 6.6-1 中纵坐标 p_B 按这一比例关系进行缩放，即可得到溶液中组元活度随浓度的变化关系曲线，如图 6.6-2 所示。其中，对于丙酮-三氯甲烷溶液，只需将图 6.6-1 中丙酮蒸气压 $p_{C_3H_6O}$ 除以同温下纯丙酮蒸气压 $p_{C_3H_6O}^*$，将三氯甲烷蒸气压 p_{CHCl_3} 除以同温下纯三氯甲烷蒸气压 $p_{CHCl_3}^*$。图 6.6-2 中各组元活度随浓度的变化曲线形状与图 6.6-1 中蒸气压曲线形状相同，其中虚线代表假想的理想溶液中组元活度与浓度的关系，即 $a_B = x_B$。

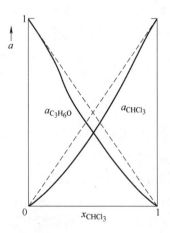

图 6.6-2　丙酮（C_3H_6O）与三氯甲烷（$CHCl_3$）溶液中组元活度（规定 I）

由式（6.6-1）可得活度系数 γ_B 满足

$$\gamma_B = \frac{p_B}{p_B^* x_B} \tag{6.6-3}$$

式中，p_B 是溶液中 B 的蒸气压；$p_B^* x_B$ 是按拉乌尔定律计算得到的 B 的蒸气压。当 $\gamma_B > 1$ 时，实际溶液相对理想溶液为正偏差；当 $\gamma_B < 1$ 时，实际溶液相对理想溶液为负偏差；当 $\gamma_B = 1$ 时，实际溶液符合理想溶液。可见活度系数 γ_B 直接体现了实际溶液与理想溶液的偏差，活度系数越远离 1，对理想溶液偏差越大。

上述活度及活度系数的概念基于对拉乌尔定律修正而提出的，是最常用的活度定义。事实上，也可以根据需要对其他蒸气压定律进行修正来定义活度，如对亨利定律 $p_B = k_{x,B} x_B$ 进行修正。此时，实际溶液中 B 的蒸气分压 p_B 计算公式与稀溶液中溶质的蒸气压公式形式一致，即

$$p_B = k_{x,B} \gamma_B x_B = k_{x,B} a_B \tag{6.6-4}$$

式中，γ_B 仍代表校正系数，但此时是对亨利定律的校正；活度 a_B 仍可视为校正浓度，也可表示为

$$a_B = \frac{p_B}{k_{x,B}} \tag{6.6-5}$$

由上可见活度仍为相对压力，但此时为溶液中组元 B 的蒸气压与假想纯 B 液体蒸气压的相对比值。当温度及构成溶液的物质种类固定时，$k_{x,B}$ 为定值，两种溶液中组元的活度随浓度的变化曲线形状仍与蒸气压曲线类似，且与图 6.6-2 中基于拉乌定律修正的活度曲线形状相似，区别仅在于活度的数值大小不同。由式（6.6-4）还可得，以亨利定律为基础修正时，活度系数 γ_B 满足

$$\gamma_B = \frac{p_B}{k_{x,B} x_B} \tag{6.6-6}$$

式中，p_B 是溶液中 B 的蒸气压；$k_{x,B}$ 是假想 B 为稀溶液中溶质时，其对应的蒸气压。可见，活度系数 γ_B 代表实际溶液中组元 B 对稀溶液中溶质的偏差情况。

应当注意，当采用不同的修正方法处理溶液时，活度和活度系数的取值是不一样的。例如，稀溶液中的溶剂 $A(x_A \to 1)$ 和溶质 $B(x_B \to 0)$，如果以拉乌尔定律为基础进行修正，则活度和活度系数的值为

$$\lim_{x_A \to 1} a_A = x_A \qquad \lim_{x_A \to 1} \gamma_A = 1$$

$$\lim_{x_B \to 0} a_B = \frac{k_x x_B}{p_B^*} \qquad \lim_{x_B \to 0} \gamma_B = \frac{k_x}{p_B^*}$$

而如果以亨利定律为基础进行修正，则活度和活度系数的值为

$$\lim_{x_A \to 1} a_A = \frac{p_A^* x_A}{k_x} \qquad \lim_{x_A \to 1} \gamma_A = \frac{p_A^*}{k_x}$$

$$\lim_{x_B \to 0} a_B = x_B \qquad \lim_{x_B \to 0} \gamma_B = 1$$

6.6.2　实际溶液各组元的化学势

引入活度概念后，可由活度计算蒸气压，进而通过第 6.3 节给出的溶液中组元化学势推

导的一般思路，可获得由活度表达的实际溶液中组元的化学势公式。事实上，通过化学势也可给出活度概念的另一种定义。本小节将详细介绍上述内容。

需要注意的是，无论是从蒸气压出发定义活度，还是从化学势出发定义活度，对于溶液中不同组元，均有两种常见的处理方式。第一种处理方式中，溶液中的各个组元均基于对拉乌尔定律的修正来定义活度，或从化学势角度而言，各组元均选择纯组元的化学势作为参考来定义活度，这种处理方式被称为对称规定。第二种处理方式中，溶液中溶剂和溶质分别采用不同的方式定义活度，对于溶剂，仍基于拉乌尔定律（或选择纯组元化学势为参考）定义活度；对于溶质，基于亨利定律（或选择假想的纯液体的化学势为参考）定义活度。第二种处理方式称为非对称规定。下面将分别介绍这两种规定。

（1）对称规定　当溶液中任一组元 i 都以拉乌尔定律为基础定义活度时，即 $a_i = p_i/p_i^*$，通过采用与理想溶液中组元化学势表达式完全相同的推导办法，可以得到实际溶液中任意组元 i 的化学势表达式，其形式也与理想溶液中组元的化学势公式（6.4-10）形式相同，只是将其中的浓度用活度代替，即

$$\mu_i(\text{sln}) = \mu_i^{\ominus} + RT\ln a_i + \int_{p^{\ominus}}^{p} V_{\text{m},i}^* \,\mathrm{d}p \tag{6.6-7}$$

式中，$\mu_i^{\ominus}$ 为标准状态化学势。标准状态系统的选择与理想溶液化学势公式（6.4-10）相同，为 1atm 下与溶液同温的纯 i 液体。对于标准状态系统，式（6.6-7）右端 $RT\ln a_i$ 必为零，因此标准状态下活度必为 1，活度系数也为 1，即 $a^{\ominus}=1$，$\gamma^{\ominus}=1$。

式（6.6-7）中等号右端第一项和第三项之和等于与溶液同温同压的纯 i 液体的化学势 μ_i^*，因此式（6.6-7）也可写为

$$\mu_i(\text{sln}) = \mu_i^* + RT\ln a_i \tag{6.6-8}$$

此式也为实际溶液中任意组元的化学势表达式，在实际应用中最为常见。

从式（6.6-8）出发，可将活度 a_i 表示为

$$a_i = e^{\left(\frac{\mu_i - \mu_i^*}{RT}\right)} = e^{\left(\frac{\Delta_{\text{mix}} u_i}{RT}\right)} \tag{6.6-9}$$

此即从化学势角度出发给出的活度定义式，可见活度与偏摩尔混合吉布斯自由能直接相关。该定义式与前面从蒸气压角度给出的活度定义式（6.6-2）等价。此处，正是从活度与蒸气压的关系式（6.6-2）出发，推出了其化学势表达式（6.6-9）；反之，从活度与化学势的关系式（6.6-9）出发，同样可以证明蒸气压与活度满足（6.6-2）式。严格来讲，从式（6.6-9）推出逸度与活度的关系式 $a_i = f_i/f_i^*$，通常液体的蒸气可视为理想气体，逸度即气体压力，因此 $a_i = p_i/p_i^*$。

对于理想溶液中组元 i，由其化学势表达式（6.4-8）可得

$$x_i = e^{\left(\frac{\mu_i^{\text{id}} - \mu_i^*}{RT}\right)} \tag{6.6-10}$$

式中，μ_i^{id} 代表理想溶液中组元 i 的化学势。式（6.6-10）与活度的定义式（6.6-9）形式相同。式（6.6-9）与式（6.6-10）相除，得

$$\gamma_i = \frac{a_i}{x_i} = e^{\left(\frac{\mu_i - \mu_i^{\text{id}}}{RT}\right)} \tag{6.6-11}$$

可见，活度系数 γ_i 直接反映了实际溶液中组元化学势与理想溶液中组元化学势的差异。

当组元 i 浓度 $x_i \rightarrow 1$ 时，其化学势 μ_i 与理想溶液中组元的化学势 μ_i^{id} 相同，因此 $\gamma_i \rightarrow 1$。

从活度的定义式（6.6-9）还可看出，在给定温度和压力条件下，$e^{-\mu_i^*/RT}$ 为定值，活度 a_i 仅随 $e^{\mu_i/RT}$ 变化。当溶液中组元 i 的化学势增大，活度 a_i 增大。因此可以用活度的变化来代表化学势的变化。实际应用中，使用活度往往比使用化学势更为方便，因为活度有绝对值，而化学势没有绝对值，只有相对值；当浓度 x_i 从 0~1，活度 a_i 变化范围也为 0~1（图 6.6-2）；活度与浓度的比值 a_i/x_i，即活度系数 γ_i，可以直接反映实际溶液对理想溶液的偏差。此外，式（6.6-9）还表明，活度数值与 $e^{-\mu_i^*/RT}$ 有关，即与人为选择的参考状态有关。在下面的非对称规定中将看到，正是由于参考状态的选择不同，活度的数值将发生改变。

基于对称规定来处理实际溶液中所有组元的活度及化学势，这在实际应用中最为常见，特别是对溶剂和溶质均为液体的液态溶液更加适用。本书在无特殊声明时，均默认采用对称规定。

（2）非对称规定　事实上，对溶液中的不同组元，也可采用不同方式来定义活度，即采用所谓的非对称规定。例如，对溶液中的溶剂 A，仍按拉乌尔定律修正的方式定义活度，即 $a_i = p_i/p_i^*$，溶剂 A 的化学势仍满足式（6.6-7），即

$$\mu_A(\text{sln}) = \mu_A^{\ominus} + RT\ln a_A + \int_{p^{\ominus}}^{p} V_{m,A}^* \, dp$$

但对于溶质 B，采用亨利定律修正的方式定义活度，即溶质 B 的活度满足式（6.6-5），$a_B = p_B/k_{x,B}$。此时，通过与稀溶液中溶质化学势表达式相同的推导办法，可以得到实际溶液中溶质 B 的化学势表达式，其形式也与稀溶液中溶质的化学势表达式（6.5-11）形式完全相同，只是将其中的浓度 x_B 用活度 a_B 代替，即

$$\mu_B(\text{sln}) = \mu_B^{\ominus} + RT\ln a_B + \int_{p^{\ominus}}^{p} \overline{V}_B^{\infty} \, dp \tag{6.6-12}$$

式中，$\mu_B^{\ominus}$ 为标准状态化学势，标准状态与式（6.5-11）中的标准状态相同，为 1atm 下与溶液同温的假想纯 B 液体，该假想纯 B 浓度 $x_B = 1$，但仍服从亨利定律。式（6.6-12）等号右端第一项和第三项合并后，也可写为：

$$\mu_B(\text{sln}) = \mu_B^{\Delta} + RT\ln a_B \tag{6.6-13}$$

式中，μ_B^{Δ} 为与溶液同温同压的假想纯 B 的化学势。从式（6.6-13）出发，可将溶质 B 的活度及活度系数表示为

$$a_B = e^{\left(\frac{\mu_B - \mu_B^{\Delta}}{RT}\right)} \tag{6.6-14}$$

此即从化学势出发定义的溶质活度。这一活度定义式与前面对称规定中活度定义式（6.6-9）的区别仅在于参考状态的选择不同。此处选择假想纯 B 为参考状态，而式（6.6-9）中选择真正纯 B 液体为参考状态。正是由于参考状态选择不同，两种活度的数值并不相同。

对于稀溶液中的溶质，由其化学势表达式（6.5-9）可得

$$x_B = e^{\left(\frac{\mu_B^{dil} - \mu_B^{\Delta}}{RT}\right)} \tag{6.6-15}$$

式中，μ_B^{dil} 代表稀溶液中溶质 B 的化学势。该式与活度的定义式（6.6-14）形式相同。将式（6.6-14）与式（6.6-15）相除，得

$$r_B = \frac{a_B}{x_B} = e^{\left(\frac{\mu_B - \mu_B^{dil}}{RT}\right)} \tag{6.6-16}$$

此时，活度系数 r_B 直接反映了实际溶液中组元化学势与稀溶液中溶质化学势的差异。当实际溶液中溶质浓度 $x_B \rightarrow 0$ 时，B 的化学势 μ_B 等于 μ_B^{dil}，因此 $r_B \rightarrow 1$。而前面对称规定中，当组元 i 浓度 $x_i \rightarrow 1$ 时，$\gamma_i \rightarrow 1$。

可以看出，非对称规定中溶剂和溶质化学势表达式中的参考状态选择与稀溶液类似。这一处理通常用于固体或气体溶于液体的情况，此时溶质 B 的实际浓度有限，不存在 $x_B \rightarrow 1$ 的真实状态，采用非对称规定更方便处理。

非对称规定中，对于溶质，还可通过校正质量摩尔浓度表示的亨利定律来定义活度和活度系数，即 $p_B = k_{m,B} \gamma_B m_B / m^\ominus = k_{m,B} a_B$，其中活度 $a_B = \gamma_B m_B / m^\ominus$ 表示校正的相对质量摩尔浓度，活度系数 γ_B 为校正系数。此时溶质 B 的化学势公式为

$$\mu_B(sln) = \mu_B^\ominus + RT\ln a_B + \int_{p^\ominus}^{p} \overline{V}_B^\infty \, dp = \mu_B^\square + RT\ln a_B \tag{6.6-17}$$

式（6.6-17）与式（6.5-15）类似，其中标准状态为 1atm 下 $m_B = m^\ominus$（1mol/kg）且仍服从亨利定律的假想溶液，$\mu_B^\square$ 为与溶液同温同压的该假想溶液中组元 B 的化学势。

也可通过校正体积摩尔浓度表示的亨利定律来定义溶质的活度和活度系数，即 $p_B = k_{c,B} \gamma_B c_B / c^\ominus = k_{c,B} a_B$，其中活度 $a_B = \gamma_B c_B / c^\ominus$ 表示校正的相对体积摩尔浓度。此时溶质 B 的化学势公式为

$$\mu_B(sln) = \mu_B^\ominus + RT\ln a_B + \int_{p^\ominus}^{p} \overline{V}_B^\infty \, dp = \mu_B^\diamond + RT\ln a_B \tag{6.6-18}$$

此式与公式（6.5-16）类似，其中标准状态为 1atm 下 $c_B = c^\ominus$（1mol/m³）且仍服从亨利定律的假想溶液，$\mu_B^\diamond$ 为与溶液同温同压的该假想溶液中组元 B 的化学势。

6.6.3　关于化学势和活度的总结

前面分别介绍了理想溶液、稀溶液以及实际溶液中组元化学势的各种表达式，实际上这些化学势的表达式可以统一写为如下形式，即

$$\mu_B(sln) = \mu_B^{ref} + RT\ln a_B \tag{6.6-19}$$

式中，μ_B^{ref} 为参考状态化学势，参考状态可根据需要选取。当选择与溶液同温同压的纯 B 液体为参考状态时（也称规定 I），上式即为最常用的化学势表达式（6.6-8）；当选择 $x_B = 1$ 且仍服从亨利定律的假想溶液为参考状态时（也称规定 II），上式即为化学势表达式（6.6-13）；当选择 $m_B = m^\ominus$ 且仍服从亨利定律的假想溶液为参考状态时（也称规定III），上式即为化学势表达式（6.6-17）；当选择 $c_B = c^\ominus$ 且仍服从亨利定律的假想溶液为参考状态时（也称规定IV），上式即为化学势表达式（6.6-18）。当把 μ_B^{ref} 进一步分解为 1atm 下的化学势以及压力变化造成的化学势变化两部分时，可以进一步得到各种用标准状态表达的化学势公式。此外，理想溶液、稀溶液的各种化学势表达式，也是式（6.6-19）在 $a_B = x_B$ 时的特例。

事实上，除了选择上述 4 种参考状态，还可以根据需要选择其他参考状态，例如选择纯 B 固体为参考状态。但对于一个确定状态 $(T, p, x_B, x_C, \cdots)$ 的溶液，无论选择何种参考状态，组元的化学势不会发生变化。而活度 a_B 和活度系数 γ_B 与所选取的参考状态有关，只有在指明参考状态后，才能确定 a_B 和 γ_B 数值；参考状态变化后，a_B 和 γ_B 数值也会变化。活度 a_B 和活度系数 γ_B 都是无量纲的量，当参考状态确定后，它们取决于溶液的温度、压力和

各物质的浓度，即 $a_B = f(T, p, x_B, x_C, \cdots)$，$\gamma_B = f(T, p, x_B, x_C, \cdots)$。

为了将气体的化学势公式与溶液保持一致，可将气体 B 的活度定义为

$$a_B = \frac{f_B}{p^{\ominus}} \tag{6.6-20}$$

即气体活度等于其逸度与标准压力之比。则气体的化学势公式（6.2-8）也可用活度表示为

$$\mu_B(\text{gas}) = \mu_B^{\ominus} + RT\ln a_B \tag{6.6-21}$$

这样一来，无论是液态溶液、固溶体还是气体混合物，组元 B 的化学势都可表示为：

$$\mu_B = \mu_B^{\ominus} + RT\ln a_B + F_B \tag{6.6-22}$$

此式称为化学势的表示通式。其中 $\mu_B^{\ominus}$ 只是温度的函数，通常选择系统所处的温度；第二项 $RT\ln a_B$ 与系统的温度、压力和浓度有关；最后一项 F_B 为一个代号，对气体 $F_B = 0$，对非气体系统 F_B 代表一个积分，与系统的温度和压力相关。

6.6.4　活度的测定与计算

要使用溶液中组元化学势的通用表达式（6.6-19），首先必须确定活度或活度系数。至今人们还无法完全从理论上计算活度及活度系数，只能通过实验进行测量。下面介绍几种常用方法。

（1）蒸气压法　由蒸气压角度出发的活度定义式（6.6-2）或（6.6-5）可知

$$a_B = \frac{p_B}{p_B^*}, a_B = \frac{p_B}{k_{x,B}}$$

可见只要测量溶液中 B 的蒸气压 p_B 以及纯 B 液体的蒸气压 p_B^* 或亨利常数 $k_{x,B}$，即可计算溶液中 B 的活度。显然，此方法只适用于测定溶剂和挥发性溶质的活度。

（2）凝固点法　采用与稀溶液凝固点降低公式（6.5-23）相同的推导办法，可得实际溶液的凝固点计算公式，其形式与式（6.5-23）相同，只需将式（6.5-23）中的浓度 x_A 用活度 a_A 代替，即

$$\ln a_A = \frac{\Delta H_{m,A}^{*,s \to l}}{R}\left(\frac{1}{T_f^*} - \frac{1}{T_f}\right)$$

通过实验测定纯溶剂 A 的凝固点 T_f^* 和溶液的凝固点 T_f 之后，可由上式计算溶液中溶剂的活度（选择纯溶剂为参考状态）。需要注意上式成立的前提是凝固析出的固体为纯溶剂固体。

（3）渗透压法　采用与稀溶液渗透压公式（6.5-29）相同的推导办法，可得实际溶液的渗透压计算公式，其形式与式（6.5-29）相同，只需将式（6.5-29）公式中的浓度 x_A 用活度 a_A 代替，可得实际溶液的渗透压公式，即

$$\ln a_A = -V_{m,A}^* \Pi / RT$$

通过实验测定纯溶剂的摩尔体积和溶液的渗透压后，即可求得溶剂的活度（选择纯溶剂为参考状态）。

（4）吉布斯-杜亥姆公式计算法　对于非挥发性溶质，以上测量方法均无法直接测量其活度。此时，可先获得溶剂的活度及活度系数随浓度的变化关系，进而利用吉布斯-杜亥姆公式计算溶质的活度。具体过程如下所述。

等温等压条件下吉布斯-杜亥姆公式为

$$x_A \mathrm{d}\mu_A + x_B \mathrm{d}\mu_B = 0$$

式中，$\mathrm{d}\mu_A$ 和 $\mathrm{d}\mu_B$ 为由于溶液浓度变化所引起的溶剂和溶质的化学势变化。在等温等压下，由化学势通式（6.6-19），可得

$$\mathrm{d}\mu_i = RT \mathrm{d}\ln a_i \tag{6.6-23}$$

将式（6.6-23）代入吉布斯-杜亥姆公式得

$$x_A \mathrm{d}\ln a_A + x_B \mathrm{d}\ln a_B = 0 \tag{6.6-24}$$

此即等温等压下溶液中不同组元活度之间满足的关系式。由于 $x_A \to 0$ 时，$\ln a_A \to -\infty$，因此上式无法直接积分求出 a_B。为解决这一问题，可先通过溶剂 A 的活度系数 γ_A，求出溶质 B 的活度系数 γ_B，再计算活度。将活度与活度系数的关系代入式（6.6-24），得

$$x_A \mathrm{d}\ln(\gamma_A x_A) + x_B \mathrm{d}\ln(\gamma_B x_B) = 0$$

$$x_A \mathrm{d}\ln\gamma_A + x_B \mathrm{d}\ln\gamma_B + x_A \mathrm{d}\ln x_A + x_B \mathrm{d}\ln x_B = 0$$

组元浓度之间满足

$$x_A \mathrm{d}\ln x_A = \mathrm{d}x_A, \quad x_B \mathrm{d}\ln x_B = \mathrm{d}x_B, \quad \mathrm{d}x_A + \mathrm{d}x_B = 0$$

将这些关系代入上式后可得

$$x_A \mathrm{d}\ln\gamma_A + x_B \mathrm{d}\ln\gamma_B = 0 \tag{6.6-25}$$

此即溶液中 A 和 B 的活度系数之间应满足的关系式。

如果溶剂和溶质都选择纯组元作为参考状态（规定Ⅰ），则 $x_A \to 0$，$x_B \to 1$ 时，$\gamma_{A,I} \to p_A^*/k_x$，$\gamma_{B,I} \to 1$。将式（6.6-25）从 $x_A = 0(x_B = 1)$ 的状态到任意浓度状态进行积分，得

$$\int_{\ln\gamma_{B,I}(x_B=1)}^{\ln\gamma_{B,I}} \ln\gamma_{B,I} = -\int_{\ln\gamma_{A,I}(x_A=0)}^{\ln\gamma_{A,I}} \frac{x_A}{x_B} \mathrm{d}\ln\gamma_{A,I}$$

$$\ln\gamma_{B,I} = -\int_{\ln\gamma_{A,I}(x_A=0)}^{\ln\gamma_{A,I}} \frac{x_A}{x_B} \mathrm{d}\ln\gamma_{A,I} \tag{6.6-26}$$

如果已知溶剂活度 γ_A 随浓度变化的关系时，则代入式（6.6-26）可以获得溶质的活度系数。此外还可采用实验数据绘出 x_A/x_B 随 $-\ln\gamma_{A,I}$ 的变化曲线，而后通过图解积分的办法求出 $\ln\gamma_{B,I}$。

如果溶剂 A 选择纯组元作为参考状态（规定Ⅰ），而溶质选择 $x_B = 1$ 且仍服从亨利定律的假想纯 B 液体为参考状态（规定Ⅱ）时，则 $x_A \to 1$，$x_B \to 0$ 时，$\gamma_{A,I} \to 1$，$\gamma_{B,II} \to 1$。将式（6.6-25）从 $x_A = 1(x_B = 0)$ 的状态到任意浓度状态积分，得

$$\ln\gamma_{B,II} = -\int_{\ln\gamma_{A,I}(x_A=1)}^{\ln\gamma_{A,I}} \frac{x_A}{x_B} \mathrm{d}\ln\gamma_{A,I} \tag{6.6-27}$$

将溶剂活度 γ_A 随浓度变化关系代入该式，可以求出溶质的活度系数。

6.6.5 实际溶液的混合性质与过剩性质

与前面理想溶液混合性质的推导过程类似，通过实际溶液中组元化学势表达式（6.6-8），可以获得由活度表达的各种混合性质，具体结果列于表 6.6-1 中。由于实际溶液中组元活度为温度和压力的函数，活度对温度和压力的导数通常不为零，因此实际溶液的混合体积和混合焓并不为零，即由纯组元混合形成实际溶液过程中往往伴随着体积的变化以及热量交换。

表 6.6-1　实际溶液的混合性质

偏摩尔混合性质	整体混合性质
$\Delta_{\text{mix}}\overline{G}_i = RT\ln a_i$	$\Delta_{\text{mix}}G = RT\sum_{i=1}^{k} n_i\ln a_i$
$\Delta_{\text{mix}}\overline{S}_i = -R\ln a_i - RT\left(\dfrac{\partial \ln a_i}{\partial T}\right)_{p,n_i}$	$\Delta_{\text{mix}}S = -R\sum_{i=1}^{k}\left[n_i\ln a_i + n_iT\left(\dfrac{\partial \ln a_i}{\partial T}\right)_{p,n_i}\right]$
$\Delta_{\text{mix}}\overline{V}_i = RT\left(\dfrac{\partial \ln a_i}{\partial p}\right)_{T,n_i}$	$\Delta_{\text{mix}}V = RT\sum_{i=1}^{k} n_i\left(\dfrac{\partial \ln a_i}{\partial p}\right)_{T,n_i}$
$\Delta_{\text{mix}}\overline{H}_i = -RT^2\left(\dfrac{\partial \ln a_i}{\partial T}\right)_{p,n_i}$	$\Delta_{\text{mix}}H = -RT^2\sum_{i=1}^{k} n_i\left(\dfrac{\partial \ln a_i}{\partial T}\right)_{p,n_i}$
$\Delta_{\text{mix}}\overline{U}_i = -RT^2\left(\dfrac{\partial \ln a_i}{\partial T}\right)_{p,n_i} - pRT\left(\dfrac{\partial \ln a_i}{\partial p}\right)_{T,n_i}$	$\Delta_{\text{mix}}U = -RT\sum_{i=1}^{k} n_i\left[T\left(\dfrac{\partial \ln a_i}{\partial T}\right)_{p,n_i} + p\left(\dfrac{\partial \ln a_i}{\partial p}\right)_{T,n_i}\right]$
$\Delta_{\text{mix}}\overline{A}_i = RT\ln a_i - pRT\left(\dfrac{\partial \ln a_i}{\partial p}\right)_{T,n_i}$	$\Delta_{\text{mix}}A = RT\sum_{i=1}^{k} n_i\left[\ln a_i - p\left(\dfrac{\partial \ln a_i}{\partial p}\right)_{T,n_i}\right]$

除混合性质外，在实际溶液的热力学描述中，还经常用到实际溶液性质与理想溶液性质的差异，这种差异称为过剩性质或超额性质。以吉布斯自由能为例，过剩吉布斯自由能用符号 G^{ex} 表示，等于实际溶液吉布斯自由能 G 与溶液同温、同压、同浓度的假想理想溶液吉布斯自由能 G^{id} 之差，即

$$G^{\text{ex}} = G - G^{\text{id}} \tag{6.6-28}$$

类似地，可定义与溶液任意一种广度性质 Z 相对应的过剩性质 Z^{ex}，则

$$Z^{\text{ex}} = Z - Z^{\text{id}} \tag{6.6-29}$$

式中，Z 代表 S、H、V 等任意一种广度性质；Z^{id} 为与溶液同温、同压、同浓度的假想理想溶液的相应性质。

将式（6.6-29）中的 Z 和 Z^{id} 均用加和公式替换为各组元的偏摩尔量，可得

$$Z^{\text{ex}} = \sum_{i=1}^{k} n_i\overline{Z}_i - \sum_{i=1}^{k} n_i\overline{Z}_i^{\text{id}} = \sum_{i=1}^{k} n_i(\overline{Z}_i - \overline{Z}_i^{\text{id}}) \tag{6.6-30}$$

为简化表达，可引入如下变量

$$\overline{Z}_i^{\text{ex}} = \overline{Z}_i - \overline{Z}_i^{\text{id}} \tag{6.6-31}$$

式中，$\overline{Z}_i^{\text{ex}}$ 为溶液中组元 i 的偏摩尔性质与同温、同压、同浓度的假想理想溶液中组元 i 的偏摩尔性质之差，称为偏摩尔过剩性质。将 $\overline{Z}_i^{\text{ex}}$ 代入式（6.6-30），可得

$$Z^{\text{ex}} = \sum_{i=1}^{k} n_i\overline{Z}_i^{\text{ex}} \tag{6.6-32}$$

由上可见，溶液的过剩性质与组元的偏摩尔过剩性质之间同样满足加和公式。过剩性质描述了实际溶液整体性质相对理想溶液的偏差，而偏摩尔过剩性质描述了溶液中各组元偏摩尔性质与理想溶液中组元偏摩尔性质的偏差。可以证明，对于 5.3 节中有关混合性质和偏摩尔混合性质的各种公式，只需将其中的混合性质换为相应的过剩性质，偏摩尔混合性质换为偏摩尔过剩性质，相关公式仍然成立。

由于偏摩尔吉布斯自由能即化学势，将化学势公式（6.6-8）和式（6.4-8）代入式（6.6-31），可得

$$\overline{G}_i^{\,ex} = RT\ln a_i - RT\ln x_i = RT\ln(\gamma_i x_i) - RT\ln x_i = RT\ln\gamma_i \tag{6.6-33}$$

从前面活度系数的公式（6.6-11）也可推导出此式。进而由式（6.6-32）可得

$$G^{ex} = RT\sum_{i=1}^{k} n_i\ln\gamma_i \tag{6.6-34}$$

从式（6.6-33）和（6.6-34）可以看出，溶液的过剩性质与活度系数直接相关。当溶液中各组元活度系数 $\gamma_i < 1$ 时（负偏差系统），由式（6.6-33）可知，组元的偏摩尔过剩吉布斯自由能小于零；由式（6.6-34）可知，溶液的整体过剩吉布斯自由能也小于零。因此，在呈现负偏差的实际溶液中，组元的化学势（即偏摩尔吉布斯自由能）要小于相同状态理想溶液中组元的化学势，且溶液的吉布斯自由能要小于相同状态理想溶液的自由能。此时，实际溶液比理想溶液更稳定。相反，对于呈现正偏差的溶液，其吉布斯自由能要大于相同状态理想溶液的吉布斯自由能。此时溶液相对理想溶液而言更不稳定。且当正偏差程度很大时，即 $\gamma_i \gg 1$ 时，溶液将分解为部分互溶的两种溶液。分解后两种溶液的总自由能要小于分解前单一溶液的自由能，后面第 8 章中将对此进行详细介绍。

通过 $\overline{G}_i^{\,ex}$ 以及 G^{ex} 与活度系数 γ_i 的关系，还可以获得其他各种过剩性质与 γ_i 的关系式，其推导过程与理想气体混合性质推导过程类似，结果见表 6.6-2。当已知溶液活度系数时，可以确定过剩性质；反之，通过过剩性质也可以确定活度系数。

表 6.6-2　实际溶液的过剩性质

偏摩尔过剩性质	整体过剩性质
$\overline{G}_i^{\,ex} = RT\ln\gamma_i$	$G^{ex} = RT\sum_{i=1}^{k} n_i\ln\gamma_i$
$\overline{S}_i^{\,ex} = -R\ln\gamma_i - RT\left(\dfrac{\partial\ln\gamma_i}{\partial T}\right)_{p,n_i}$	$S^{ex} = -R\sum_{i=1}^{k}\left[n_i\ln\gamma_i + n_i T\left(\dfrac{\partial\ln\gamma_i}{\partial T}\right)_{p,n_i}\right]$
$\overline{V}_i^{\,ex} = RT\left(\dfrac{\partial\ln\gamma_i}{\partial p}\right)_{T,n_i}$	$V^{ex} = RT\sum_{i=1}^{k} n_i\left(\dfrac{\partial\ln\gamma_i}{\partial p}\right)_{T,n_i}$
$\overline{H}_i^{\,ex} = -RT^2\left(\dfrac{\partial\ln\gamma_i}{\partial T}\right)_{p,n_i}$	$H^{ex} = -RT^2\sum_{i=1}^{k} n_i\left(\dfrac{\partial\ln\gamma_i}{\partial T}\right)_{p,n_i}$
$\overline{U}_i^{\,ex} = -RT^2\left(\dfrac{\partial\ln\gamma_i}{\partial T}\right)_{p,n_i} - pRT\left(\dfrac{\partial\ln\gamma_i}{\partial p}\right)_{T,n_i}$	$U^{ex} = -RT\sum_{i=1}^{k} n_i\left[T\left(\dfrac{\partial\ln\gamma_i}{\partial T}\right)_{p,n_i} + p\left(\dfrac{\partial\ln\gamma_i}{\partial p}\right)_{T,n_i}\right]$
$\overline{A}_i^{\,ex} = RT\ln\gamma_i - pRT\left(\dfrac{\partial\ln\gamma_i}{\partial p}\right)_{T,n_i}$	$A^{ex} = RT\sum_{i=1}^{k} n_i\left[\ln\gamma_i - p\left(\dfrac{\partial\ln\gamma_i}{\partial p}\right)_{T,n_i}\right]$

实际溶液过剩自由能与混合自由能之间存在如下关系：

$$G^{ex} = G - G^{id} = \left(\left(G - \sum_{i=1}^{k} G_i^*\right) - \left(G^{id} - \sum_{i=1}^{k} G_i^*\right)\right) = \Delta_{mix}G - \Delta_{mix}G^{id} \tag{6.6-35}$$

式中，$\Delta_{mix}G^{id}$ 为与实际溶液同温、同压、同浓度的假想理想溶液的混合吉布斯自由能，称为理想混合自由能。理想混合吉布斯自由能可由表 6.4-1 给出的公式计算获得。

其他过剩性质都存在类似关系，即

$$S^{\text{ex}} = \Delta_{\text{mix}}S - \Delta_{\text{mix}}S^{\text{id}} \tag{6.6-36}$$

$$H^{\text{ex}} = \Delta_{\text{mix}}H - \Delta_{\text{mix}}H^{\text{id}} = \Delta_{\text{mix}}H \tag{6.6-37}$$

$$V^{\text{ex}} = \Delta_{\text{mix}}V - \Delta_{\text{mix}}V^{\text{id}} = \Delta_{\text{mix}}V \tag{6.6-38}$$

可见，由于理想溶液混合焓及混合体积等于零，实际溶液过剩焓即为混合焓，过剩体积即为混合体积。因此，通过测量纯组元混合形成实际溶液过程中吸收或放出的热量即可获得过剩焓，测量混合前后体积变化，即可获得过剩体积。

习　题

1. 利用化学势公式推导 A、B 两种理想气体等温等压混合过程的熵变和体积变化公式。

2. 260K 下水的饱和蒸汽压为 270Pa，冰的饱和蒸汽压为 240Pa，求 260K 和 100kPa 下 1mol 过冷水凝固成同温、同压冰的过程中的 ΔG（压力对凝聚态系统性质的影响可忽略），用化学势计算。

3. 某容器被一隔板从中间一分为二，如下图所示初始时一侧含有 298K 的 3mol 理想气体 A，另一侧含有 298K 的 1mol 理想气体 B，等温下将气体混合，求此过程的 $\Delta_{\text{mix}}G$，用化学势计算。

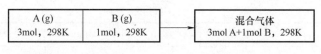

第 3 题图

4. 298K 时，氨的水溶液 A 中 NH_3 与 H_2O 的物质的量之比为 1:8，溶液 A 上方 NH_3 的蒸气压为 11kPa；氨的水溶液 B 中 NH_3 和 H_2O 的物质的量之比为 1:21，溶液 B 上方 NH_3 的蒸气压为 3.6kPa。假设 NH_3 的蒸气为理想气体，试求在相同温度下：

（1）从大量的溶液 A 中转移 1mol NH_3 到大量的溶液 B 中的 ΔG。

（2）将处于标准压力下的 1mol NH_3 气体溶于大量的溶液 B 中的 ΔG。

5. 已知在 298K 下两种挥发性液体 A 和 B 的蒸气压分别为 260kPa 和 60kPa，且两者混合后形成理想溶液，求：

1）浓度 $x_B = 0.6$ 的溶液上方 A 和 B 的蒸气分压以及蒸气总压。

2）100kPa 时，某浓度该溶液的沸点恰为 298K，求该溶液组成及蒸气的组成。

6. 已知在 298K 下 A、B 两种液体混合时形成部分互溶的两相，如右图所示，富 B 的液相 L_1 的浓度为 $x_B = 0.95$，富 A 的液相 L_2 浓度为 $x_B = 0.08$，已知该温度下纯 A 和纯 B 的蒸气压分别为 0.8kPa 和 20kPa，求 A 和 B 的亨利常数。假设 L_1 和 L_2 均为稀溶液。

第 6 题图

7. 在 298K、1atm 下，液体 A、B 混合形成的溶液为理想溶液，3mol A 和 1mol B 混合形成的溶液 I 的总蒸气压为 50kPa，再加入 2mol B 形成的溶液 II 的总蒸气压为 60kPa，计算：

（1）纯液体 A 和 B 的蒸气压。

（2）溶液 I 混合过程的 $\Delta_{mix}G$。

（3）若在溶液 II 中再加入 3mol B，溶液的总蒸气压。

8. 已知在 298K、1atm 下，甲醇（组元 A）和乙醇（组元 B）混合形成理想溶液，求以下过程中的 ΔG：

（1）将 1mol 含甲醇 $x_A = 0.8$ 的溶液用纯乙醇稀释到 $x_A = 0.2$ 的状态。

（2）从大量的浓度 $x_B = 0.6$ 的溶液中分出 1mol 乙醇转移到另一浓度为 $x_B = 0.1$ 的大量溶液中。

（3）从浓度为 $x_B = 0.6$ 的 3mol 溶液中分出 1mol 纯甲醇。

9. 在 298K、101325Pa 下，液体 A 和液体 B 混合形成非理想溶液，已知纯液体 A 的蒸气压为 37338Pa，纯液体 B 的蒸气压为 22656Pa，当 2mol A 和 2mol B 混合后，液面上的蒸气压为 50663Pa，在蒸气中 A 的摩尔分数 $x_A = 0.6$，以纯液态 A 和 B 为标准态，求：

（1）溶液中 A 和 B 的活度以及活度系数。

（2）A 和 B 的混合吉布斯自由能。

10. 在 298K、1atm 下，A 和 B 形成二组元溶液，不同组成溶液中各组元在气相中的平衡分压 p_A 和 p_B 的测定值见第 10 题表，计算在 $x_A = 0.6$ 的溶液中：

（1）以拉乌尔定律为基准时 A 和 B 的活度及活度系数。

（2）以亨利定律为基准时 B 的活度及活度系数。

第 10 题表

x_A	0	0.05	0.30	0.60	0.995	1
p_A/Pa	—	1500	3300	5300	7300	7400
p_B/Pa	35200	33000	28100	18000	460	—

11. 常压下固相 δ 铁的熔点是 1808K，熔化热是 15.36kJ/mol，铁液 Fe(l) 与固相 δ 铁 Fe(s) 的等压摩尔热容之差（液相热容减固相热容）为 1.255J/mol·K，

（1）证明在常压下固相 δ 铁 Fe(s)→Fe(l) 的摩尔吉布斯自由能变化（J/mol）是如下的温度（K）函数：

$$\Delta G_m = 13091 - 1.255T\ln T + 2.172T$$

（2）1673K 时，铁和硫化铁的液态溶液（$x_{Fe} = 0.87$）与纯固体的 δ 铁平衡共存，计算此液态溶液中铁的活度和活度系数。

12. 在 293.2K、101325Pa 时，CCl_4 在每 100g 水中的最大溶解度为 0.08g，若 101325Pa 时，纯 CCl_4 的活度系数为 1，试求最大溶解度溶液中 CCl_4 的活度系数。

13. 在 300K、101325Pa 时，第 13 题图左侧容器中是浓度 $c_1 = 0.01mol/dm^3$ 的蔗糖水溶液 L_1（稀溶液），右侧是浓度 $c_2 = 0.005mol/dm^3$ 的蔗糖水溶液 L_2，中间由水的半透膜隔开，则：

（1）渗透平衡时毛细管液面哪边高，为什么？

（2）渗透平衡时两侧液面高度相差多少？（忽略水的流动对两边溶液浓度的影响）

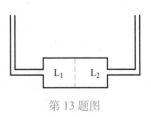
第 13 题图

14. Na(B) 在汞（Hg 以 A 表示）中活度服从 $\ln a_B = \ln x_B + 35.74x_B$，求：

（1）Hg 的活度表示式：$\ln a_A = f(x_B)$。

（2）$x_B = 0.04$ 时，γ_A、a_A、γ_B、a_B 的值。

（3）此处 A 和 B 的标准状态。

15. 设有 B 溶于 A 形成稀溶液，在其凝固点结晶出来的固相是 B 在 A 中的稀薄固溶体，证明：

（1）凝固点与液态稀溶液浓度 $x_A(1)$ 和固态溶体浓度 $x_A(s)$ 的关系为

$$\ln \frac{x_A(1)}{x_A(s)} = \frac{\Delta H_{m,A}^{*,s\to1}}{R}\left(\frac{1}{T_f^*} - \frac{1}{T_f}\right)$$

（2）在这种情况下，凝固点有可能升高。

16. 试从 $\mu = \mu^{\ominus} + RT\ln(p/p^{\ominus})$ 证明，理想气体有①$pV = nRT$；②$C_{p,m} - C_{V,m} = R$。

17. 从过剩热力学性质和偏摩尔过剩热力学性质定义出发，证明如下公式：

（1）$\left(\dfrac{\partial(G_m^{ex}/T)}{\partial T}\right)_{p,n_B} = -\dfrac{H_m^{ex}}{T^2}$

（2）$G_m^{ex} = H_m^{ex} - TS_m^{ex}$

（3）$G_m^{ex} = \sum\limits_i x_i \overline{G}_i^{ex}$

（4）$\left(\dfrac{\partial \overline{G}_i^{ex}}{\partial T}\right)_{p,n_B} = -\overline{S}_i^{ex}$

18. 1423K 时，液态 Ag-Cu 溶液的摩尔过剩焓和摩尔过剩熵可表示为 $H_m^{ex}(J/mol) = (23000x_{Cu} + 16320x_{Ag})x_{Ag}x_{Cu}$，$S_m^{ex}(J/(mol \cdot K)) = (5.98x_{Cu} + 1.35x_{Ag})x_{Ag}x_{Cu}$ 试求 Cu 的偏摩尔过剩焓和偏摩尔过剩熵，并计算 $x_{Cu} = 0.5$ 时 Cu 的活度和活度系数。

第 7 章 相平衡状态图

相是热力学的一个重要概念，宏观上物理性质和化学性质均匀的部分称为一"相"。对一元系统而言，至少具有气相、液相、固相三种相态。其中固态下通常又存在多种不同的相，例如在 1atm 下的纯 Fe，当温度低于 912℃ 时，平衡相态为具有体心立方（Body Centered Cubic，BCC）晶体结构的固相；当温度为 912～1394℃ 时，平衡相态为面心立方（Face Centered Cubic，FCC）的固相。对于多元系统，同样存在多种相态。

当材料的温度、压力、成分发生变化时，材料的相态会随之发生改变。而相的状态不同，直接影响着材料的各种性能。例如对于钢铁、铝合金、钛合金等金属材料，通过调控材料内部各相的含量，可以获得不同的力学性能。因此，在材料的研发、设计以及加工制备过程中，首先需要确定材料在各种温度、压力及成分条件下的平衡相态。

为了方便查找指定条件下材料的平衡相态，将材料在平衡时相的状态与温度、压力、成分等变量的关系用图的形式来直观表示，这就是所谓的"相平衡状态图"，简称相图。相图是材料研究中极为常用的工具，通过相图可以快速确定材料在某种特定条件下的相组成情况，从而据此优化材料成分和性能，制定合理的制备工艺。

本章首先介绍各种相平衡系统普遍遵守的基本规律——吉布斯相律，而后详细介绍各种常见类型的相图，目的在于使读者掌握相图中包含的各种相平衡信息，并可以通过相图分析特定变化路径对应的平衡相态演化。此外，本章还将介绍如何通过实验观测的方法建立相图，第 8 章中将进一步介绍如何通过热力学计算来获得相图。

7.1　相律

对于复杂的多相平衡系统，一个最基本的问题是，描述其平衡状态最少需要几个独立的强度变量。关注强度变量的原因在于，相平衡只与系统温度、压力、浓度等强度性质有关，而与系统中物质的总量多少无关。相律正是关于这一基本问题的答案，它是所有相平衡系统遵循的普遍规律，由美国科学家吉布斯于 1876 年在《论非均相物质的平衡》（*On the Equilibrium of Heterogeneous Substance*）一文中最先提出。但在吉布斯的原文中，并未提出"相律"一词。1887 年荷兰化学家罗泽博姆（Roozeboom）在其文章中引用吉布斯的工作，第一次将吉布斯提出的关于独立强度变量个数的关系式称为相律，并将相律成功应用于水-盐系统。此后，相律才引起了人们的广泛关注。本节将从不发生化学反应的系统入手，推导相律的具体公式，而后进一步将其扩展至包含化学反应的系统。

吉布斯将确定相平衡系统状态所需强度变量的最少数目，即系统在相态不变的前提下可以独立变化的强度变量数目，称为自由度，通常用符号 f 代表。例如，对于液态纯水这样的一元均相系统，在不考虑电场、磁场等其他外力时，其独立的强度变量只有 2 个，即自由度为 2。这表明可在一定范围内可独立地改变温度和压力这 2 个强度变量而仍保持水为液态单相，或者说要确定液态水的状态，必需指定温度和压力这 2 个强度变量的大小。此外，由第 5 章可知，由 k 个组元构成的均相系统，如溶液或气体混合物，其独立的强度变量有 $k+1$ 个，即自由度为 $k+1$。下面将进一步分析多元多相系统的自由度。

自由度可借助数学上代数方程组理论进行分析。对于 n 个变量，如果它们之间存在 n 个独立的方程，则每个变量都至少有一个确定的解；如果 n 个变量之间只存在 m 个独立的方程（$m<n$），则有 $m-n$ 个变量可以随意取值，只有当 $m-n$ 个变量的数值被指定之后，其他变量数值才能被确定，即自由度 $f=m-n$。

下面按照上述思路，分析包含 S 种物质的系统在 ϕ 个相平衡共存时的自由度。首先进行如下 3 点假设：①每个相都包含 S 种物质；②不发生化学反应；③系统平衡情况不受电场、磁场等外力因素的影响，或者其他外力因素固定不变。

上述假设下，当 ϕ 个相各自单独存在时，则描述每个包含 S 种物质的相均需 $S+1$ 个变量，通常选用如下变量：

$$T^{\mathrm{I}},\ p^{\mathrm{I}},\ x_1^{\mathrm{I}},\ x_2^{\mathrm{I}},\ \cdots,\ x_{S-1}^{\mathrm{I}} \quad 第\ \mathrm{I}\ 相$$

$$T^{\mathrm{II}},\ p^{\mathrm{II}},\ x_1^{\mathrm{II}},\ x_2^{\mathrm{II}},\ \cdots,\ x_{S-1}^{\mathrm{II}} \quad 第\ \mathrm{II}\ 相$$

$$\vdots$$

$$T^{\phi},\ p^{\phi},\ x_1^{\phi},\ x_2^{\phi},\ \cdots,\ x_{S-1}^{\phi} \quad 第\ \phi\ 相$$

上述变量符号的下标 1、2、3、$\cdots$、S 表示物种，上标 I、II、$\cdots$、ϕ 表示相。这里一共列出了 $\phi(S+1)$ 个变量，需要注意的是，上述 $\phi(S+1)$ 个变量只有在各相单独存在时才完全独立。当 ϕ 个相平衡共存时，上述温度、压力以及浓度变量不再完全独立，相互之间存在一系列关系。根据第 5.4.2 小节中的热力学平衡条件，有

$$T^{\mathrm{I}}=T^{\mathrm{II}}=\cdots=T^{\phi} \tag{7.1-1}$$

$$p^{\mathrm{I}}=p^{\mathrm{II}}=\cdots=p^{\phi} \tag{7.1-2}$$

$$\mu_1^{\mathrm{I}}=\mu_1^{\mathrm{II}}=\cdots=\mu_1^{\phi} \tag{7.1-3}$$

$$\mu_2^{\mathrm{I}}=\mu_2^{\mathrm{II}}=\cdots=\mu_2^{\phi} \tag{7.1-4}$$

$$\vdots$$

$$\mu_S^{\mathrm{I}}=\mu_S^{\mathrm{II}}=\cdots=\mu_S^{\phi} \tag{7.1-5}$$

上述每一行关系式都包含 $\phi-1$ 个等式，一共 $S+2$ 行，其中前 2 行分别为温度相等和压力相等条件，后面 S 行为化学势相等条件，因此，一共有 $(\phi-1)\times(S+2)$ 个等式。需要注意的是，由于化学势是温度、压力、组元浓度的函数，所以化学势相等的关系式也是关于温度、压力以及组元浓度的等式。这样，$\phi(S+1)$ 个变量之间存在 $(\phi-1)\times(S+2)$ 个等式，因此自由度为

$$f=\phi(S+1)-(\phi-1)\times(S+2)$$

即

$$f=S-\phi+2 \tag{7.1-6}$$

此即相平衡系统的吉布斯相律。

式（7.1-6）是在前述 3 点假设的前提下推导而来，下面逐步去掉上述假设，再来推导

相律。当去掉假设①时，即每一相不一定都包含 S 种物质，例如第 ϕ 相中不包含物质 1。此时，系统的浓度变量不再包含 x_1^ϕ，同时化学势相等条件式（7.1-3）中关于 μ_1^ϕ 的等式也不再存在。由于变量个数和关系式数目都减少一个，因此自由度并不发生改变。可见，即使去掉假设①，相律公式（7.1-6）仍然成立。

进一步去掉假设②，即系统中有化学反应发生。此时系统达到平衡时，除了满足温度相等、压力相等、化学势相等条件外，对于每一个独立的化学反应，还要满足 $\sum \nu_B \mu_B = 0$ 的条件（参见第 10.1 节）。即每存在一个独立的化学反应，系统的温度、压力以及组元浓度之间就存在一个等式。如果系统中存在 R 个独立的化学反应，则变量之间存在 R 个等式，系统的自由度相应地要减小 R，即

$$f = S - R - \phi + 2 \tag{7.1-7}$$

除上述平衡条件，如果系统中某些物质在同一相中的浓度始终保持某种特定关系，则该相中不同组元浓度之间还存在额外的等式。例如，对于一个初始只存在水蒸气的系统，高温下 $H_2O(g)$ 部分分解为 $H_2(g)$ 和 $O_2(g)$，即发生化学反应 $H_2O(g) = H_2(g) + \dfrac{1}{2}O_2(g)$。当系统达到平衡时，存在 $H_2(g)$、$O_2(g)$ 和 $H_2O(g)$ 3 种物质，由于 $H_2(g)$ 和 $O_2(g)$ 全部由 $H_2O(g)$ 分解而来，没有额外引入，因此气相中 $H_2(g)$ 和 $O_2(g)$ 的浓度之比总是 $2:1$。这种固定的浓度关系称为浓度限制条件，用符号 R' 来表示。对于存在浓度限制条件的系统，自由度也相应地减小为

$$f = S - R - R' - \phi + 2 \tag{7.1-8}$$

为了使式（7.1-8）更加简洁，将 $S - R - R'$ 定义为一个新的变量 C，称之为独立组分数，即

$$C = S - R - R' \tag{7.1-9}$$

将独立组分数 C 代入式（7.1-8），可得

$$f = C - \phi + 2 \tag{7.1-10}$$

此即考虑化学反应后，更具一般形式的相律公式。当系统中不存在化学反应和浓度限制条件时，$C = S$，式（7.1-10）回归到不考虑化学反应的相律公式（7.1-6）。因此，无论系统是否存在化学反应，均可根据式（7.1-10）计算自由度。

实际情况中，有时会指定某些实验条件，比如通常压力固定为 1 个大气压，此时自由度称为条件自由度，用符号 f^* 表示，由于此时固定了压力变量，$f^* = C - \phi + 1$。

从上面相律公式的推导过程不难看出，式（7.1-10）中的"2"对应温度和压力两个变量，如果进一步考虑电场、磁场等其他因素，即去掉前面的假设③，则需要用"n"代替"2"，n 是能够影响系统平衡状态的外界因素的个数。这样相律可写为更一般的形式，即

$$f = C - \phi + n \tag{7.1-11}$$

相律是一切平衡系统都要遵守的普遍规律。对于给定物质组成的系统，相律表明了其中最多会有多少个相平衡共存；或者在平衡共存相数目一定的条件下，系统相态不变时能够独立变动的强度性质的数量。相律虽然并不能给出平衡共存的相组成、温度、压力等具体信息，但给出了一个关于独立变量数目的普遍规律，这对认识相图具有重要的指导作用。

7.2　一元系相图

对纯物质（如 Fe、S、C 等）或稳定化合物（如 H_2O、SiO_2 等）这类一元系统，其独立组分数 $C=1$，由相律可知，其自由度 $f=1-\phi+2=3-\phi$。当系统处于单相平衡时，$\phi=1$，则自由度 $f=2$，称为双变平衡（bivariant equilibrium）；当系统两相平衡时，$\phi=2$，则自由度 $f=1$，称为单变平衡（univariant equilibrium）；当系统三相平衡时，$\phi=3$，则自由度 $f=0$，称为零变平衡（invariant equilibrium）。

由上述相律分析可知，一元系统自由度最大为 2，通常这 2 个独立变量选用温度 T 和压力 p。分别以 p、T 为坐标轴，在 p-T 平面上画出相平衡状态，便得到一元系的 p-T 相图，如图 7.2-1 所示。

各种纯物质相图具有如下共同特征：①单相稳定存在时，自由度为 2，即 p、T 均可在一定范围独立变化，因此单相稳定存在的区域（单相区）对应相图上的一块面积，如图 7.2-1 中固相、液相和气相 3 个单相区；②两相平衡共存时自由度为 1，表明 p、T 二者中只有一个可以独立变化，而另一个只能随之变化，即二者要保持一定的函数变化关系，因此两相平衡共存（两相区）在图上对应为一条线，如图 7.2-1 中的 $O'A$、$O'B$ 和 $O'C$

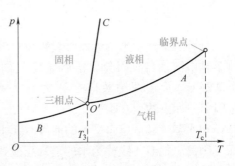

图 7.2-1　一元系 p-T 相图示例

线；③三相共存时自由度为 0，p、T 均需固定，因此三相平衡共存在图上对应一个点，称为三相点，如图中的 O' 点。下面分别以水和硫的相图为例，详细说明纯物质相图中的各种相平衡信息。

7.2.1　水的相图

图 7.2-2a 为水在低压范围内的相图，此时只有水蒸气、液态水和冰 3 个单相，分别对应由 3 条线分割出来的 3 个区域。3 条分割线，也即各单相区之间的交界线，对应两相平衡共存，自由度为 1。其中，曲线 $O'A$ 对应气-液平衡，可通过测量不同温度下水的蒸气压而得到；曲线 $O'B$ 对应气-固平衡，可通过测量不同温度下冰的蒸气压得到；曲线 $O'D$ 对应固-液平衡，可通过测量不同压力下冰的熔点得到。3 条线上温度与压力之间的函数关系，除了可通过实验测量之外，也可通过热力学计算获得，详见第 8.2 节。3 条线的交点 O' 对应水蒸气、液态水和冰三相平衡共存，称为三相点。水的三相点温度为 0.01℃（273.16K），压力为 610.62Pa。我国著名物理化学家黄子卿先生早在 1938 年就曾对此做出精确测定。

需要注意的是，水的三相点与通常所说的冰点是两个不同的概念，二者对应的温度 T 和压力 p 都不相同。水的三相点对应一个单组元系统，$C=1$，三相平衡共存，自由度 $f=0$，因此三相点的温度和压力皆由水自身的性质决定，固定不变。而通常所说的冰点是液态水与冰在 1atm 下两相平衡共存的温度，如图 7.2-2a 所示，随着压力的升高，液态水和冰的平衡共存温度将降低，在 1atm 下，液态水和冰平衡共存的温度比三相点降低了 0.0075℃。此外，

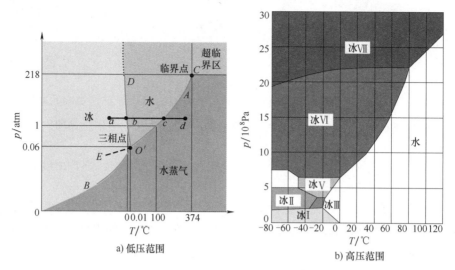

a) 低压范围   b) 高压范围

图 7.2-2　水的相图

在空气环境下测定水的冰点时，极少量的空气会溶入水中，变为稀溶液，根据前面第 6.5.3 小节稀溶液依数性可知，溶解了空气的稀溶液的冰点比纯水的冰点要降低，大约要下降 0.0024℃。上述两种效应之和为 0.0099℃，所以，通常水的冰点比三相点温度低了约 0.01℃，冰点约为 0℃。

在水蒸气和液态水平衡的曲线 $O'A$ 上，指定温度时，对应的压力即为该温度下水的蒸汽压，因此也把 $O'A$ 线称为水的蒸气压曲线；指定压力时，对应的温度即为水在该压力下的沸点，因此也可把 $O'A$ 线称为水的沸点曲线。类似地还可从水蒸气液化的角度来命名 $O'A$ 线。$O'A$ 线向高温范围不能无限延伸，而是存在一个临界点 C，该点温度为 $T_c \approx 374℃$、压力为 $p_c \approx 22MPa$，此时气体与液体的密度相等，气-液界面消失。温度、压力均在临界点以上的区域称为超临界区，此区域内无法通过加压的方式使水蒸气液化，系统始终呈现为气态，但其密度要远大于一般的水蒸气，同时黏度又远小于液态水，具有良好的流动性和导热性。超临界水在燃煤发电、污水处理等领域具有广泛的应用。

水蒸气和固体冰平衡的曲线 $O'B$ 也可称为冰的蒸气压曲线或升华曲线。由相图可知，当系统压力固定在小于三相点压力（610.62Pa）时，随着温度升高，冰可直接升华为水蒸气，而不会熔化为液态水。

$O'D$ 线是冰与液态水的平衡曲线，需要注意该曲线斜率为负，即随着压力增大，冰的熔点（或水的凝固点）降低。$O'D$ 线不能向高压区域无限延长，当压力大于 2×10^8Pa 时，开始有不同结构的固体冰出现，如图 7.2-2b 所示，在极高压力下，有超过 100℃ 的高温冰存在。

虚线 $O'E$ 是 AO' 线的延长线，在 $O'E$ 线对应的温度和压力条件下，稳定的相态为冰，过冷水与水蒸气的平衡是亚稳平衡，稍加扰动，过冷水就会凝固转变为冰。

根据相图，可对任一路径的缓慢变化过程（可逆相变）进行分析，说明系统经历的一系列相变。例如在水的相图 7.2-2a 中，由 a 点沿水平线变化至 d 点，这是一个等压升温过程。在 a 点时系统为冰的单相；当升温至 b 点，即达熔点，开始出现液态水，此时为单组分两相共存，所以 $f^* = 1 - 2 + 1 = 0$，因此系统温度保持不变；直至冰全部溶化成水，系统再次变成单相，进入液相区，$f^* = 1$，继续加热，水的温度不断升高；当升温至 c 点时，开始出现水蒸气，此时气、液两相共存，自由度为 0，加热过程中温度不变；直至水全部汽化成水蒸气，进入气相的单相区，自由度变为 1，温度又可逐渐升高，直至 d 点。

7.2.2 其他典型的一元系相图

图 7.2-3 为硫的相图，其中包括 4 种单相：气态硫、液态硫、单斜（monoclinic）硫和正交硫（rhombic）2 种硫的固体相，分别对应图上的 4 个区域。

图 7.2-3 中 6 条实线对应 6 种两相平衡，其中，AB 线对应于正交硫-气态硫两相平衡，BC 线对应于单斜硫-气态硫两相平衡，CD 线对应于液态硫-气态硫两相平衡，CE 线对应于单斜硫-液态硫两相平衡，BE 线对应于单斜硫-正交硫两相平衡，EF 线对应于正交硫-液态硫两相平衡。需要注意，硫的相图中固-液平衡共存对应的两条线（CE、EF）的斜率均为正，这与水的相图 7.1-2a 中冰与液态水两相平衡线的斜率正好相反，第 8.2 节中会对此做详细分析。

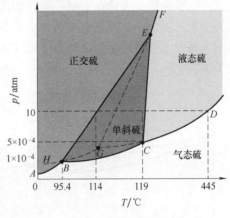

图 7.2-3 硫的相图

图 7.2-3 中 4 条虚线（BG、CG、GE、BH）对应 4 种两相亚稳平衡。通过虚线延伸后对应的实线，可以判断虚线对应的亚稳平衡两相的具体相态。例如虚线 BG 是实线 AB 的延伸线，而 AB 线为正交硫与气态硫的两相平衡，因此 BG 对应于正交硫与气态硫亚稳平衡。同理，虚线 CG 对应于液态硫与气态硫亚稳平衡，虚线 GE 对应于正交硫与液态硫亚稳平衡，虚线 BH 对应于单斜硫与气态硫亚稳平衡。

图 7.2-3 中有 3 个稳定的三相点和一个亚稳三相点。B 点对应于正交硫-单斜硫-气态硫的三相平衡，C 点对应于单斜硫-气态硫-液态硫的三相平衡，E 点对应于单斜硫-正交硫-液态硫的三相平衡。G 点为亚稳三相平衡点，该点对应于正交硫-气态硫-液态硫的三相亚稳平衡。

图 7.2-4 为 SiO_2 的相图。图 7.2-4 中实线把全图分为 6 个单相区：α-石英、β-石英、β_2-磷石英、β-方石英、SiO_2 液态及 SiO_2 气态。每 2 个单相区之间的交界线代表了系统中的两相平衡，如 LM 线表示α-石英与 SiO_2 蒸气之间的两相平衡，$O'C$ 线表示 SiO_2 熔体与 SiO_2 蒸气之间的两相平衡。MR、DF、NS 为晶型转变线，即两种不同结构晶体之间的平衡共存线。图 7.2-4 中有 4 个三相点，即 M、D、N、O'，它们分别表示了 β-石英-α-石英-SiO_2 蒸气、β-石英-β_2-磷石英-SiO_2 蒸气、β_2-磷石英-β-方石英-SiO_2 蒸气、β-方石英-SiO_2 熔体-SiO_2 蒸气的三相平衡。

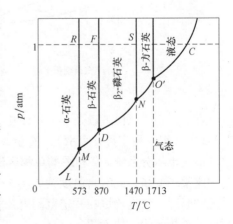

图 7.2-4 SiO_2 的相图

7.3 二元系相图概述

对于二元系统，独立组分数 $C=2$，根据相律，自由度为 $f=4-\phi$。当系统平衡相态为单相时，$\phi=1$，自由度等于 3，即二元系单相平衡时最多有 3 个独立的强度变量。故描述二元系平衡状态的相图需要在 3 个变量为坐标轴的三维空间中绘制，3 个坐标轴通常为 T、p、x。但这种三维相图，无论在绘制还是在使用上都不方便。因此，通常把 T、p、x 这 3 个变量中某一个变量固定，从而建立以另外 2 个变量为坐标轴的二维相图，即三维相图中一个特定截面图。其中最常用的是固定压力下的 $T\text{-}x$ 相图及固定温度下的 $p\text{-}x$ 相图，分别如图 7.3-1 和图 7.3-2 所示。

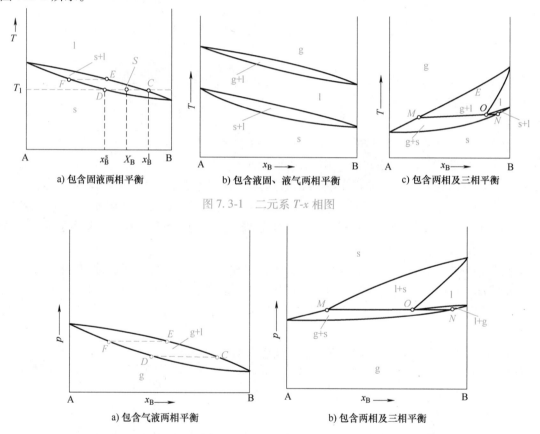

a) 包含固液两相平衡 b) 包含液固、液气两相平衡 c) 包含两相及三相平衡

图 7.3-1 二元系 $T\text{-}x$ 相图

a) 包含气液两相平衡 b) 包含两相及三相平衡

图 7.3-2 二元系 $p\text{-}x$ 相图

在二元系 $T\text{-}x$ 相图以及 $p\text{-}x$ 相图中，单相平衡仍对应图上的一块面积，如图 7.3-1 和 7.3-2 中气相（用字母 g 表示）、液相（用字母 l 表示）和固相（用字母 s 表示）单相区，这和前面单组分系统 $p\text{-}T$ 相图的单相区形状类似。这是因为二元系 $T\text{-}x$ 相图以及 $p\text{-}x$ 相图中均固定某一变量，此时自由度为 $f^*=3-\phi$。对于单相平衡，自由度 $f^*=2$，为双变平衡，即系统的温度、浓度均可在一定范围内独立变化，系统仍保持单相状态，因此相图上代表单相平衡的单相区为一块面积。

　　然而对于二元系两相平衡，虽然 T-x 相图以及 p-x 相图中自由度为 $f^* = 3-2 = 1$，与一元系系统两相平衡类似，均为单变平衡，但此时在相图上对应的形状却与一元系 p-T 相图不同。一元系 p-T 相图中两相共存对应相图上的一条线，如图 7.2-2a 中液态水与水蒸气之间的两相平衡线 $O'A$。而在二元系统 T-x 相图以及 p-x 相图中，两相共存的区域不再是一条曲线，而是由两条曲线及其包络区域构成，如图 7.3-1 和图 7.3-2 中的气-液两相区（g+l 区）、固-液两相区（l+s 区）和固-气两相区（s+g 区）。

　　造成上述差异的原因在于，二元系 T-x 相图以及 p-x 相图选用了浓度这一变量作为坐标轴。热力学平衡条件中［式（5.4-31）~式（5.4-33）］并没有浓度相等的关系。通常，平衡共存各相中任意组元 B 的浓度并不相等。因此在以浓度为横坐标的二元系 T-x 相图以及 p-x 相图中，两相平衡时，代表两相状态点的横坐标不同。例如在图 7.3-1a 所示的 T-x 相图中，某一温度 T_1 时固-液两相平衡，根据平衡条件可知两相的温度相同，均为 T_1，但两相的浓度并不相等，即 $x_B^l \neq x_B^s$，该温度下平衡共存的液相状态对应图中坐标为 (x_B^l, T_1) 的 C 点，而固相状态对应坐标为 (x_B^s, T_1) 的 D 点，二者并不重合。在其他的两相平衡温度下，也存在类似的情况，即液相平衡状态对应的点与固相平衡状态对应的点并不重合。事实上，由于 T-x 相图中两相平衡的自由度 $f^* = 1$，只有一个独立变量，各相的温度和浓度之间必然存在特定的关系，即 $T^l = T^l(x_B^l)$ 和 $T^s = T^s(x_B^s)$，它们分别代表了两相平衡时的液相状态曲线和固相状态曲线。由于 $T^l = T^s$，但 $x_B^l \neq x_B^s$，因此曲线 $T^l = T^l(x_B^l)$ 与曲线 $T^s = T^s(x_B^s)$ 为两条不同的曲线，如图 7.3-1a 中 CE 线和 DF 线。上述分析对二组元 p-x 相图中的两相区同样适用。但纯物质 p-T 相图的两相平衡与此不同，由于 p-T 相图的两个坐标轴均为势变量（即在平衡时要满足相等条件的变量），对于固-液两相平衡，满足 $T^l = T^s$、$p^l = p^s$，因而相图上代表两相状态的点 (T^l, p^l) 和 (T^s, p^s) 完全重合；且两相共存时自由度 $f = 1$，只有一个独立变量。每一相的压力和温度之间都要满足特定的关系，即 $p^l = p^l(T^l)$、$p^s = p^s(T^s)$。由于 $T^l = T^s$、$p^l = p^s$，因此代表液相状态的曲线 $p^l = p^l(T^l)$ 与代表固相状态的曲线 $p^s = p^s(T^s)$ 为同一条曲线。

　　综上，二元系 T-x 相图以及 p-x 相图中的两相平衡共存区都由两条线构成，两相状态的具体信息（如温度、浓度或压力、浓度等）都在两条线上；而两条线中间的包络区域没有相平衡信息，此区域内任意一点的浓度代表系统的整体浓度，而非某一相的浓度。为了表示平衡共存两相的对应关系，通常将代表平衡共存两相状态的两个点用直线连接，将其称为结线（tie line），如图 7.3-1 和图 7.3-2 中线段 CD、EF 等。由于 T-x 相图以及 p-x 相图的纵坐标为势变量，两相平衡时，两相状态点的纵坐标必然相等，因此结线必为水平线。

　　在二元系 T-x 相图以及 p-x 相图中，三相平衡对应一条线，如图 7.3-1c 和图 7.3-2b 中 MON 线。这也与一元系 p-T 相图中三相平衡对应于一个点（三相点）不同。二元体系 T-x 相图以及 p-x 相图中，三相平衡时自由度 $f^* = 3-3 = 0$，三相状态均固定不变，但由于选用了浓度作为水平坐标轴，而平衡共存三相的浓度通常并不相同，因此在相图中代表三相状态的三个点并不重合；同时由于选用势变量作为纵坐标轴，三相状态点的纵坐标必然相等，因此三点必然处在一条水平线上，通常将这一水平线称为三相平衡线或零变平衡线。而在一元系 p-T 相图中，三相平衡时自由度也为 0，三相状态也固定不变，但由于两个坐标轴都选用了势变量，因此代表三相状态的三个点必然完全重合，形成一个三相点。

　　需要指出的是，相图中两相区和三相区的形状与相图坐标轴的选取相关。对于一元系，如果选择一个非势变量和一个势变量作为坐标轴，则相图中两相区和三相区的形状将和二元系 T-x 相图或 p-x 相图类似。例如选择摩尔体积 V_m 和压力 p 为坐标轴的一元系 p-V_m 相图，如图 7.3-3 所示，原本在 p-T 相图中为一条线的两相区，在 p-V_m 相图中变为两条线；p-T 相图中三相平衡的点，在 p-V_m 相图中变为一条水平线。而对于二元系，如果在固定一个势变量的情况下，选择另外两个势变量绘制相图，则两相区和三相区的形状会与单组元系 p-T 相图类似。如图 7.3-4 所示，固定压力下，选择温度 T 和活度 a（活度对应着化学势，同时活度的取值范围为从 0 到 1，方便作图）为变量做二元系相图，则原本 T-x 相图中由两条线包络的两相区，在 T-a 相图中变为一条曲线；而原本 T-x 相图中的三相平衡对应的水平线，在 T-a 相图中变为一个点。

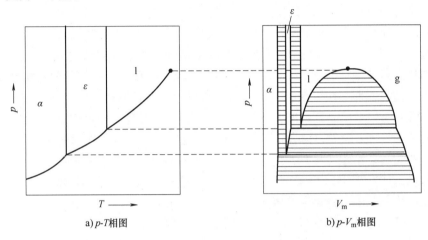

a) p-T相图　　　　　　　　b) p-V_m相图

图 7.3-3　一元系统不同坐标轴下的相图

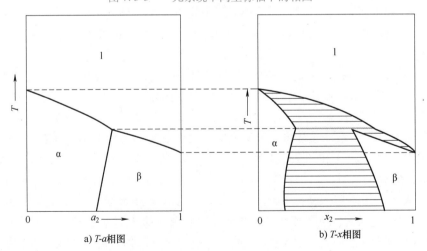

a) T-a相图　　　　　　　　b) T-x相图

图 7.3-4　二元系统不同坐标轴下的相图

采用不同坐标轴绘制出的相图，其所描述的相平衡信息不尽相同。例如，一元系 p-V_m 相图中体现了相平衡时压力和各相摩尔体积的信息，而一元系 p-T 相图则体现了相平衡时温度和压力的信息。但由于温度 T 和压力 p 是容易调控的变量，因此从实验上更容易测量不同 T、p 下的相平衡情况。所以对于一元系系统，p-T 相图最为常见。对于二元系，温度、压力和浓度更容易直接调控，因此二元系常见的相图为 T-x 相图或 p-x 相图。

最后介绍相图中有关相点和物系点的概念。在相图中，代表某一相状态的点称为相点，代表整个系统状态的点称为物系点。从物系点可以看出系统平衡时由哪些相构成，物系点落在哪个相区，系统平衡时就呈现该相区的相态。而各平衡相的具体信息，需要从相应的相点去确定。在一元系统 p-T 相图中，无论在哪个相区，各相的温度 T、压力 p 总相等，同时系统的温度、压力也与此相同，因此物系点总是与相点重合。

在二元系 T-x 相图或 p-x 相图中，当物系点落到单相区时，整个系统由单一相构成，系统的状态也即相的状态，物系点和相点重合。当物系点落到两相区时，物系点与相点不再重合。此时物系点位于两相区内部，而代表两相状态的 2 个相点位于两相区的两条边界线上，且 3 个点在一条水平线上。如图 7.3-1a 所示的 T-x 相图中，两相区中 S 点为物系点，两个相点分别为 C 点和 D 点，物系点 S 的横坐标 X_B 代表了整个系统中 B 的浓度，其定义式为

$$X_B = \frac{n_B^l + n_B^s}{n^l + n^s}$$

式中，n_B^l 和 n_B^s 分别为液相中 B 的物质的量和固相中 B 的物质的量；n^l 和 n^s 分别为液相的总物质的量以及固相的总物质的量。相点 C 和 D 的浓度 x_B^l 和 x_B^s 分别为液相中 B 的浓度以及固相中 B 的浓度。虽然物系点 S 与两个相点 C 和 D 的横坐标不同，但 3 点的纵坐标必然相等。这是因为相图的纵轴为温度，平衡时各相的温度相等，且这一温度也就是系统的温度，因此 S、C、D 这 3 点的纵坐标相同，3 点在同一条水平线上。由此可见，在二元系 T-x 相图中，当物系点落到两相区后，只需过物系点绘制水平线，该水平线与两相区两条边界线的 2 个交点，即为两相的相点。p-x 相图可用同样的办法确定相点。当物系点落在三相线上时，物系点也与相点不同，但物系点与 3 个相点必然位于同一水平线上。

本节介绍了二元系相图中各相区的一般形状以及物系点和相点的概念，下面将按照温度从高到低的顺序，分别介绍二元系气-液相图、液-液相图、固-液相图和固-固相图。

7.4 二元系气-液相图

固定压力下的 T-x 相图是最为常见的二元系相图。但在考虑气相时，由于其对压力的敏感性，可直接反映压力影响的 p-x 相图也是常用的工具。本节首先介绍描述理想溶液气-液平衡的 p-x 相图和 T-x 相图，并进一步扩展到实际非理想溶液的相图，最后以气-液相图为例，介绍相图分析中一种重要的工具——杠杆定律。

7.4.1 理想溶液的气-液相图

二元系 p-x 相图可通过如下测量方法获得。将物系浓度为 X_B 的 A-B 二元溶液密闭在带活塞的容器内，并将其置于温度 T 恒定的浴槽中，如图 7.4-1 所示。初始时给系统施加足够的压力，使其以液态稳定存在。随后缓慢减小系统压力，直到液体开始气化（出现气泡），由于此时形成气体的量极其微小，溶液的浓度 x_B^l 可认为仍等于物系浓度，即 $x_B^l = X_B$，此时溶液状态对应图 7.4-2 中 M 点，M 点代表了气-液平衡共存时液相的相点。需要注意，此时平衡共存气相的成分 x_B^g 无法从实验中直接获得。进一步减小压力，溶液不断气化。直至压

力降到系统中只剩最后一滴液体时，由于液体的量极其微小，可认为气体的浓度 x_B^g 等于物系浓度，即 $x_B^g = X_B$，此时气相状态对应图 7.4-2 中 N 点，N 点代表了气-液平衡共存时气相的相点。此时与 N 点气相平衡的液相浓度也无法从实验中直接获得。改变容器中初始物系浓度，重复上述实验过程，当物系浓度为 X_B' 时，可以得到液相相点 M' 和气相相点 N'；物系浓度为 X_B'' 时，可以得到液相相点 M'' 和气相相点 N''，如图 7.4-2 所示。多次重复实验后，可以得到一系列的液相相点和气相相点。将液相相点连接，即得到代表气-液

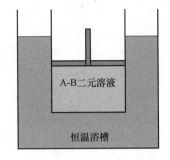

图 7.4-1　恒温变压系统示意图

两相平衡时，液相状态的液相线，如图 7.4-2 中 $MM'M''$ 线；将气相相点连接，即得到代表气-液两相平衡时，气相状态的气相线，如图 7.4-2 中的 $NN'N''$ 线。由此便得到了二元系气-液相图。

图 7.4-2 的相图中，液相线 $MM'M''$ 以上为高压区域，高压下系统将全部液化，因此该区域为液相的单相区，自由度为 $f^* = 2$；气相线 $NN'N''$ 以下为低压区域，低压下系统将全部气化，因此该区域为气相的单相区，自由度同为 $f^* = 2$。液相线 $MM'M''$ 与气相线 $NN'N''$ 之间的区域为两相区，自由度为 $f^* = 1$，即只有一个独立变量。当物系点落入此区域时，如图中的 O 点，系统则处于气-液两相平衡共存的状态。此时，过 O 点绘出水平线，则其与液相线的交点（图中 F 点）为液相的相点，代表平衡共存液相的状态；与气

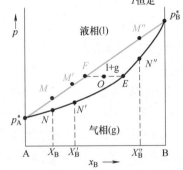

图 7.4-2　二元理想溶液 p-x 相图

相线的交点（图中 E 点）为气相的相点，代表平衡共存气相的状态。FE 线即为两相区中的一条结线，物系点落在 FE 线上任何位置时，系统液相的相点总是 F 点，气相的相点总是 E 点。

对于理想溶液，也可以通过如下的理论计算获得图 7.4-2 中的液相线和气相线，从而得到该相图。液相线代表气-液平衡时液相浓度 x_B^l 与压力 p 的关系，此压力 p 既是液相的压力，也是气-液两相平衡共存时气相的压力，即溶液的蒸气压。溶液的蒸气压 p 等于组元 A 的蒸气压 p_A 和组元 B 的蒸气压 p_B 之和，即 $p = p_A + p_B$。而理想溶液中任意组元的蒸气压满足拉乌尔定律，由此可知

$$p = p_A + p_B = p_A^* x_A^l + p_B^* x_B^l = p_A^*(1 - x_B^l) + p_B^* x_B^l = p_A^* + (p_B^* - p_A^*) x_B^l \tag{7.4-1}$$

式中，p_A^* 和 p_B^* 为给定温度下纯 A 液体和纯 B 液体的蒸气压。由此可见，理想溶液的蒸气压 p 与浓度 x_B^l 呈线性关系，反映到相图上就是连接 p_A^* 和 p_B^* 两点的直线。

气相线代表了蒸气压 p 和气相浓度 x_B^g 之间的关系。根据分压定义，气相浓度 x_B^g 满足

$$x_B^g = \frac{p_B}{p} = \frac{p_B^* x_B^l}{p} \tag{7.4-2}$$

通过式（7.4-2），可将式（7.4-1）中的液相浓度 x_B^l 换为气相浓度 x_B^g，从而得到 p 和 x_B^g 之间的关系式

$$p = \frac{p_A^* p_B^*}{x_B^g (p_A^* - p_B^*) + p_B^*} \tag{7.4-3}$$

因此，气相线并非直线。

从相图 7.4-2 中可以看出，在一条结线上，气相相点总是在液相相点的右侧，即气液平衡共存时，气相浓度 x_B^g 总是大于液相浓度 x_B^l，从理论计算上也可证明这一点。气相中 A 的浓度 x_A^g 满足

$$x_A^g = \frac{p_A}{p} = \frac{p_A^* x_A^l}{p} \tag{7.4-4}$$

将式（7.4-4）与式（7.4-2）相除，可得

$$\frac{x_A^g}{x_B^g} = \frac{x_A^l}{x_B^l} \frac{p_A^*}{p_B^*} \tag{7.4-5}$$

图 7.4-2 中，组元 B 为易挥发组元，即 $p_B^* > p_A^*$，由此从式（7.4-5）可得 $x_A^g / x_B^g < x_A^l / x_B^l$，不等式两边同加 1，得 $1/x_B^g < 1/x_B^l$，因此 $x_B^g > x_B^l$，可见气相中 B 的浓度大于液相中 B 的浓度。从物理含义上说，易挥发组元 B 在气相中含量更高，因此 $x_B^g > x_B^l$。

恒定压力下的 $T\text{-}x$ 相图是更为常见的相图。由于一定压力下，气-液平衡的温度又称为沸点，因此气-液平衡的 $T\text{-}x$ 相图也被称为沸点-组成图，如图 7.4-3 所示。此类相图的实验测定过程与前面 $p\text{-}x$ 相图类似。在一定的压力下，首先将一定浓度的物系降到较低温度，使其全部液化，而后再缓慢升温；当开始出现气泡时，表明达到气-液平衡，此时的温度称为沸点；此时的液相浓度仍为系统初始浓度，在相图上画出此温度和浓度对应的点，如图 7.4-3 中的 M 点，该点即为气-液两相平衡时液相相点。如果将此系统从完全气化的高温缓慢冷却，则温度降到一定数值时，开始凝结出液相露珠，即系统开始气-液平衡，此时的温度称为露点，气相浓度等于系统初始浓度，在相图中标注相应的点，如图 7.4-3 中的 N 点，该点为气-液两相平衡时气相相点。改变系统浓度后，重复上述操作，可以得到一系列液相相点和气相相点。将液相相点连接后即可得到液相线，气相相点连接后即可得到气相线，由此便得到描述二元系统气-液平衡的 $T\text{-}x$ 相。

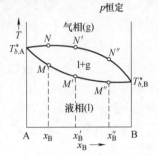

图 7.4-3　二元理想溶液 $T\text{-}x$ 相图

如果已知纯组元蒸气压随温度的变化关系 $p_A^*(T)$ 和 $p_B^*(T)$，则在指定压力 p 下（p 值固定），将 $p_A^*(T)$ 和 $p_B^*(T)$ 代入式（7.4-1）和式（7.4-3），则可以得到液相平衡成分 x_B^l 及气相平衡成分 x_B^g 随温度 T 的变化关系，即得到 $T\text{-}x$ 相图中的液相线和气相线。

$T\text{-}x$ 相图中的气相线和液相线之间为两相区，自由度为 $f^* = 1$，这与前面 $p\text{-}x$ 相图类似，物系点落在两相区时，确定相点的方法也与前面 $p\text{-}x$ 相图类似，不再赘述。需要注意，$T\text{-}x$ 相图中液相线在气相线下方，而 $p\text{-}x$ 相图中液相线在气相线上方，二者正好相反。$T\text{-}x$ 相图中气相线以上区域为气相的单相区，液相线以下区域为液相的单相区，这一气相区与液相区的相对位置关系与 $p\text{-}x$ 相图中的相对关系相反。这是由于任意物质总是在高温、低压下为气相，而在低温、高压下为液相。

7.4.2　非理想溶液的气-液相图

理想溶液只是一种理论近似，实际溶液并非理想溶液，其各种性质与理想溶液均存在偏

差。实际溶液的气-液平衡相图也与理想溶液相图存在差异。当实际溶液与理想溶液偏差不大时，$p\text{-}x$ 相图及 $T\text{-}x$ 相图与理想溶液情况类似；但当偏差很大时，相图中会出现最高点或最低点。下面分别加以讨论。

（1）与理想溶液偏差不大时　理想溶液的蒸气压曲线是连接 p_A^* 和 p_B^* 的直线，即总蒸气压 p 在 p_A^* 和 p_B^* 之间。对与理想溶液偏差不大的实际溶液，其蒸气压仍然在 p_A^* 和 p_B^* 之间。此时又可分为正偏差和负偏差两种情况，其 $p\text{-}x$ 相图分别如图 7.4-4a 和 7.4-4b 所示。图中虚线为假设 A-B 二元溶液为理想溶液时的液相线。当实际溶液对理想溶液呈现正偏差时，实际溶液的蒸气压大于理想溶液，因而液相线在虚线上方，且不再是直线，如图 7.4-4a 所示；而当实际溶液对理想溶液呈现负偏差时，实际溶液的蒸气压小于理想溶液，因而液相线在虚线下方，也不再是直线，如图 7.4-4b 所示。此类系统的 $T\text{-}x$ 相图与理想溶液的 $T\text{-}x$ 相图在形状上相似，不再赘述。

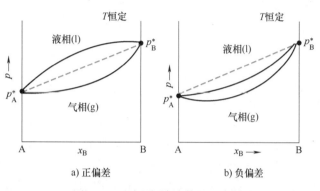

图 7.4-4　对理想溶液偏差不大的
非理想系统 $p\text{-}x$ 相图

（2）与理想溶液偏差很大时　当实际溶液与理想溶液偏差很大时，实际溶液的蒸气压不再介于纯组元蒸气压 p_A^* 和 p_B^* 之间。正偏差很大时，在 $p\text{-}x$ 相图上可能在中间浓度范围出现蒸气压的极大值点，如图 7.4-5a 所示；负偏差很大时，在 $p\text{-}x$ 相图上，可能在中间浓度范围出现蒸气压的极小值点，如图 7.4-6a 所示。在上述极大值或极小值点处，液相线和气相线必然相切。

当 $p\text{-}x$ 相图上形成了极大值点时，对应的 $T\text{-}x$ 相图将出现极小值点，如图 7.4-5b 所示，现对其进行说明。

假设如图 7.4-5a 所示的 $p\text{-}x$ 相图中温度固定为 $T = T'$，极大值点对应的压力为 p_{max}、浓度为 x_1。这意味着当固定系统的压力为 p_{max} 时，浓度为 x_1 的溶液在温度上升到 T' 时将开始沸腾。而对其他浓度的溶液，在温度为 T' 时，溶液的蒸气压小于 p_{max}，因此在压力固定为 p_{max} 时，溶液无法沸腾，只有温度进一步升高，使蒸气压增大到 p_{max} 时，溶液才能沸腾，即其沸点要大于 T'。因此 $p\text{-}x$ 相图上形成极大值点时，对应的 $T\text{-}x$ 相图上出现极小值点。需要注意，只有当 $T\text{-}x$ 相图的压力固定在 $p\text{-}x$ 相图中的极值点压力时，两种相图中极值点所对应的浓度才一致；通常 $T\text{-}x$ 相图中压力固定为 1atm，此时 $T\text{-}x$ 相图的最低点并非 $p\text{-}x$ 相图上的最高点。在 $T\text{-}x$ 相图的最低点时，液相线同样与固相线相切，即在最低点时平衡共存的气相和液相浓度相同。因此，最低点对应的溶液加热至沸腾时，其蒸发气相的成分与原来液相成分相同，沸点温度也保持固定，因此该最低点被称为最低恒沸点，最低点对应的溶液称为恒沸物。虽然恒沸物的气、液组成相同，但其并非化合物，恒沸物的组成会随压力的变化而发生改变。当 $p\text{-}x$ 相图上形成极小值点时，对应的 $T\text{-}x$ 相图会出现极大值点，如图 7.4-6b 所示，该点被称为最高恒沸点，该点对应的溶液也为恒沸物。

实际常见的恒沸物如水和乙醇形成的溶液。在 1atm 下，恒沸物中乙醇的质量分数为

95.57%，沸点为78.2℃，这一沸点要低于纯水和纯乙醇的沸点。由于乙醇水溶液的浓度达到恒沸物浓度时，其蒸发的气相浓度和液相浓度相同，因此，无法用蒸馏的办法得到无水乙醇。

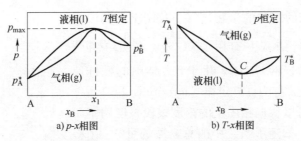

图 7.4-5 对理想溶液正偏差很大的非理想系统相图

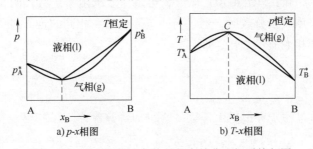

图 7.4-6 对理想溶液负偏差很大的非理想系统相图

7.4.3 杠杆定律

如前所述，当物系点落在两相区时，通过物系点的结线可以确定两相的状态。事实上，此时在相图上还可通过杠杆定律来确定两相的相对量。下面以二元系气-液相图为例进行说明。相关结论对于液-液相图、固-液相图同样适用。

如图 7.4-7 所示，物系点为 C，物系浓度为 X_B，过 C 点结线的两个端点 D 和 E 分别为液相相点和气相相点，其浓度分别为 x_B^l 和 x_B^g。根据物质量守恒原理，系统中 B 的物质的量等于液相与气相中所含 B 的物质的量之和，即 $n_B = n_B(g) + n_B(l)$。其中，B 的总量 n_B 等于系统的总的物质的量 n 乘以物系浓度 X_B，即 $n_B = nX_B$，气相和液相中 B 的物质量可以分别用气相物质量 $n(g)$ 和液相物质量 $n(l)$ 乘以各自的浓度来表示，即 $n_B(g) = n(g)x_B^g$，$n_B(l) = n(l)x_B^l$，由此可得

$$nX_B = n(g)x_B^g + n(l)x_B^l \tag{7.4-6}$$

式（7.4-6）中系统总的物质量 n 等于两相物质量之和，即 $n = n(g) + n(l)$，将此关系代入式（7.4-6）得

$$[n(g) + n(l)]X_B = n(g)x_B^g + n(l)x_B^l \tag{7.4-7}$$

整理后得

$$n(l)(X_B - x_B^l) = n(g)(x_B^g - X_B) \tag{7.4-8}$$

从相图 7.4-7 中可以看出 $(X_B - x_B^l)$ 和 $(x_B^g - X_B)$ 的数值分别等于图中线段 $\overline{CD}$ 和线段 $\overline{CE}$ 的长度，因此式（7.4-8）也可写为

$$n(l)\overline{CD} = n(g)\overline{CE} \tag{7.4-9}$$

或

$$\frac{n(1)}{n(g)} = \frac{\overline{CE}}{\overline{CD}} \qquad (7.4\text{-}10)$$

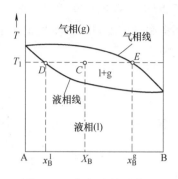

图 7.4-7　杠杆定律示意图

由此可见，两相的物质的量之比等于相图上的两段线段长度之比。如果把物系点 C 看作一个支点，线段 $\overline{CD}$ 和线段 $\overline{CE}$ 视为力臂，则式（7.4-10）相当于力学中的杠杆原理，因此将这一关系式称为杠杆定律（lever rule）。

利用杠杆定律可以根据相图上的浓度线段长度确定两相的相对含量。如果知道了系统中的总物质的量 n，则将关系式 $n = n(g) + n(1)$ 和式（7.4-10）联立，可进一步求出平衡共存两相各自的物质量。

当相图横坐标采用质量分数时，通过与式（7.4-10）相同的推导过程，可以得到相图中两段线段之比等于两相的质量之比，即

$$\frac{M(1)}{M(g)} = \frac{\overline{CE}}{\overline{CD}} \qquad (7.4\text{-}11)$$

杠杆定律的本质是物质守恒，由于物质守恒的普遍性，所以杠杆定律对各种 $p\text{-}x$ 相图和 $T\text{-}x$ 相图中的任意两相区都成立。

7.5　二元系液-液相图

两种液体混合时，按其互溶程度的差异，可分为无限互溶、部分互溶和完全不互溶三种情况。对于无限互溶的系统，如室温下水和乙醇，两种液体可以按任意比例完全混合，形成单相溶液。当两种液体之间相互溶解度很小以至于可以忽略不计时，可认为二者完全不互溶。此外，还有一些液体混合后，会形成两种不同浓度的溶液平衡共存，这一现象称为部分互溶。完全互溶和完全不互溶的相图相对简单，本节将主要介绍部分互溶的双液系统相图。

图 7.5-1 为典型的部分互溶双液系统 $T\text{-}x$ 相图示意图。为更好地理解这一相图，考察在温度固定为 T_1、压力固定为 1atm 的情况下向纯 A 液体中不断加入纯 B 液体的过程。当向纯 A 中加入的纯 B 液体较少时，B 可以完全溶入 A 中，形成单相溶液。当加入 B 的量使系统浓度恰好达到 x_1 时（图中 D 点），B 在 A 中的溶解达到饱和。继续添加 B，溶液将出现分层，形成两种不同浓度的溶液平衡共存，其中一种溶液为 B 在 A 中的饱和溶液，浓度为 x_1，对应图中的 D 点，另一种为 A 在 B 中的饱和溶液，浓度为 x_2，对应图上 F 点，这样一对平衡共存的溶液也称为共轭溶液。当物系浓度在 D 点与 F 点之间时，系统始终为浓度为 x_1 的溶液和浓度为 x_2 的溶液两相共存状态，两种溶液的浓度不会变化，但随着 B 含量增加，浓度为 x_1 的溶液越来越少，浓度为 x_2 的溶液越来越多。当加入 B 的量使系统浓度恰好达到 x_2 时（图中 F 点），浓度为 x_1 的溶液消失，只剩下浓度为 x_2 的溶液，即形成 A 在 B 中的单相饱和溶液。继续加入 B，系统保持单相状态，其中 B 的浓度不断升高。改变温度重复上述过程，可以得到一系列两相平衡共存的相点，如图 7.5-1 所示，且随着温度升高，平衡共存的

2 个相点不断接近。当温度升高到 T_c 时，2 个点融合为 1 个点，如图 7.5-1 中的 C 点，该点也称为临界溶解点，此时温度 T_c 称为临界溶解温度。当温度高于临界溶解温度时，A、B 可以无限互溶。

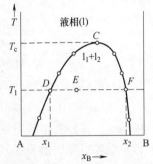

由上述分析可以看出，曲线 DCF 代表了单相溶液中组元的最大溶解度，曲线 DCF 以外的区域为单相区，曲线 DCF 内部区域为两相区，也称为溶解度间隙区（miscibility gap）。在两相区内部并没有平衡相的具体状态信息，平衡共存两相的状态（两相相点）分别位于最大溶解度曲线 DCF 的左半边和右半边。当物系点落在两相区内时，如图 7.5-1 中 E 点，过物系点绘出水平线，其与最大溶解度曲线的 2 个交点即为 2 个相点，如图中的 D 点和 F 点。此时，两相的相对含量满足杠杆定律。

图 7.5-1　典型的部分互溶双液系统 $T\text{-}x$ 相图示意图

图 7.5-1 中溶解度间隙区呈现开口向下的"帽子状"，相图中具有此类形状特点的系统如常温下的水和酚、高温下金属锌和铅的熔体，二者 $T\text{-}x$ 相图如图 7.5-2 所示。除开口向下之外，也有一些双液系统的溶解度间隙区开口向上，即两种液体在低温下完全互溶，而随着温度升高，发生部分互溶，典型代表如图 7.5-3 所示的水-三乙基胺 $T\text{-}x$ 相图。此外，还有一些系统的溶解度间隙区闭合，具有最高和最低两个临界溶解温度，在这两个温度之间发生部分互溶现象，如图 7.5-4 所示的水-尼古丁 $T\text{-}x$ 相图。

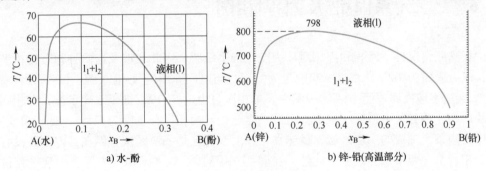

a) 水-酚　　　　　　　b) 锌-铅(高温部分)

图 7.5-2　部分互溶双液系统 $T\text{-}x$ 相图

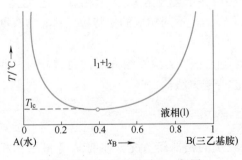

图 7.5-3　水-三乙基胺 $T\text{-}x$ 相图

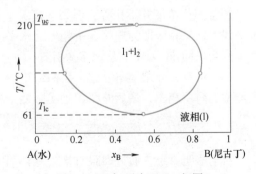

图 7.5-4　水-尼古丁 $T\text{-}x$ 相图

【例 7-1】已知己烷-硝基苯相图如例 7-1 图所示，在 290K 下，将 50.74g 己烷（0.59molC_6H_{14}）和 50.43g 硝基苯（0.41mol$C_6H_5NO_2$）混合，确定系统平衡时的相态以及各相的质量。

解：系统温度为 290K，物系浓度 $x_B = 0.41/(0.41+0.59) = 0.41$，从相图中可见物系点

处于溶解度间隙区，因此平衡时系统为两种不同浓度的溶液 l_1 和 l_2 平衡共存，物系点水平线与最大溶解度曲线的两个交点为平衡共存两相的相点，从图中可见，平衡两相的浓度分别为 $x_B^{l_1} = 0.35$ 和 $x_B^{l_2} = 0.83$，根据杠杆定律和物质守恒可得

$$\frac{n^{l_1}}{n^{l_2}} = \frac{x_B^{l_2} - X_B}{X_B - x_B^{l_1}} = \frac{0.83 - 0.41}{0.41 - 0.35} = \frac{0.42}{0.06} = 7$$

$$n^{l_1} + n^{l_2} = (0.59 + 0.41)\,\text{mol} = 1\,\text{mol}$$

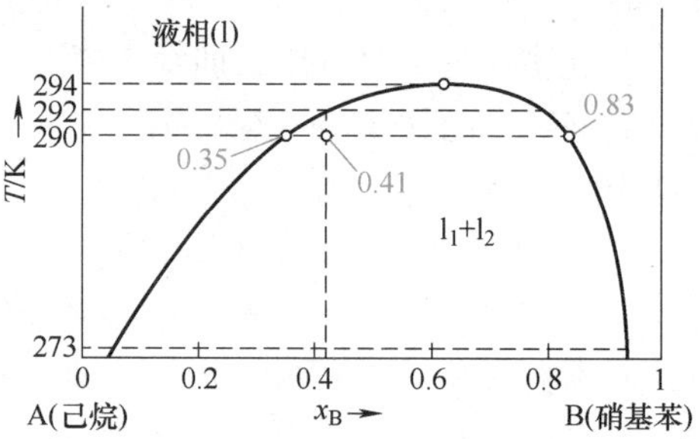

上述两式联立，得 $n^{l_1} = 0.875\,\text{mol}$、$n^{l_2} = 0.125\,\text{mol}$。每种液相的质量等于其中各组元质量之和，而各组元质量等于其物质的量乘以摩尔质量，由此可得，两相质量分别为

$$m^{l_1} = n^{l_1} x_B^{l_1} M_{C_6H_5NO_2} + n^{l_1}(1 - x_B^{l_1}) M_{C_6H_{14}}$$

$$= 0.875\,\text{mol} \times 0.35 \times 123\,\text{mol/g} + 0.875\,\text{mol} \times 0.65 \times 86\,\text{mol/g} = 86.58\,\text{g}$$

$$m^{l_2} = 50.74\,\text{g} + 50.43\,\text{g} - m^{l_1} = 14.59\,\text{g}$$

例 7-1 图

7.6 二元系固-液及固-固相图

除极高压情况外，液相和固相对压力变化都不敏感，因此在涉及这两种相态的相平衡问题时，压力固定为 1atm 下的 T-x 相图最为常用。与前面介绍的气-液系统、液-液系统 T-x 相图类似，在固-液或固-固系统 T-x 相图中，单相区自由度 $f^* = 2$，处于双变平衡，在相图中对应一块面积，单相区中温度、浓度都可以独立变化。两相区自由度为 $f^* = 1$，处于单变平衡，相图中为两条线围成的一块区域，虽然在相图上看起来是一块区域，但在其内部并没有任何相点，相点都在两条边界线上。此外，在固-液和固-固系统 T-x 相图中还会出现三相区，其自由度 $f^* = 0$，处于零变平衡。因此三相平衡时三相温度固定且相等，3 个相点的浓度也固定（通常三相浓度并不相等，但某些情况下也可能两相浓度相等），3 个相点一定处于一条水平线上，三相区即为连接 3 个相点的水平线。了解上述不同相区的形状特点，非常有助于理解复杂的固-液及固-固系统 T-x 相图。

本节将首先介绍固-液及固-固系统 T-x 相图测量的一些实验测绘方法，而后分析一些特定类型的简单相图，最后介绍识别实际复杂相图的普遍方法。

7.6.1 固-液系统相图的实验测绘

对于透明系统，通过肉眼直接观测即可判断系统的相平衡情况，如前面气-液平衡相图测定时，观测到液体中出现气泡，即可判定其达到气-液两相平衡；部分互溶双液系统相图测定中，当观察到液体分层现象，即可判定其开始出现两种溶液平衡。但对金属等不透明体系，需要专用的仪器进行观测，才可确定系统在不同条件下的相平衡情况，进而得到相图。常用的观测方法可分为动态法和静态法两类。

当系统发生相变时，某些物理性质，诸如熵、体积、电导率、热容等会突变。动态

法正是测量这些物理特性的变化来分析系统相态的变化,从而确定各种平衡相态存在的临界条件,最终得到相图。而静态法是在固定温度和压力条件下,测定系统中相的组成,从而确定相图。

由于相图刻画的是热力学平衡条件下的相态,因此采用动态法时,温度或压力的变化应足够缓慢,从而保证每一个时刻的测量状态近乎平衡状态;静态法中需要足够长的保温时间,以保证系统基本达到平衡。

常用的动态法包括热分析法、膨胀法、电阻法等,常用的静态法包括退火淬火法和液态取样法。本小节将以热分析法和退火淬火法为例,分别介绍这两类方法的原理和操作流程。

(1)热分析法　测定热物性特征变化的方法通称热分析法。最常用的方法是测量缓慢降温过程中温度随时间的变化曲线,即冷却曲线。常见的装置如图 7.6-1 所示,热电偶置于熔融的金属中,通过测温仪表记录冷却曲线,典型结果如图 7.6-2 所示。如果变温过程中不发生相变,则冷却曲线连续变化;当系统中发生相变时,由于两相的焓不一样,相变过程中会释放相变潜热,从而使温度变化速度发生改变,在冷却曲线上表现为出现转折点,这些转折点对应着系统开始出现多相平衡。将转折点对应的多相平衡时各相温度和浓度信息在 T-x 或 T-w 相图中标出,即可获得一系列多相平衡的相点。将相点连接,就可获得相图。下面以 Bi-Cd 二元体系为例对这一过程进行说明。

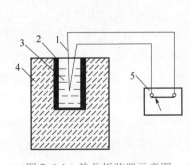

图 7.6-1　热分析装置示意图

1—热电偶　2—坩埚　3—液体金属　4—炉子　5—仪表

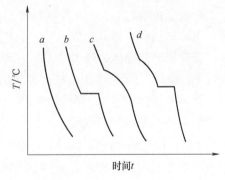

图 7.6-2　典型冷却曲线示意图

对于金属 Bi-Cd 二元系统,高温液态下 Bi 和 Cd 可以无限互溶,而在固态下二者完全不互溶,且不形成化合物,只能是两种固相的混合物。分别配制 Cd 质量分数为 0%、20%、40%、70%、100%的 5 种样品,把每一配比的样品在常压下加热至彻底熔化,保温一段时间,使熔体成分达到均匀。然后将各个试样分别缓慢降温,记录不同成分试样的冷却曲线,结果如图 7.6-3a 所示。对这些曲线进行分析即可获得相平衡信息,进而绘制相图。下面对此进行具体说明。

曲线①为纯 Bi 的冷却曲线,A 点以上的线段对应纯 Bi 液体的冷却过程。当降温到 A 点(546K)时,曲线出现转折,发生相变,即开始凝固出纯 Bi 固体。根据相律,此时系统相数 $\phi = 2$,自由度 $f^* = 1 - 2 + 1 = 0$,没有变量,所以冷却曲线上温度不变,出现平台,对应图中水平线段 AB。在此平台阶段,系统的相态不变,但其中固相不断增多,液相不断减少。直至 B 点,液相完全消失,此时系统变为固体单相,自由度 $f^* = 1$,因而温度开始继续下降。由上述分析可知,转折点 A 对应于固-液两相平衡共存,两相组成相同,都为纯 Bi,即

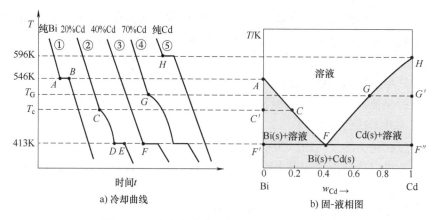

图 7.6-3　从冷却曲线绘制 Bi-Cd 二元系统相图

$w_{Cd}=0$，两相温度相等，均为 $T=546K$。在 T-w 图中标出以此浓度为横坐标、温度为纵坐标的点，即图 7.6-3b 中 A 点。该点为纯金属 Bi 的熔点，既代表纯 Bi 固-液两相平衡时的固相相点，也代表液相相点。纯 Cd 的冷却曲线⑤与此类似，从中可以获得纯 Cd 的熔点，将其在相图中标出，即图 7.6-3b 中的 H 点，该点既代表纯 Cd 固-液两相平衡时固相相点，也代表液相相点。

　　曲线②为 Cd 质量分数为 20% 样品的冷却曲线，C 点以上的线段对应于初始熔体（溶液）的冷却过程。当降温到 C 点时，曲线出现转折，表明开始有固体析出。对于富 Bi 的溶液，首先析出的固体为纯 Bi。此时系统自由度 $f^*=2-2+1=1$，仍有一个独立变量，因此温度仍不断降低。降温到 D 点时，再次出现转折，表明系统相态又发生变化，此时开始同时析出固体 Bi 和固体 Cd，即三相共存，自由度 $f^*=2-3+1=0$，因此冷却曲线上出现平台，对应图中水平线段 DE。E 点时，液相完全消失，系统变为两种固相，自由度 $f^*=1$，因而温度又开始下降。由上述分析可知，转折点 C 开始，固-液两相平衡共存，两相温度相同，均为 T_c，但两相浓度不同，固相浓度 $w_{Cd}^s=0$。对于液相，由于刚开始析出固相，可近似认为其浓度仍为体系的初始浓度，即 $w_{Cd}^l=0.2$。由此得到固-液两相平衡的一对相点，固相相点 $(0,T_c)$ 和液相相点 $(0.2,T_c)$，将其在 T-w 图中标出，即图 7.6-3b 中的 C 点和 C' 点。对于转折点 D，此时虽然知道此时系统三相平衡的温度，但液相浓度并不可知，因此无法从 D 点获得完整的三相平衡信息，故在相图中不做标记。对于 Cd 质量分数为 70% 样品的冷却曲线④，其分析思路与曲线②类似，从中可以获得固-液两相平衡的两个相点，分别对应图 7.6-3b 中的液相相点 G 和固相相点 G'。

　　曲线③为 Cd 质量分数等于 40% 样品的冷却曲线，此曲线在连续下降到 F 点（413K）时，直接转折为平台，即此时自由度 $f^*=0$，表明从液相中开始同时析出固体 Bi 和固体 Cd，三相共存，三相温度相同，均为 $T=413K$。由于刚开始析出固相，可近似认为液相浓度仍是体系初始浓度，即 $w_{Cd}^l=0.4$。而两个固相分别为纯 Bi 和纯 Cd，浓度分别为 $w_{Cd}^{s1}=0$ 和 $w_{Cd}^{s2}=1$。由此可得三相平衡时的 3 个相点，液相相点 $(0.4,413K)$、纯固体 Bi 相点 $(0,413K)$ 以及纯固体 Cd 相点 $(1,413K)$，分别对应于图 7.6-3b 中的点 F、点 F' 和点 F''。

　　在 T-w 图中将代表与纯 Bi 固体平衡共存的液相相点 A、C、F 用曲线连接，将代表与纯 Cd 固体平衡共存的液相相点 H、G、F 用曲线连接，再将三相平衡共存的 3 个相点 F、F' 和

F'' 用水平线连接，由此即得到 Bi-Cd 二元系固-液相图。

（2）退火淬火法　退火淬火法是一种常用的测定相图的静态方法，该方法将一系列不同组成的试样加热到各个预设温度下长时间保温，达到平衡，而后迅速放入冷却介质（如水、油、液态金属等）中淬冷，从而将高温状态的相平衡信息保留到常温，再在常温下通过显微镜或 X 射线分析各个试样的相组成，将相态在相图中标出，进而可以得到不同相态的分界线。

以图 7.6-4 所示的相图为例，图中固态下 A 在 B 中具有一定的溶解度，形成 α 固溶体，B 在 A 中也具有一定的溶解度，形成 β 固溶体。分别对 x_1、x_2、x_3、x_4 四种不同成分的试样在不同温度下保温后淬冷，如从试样中只能观测到 α 相，则将试样成分为横坐标、保温温度为纵坐标的点用空心圆在图中标出，如从试样中能观测到 α+β 相，则将相应点用实心圆标出，如图 7.6-4 所示。据此

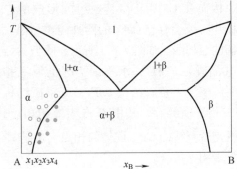

图 7.6-4　退火淬火法测定相界

可以做出 α 单相区与 α+β 两相区的分界线。类似地可以获得其他相区的分界线。

无论是热分析法还是退火淬火法，一次实验都只能分析一个成分的相平衡情况，效率较低。对于二元合金，实验工作量尚可，但对于三元或多元合金，存在巨大的成分空间，上述方法已无法适用。针对此难题，我国中南大学金展鹏院士在国际上首创三元扩散偶——电子探针微区成分分析方法，实现了用一个试样测定出三元相图的整个等温截面，极大地提升了相图测定效率，被国际相图界称为"金氏相图测定法"。

7.6.2　具有简单低共熔混合物的相图

如图 7.6-3 所示，通过冷却曲线法绘制的 Bi-Cd 相图是典型的形成简单低共熔混合物系统相图。这里"简单"二字指固态下两个组元不互溶，也不形成化合物。相图中 AFH 线以上为高温液态溶液的单相区。AFF′区域为固体 Bi 和溶液平衡共存的两相区，与前面气-液相图和液-液相图类似，平衡共存固-液两相的相点并不在两区内，而在两相区的两条边界线上。其中液相的相点在 AF 线上，称之为液相线；固相的相点在 AF′线上，称之为固相线。由于固相组成固定为 $w_{Cd}=0$，该固相线与相图纵轴重合。HFF″区域为固体 Cd 和溶液平衡共存的两相区，同样，平衡共存固-液两相的相点在此区域边界线 HF（液相线）和 HF″（固相线）上。F′FF″线以下的矩形区域为固体 Bi 和固体 Cd 平衡共存的两相区。

水平线 F′FF″对应三相平衡共存，称为三相线。三相线上平衡共存三相的 3 个相点固定，分别为代表液相的相点 F、代表固体 Bi 的相点 F′ 及代表固体 Cd 的相点 F″。从可逆相变角度来看，在冷却时，浓度为 F 点的液相同时析出固体 Bi 和固体 Cd 两种晶体，因此也将该转变称为共晶转变（或共晶反应），三相线也称为共晶线；而加热时对于固体 Bi 和固体 Cd 形成的两相混合物，当二者比例（即物系浓度）正好为 F 点时，两相混合物在三相线温度 413K 下可以完全熔化为液相，即其熔点为 413K，这比其他任意比例混合的两相混合物熔点都低，因此将物系浓度在 F 点的两相混合物称为低共熔混合物，将其熔化转变称为低共熔转变（或低共熔反应），三相线从这个角度也可称为低共熔线。

在某些简单低共熔混合物系统中，纯组元固体存在多种晶体结构，随着温度变化，会发生晶型转变。例如 CaF_2 固体存在萤石（fluorite）结构和氯铅矿（cotunnite）结构两种相态，1150℃时发生两种晶体结构的转变，因而在 Ca_2F 其与其他组元形成的二元相图中，还会存在 CaF_2 的两种固相与第三相平衡的三相线。如图 7.6-5 所示，除低共熔线（共晶线）$F'FF''$，水平线 DD' 也为三相线，对应溶液、萤石结构 CaF_2、氯铅矿结构 CaF_2 三相平衡共存。其中 D 点为液相相点，

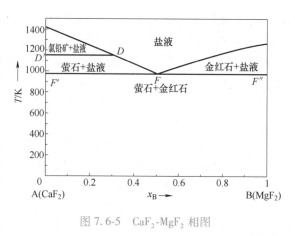

图 7.6-5　CaF_2-MgF_2 相图

D' 点既是萤石结构 CaF_2 固体的相点，也是氯铅矿结构 CaF_2 固体的相点，两种固相成分相同，因而二者相点重合。

低共熔混合物相图对许多实际问题具有指导作用，下面分别以熔盐电解法制备金属铝和重结晶法提纯粗盐为例进行说明。

（1）熔盐电解法制备金属铝　铝是自然界中分布较广的元素，主要以铝矾土等矿物质形式存在。19 世纪中期，人们通过使用活泼金属如钾、钠等还原氯化铝的方法来制备金属铝，其成本非常高。熔盐电解法制备金属铝技术的发明使得金属铝的生产成本大幅降低，从而使铝工业得到了快速发展。

熔盐电解装置如图 7.6-6 所示，通过加热电解槽使其中的含铝盐熔化，形成液态熔盐电解质，以浸入电解质中的石墨为阳极，外部铁坩埚-石墨坩埚作为阴极。通入电流后，熔盐电解质中的 Al^{3+} 离子向阴极迁移，在阴极被还原成液态金属铝，阳极发生氧化反应，形成 CO_2 气体逸出。早期熔盐电解法面临的一个关键问题是铝盐的熔点极高，加热熔化的能耗极高。1886 年，美国工程师霍尔（Hall）和法国工程师赫朗特（Heroult）发明了冰晶石-氧化铝熔盐，即将铝土矿制得的较高纯度的氧化铝（Al_2O_3，熔点 2050℃）与冰晶石（Na_3AlF_6，熔点 1010℃）按一定比例混合，形成低共熔混合物。低共熔混合物的熔点低至 962.5℃，如图 7.6-7 所示。这一技术使得加热所需能耗大大降低，并使坩埚及电极的使用寿命大幅延长，生产成本大幅降低。目前，该技术仍是工业电解铝生产的主要途径。

Na_3AlF_6-Al_2O_3 相图可以指导实际生产中工艺参数的选择。生产上将加热温度控制在低共熔温度以上 10～20℃，电解质中 Al_2O_3 的含量控制在共晶成分附近稍偏 Na_3AlF_6 一侧。如果 Al_2O_3 的含量增大，即偏共晶点右侧，虽然利于提高电解过程中铝的收得率，但熔盐体系的熔化温度激增，电能消耗大；且温度稍有降低，就会出现 Al_2O_3 固态析出，不利于电解的进行。所以一般选择 Al_2O_3 摩尔分数在 0.2 附近，并随着电解的进行，不断补加 Al_2O_3，以保证电解的顺利进行。

（2）重结晶法提纯粗盐　所谓重结晶法提纯粗盐，就是将含有杂质的盐在高温下溶于某种溶剂，将其中不溶解的杂质过滤，再降温凝固，重新析出纯的固体盐。通过相图可以有效指导这一过程。下面以重结晶法提纯含非水溶性杂质的 $(NH_4)_2SO_4$ 粗盐为例，进行说明。

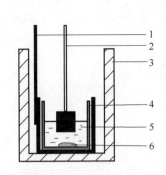

图 7.6-6　熔盐电解装置示意图

1—铁坩埚（阴极）　2—石墨阳极　3—电阻炉

4—石墨坩埚　5—电解质　6—液态铝

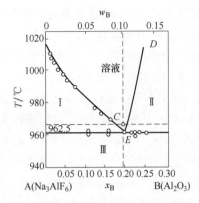

图 7.6-7　Na_3AlF_6-Al_2O_3 相图

H_2O-$(NH_4)_2SO_4$ 的二元相图如图 7.6-8 所示，据此可设计出如下方案：先将粗盐在较高温度下配制成溶液，物系状态对应 a 点，过滤除去不溶性杂质，然后降温；当物系点降到 b 点时，开始析出纯 $(NH_4)_2SO_4$ 晶体；当物系点降到接近三相线的 c 点时，停止降温，此时体系中 $(NH_4)_2SO_4$ 晶体的含量将接近最大析出量。若继续降温，将同时析出冰，影响盐的纯度；取出 $(NH_4)_2SO_4$ 晶体，将 d 点对应的饱和溶液升温至 e 点，重新变为不饱和溶液；再次加入 $(NH_4)_2SO_4$ 粗盐，物系点又回到 a 点；不断重复以上操作，便可不断析出纯的 $(NH_4)_2SO_4$ 晶体。由此可见，通过 H_2O-$(NH_4)_2SO_4$ 相图，可以确定初始配置溶液的浓度和温度、溶液温度下降范围、残余溶液浓度、重新升温后加入的粗盐量等一系列参数，为提纯工艺的制定提供依据。

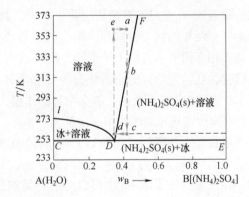

图 7.6-8　H_2O-$(NH_4)_2SO_4$ 的二元相图及重结晶提纯路径

7.6.3　具有化合物的相图

在一些二元系中，两种组元能以一定的比例形成一种或多种化合物。有些化合物在升温到熔化之前一直稳定存在，到熔点后熔化为液体，这种化合物称为稳定化合物。有些化合物在升温过程中，尚未到其熔点时就发生了分解，称为不稳定化合物。不稳定化合物的分解又存在两种情况：一是分解为液态溶液和另一种固体；二是分解为两种固体。本小节将分别介绍可生成上述各种化合物的二元系相图。

需要注意，当 A、B 两种组元形成一种化合物后，系统中的物质种类数 S 变为 3，但由于化合物与组元 A、B 之间存在化学反应的平衡关系，$R=1$，所以式 (7.1-9) 中独立组分数 $C=S-R$ 仍等于 2。因此包含化合物系统的 T-x 相图中各个相区的自由度 f^* 与前面的二元系相图相同。

（1）形成稳定化合物的系统　图 7.6-9 为形成稳定化合物系统的 T-x 相图示例，其中组

元 A 和 B 可按 1：1 的比例形成一种化合物（用符号 C 代表）。该相图可以看成由两张简单

低共熔混合物相图组合而成。左边一半是组元 A 与化合物 C 构成的相图，右边为化合物 C 与组元 B 构成的相图。图中有 2 条水平线，对应 2 个三相平衡。水平线 DE_1F 代表 E_1 点对应液相、D 点对应固体 A 和 F 点对应固体化合物 C 三相平衡共存，水平线 ME_2N 为 E_2 点对应的液相、N 点对应的固体 B 和 M 点代表的固体化合物 C 三相平衡共存。液相单相区与各两相区的相态已在图中标出。此外，图中 G 点以下的左侧纵坐标对应于固体 A 的单相区，K 点以下的右侧纵轴对应于固体 B 的单相区，中间竖直线 HM 为固体化合物 C 的单相区。H 点为化合物的熔点，其熔化的液相成分和化合物成分相同，因此又称为同成分熔化（congruent melting）。

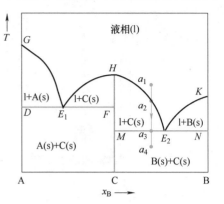

图 7.6-9 形成稳定化合物系统的 T-x 相图示例

图 7.6-9 中物系由 a_1 到 a_4 降温过程的相变分析如下。从 a_1 开始，系统处于单一液相状态；降温到 a_2 点时，开始析出化合物 C，此时进入两相区，自由度 $f^* = 1$；随着温度降低，平衡共存两相的状态沿两相区两边的边界线变化，液相相点沿 a_2E_2 线变化，固相始终为化合物，相点沿着竖直线 HM 下降；当降温到三相线上 a_3 点时，液相相点移动到 E_2，发生共晶转变，从液相中同时析出化合物 C 和固体 B，三相平衡共存，自由度 $f^* = 0$，因此温度保持恒定；当液相完全消失后，剩余两种固体相，而后温度继续下降。当物系点在两相区时，可通过杠杆定律来确定两相的相对含量。

形成此类相图的二元系如 Ca-Mg、NaF-MgF$_2$ 等，其相图如图 7.6-10 所示。其中 Ca-Mg 相图中间的 Mg$_2$Ca 为金属间化合物，存在微小的成分变化，称其为非严格化学计量比化合物。相图最右边固体 Mg 中可以溶解少量的固体 Ca，因此固体 Mg 的单相区并非右侧纵轴，而是出现了一个浓度可以微弱变化的小区域。

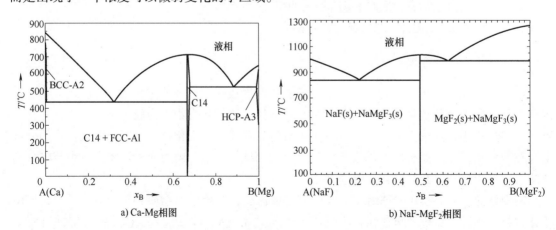

图 7.6-10 形成一种稳定化合物系统的相图

此外还有一些二元系中，两组元间可形成多种稳定的化合物，如 Cd 与 Na 可形成 Cd$_{11}$Na$_2$、Cd$_2$Na 两种稳定化合物，如图 7.6-11a 所示。该相图可看作是 3 个简单低共熔混合

物相图的组合，图中有 3 条水平线，对应 3 种低共熔转变。Ag 与 Gd 可形成 $Ag_{51}Gd_{14}$、Ag_2Gd、AgGd 这 3 种稳定种化合物，相图如图 7.6-11b 所示。图中除低共熔转变对应的水平线外，右上角还有一条水平线 DD'，这是液相、体心立方（BCC）结构固体 Gd 与密排六方（HCP）结构固体 Gd 的三相平衡线，其中两种固体的成分和温度都相同，因而二者的相点重合，均为 D' 点，液相相点为 D 点。

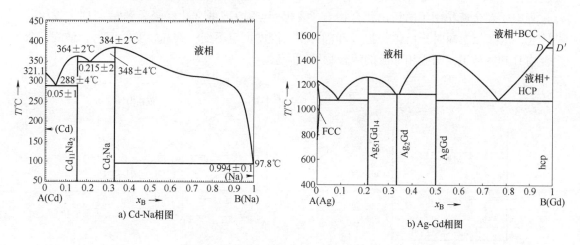

图 7.6-11　形成多种稳定化合物系统的相图

（2）形成不稳定化合物的系统　有些化合物升温至熔化之前便分解成与原组成不同的一种溶液和另一种固体，此时化合物虽然也发生熔化，但熔化的液相成分和原来的固相并不相同，此种熔化称为转变熔化或异成分熔化（incongruent melting）。例如 CaF_2（A）与 $CaCl_2$（B）形成化合物 $CaF_2 \cdot CaCl_2$，1010K 时分解为 CaF_2（s）和液态溶液，此时化合物看似在熔化，但实际上发生了如下反应

$$CaF_2 \cdot CaCl_2(s) \Longrightarrow CaF_2(s) + 溶液$$

上述反应在系统加热时向右进行，称为转熔反应（或转熔转变）；在系统放热时向左进行，称为包晶反应（或包晶转变）。"包晶反应"这一名称由该反应生成组织的特征而来，如图 7.6-12 所示，由于 CaF_2 和溶液间的反应首先在 CaF_2 固体颗粒的表面发生，化合物 $CaF_2 \cdot CaCl_2$ 在 CaF_2 颗粒表面形成，最终将 CaF_2 颗粒完全包裹，因而将该反应称为包晶反应。

图 7.6-13 为形成不稳定化合物系统的典型相图。图中竖直线 QD 对应不稳定化合物 C。QD 线并没有连通到上方的液态单相区，而是终止于一条水平线 PQG，此即化合物 C 的转熔转变线。该水平线上三相平衡共存，三相分别为 P 点对应的固体 A，Q 点对应的化合物 C，G 点对应的液态溶液。此外，图中还有一条水平线 DEF，这是化合物 C 与固体 B 的低共熔转变线，其中 D 点为化合物 C 的相点，E 点为液态溶液相点，F 点为固体 B 的相点。液相单相区与各个两相区的相态已在图中标出。

通过此类相图，可以分析特定路径的相变情况，如图 7.6-13 所示的物系发生由 a_1 到 a_4 的降温过程。从 a_1 开始，系统处于单一液相状态；降温到 a_2 点时，开始析出固体 A，此时进入两相区，自由度 $f^* = 1$，随着温度降低，平衡共存两相的状态沿着两相区的边界线变化，液相相点沿 a_2G 线变化，固体 A 的相点沿竖直线 MP 下降；当降温到三相线上 a_3 点时，液

相相点移动到 G，此时已凝固出的固体 A 和溶液发生包晶转变，生成化合物 C，三相平衡共存，自由度 $f^* = 0$，因此温度保持恒定；当包晶转变完成后，液相完全消失，剩余固体 A 和化合物 C，而后温度继续下降，直至 a_4 点。如果初始物系浓度增大至图中 b_1 点，则最终凝固产物将完全不同。从 b_2 到 b_3 的降温过程为固体 A 的析出过程，当到达包晶转变温度时，生成化合物 C；包晶转变结束后，固体 A 完全消失，剩余为化合物 C 和液态溶液；从 b_3 到 b_4 过程中，剩余液相中不断析出化合物 C，液相相点沿 GE 线变化；降温到 b_4 点时，发生共晶转变，从液相中同时析出化合物 C 和固体 B，温度恒定不变；共晶转变结束后，最终剩余化合物 C 和固体 B，两固相形成的混合物继续降温。

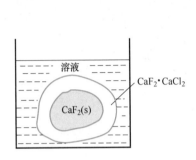

图 7.6-12 包晶反应示意图

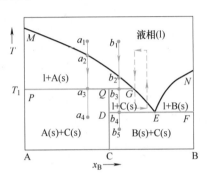

图 7.6-13 形成不稳定化合物
系统 T-x 相图示例

需要注意的是，实际过程中，包晶转变通常难以进行到底。这是由于包晶转变生成的固相（图 7.6-13 中的化合物 C）将参加反应的固相（图 7.6-13 中的固体 A）完全包裹后，参加反应的固相和液相间脱离直接接触，从而使反应受阻，因此，只有极其缓慢的冷却过程才能达到平衡。故在实际过程中，对图 7.6-13 中的 $a_1 \sim a_4$ 以及 $b_1 \sim b_5$ 的两条降温路径，最终固体中通常都会有固体 A 残存。如果要从溶液中得到纯的化合物 C，不能选择成分与化合物组成相同的液相直接降温，而是应该将液相浓度选择在 G 点和 E 点之间，采用与重结晶法提纯粗盐相同的策略进行操作，循环路径如图 7.6-13 中的虚线所示。

形成一种不稳定化合物的二元系有 K-Na、$CaCl_2$-CaF_2 等，其相图如图 7.6-14 所示。其中

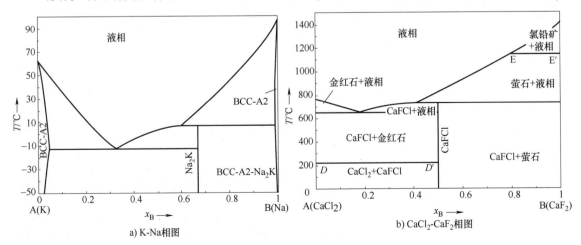

a) K-Na相图

b) $CaCl_2$-CaF_2相图

图 7.6-14 形成一种不稳定化合物系统的相图

K-Na 二元系中，固态下 K 和 Na 之间有一定的溶解度，因此其相图最左侧和最右侧的单相区并非纯的固体 K 和固体 Na，而是分别形成了两个狭小的浓度可变的固溶体单相区。$CaCl_2$-CaF_2 二元体系中，$CaCl_2$ 固体和 CaF_2 固体降温过程中都存在晶体结构的转变，因此相图中除包晶转变和共晶转变对应的 2 条水平线外，还有 2 条水平线 DD' 和 EE'。其中 DD' 为两种结构的 $CaCl_2$ 固体和化合物三相平衡共存，而 EE' 为两种结构的 CaF_2 固体和液态溶液三相平衡共存。

此外，还有一些二元体系中两个组元间可以形成多种不稳定的化合物，如 Fe 与 Gd 可形成 Fe_2Gd、Fe_3Gd、$Fe_{23}Gd_6$、$Fe_{17}Gd_2$ 这 4 种不稳定化合物，其相图如图 7.6-15a 所示。还有一些二元体系既可形成稳定化合物，又可形成不稳定化合物，如 Al 与 Gd 可形成稳

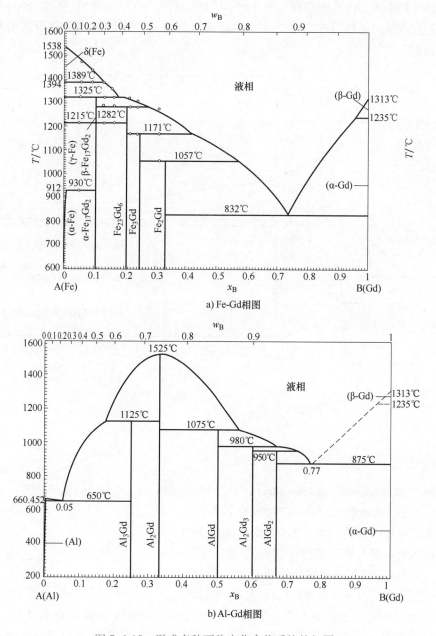

a) Fe-Gd相图

b) Al-Gd相图

图 7.6-15　形成多种不稳定化合物系统的相图

定化合物 Al_2Gd 以及 4 种不稳定化合物 Al_3Gd、$AlGd$、Al_2Gd_3、$AlGd_2$，其相图如图 7.6-15b 所示。

还有一些不稳定化合物固态分解为两种固体，其典型相图如图 7.6-16 所示。其中化合物 A_mB_n 在加热到温度 T_D 时转变为纯 A 固体和纯 B 固体，该转变对应图中水平线 $D'DD''$。此水平线两个端点 D' 和 D'' 分别为固体 A 和固体 B 的相点，中间点 D 为化合物的相点，水平线上三相平衡共存。由于相图中没有化合物 A_mB_n 与液相平衡共存相区，因而此类化合物不可能直接通过液相凝得到，只能通过固体 A 和固体 B 的反应生成。具有此类固态分解型不稳定化合物的体系如 NiO-SiO_2，其相图如图 7.6-17 所示，其中化合物 $2NiO \cdot SiO_2$ 升温分解为固体 NiO 和固体 SiO_2，对应图中水平线 $D'DD''$；水平线 EE' 为两种结构的 SiO_2 固相和化合物三相平衡共存；此相图在高温下还存在溶解度间隙区，该区域内两种不同浓度溶液 l_1 和 l_2 平衡共存。

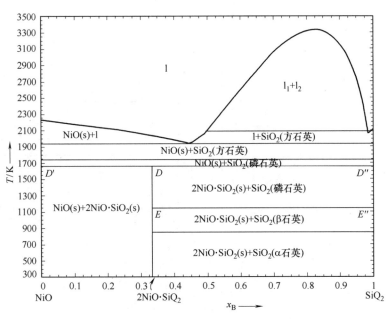

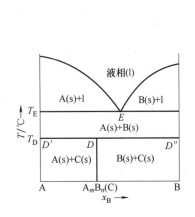

图 7.6-16 固态分解不稳定
化合物相图示例

图 7.6-17 NiO-SiO_2 相图

7.6.4 具有固溶体的相图

固溶体即固态溶液（solid solution），是一种组元内"溶解"了其他组元而形成的单一、均匀的晶态固体。固溶体的晶体结构和主晶相一致，如少量的锌溶解于铜，形成以铜为基体的 α 固溶体（又称 α 黄铜），其与铜的晶体结构相同，为面心立方；而少量铜溶解于锌，形成以锌为基体的 η 固溶体，其与锌的晶体结构相同，为密排六方。

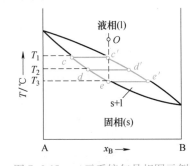

图 7.6-18 二元系统匀晶相图示例

根据两组元固态下的溶解程度，可分为完全互溶、部分互溶和完全不互溶 3 种情况，完全不互溶系统的相图在前面已介绍，本小节将介绍固态完全互溶和部分互溶两种情况的相图。

（1）固态完全互溶系统　当两个组元性质相似、固态晶体结构相同，二者在液态及固态下均无限互溶，此时形成的典型相图如图 7.6-18 所示。相图中上方为液态溶液的单相区，下方为固溶体的单相区，中间"橄榄状"区域为固-液两相区，此类相图通常也称为匀晶相图。

固-液两相平衡的匀晶相图与前面液态为理想溶液或接近理想溶液时的气-液相图形状相似，两种相图中各相区自由度、两相区相点以及各相所占比例的确定方法完全相同。但需注意的是，两种相图在使用上存在一定差异。对于气相和液相，分子、原子的扩散较快，在通常的温度变化速率下，系统中各相都可较快地达到平衡，因此在系统变温过程中的任一时刻，都可近似认为相图中的相点即为该相在当前条件下的状态。但对固-液系统则不同，由于固体中的扩散速度非常缓慢，实际变温过程中，固相整体上无法完全达到平衡状态，只有在固-液界面附近的局部区域内，固相基本达到平衡。因此，某一温度下相图中固相的相点只是局部固相的状态，而非固相的整体状态。例如在图 7.6-18 中，物系点为 O 的高温溶液降温到 T_1 时，开始析出固相，固相的相点为 c，其中 B 的含量较低；当继续降温到 T_2 时，如果整个系统达到完全平衡，则固相的整体浓度为 d 点对应的浓度，但在实际过程中，降温速度通常并不足以缓慢达到完全平衡，所以先析出固溶体的浓度来不及改变，仍保持较低的浓度，而只有最后析出的固体与液相平衡，浓度在 d 点位置。这样固相的整体平均浓度应在 c 和 d 之间。由此可见，先凝固固相与后凝固固相之间存在浓度的差异，这种差异称为成分偏析。成分偏析会造成材料不同部位性能的差异。为消除成分偏析，可将已凝固材料重新加热到液相线以下某一温度，并保持一段时间。这一过程中，由浓度差异引起的化学势差并将促进组元扩散，最终使不同部位的浓度趋于一致，这种热处理工艺称为"退火"。

实际材料中，Ge-Si、Ag-Au、Ag-Pd、NiO-MgO 等二元体系均可形成匀晶相图，典型代表如图 7.6-19 所示。

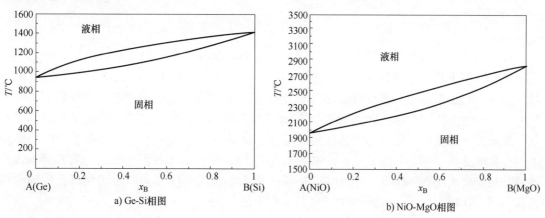

a) Ge-Si相图　　　　　　b) NiO-MgO相图

图 7.6-19　典型二元系统匀晶相图

对于完全互溶系统，除上述匀晶相图，某些系统的相图还会在中间某个浓度处出现最高熔点或最低熔点，如图 7.6-20 所示。形成这种极值点的系统中，固溶体的混合焓 $\Delta_{mix}H^s$ 与液态溶液的混合焓 $\Delta_{mix}H^l$ 之间存在较大差异。当 $\Delta_{mix}H^l<\Delta_{mix}H^s$ 时，相图中形成熔点极小值；当 $\Delta_{mix}H^l>\Delta_{mix}H^s$ 时，相图中形成熔点极大值。

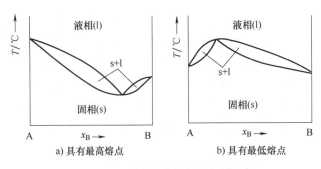

a) 具有最高熔点　　　　b) 具有最低熔点

图 7.6-20　具有极值的匀晶相图示例

相图中形成熔点极小值的系统有 Nb-V、Ti-Zr、Au-Cu、K_2CO_3-Na_2CO_3 等，典型代表如图 7.6-21 所示。相图中形成熔点极大值的系统较为少见，典型代表如图 7.6-22 所示的有机物香芹肟（carvoxime，分子式 $C_{10}H_{14}NOH$）两种同素异构体的相图。其他 Ti-Al、Ni-Al 等一些系统中在局部浓度范围内固-液两相区具有最高点，但固态下两个组元还会形成其他化合物或中间相，整体相图较为复杂。

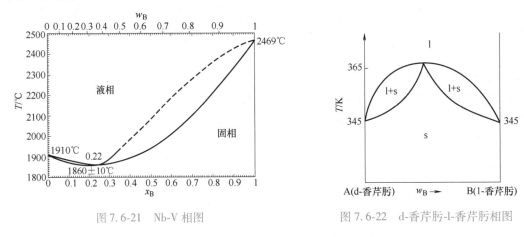

图 7.6-21　Nb-V 相图　　　　图 7.6-22　d-香芹肟-l-香芹肟相图

（2）固态下部分互溶系统　有些二元系，仅当温度较高时，固态下两个组元可完全互溶。随着温度下降，会出现溶解度间隙（miscibility gap），相图中呈现开口向下的"帽子状"区域，与前面部分互溶双液系统相图（图 7.5-1）类似。具有此类相图的系统有 Bi-Sb、Ni-Cu、Ni-Au、KCl-KI 等，典型相图如图 7.6-23 所示。对于此类相图，低温部分的"帽子状"溶解度间隙区内，两种不同浓度的固溶体平衡共存，二者的相点在"帽子"的边界线上；当温度达到"帽子"的顶点，即临界温度 T_c 时，两种组元在固态下可无限互溶；温度继续升高，出现固-液两相区，其中 Bi-Sb 相图中，固-液两相区与匀晶相图相似，呈现"橄榄状"，而 KCl-KI 相图中的固-液两相区具有极小值。

固相溶解度间隙区域的形成与固溶体的混合焓密切相关，后面一章将对此进行详细介绍。若系统中固相的混合焓增大，溶解度间隙区的临界温度 T_c 将升高，溶解度间隙区范围增大。当溶解度间隙扩大到与固-液两相区相交时，体系中将出现液相与两种固相的三相平衡，相图中会出现一条水平线，如图 7.6-24 和图 7.6-25 所示。图 7.6-24 中，固-液两相区原本具有极小值，随着 T_c 的升高，当溶解度间隙区与固-液两相区相交时，形成共晶线（或低共熔线）DEF，其中 E 点为液相相点，D 点和 F 点分别为两种固溶体相的相点。在共晶线

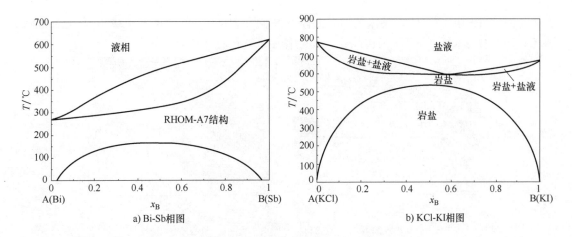

图 7.6-23 固态下高温完全互溶、低温部分互溶系统相图

以上，固相已经开始熔化为液相，因此"溶解度间隙区"的上半部分实际并不存在，图中用虚线表示。图 7.6-25 中，固-液两相区原本呈现为匀晶相图中的"橄榄状"，当溶解度间隙区与"橄榄状"两相区相交时，形成包晶线（或称转熔线）DEF，其中 D 点为液相相点，E 点和 F 点分别为两种固溶体相的相点，在包晶线以上的溶解度间隙区同样无法存在，图中用虚线表示。

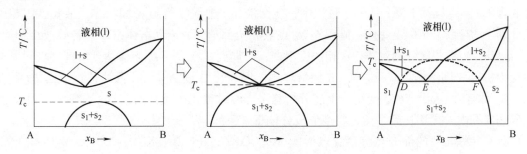

图 7.6-24 溶解度间隙区上升形成具有共晶转变的部分互溶系统相图

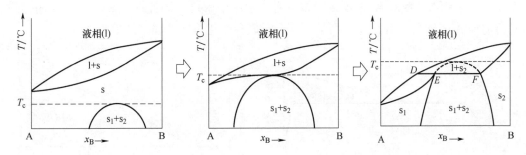

图 7.6-25 溶解度间隙区上升形成具有包晶转变的部分互溶系统相图

在上述形成溶解度间隙的系统中，两种组元晶体结构相同，溶解度间隙区内平衡共存的两种固溶体仅浓度不同。当两组元晶体结构不同时，也会形成具有共晶转变或包晶转变的部分互溶相图，分别如图 7.6-26a 和图 7.6-26b 所示，其中 α 和 β 分别代表两种不同晶体结构的固溶体，α 为少量 B 溶解在固体 A 中的固溶体，晶体结构和固体 A 相同；而 β 为少量 A

溶解在固体 B 中的固溶体，晶体结构和固体 B 相同。图 7.6-26a 中的水平线 *MEN* 为共晶线，图 7.6-26b 中的水平线 *MEN* 为包晶线，其他各相区均已在图中标注。

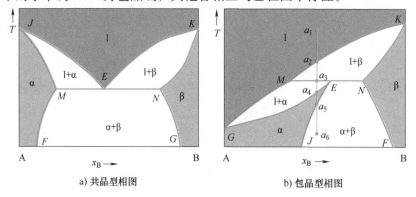

a) 共晶型相图   b) 包晶型相图

图 7.6-26　具有三相线的部分互溶系统相图

此类相图中给定路径的相变分析与前面各节类似，下面以图 7.6-26b 中的降温路径 $a_1 \sim a_6$ 为例进行说明。$a_1 \sim a_2$ 为液相单相区冷却过程，降温至液相线上 a_2 点时，开始析出 β 固溶体；$a_2 \sim a_3$ 为固-液两相区的降温过程，液相中不断析出 β 固溶体，液相和固溶体的浓度分别沿 *KM* 线、*KN* 线变化；温度到 a_3 点时，β 固溶体与液相 l 发生包晶反应，生成 α 固溶体，此时三相共存，自由度为 0，温度恒定；β 固溶体消失，剩余 α 固溶体与液相 l，自由度变为 1，温度继续下降；$a_3 \sim a_4$ 过程中，残余液相 l 中继续析出 α 固溶体，液相、固相组成分别沿 *MG* 线和 *EG* 线变化；降温至 a_4 点液相全部消失，α 固溶体组成与初始液相相同；$a_4 \sim a_5$ 点，为单相区降温过程，α 相浓度不变；降温到 a_5 点，α 固溶体达到溶解度极限，开始从中析出 β 固溶体；$a_5 \sim a_6$ 点，α 固溶体中不断析出 β 固溶体，α 固溶体组成沿 *EJ* 线变化，β 固溶体组成沿 *NF* 线变化。上述分析基于降温过程无限缓慢的前提，实际过程中固相扩散速度有限，无法达到平衡，将产生成分偏析现象。

具有共晶转变的部分互溶系统包括 Ag-Cu、Cd-Zn、Pb-Sb、KNO_3-$TiNO_3$、MgO-ZnO 等，其中 Ag-Cu 和 Pb-Sb 的相图如图 7.6-27 所示。此类相图与前面图 7.6-3 中简单低共熔混合物相图类似，区别在于此时 A 与 B 在固态下有一定的溶解度，因此两个固相区并非两侧纵轴所对应的纯 A 固体和纯 B 固体，而是具有一定成分变化范围的固溶体单相区。

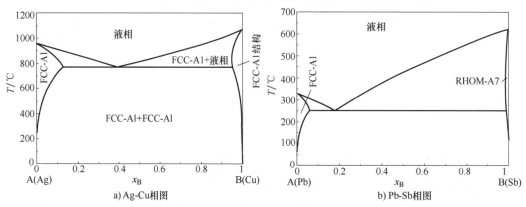

a) Ag-Cu相图   b) Pb-Sb相图

图 7.6-27　具有共晶转变的部分互溶系统相图

具有包晶转变的部分互溶系统包括 Ni-Re、Ag-Pt 等，相图如图 7.6-28 所示。此类相图和前面具有包晶转变的不稳定化合物系统相图中类似，区别在于参与包晶转变的固相从纯固体和化合物变为两种固溶体。Ag-Pt 系统除了高温下的包晶转变，低温下还会形成多种中间相，相图中出现多条水平线，如何读懂此类更为复杂的相图将在下面一节进行介绍。

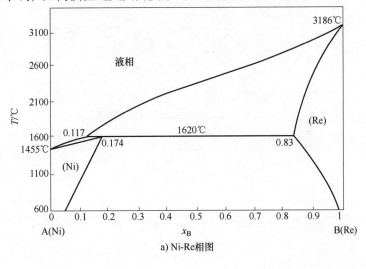

a) Ni-Re相图

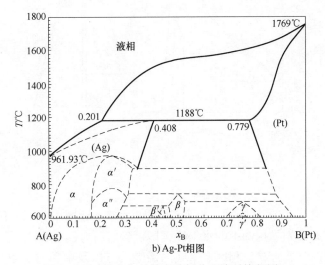

b) Ag-Pt相图

图 7.6-28　具有包晶转变的部分互溶系统相图

7.6.5　二元系复杂相图识别的一般方法

前面介绍了包含"橄榄状"气-液以及固-液两相区、"帽子状"溶解度间隙区、低共熔线（共晶线）、转熔线（共晶线）的简单相图。除此之外，实际二元系相图中还存在偏晶（$l_1 \rightleftharpoons \alpha + l_2$）、熔晶（$\alpha \rightleftharpoons l + \beta$）、共析（$\alpha \rightleftharpoons \beta + \gamma$）、综晶（$l_1 + l_2 \rightleftharpoons \alpha$）、包析（$\alpha + \beta \rightleftharpoons \gamma$）等多种三相平衡（各平衡式左侧为高温相，右侧为低温相，l 代表液态溶液相，希腊字母代表固相），且一个系统中可能同时包含多种两相或三相平衡。在低温下，二元系除形成化合物及固溶体，还可能形成与两种组元晶体结构都不同的中间相。绝大多数二元系相图都是由多种晶体结构的单相以及多种两相平衡、三相平衡形成的复杂相图，如图 7.6-29 中的 Mn-Zn

相图以及 Ni-Al 相图。

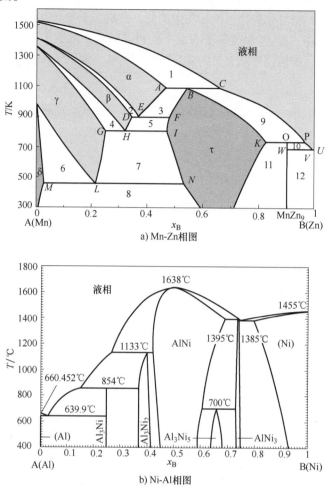

图 7.6-29　Mn-Zn 相图以及 Ni-Al 相图

对于此类具有多种单相以及多相平衡的复杂相图，应先看三相区，再看单相区，最后看两相区，即按"3-1-2"的顺序看图。在 T-x 相图以及 p-x 相图中，三相区自由度为 0，一定是一条水平线。因此，先寻找图中的水平线，即可确定所有的三相区。其次，进一步通过三相区确定所有单相区。通常，三相区水平线的两个端点以及中间一个点连接着 3 个单相区；对包含纯固态或化合物晶型转变的三相平衡，三相区水平线的某一个端点连接晶型转变前后的 2 个单相区，另一个端点连接第三相，如图 7.6-5b、图 7.6-11、图 7.6-14b 中所示。最后，通过单相区便可确定所有的两相区，两个单相区中间包围区域即为这两个单相平衡共存的两相区。

下面以图 7.6-29 中的 Mn-Zn 相图为例，按照上述思路进行分析。首先从水平线入手，图中有 6 条水平线，对应 6 个三相区，其中水平线 WVU 为共晶转变线，水平线 ABC、KOP 为包晶转变线，水平线 DEF、GHI、MLN 为共析转变线。再通过三相区水平线的端点确定单相区：C 点、P 点、U 点都和上方高温区域联通，高温下应为液相，因此该区域为液态溶液单相区；水平线 ABC 的端点 A 连接了 Mn 的一种固溶体单相区，可将其命名为 α 相，中间点

B 分别连接了一个组元浓度处于中间范围的单相区，对应于 Mn 和 Zn 形成的中间相，命名为 τ 相；水平线 DEF 的 3 个端点中，E 点和前面 A 点连接的均为固溶体 α 的单相区，F 点和前面 B 点类似，连接的均为中间相 τ 的单相区，D 点连接另外一个成分可变的单相区，此为 Mn 的另一种固溶体，命名为 β 相；水平线 GHI 以及水平线 MLN 的分析类似，通过 G 点可以确定固溶体 γ 的单相区，通过 M 点可以确定固溶体 δ 的单相区；水平线 KOP、WVU 中，W 点和 O 点都连接着一个成分固定的竖直线，此竖直线对应 Mn 和 Zn 形成的化合物 $MnZn_9$ 相，U 点连接右侧纵轴，对应固体 Zn 的单相区。最后，通过单相区确定两相区，例如区域 1 两侧为固溶体 α 相和液相单相区，因此区域 1 为 α 相-液相平衡共存的两相区。依此类推可得，区域 2 为 α 相-β 相两相区，区域 3 为 α 相-τ 相两相区，区域 4 为 β 相-γ 相两相区，区域 5 为 τ 相-β 相两相区，区域 6 为 δ 相-γ 相两相区，区域 7 为 γ 相-τ 相两相区，区域 8 为 δ 相-τ 相两相区，区域 9 为 τ 相-液相两相区，区域 10 为化合物 $MnZn_9$-液相两相区，区域 11 为 τ 相-化合物 $MnZn_9$ 两相区，区域 12 为化合物 $MnZn_9$ 与固体 Zn 的两相区。

7.7　三元系相图

对于三元系，独立组分数 $C=3$，根据相律公式可知，自由度为 $f=5-\phi$，当系统平衡相态为单相时，自由度最大为 4。指定压力时，仍有 3 个自由度，3 个独立变量通常选择温度和 2 个组元的浓度，在三维空间中绘制相图，如图 7.7-1 所示。此类三维相图虽然清晰展示了相平衡情况随温度、浓度的变化关系，但从三维图中获取相平衡的定量信息极为不便。因此对三元系，更为常用的相图形式是固定 T、p 这 2 个变量，以 2 个组元的浓度为坐标轴的二维图，即三维空间中温度固定的等温截面，如图 7.7-1 中过 T_1 温度的水平截面。

等温等压下，以两个组元浓度为坐标轴的坐标系有两种选择：①两个浓度坐标轴正交的笛卡儿坐标系，如图 7.7-2a 所示；②坐标轴成 $60°$ 的等边三角形坐标系，如图 7.7-2b 所示，这种表示最早由吉布斯提出，故也称为吉布斯三角形（Gibbs triangle）。

笛卡儿坐标系中，2 个独立的组元浓度变量 x_B 和 x_C 分别对应水平坐标轴和竖直坐标轴。由于第 3 种组元的浓度 x_A 与另外 2 个组元浓度之间满足：$x_A=1-x_B-x_C$，因此，x_A 取定值时，图中对应斜率为 -1 的直线（直线方程为 $x_C=-x_B+1-x_A$）。图中坐标原点 $(0,0)$ 代表纯 A，坐标点 $(1,0)$ 代

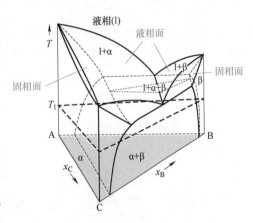

图 7.7-1　三元体系相图的空间表示

表纯 B，坐标点 $(0,1)$ 代表纯 C，所有可能的浓度组合均落在原点 $(0,0)$、坐标点 $(1,0)$ 和 $(0,1)$ 围成的直角三角形内。三角形内任意一点对应的组元 B 和 C 的浓度是过该点与坐标轴平行的直线在坐标轴上的截距，如图 7.7-2a 中点 1 的浓度为 $x_{B,1}$ 和 $x_{C,1}$，组元 A 的浓度通过关系式 $x_A=1-x_B-x_C$ 便可求出。此类相图通常在描述稀溶液或成分空间中靠近某个主要元素的角落部分时使用，可以方便考察少量其他元素添加对相平衡的影响。

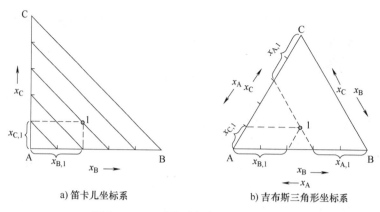

a) 笛卡儿坐标系　　　　　b) 吉布斯三角形坐标系

图 7.7-2　三元体系成分两种表示方法

　　吉布斯三角形是三元系相图更为常用的表示方法。三角形的 3 个顶点对应 3 种纯组元，三角形 3 条边长对应 A-B、B-C、A-C 这 3 个二元系，3 条边长度相等，对应的浓度范围均为 0~1，每条边的 2 个方向可以代表 2 个组元的浓度，例如底边 AB，从左到右对应 x_B，从右到左对应 x_A。实际使用中，最常用的坐标表示方法是底边从 A 点到 B 点代表 x_B，而从 A 点到 C 点代表 x_C。此时三角形内任意一点对应的浓度坐标同样为过该点与坐标轴平行的直线在坐标轴上的截距，如图 7.7-2b 中点 1 的浓度为 $x_{B,1}$ 和 $x_{C,1}$。注意此时由于坐标轴夹角为 60°，读取浓度 $x_{B,1}$ 时绘制的平行线也应与底边成 60° 夹角，而并非像直角坐标系中读取水平坐标时绘制竖直线。B 和 C 的浓度确定之后，通过关系式 $x_A = 1 - x_B - x_C$ 便可求出 A 的浓度。也可在图中按如下方法读取：过物系点绘制与顶点 A 对应的底边平行线，该线在指向 A 的 2 个坐标轴上的截距即为 A 的浓度，如图中 $x_{A,1}$ 所示。

　　吉布斯三角形中有两类具有特殊含义的直线：一类是与三角形某一边平行的直线，该直线上，顶角所代表元素的浓度固定，例如 7.7-3a 中 DE 线上 C 的浓度固定，均为 $x_{C,1}$；另一类是顶点与其对应底边上任意一点的连线，连线上除顶点元素之外的其他两个元素浓度之比固定。例如图 7.7-3b 中 CD 线上 A 的浓度和 B 的浓度之比固定，由辅助线可以看出，CD 线上任意一点 E 的浓度 $x_{A,2}$ 和 $x_{B,2}$ 分别等于线段 $\overline{PE}$ 和线段 $\overline{NE}$，而底部 D 点的浓度 $x_{A,1}$ 和 $x_{B,1}$ 分别等于线段 $\overline{DQ}$ 和线段 $\overline{MD}$，根据几何关系可知 $\overline{PE}/\overline{NE} = \overline{DQ}/\overline{MD}$，即 CD 连线上任意一点的浓度之比 $x_{A,2}/x_{B,2}$ 总是等于 D 点的浓度之比 $x_{A,1}/x_{B,1}$。

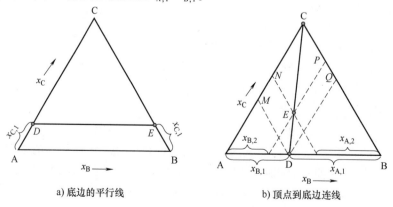

a) 底边的平行线　　　　　b) 顶点到底边连线

图 7.7-3　三角坐标系内特殊线的含义

图 7.7-4 为由吉布斯三角形表示的典型三元系等温截面，此类相图仍可按照"3-1-2"的顺序看图。首先观察三相区，由于等温截面上三相区的自由度为 0，因此平衡共存的三相浓度均固定，通常在图中对应于 3 个确定的点（特殊情况下 2 个相点可能重合）。三相区即为连接 3 个相点的三角形，也称为结线三角形（tie triangle），如图 7.7-4 内侧的三角形所示。再观察单相区，与三相区 3 个顶点对顶相连的区域必为单相区，如图 7.7-4 中标注的 α、β、γ 这 3 个单相区。最后观察两相区，2 个单相区中间夹持的区域为两相区。两相区自由度为 1，当指定一相中某个组元的浓度，如 α 相中 B 的浓度 x_B^α，则该相中另一组元的浓度也即确定，且与 α 相平衡共存的另一相（如 β 相）中各组元浓度同样确定。因此两相区中平衡共存两相分别对应一个确定的相点，这 2 个相点均在两相区的两条边界线上，连接 2 个相点的直线同样被称为结线（tie line），如图 7.7-4 中两相区内的各条直线所示。由于相平衡的唯一性，各条结线不能相交，过两相区内的一个物系点，有且仅有一条结线。

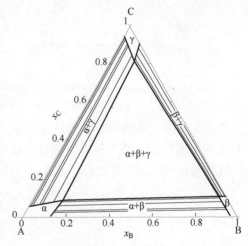

图 7.7-4 典型三元系等温截面示意图

对比二元系 $T\text{-}x$ 相图和三元系等温截面相图中的结线可以发现，指定温度时，二元系两相区中仅有一条结线，且结线为水平线；但三元相图等温截面中的各个两相区内有无数条结线，结线也不再是水平线。这是由于二元系 $T\text{-}x$ 相图中指定温度后，自由度为 0，两相的浓度固定，且两相温度相等，因此有且仅有一条连接 2 个相点的水平结线。而三元系等温截面中指定温度后，自由度为 1，即仍有一个独立变量，因此一相中某个组元的浓度仍可独立变化，形成无数条结线。此时相图中水平线代表其对应顶点元素的浓度固定，显然平衡共存的两相并没有这样的限制关系，所以结线不再是水平线。

在三元系等温截面的两相区及三相区中，同样可使用杠杆定律。如图 7.7-5 所示，当物系点 O_1 落在两相区时，过物系点的结线与两相区边界的交点 D 和 E 分别为两相的相点，其中 D 点和 α 单相区相邻，为平衡共存两相中 α 相的相点，E 点和 γ 单相区相邻，为平衡共存两相中 γ 相的相点。当相图坐标轴为摩尔分数时，α 相的物质的量 n_α 与 γ 相的物质的量 n_γ 之比等于图中线段 $\overline{O_1E}$ 和线段 $\overline{O_1D}$ 之比，即

$$\frac{n_\alpha}{n_\gamma} = \frac{\overline{O_1E}}{\overline{O_1D}} = \frac{x_B^\gamma - X_B}{X_B - x_B^\alpha} = \frac{x_C^\gamma - X_C}{X_C - x_C^\alpha} \tag{7.7-1}$$

式中，X_B、X_C 为物系中组元 B、C 的浓度；x_B^α、x_C^α 以及 x_B^γ、x_C^γ 分别为 α 相和 γ 相中各组元的浓度。若坐标轴为质量分数，则上述两段线段之比对应两相质量之比。当物系点落在三相区时，如图中的 O_2 点，此时各相占比可用连接物系点和 3 个顶点的三角形面积代表，其中三角形 O_2NP 的面积 S_{O_2NP} 对应 α 相，三角形 O_2MP 的面积 S_{O_2MP} 对应 β 相，三角形 O_2MN 的面积 S_{O_2MN} 对应 γ 相，而三相的总量对应整个结线三角形 MNP 的面积 S_{MNP}，三相占比分别为

$$\frac{n_\alpha}{n} = \frac{S_{O_2NP}}{S_{MNP}}, \frac{n_\beta}{n} = \frac{S_{O_2MP}}{S_{MNP}}, \frac{n_\gamma}{n} = \frac{S_{O_2MN}}{S_{MNP}} \tag{7.7-2}$$

式中，$n = n_\alpha + n_\beta + n_\gamma$，为系统中的总物质量。此外，通过简单的几何关系还可证明，各相占比满足如下关系

$$\frac{n_\alpha}{n} = \frac{\overline{O_2 L}}{\overline{ML}}, \frac{n_\beta}{n} = \frac{\overline{O_2 I}}{\overline{NI}}, \frac{n_\gamma}{n} = \frac{\overline{O_2 K}}{\overline{PK}} \tag{7.7-3}$$

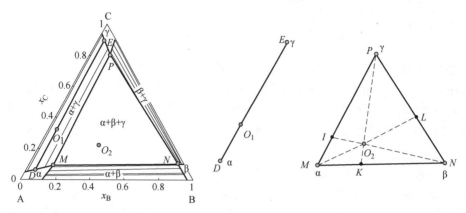

图 7.7-5　三元系中两相平衡及三相平衡的杠杆定律

由于吉布斯三角形中坐标轴并非垂直，从图中 3 个相点以及物系点的浓度坐标并不容易直接确定上述两式中的三角形面积以及线段长度。定量计算时，根据物质守恒定律，通过与二元体系杠杆定律类似的推导过程，可得如下公式

$$\begin{cases} \dfrac{n_\alpha}{n}(x_A^\alpha - X_A) + \dfrac{n_\beta}{n}(x_A^\beta - X_A) + \dfrac{n_\gamma}{n}(x_A^\gamma - X_A) = 0 \\[2mm] \dfrac{n_\alpha}{n}(x_B^\alpha - X_B) + \dfrac{n_\beta}{n}(x_B^\beta - X_B) + \dfrac{n_\gamma}{n}(x_B^\gamma - X_B) = 0 \\[2mm] \dfrac{n_\alpha}{n}(x_C^\alpha - X_C) + \dfrac{n_\beta}{n}(x_C^\beta - X_C) + \dfrac{n_\gamma}{n}(x_C^\gamma - X_C) = 0 \end{cases} \tag{7.7-4}$$

通常三元系在固态下会形成固溶体、中间相以及化合物相等多种相态，因此低温下的等温截面内相区较为复杂。图 7.7-6 为 Al-Mg-Zn 三元系在不同温度下的等温截面。550℃时，相图的富 Al 角和富 Mg 角都出现了固溶体相，由于纯 Zn 的熔点较低（413.9℃），此时富 Zn 角仍为液相，但 Zn 和 Mg 形成了高熔点 C14 结构相（Laves 相），相图中 4 个单相区之间夹持了 3 个两相区，两相区中标注的直线为一系列结线；500℃时，相图的中间区域形成了 Al、Mg、Zn 这 3 种组元构成的中间相 T 相，此时出现 2 个三相区，如 $T = 500$℃等温截面图中的 2 个三角形所示。400℃时，相图中出现了更多的中间相以及化合物相，形成了 8 个三相区，如 $T = 400$℃等温截面图中的 8 个三角形，与每个三相区的 3 个顶角相对的区域为单相区，单相区中间夹持的部分为两相。由此可见，对于复杂形式的三元系等温截面图，也可通过"3-1-2"的顺序快速读图。

三元相图等温截面虽然很好地描述了特定温度下的相平衡关系，但在考察相平衡状态随温度变化时需要绘出多个等温截面，极为不便。为反映相平衡情况随温度的连续变化，通常使用与温度轴平行的纵截面，如图 7.7-7 所示。其中有两类纵截面最为常用：一类是过某条底边平行线的纵截面，如图 7.7-7 中的 *MOPN* 面，由前面图 7.7-3a 的分析可知，此纵截面

上 A 的含量固定；另一类是过顶点到底边连线的纵截面，如图 7.7-7 中的 *AFDE* 面，根据前面图 7.7-3b 的分析可知，此纵截面上 B 与 C 的浓度比值固定。

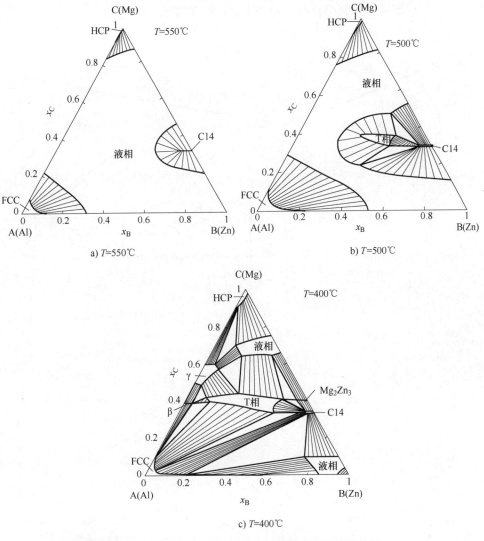

图 7.7-6　Al-Mg-Zn 三元系统在不同温度下的等温截面

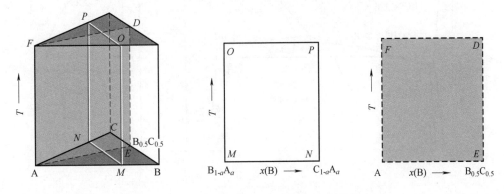

图 7.7-7　三元系统中纵截面示意图

图 7.7-8 为 Al-Mg-Zn 三元系中两类纵截面相图，其中图 7.7-8a 为 Mg 浓度固定为 0.2 的纵截面，图 7.7-8b 为 Al 与 Zn 浓度之比为 1∶1 的纵截面。从图中可以看出平衡相态随温度的变化情况，当给定某个降温路径时，可用于分析相变情况。

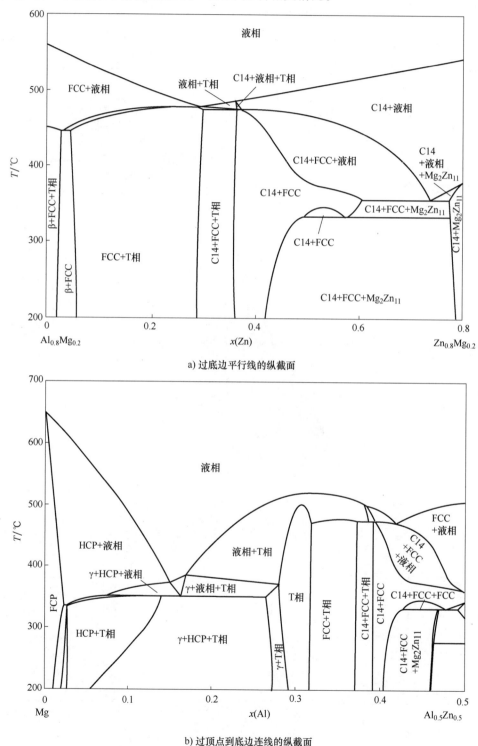

a) 过底边平行线的纵截面

b) 过顶点到底边连线的纵截面

图 7.7-8　Al-Mg-Zn 三元系统纵截面相图

需要注意，这两类纵截面上固定的变量为某个组元的浓度或两个组元的浓度比值，这些变量并非势变量，在平衡时并不满足相等关系，因此多数情况下，纵截面中平衡共存各相的相点并非都在纵截面内，因此连接平衡共存各相相点的结线并不在此类纵截面上。例如图7.7-8中两类纵截面与500℃等温截面的交线如图7.7-9所示，可以看出，在此温度下，纵截面与结线并不平行，结线穿过了纵截面，而不在截面内。

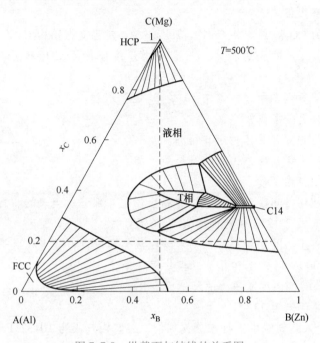

图7.7-9 纵截面与结线的关系图

习 题

1. 什么是相？一个系统相平衡的条件是什么？

2. 一个系统中，物种数与独立组分数的区别是什么？如何确定一个系统中的独立组分数？

3. 相律的基本表达式是什么？相律的意义和用途是什么？如何计算一个系统中的自由度？

4. 指出下列各系统的组分数和自由度数：

（1）$NH_4Cl(s)$ 部分分解为 $NH_3(g)$ 和 $HCl(g)$。

（2）$NH_4Cl(s)$ 系统中加入少量的 $NH_3(g)$。

（3）$NH_4HS(s)$ 和任意量的 $NH_3(g)$ 和 $H_2S(g)$ 混合达到平衡。

（4）常温下 $H_2(g)$ 和 $O_2(g)$ 的混合物。

（5）NaCl 和 Na_2SO_4 的水溶液。

（6）在298K、101325Pa下，NaCl(s) 与其饱和水溶液平衡共存。

（7）$CaCO_3(s)$、CaO(s) 和 $CO_2(g)$ 达到平衡。

（8）101325Pa 下水与水蒸气平衡。

（9）101325Pa 下 NaOH 水溶液与 H_3PO_4 水溶液混合。

（10）101325Pa 下硫酸水溶液与 $H_2SO_4 \cdot 2H_2O(s)$ 共存。

（11）含有 K^+ 离子、Na^+ 离子、SO_4^{2-} 离子、NO_3^- 离子的水溶液。

（12）101325Pa 下，I_2 在水中与 CCl_4 分配达到平衡。

5. 试用相律解释以下事实：

（1）若在等压的 $CO_2(g)$ 中将 $CaCO_3$ 加热，在一定温度范围内 $CaCO_3$ 不会分解。

（2）若保持 $CO_2(g)$ 的压力恒定，只有一个温度能使 $CaCO_3$ 和 CaO 的混合物不发生变化。

6. 一个系统如第 6 题图所示，其中 aa' 是 O_2 的半透膜。

（1）系统的组分数是多少？

（2）系统含有几相？并具体指出其相态。

（3）写出所有的平衡条件，该系统是否处于相平衡？

（4）求出系统的自由度数。

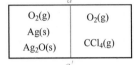

第 6 题图

7. 从下列事实粗略绘出醋酸的相图，并指出图中各部分所代表的相态。

（1）醋酸在蒸气压为 1213Pa 时的熔点为 16.6℃。

（2）固态醋酸有 Ⅰ 和 Ⅱ 两种晶形，两者均比液态醋酸重，且 Ⅰ 在低压下稳定。

（3）55.2℃、$2000p^\ominus$ 时，Ⅰ 和 Ⅱ 及液相共存。

（4）Ⅰ 变成 Ⅱ 的转换温度随压力的降低而下降。

（5）醋酸的正常沸点为 118℃。

8. 将 C_6H_5Cl 放入蒸馏瓶中进行水蒸气蒸馏，若室内气压为 101325Pa，纯 $H_2O(l)$ 和纯 $C_6H_5Cl(l)$ 在不同温度下的蒸气压见第 8 题表。试根据上述数据绘出 $p\text{-}T$ 相图，并求

（1）水蒸气蒸馏的温度。

（2）馏出物中 H_2O 与 C_6H_5Cl 的物质的量之比。

第 8 题表

T/K	343	353	363	373
$p^*(H_2O)/kPa$	31.20	47.33	70.13	101.33
$p^*(C_6H_5Cl)/kPa$	13.07	19.33	27.73	39.06

9. 实验测得水（A）-酚（B）系统的数据见第 9 题表：

第 9 题表

$t/℃$	2.6	23.9	29.6	32.5	38.8	45.7	50.0	55.5	59.8	60.5	61.8	65.0
w_B（水层）	6.9%	7.8%	7.5%	8.0%	7.8%	9.7%	11.5%	12.0%	13.6%	14.0%	15.0%	18.5%
w_B（酚层）	75.6%	71.2%	70.7%	69.0%	66.6%	64.4%	62.0%	60.0%	57.7%	55.5%	54.0%	50.0%

（1）绘制该系统的液-液相图。

（2）若在 38.8℃ 时将 50g 水和 50g 酚混合，平衡后水层和酚层的组成和质量各为多少？

10. Pb 的熔点为 600K，Ag 的熔点为 1234K，Pb 与 Ag 的低共熔温度为 578K，Pb 的摩

尔熔化热为 4.853kJ/mol，设溶液是理想的，试计算低共熔物的组成。

11. HAc 和 C_6H_6 系统的相图如第 11 题图所示，①指出各区域的相态和自由度数；②低共熔点为 265K，含苯为 0.64，试问将含苯 0.75 及 0.25 的溶液各 100g，由 293K 冷却时，首先析出的固体是何物？最多析出固体质量为多少？③试述将含苯 0.75 及 0.25 的溶液冷却到 263K 的过程中的相态变化，画出步冷（自行逐步冷却）曲线。

12. Bi-Zn 系统的相图如第 12 题图所示，若以含 0.4 Zn 的熔融物 100g 由高温冷却，试计算：

（1）温度刚到 416℃时，组成为 A 的液相和组成为 C 的液相各为多少克？

（2）在 416℃，组成为 C 的液相恰好消失时，组成为 A 的液相和固体 Zn 的质量各为多少？

（3）温度刚降到 254℃时，固体 Zn 和组成为 E 的熔融物各为多少克？

（4）全部凝固时系统有几相，各为多少克？

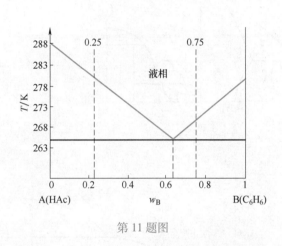

第 11 题图

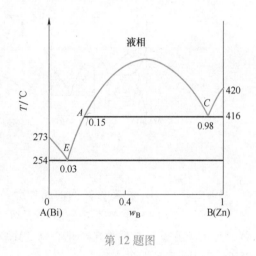

第 12 题图

13. 金属 A-B 的部分相图如第 13 题图所示，将该相图补全，指出各相区的相态。分别画出图中 a、b、c 这 3 个物系点从高温逐渐冷却到低温的步冷曲线，并说明冷却过程中系统的变化情况。

14. 水的蒸汽压（Pa）与温度（K）的关系为：$\lg p = A - 2121/T$。

（1）将 10g 水引入体积为 $10dm^3$ 的真空容器中，问 323K 时有多少水没有汽化？

（2）逐渐升高温度，在什么温度时水全部变为水蒸气？假设水蒸气是理想气体。

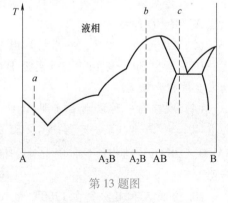

第 13 题图

15. 已知液态砷的蒸气压（Pa）与温度（K）的关系为 $\ln p = 20.30 - 5665/T$；固态砷的蒸气压与温度的关系为 $\ln p = 29.76 - 15999/T$。求砷的三相点温度和压力。

16. 硫的相图如第 16 题图所示，写明图中 AO'、$O'B$、BE、BC、$O'C$、CD、$O'b$、Bb、

Cb、$O'a$ 线的含义，O'、B、C、b 点的含义，分析按图中竖直虚线 1→4 所示路径演化时体系的状态及自由度变化情况。

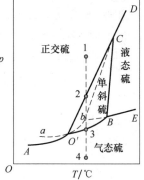

第 16 题图

17. 对于 FeO-MnO 系统，已知 FeO 和 MnO 的熔点分别为 1370℃和 1785℃。在 1430℃，含 30%和 60% MnO（质量分数）的两固溶体间发生转熔变化，与其平衡的液相组成为 15%MnO。1200℃时，两个固溶体的组成分别为 26%和 64%MnO。

（1）试绘制此二元系统的相图。

（2）指出各区域的意义。

（3）当一含 28%MnO 的二组分系统由 1600℃缓慢冷至 1200℃时，简述系统中发生的一系列变化。

18. 在第 18 题图中分别指出下列二元系统相图中各区域的平衡共存的相数、相态和自由度。

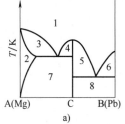
a)

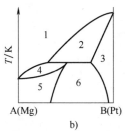
b)

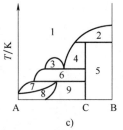
c)

第 18 题图

19. SiO_2-Al_2O_3 在高温区间的相图如第 19 题图所示。$SiO_2(s)$ 有鳞石英和白硅石两种变体，且在低温下前者更稳定。化合物 $3Al_2O_3 \cdot 2SiO_3$（C）为不稳定化合物。

（1）指明各区所代表的相态，并指出物系点 X、M、Q 的相态。

（2）CD 线为几相区，并指明其相态。

（3）指出 SiO_2 从 1400℃升温至 1800℃时所发生的相变情况。

（4）现在需一种以刚玉（即 Al_2O_3 固体）为骨架，外表包以一定厚度莫来石（即

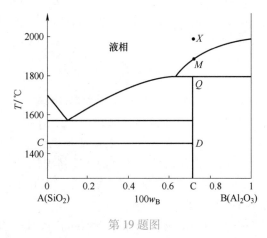

第 19 题图

$3Al_2O_3 \cdot 2SiO_2$）结构的催化剂载体，根据相图应如何考虑从现成的刚玉粉来制取这样的产品？

20. 金属 A 和 B 分别在 1200℃和 1600℃熔化，热分析指出在 1400℃含有 10% B 的溶液与含有 20% B、30% B 的两固溶体呈三相平衡；在 1250℃含有 75% B 的溶液与含 65% B、90% B 的两固溶体呈三相平衡；有一化合物 A_2B_2 在 1700℃下熔化。根据以上信息，粗略地画出相图；标出各区的相态；画出组成为 25% B 和 90% B 的溶液的冷却曲线，并说明曲线上各转折点处的相变情况。

21. 在第 21 题图所示各相图中，指出各相区、线、点的意义，并用相律分析；若系统沿水平虚线自左向右，请说明系统状态的变化；若物系点沿垂直虚线下移，请说明系统的状态变化并画出步冷曲线。

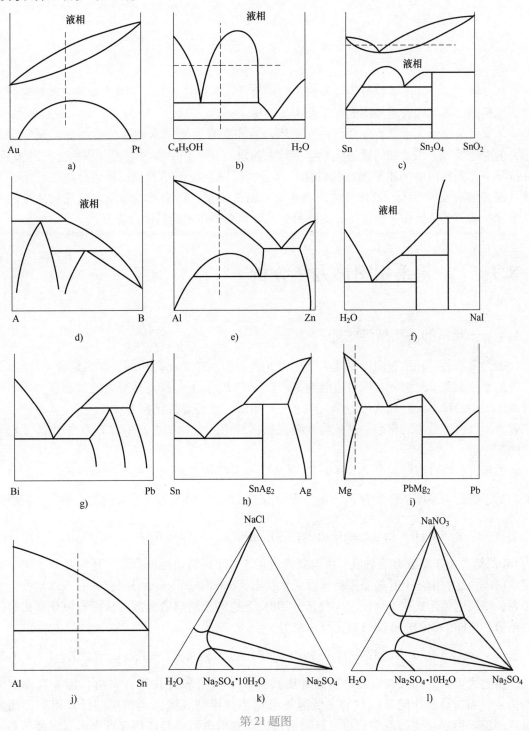

第 21 题图

第 **8** 章 相图的热力学分析与计算

从方法上讲，相图研究分为实验测定与理论计算两种方法。上一章主要基于实验来分析和研究相图，本章则着重相图的理论分析与计算。

本章从纯组元入手，首先介绍一元系摩尔吉布斯自由能（常简称为自由能）随温度及压力的变化规律，以及如何通过化学势相等来确定一元系相平衡时温度与压力之间的关系，并推导一元系相图中两相平衡线的具体计算公式，即克拉珀龙方程；然后介绍二元系中溶液（液态溶液及固溶体）及化合物的吉布斯自由能模型，即溶液吉布斯自由能随浓度的变化规律，基于此分析相平衡情况，最终得到二元系典型相图的具体计算公式。

8.1 一元系相图热力学分析

8.1.1 一元系的吉布斯自由能

最为常用的一元系相图以温度 T 和压力 p 为变量，建立此类相图，即确定各个 T、p 条件下的平衡相态。根据吉布斯自由能判据，在一定 T、p 下，系统平衡时的状态应为吉布斯自由能最小的状态。因此从热力学上确定一元相图，就是要找到在各种给定 T、p 条件下摩尔吉布斯自由能最小的相态。这就需要首先获得纯组元各种相态摩尔吉布斯自由能与 T、p 之间的关系。

根据吉布斯自由能的定义 $G \equiv H - TS$ 可知，由系统的焓和熵值可获得系统的吉布斯自由能。对于熵值，等压条件下有 $S_T = S_0 + \int_0^T (C_p/T)\,\mathrm{d}T$，其中 S_0 为 $T = 0\mathrm{K}$ 的规定熵值。根据热力学第三定律，$S_0 = 0$。而系统的焓值，在等压条件下，同样有 $H_T = H_0 + \int_0^T C_p\,\mathrm{d}T$，其中，$H_0$ 为 0K 的焓。由于焓没有绝对值，所以要确定系统吉布斯自由能的数值，还需要知道某一规定焓值。为此，国际上普遍采用将标准元素状态（Standard Element Reference，SER）作为参考态，即规定纯元素在 1 个标准大气压、298K 下稳定相的焓值为零，从而方便计算出系统的焓值。这样系统的吉布斯自由能可写成

$$G = H_0 + \int_0^T C_p\,\mathrm{d}T - T\left(S_0 + \int_0^T (C_p/T)\,\mathrm{d}T\right) = \int_{298}^T C_p\,\mathrm{d}T - T\int_0^T (C_p/T)\,\mathrm{d}T \tag{8.1-1}$$

由上式可知，如果知道纯物质的等压热容 C_p，就可积分获得吉布斯自由能与温度间的关系。而对纯物质的等压热容，低温下可用德拜模型或爱因斯坦模型计算得到，而常温或高温下可通过实验测定获得，进而通过多项式拟合可将等压热容可表示为温度的多项式形式。

因此，对一元系，单相 φ 的摩尔吉布斯自由能与温度的关系常可表示为

$$G_{m}^{*,\varphi}(T) = a+bT+cT\ln T+dT^2+eT^{-1}+fT^3+gT^7+hT^{-9} \tag{8.1-2}$$

式中，a、b、c、d、e、f、g、h 是待定参数，可通过纯组元的热容、相变温度及相变焓等实验数据得到。值得注意的是，上式最后两项中，gT^7 是对低于熔点温度的液相进行修正，而 hT^{-9} 对高于熔点温度的固相进行修正，这对描述各相在整个温度范围内的吉布斯自由能函数至关重要。上式同样适合于描述化学计量比化合物的吉布斯自由能与温度的关系。

而对于压力对吉布斯自由能函数的影响，根据组成不变均相系统的热力学基本方程 $\mathrm{d}G=-S\mathrm{d}T+V\mathrm{d}p$ 可知，$\left(\dfrac{\partial G}{\partial p}\right)_T=V$，进一步积分可得 $G(p,T)=G^{\ominus}(p^{\ominus},T)+\displaystyle\int_{p^{\ominus}}^{p}V\mathrm{d}p$。所以，知道系统的体积随压力的变化关系，即状态方程，就可得到压力对系统吉布斯自由能的影响。

8.1.2　一元系相平衡分析

当纯组元各种相态的摩尔吉布斯自由能 G_m 随温度 T 和压力 p 变化关系确定后，只要在各个 T、p 下，找到 G_m 最小的相态，即可确定整个（T，p）空间中的平衡相态。下面对此进行说明。

为简化问题，首先将 T 和 p 二者之一固定，根据各相摩尔吉布斯自由能随另外一个变量的变化进行相平衡分析，分析时仅考虑液相和某一结构固相。压力固定时，液相和固相摩尔吉布斯自由能随温度变化曲线如图 8.1-1 所示。当温度小于 T_m 时，固相摩尔吉布斯自由能 G_m^s 总是小于液相摩尔吉布斯自由能 G_m^l，此时固相为稳定相态，系统平衡时为固相。而当温度大于 T_m 时，液相摩尔吉布斯自由能 G_m^l 更小，此时液相为稳定相态，系统平衡时为液相。而在 T_m 时，$G_m^l=G_m^s$，此时系统无论处于固相还是液相，其吉布斯自由能大小不变，因此可以两相平衡共存；且由于纯组元摩尔吉布斯自由能即化学势，$G_m^l=G_m^s$ 等价于 $\mu^l=\mu^s$，并且上述分析的前提是两相温度相等、压力相等，因此该固-液两相平衡完全满足 4.3 节中纯物质两相平衡的三个条件。温度固定时，液相和固相摩尔吉布斯自由能随压力变化曲线如图 8.1-2 所示，此时相平衡分析方法与前面类似，当 $p>1\mathrm{atm}$ 时，平衡相态为固相；当 $p<1\mathrm{atm}$ 时，平衡相态为液相；而当 $p=1\mathrm{atm}$ 时，液-固两相平衡共存。

如图 8.1-1 和图 8.1-2 所示，随着温度升高，纯物质两相的 G_m 均减小，而随着压力增大，两相的 G_m 均增大。这是由于

$$\left(\frac{\partial G_m}{\partial T}\right)_p = -S_m<0 \tag{8.1-3}$$

$$\left(\frac{\partial G_m}{\partial p}\right)_T = V_m>0 \tag{8.1-4}$$

此外，两相的 G_m 随 T 变化曲线都是上凸的，而两相（均为凝聚态）的 G_m 随 p 变化曲线近似为直线。G_m 变化的凹凸性由二阶导数决定，即

$$\left(\frac{\partial^2 G_m}{\partial T^2}\right)_p = -\left(\frac{\partial S_m}{\partial T}\right)_p = -\frac{C_{p,m}}{T}<0 \tag{8.1-5}$$

$$\left(\frac{\partial^2 G_m}{\partial p^2}\right)_T = \left(\frac{\partial V_m}{\partial p}\right)_T \approx 常数（凝聚态） \tag{8.1-6}$$

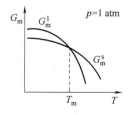

图 8.1-1 恒压下 G_m 随 T 变化示意图

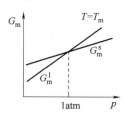

图 8.1-2 恒温下 G_m 随 p 变化示意图

如果同时考虑摩尔吉布斯自由能 G_m 随 T、p 的变化，则每相的 G_m 构成三维空间中的一个曲面，如图 8.1-3 所示，其中包含了固、液、气三相的摩尔吉布斯自由能曲面 $G_m^s(T,p)$、$G_m^l(T,p)$、$G_m^g(T,p)$。此时要确定任意给定 T、p 下的平衡相态，只需找到该 T、p 下自由能曲面位置最低的相态，则该相态即为此条件下的平衡相态。例如，图中 N 点对应的温度和压力下，气相的自由能曲面 $G_m^g(T,p)$ 位置最低，则此时平衡相态为气相。图中 AOB 线、COD 线和 EOF 线分别为固-液两相、固-气两相和液-气两相的自由能曲面交线，三条线上分别满足：$G_m^s = G_m^l(\mu^s = \mu^l)$、$G_m^s = G_m^g(\mu^s = \mu^g)$、$G_m^l = G_m^g(\mu^l = \mu^g)$，并且三条线上都满足各相温度相等以及压力相等的条件，因而三条线对应着三个两相平衡。需要注意，这些线上的两相平衡并非总是稳定的平衡。例如在线段 OA 所处位置，气相的自由能曲面在最下方，即气相的摩尔吉布斯自由能最小，此时系统处于气相单相状态将比处于液-固两相共存状态具有更

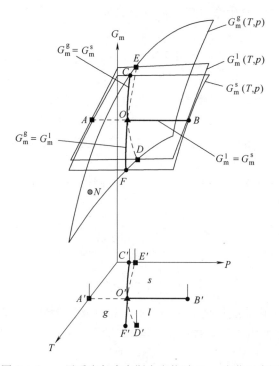

图 8.1-3 一元系摩尔吉布斯自由能随 T、p 变化示意图

小的吉布斯自由能，因此系统平衡时稳定的相态应为气相；而固-液两相共存虽然满足所有的热力学平衡条件，但并不是自由能最小的状态，此时两相平衡是不稳定的平衡，通常又称为亚稳平衡。图中线段 OE 和 OD 对应的两相平衡均是亚稳平衡。

将图 8.1-3 中三相摩尔吉布斯自由能曲面的三条交线 AOB、COD 和 EOF 向底部 p-T 平面投影，即可得到纯组元的 p-T 相图。其中 $O'B'$、$O'C'$、$O'F'$ 为三条两相平衡线；而 $O'A'$、$O'E'$、$O'D'$ 为三条两相亚稳平衡线；O' 点为三相平衡共存的点。

8.1.3　一元系两相平衡温度与压力关系的推导

一元系 p-T 相图中最关键的是两相平衡共存线，从数学角度看，每一条两相平衡线都是一个两相平衡温度与平衡压力之间的函数，即 $p=p(T)$ 或 $T=T(p)$。要从热力学上确定这些关系式，需要从纯组元两相平衡条件入手。

两相平衡时，两相的温度相等、压力相等，均为 T、p。由于一元系化学势只是温度与压力的函数，所以一元系中任意两相 α 与 β 平衡的一般条件是

$$\mu^{\alpha}(T,p)=\mu^{\beta}(T,p) \tag{8.1-7}$$

上式同时反映了一元系两相平衡的三个条件，即温度相等、压力相等和化学势相等。从该式出发可获得一元系两相平衡温度和压力的关系式，即相图中两相平衡线的方程。本节将从纯组元任意两相平衡温度与压力的一般方程入手，对固-液平衡、液-气、固-气平衡三种情况进行具体分析。

对于一元系液-气两相平衡，与纯液体平衡共存的自身气体的压力称为液体的蒸气压。在相图中，液体压力和其蒸气压相等，但在实际情况中，也可改变液体压力，使其不等于蒸气压，此时液体的蒸气压也将由于液体压力的改变而发生变化。此类问题也属于一元系两相平衡问题，本节将介绍其计算处理方法。

（1）两相平衡方程的推导　两相平衡方程的推导要从两相平衡的一般条件出发，即式 (8.1-7)。下面直接从该式的微分式开始推导，即

$$\mathrm{d}\mu^{\alpha}(T,p)=\mathrm{d}\mu^{\beta}(T,p) \tag{8.1-8}$$

根据热力学基本关系式 $\mathrm{d}G_{\mathrm{m}}=-S_{\mathrm{m}}\mathrm{d}T+V_{\mathrm{m}}\mathrm{d}p$，上式可改写为：

$$-S_{\mathrm{m}}^{\alpha}\mathrm{d}T+V_{\mathrm{m}}^{\alpha}\mathrm{d}p=-S_{\mathrm{m}}^{\beta}\mathrm{d}T+V_{\mathrm{m}}^{\beta}\mathrm{d}p \tag{8.1-9}$$

移项整理，得：

$$\Delta S_{\mathrm{m}}^{\alpha\rightarrow\beta}\mathrm{d}T=\Delta V_{\mathrm{m}}^{\alpha\rightarrow\beta}\mathrm{d}p \tag{8.1-10}$$

对于等温可逆相变，有 $\Delta H_{\mathrm{m}}=T\Delta S_{\mathrm{m}}$，因此上式可写成：

$$\frac{\mathrm{d}p}{\mathrm{d}T}=\frac{\Delta H_{\mathrm{m}}^{\alpha\rightarrow\beta}}{T\Delta V_{\mathrm{m}}^{\alpha\rightarrow\beta}} \tag{8.1-11}$$

上式为著名的克拉珀龙（Clapeyron）方程，其对任何纯物质的两相平衡（如固-固、固-液、固-气、液-气等）都适用。

该式的含义是，在一元相图中，两相平衡线斜率（即 $\mathrm{d}p/\mathrm{d}T$）的正负，取决于相变过程的焓变与体积变化。以气-液平衡线为例，如果是从液相到气相的蒸发过程，焓变为正（因为蒸发吸热），且体积变化大于零，因此根据式 (8.1-11)，一元相图中的气-液平衡线的斜率总是正的。同理，气-固平衡线的斜率也总是正的，且其斜率总是大于气-液平衡线。

1）固-液平衡。对于固-液两相平衡，式 (8.1-11) 可写成：

$$\frac{\mathrm{d}p}{\mathrm{d}T} = \frac{\Delta_{\mathrm{fus}}H_{\mathrm{m}}}{T\Delta_{\mathrm{fus}}V_{\mathrm{m}}} \tag{8.1-12}$$

式中，$\Delta_{\mathrm{fus}}V_{\mathrm{m}}$（即 $\Delta V_{\mathrm{m}}^{\mathrm{s}\to\mathrm{l}}$）为由固相转变为液相的摩尔体积变化；$\Delta_{\mathrm{fus}}H_{\mathrm{m}}$（即 $\Delta H_{\mathrm{m}}^{\mathrm{s}\to\mathrm{l}}$）为摩尔熔化焓。

上式即为纯物质熔点（凝固点）与压力的关系。由于从固相转变为液相需吸热，所以 $\Delta_{\mathrm{fus}}H_{\mathrm{m}}>0$。当固相转变为液相时，若体积增大，即 $\Delta_{\mathrm{fus}}V_{\mathrm{m}}>0$，此时 $\mathrm{d}p/\mathrm{d}T>0$，也即 $\mathrm{d}T/\mathrm{d}p>0$，即物质的熔化温度随压力的变化率为正值，说明随着压力的增大，物质的熔点升高。自然界绝大多数物质的固-液相变均属于此种变化。但若固-液转变时体积减小，即 $\Delta_{\mathrm{fus}}V_{\mathrm{m}}<0$，此时 $\mathrm{d}T/\mathrm{d}p<0$，即物质的熔点随压力的变化率为负值，此时增大压力，物质的熔点反而降低，如冰（H_2O）、铋（Bi）等少数物质。

对式（8.1-12）积分，需知道 $\Delta_{\mathrm{fus}}H_{\mathrm{m}}$、$\Delta_{\mathrm{fus}}V_{\mathrm{m}}$ 与温度 T 或压力 p 的具体函数关系。一般来说，对于固-液相变，在压力变化不大时，可将 $\Delta_{\mathrm{fus}}H_{\mathrm{m}}$ 及 $\Delta_{\mathrm{fus}}V_{\mathrm{m}}$ 近似当作常数，于是积分（8.1-12）式可得：

$$\ln\frac{T_2}{T_1} = \frac{\Delta_{\mathrm{fus}}V_{\mathrm{m}}}{\Delta_{\mathrm{fus}}H_{\mathrm{m}}}(p_2-p_1) \tag{8.1-13}$$

由上式可以看出，对于大多数系统，其 $\Delta_{\mathrm{fus}}V_{\mathrm{m}}>0$，所以增加压力（$p_2>p_1$）时，相变点（冰点或熔点）将升高；但对冰-水系统，常温常压下 $\Delta_{\mathrm{fus}}V_{\mathrm{m}}<0$，故增加压力熔点反而降低。

【例 8-1】已知在 273.15K 和标准压力下，冰和水的密度分别为 $\rho_{冰}=916.8\mathrm{kg/m^3}$ 和 $\rho_{水}=999.9\mathrm{kg/m^3}$，冰的熔化热为 $333.5\times10^3\mathrm{J/kg}$。请问体重为 70kg 的人穿两种不同溜冰鞋站在冰上时，溜冰鞋下冰的熔点分别为多少？条件 1：冰刀长 $7\times10^{-2}\mathrm{m}$、宽 $2\times10^{-5}\mathrm{m}$；条件 2：冰刀长 $20\times10^{-2}\mathrm{m}$、宽 $1\times10^{-3}\mathrm{m}$。

解：在条件 1 下，人站在冰上，人体重量对冰表面产生一个压力，其增加的压力为：

$$\Delta p = p_2 - p_1 = \frac{70\times9.8}{7\times10^{-2}\times2\times10^{-5}}\mathrm{Pa} = 4.9\times10^8\mathrm{Pa}$$

根据式（8.1-13），将已知条件代入，则

$$\ln\frac{T_2}{273.15} = \frac{(V_{\mathrm{m}}^{水}-V_{\mathrm{m}}^{冰})}{\Delta_{\mathrm{fus}}H_{\mathrm{m}}}(p_2-p_1) = \frac{\left(1.8\times\dfrac{10^{-2}}{999.9}\right)-\left(1.8\times\dfrac{10^{-2}}{916.8}\right)}{1.8\times10^{-2}\times333.5\times10^3}\Delta p$$

将 $\Delta p = 4.9\times10^8\mathrm{Pa}$ 代入，计算得熔点 T_2 为 239.1K。

在条件 2 下，人站在冰上，人体重量对冰表面产生一个压力，其增加的压力为

$$\Delta p = p_2 - p_1 = \frac{70\times9.8}{20\times10^{-2}\times1\times10^{-3}}\mathrm{Pa} = 2.43\times10^6\mathrm{Pa}$$

根据式（8.1-13），将已知条件代入，则

$$\ln\frac{T_2}{273.15} = \frac{(V_{\mathrm{m}}^{水}-V_{\mathrm{m}}^{冰})}{\Delta_{\mathrm{fus}}H_{\mathrm{m}}}(p_2-p_1) = \frac{\left(1.8\times\dfrac{10^{-2}}{999.9}\right)-\left(1.8\times\dfrac{10^{-2}}{916.8}\right)}{1.8\times10^{-2}\times333.5\times10^3}\Delta p$$

将 $\Delta p = p_2 - p_1 = 2.43\times10^6\mathrm{Pa}$ 代入，计算得熔点 T_2 为 272.9K。

2）气-液平衡。当一元系气-液两相达到平衡时，式（8.1-11）可写为

$$\frac{\mathrm{d}p}{\mathrm{d}T}=\frac{\Delta_\mathrm{l}^\mathrm{g}H_\mathrm{m}}{T\Delta_\mathrm{l}^\mathrm{g}V_\mathrm{m}}=\frac{\Delta_\mathrm{vap}H_\mathrm{m}}{T\Delta_\mathrm{vap}V_\mathrm{m}} \tag{8.1-14}$$

式中，$\Delta_\mathrm{vap}H_\mathrm{m}$ 为摩尔气化焓变；$\Delta_\mathrm{vap}V_\mathrm{m}$ 为摩尔气化体积变。该式描述了液体蒸气压与温度之间的关系。

对液体蒸发为气体，由于气体的摩尔体积远大于液体，因而可忽略液体摩尔体积。另外假设液体蒸发的气体为理想气体，则

$$\Delta_\mathrm{vap}V_\mathrm{m}=V_\mathrm{m}^\mathrm{g}-V_\mathrm{m}^\mathrm{l}\approx V_\mathrm{m}^\mathrm{g}=\frac{RT}{p} \tag{8.1-15}$$

将式（8.1-15）代入式（8.1-14），并移项整理得

$$\frac{\mathrm{d}\ln p}{\mathrm{d}T}=\frac{\Delta_\mathrm{vap}H_\mathrm{m}}{RT^2} \tag{8.1-16}$$

式（8.1-16）即为克拉珀龙-克劳修斯（Clapeyron-Clausius）方程，或 C-C（克-克）方程。

为处理问题方便，可近似认为摩尔气化焓（$\Delta_\mathrm{vap}H_\mathrm{m}$）不随温度变化，则对式（8.1-16）进行积分，得

$$\ln\left(\frac{p_2}{p_1}\right)=\frac{\Delta_\mathrm{vap}H_\mathrm{m}}{R}\left(\frac{1}{T_1}-\frac{1}{T_2}\right) \tag{8.1-17}$$

上述积分时把摩尔气化焓（$\Delta_\mathrm{vap}H_\mathrm{m}$）当作常数。实际上，随着温度变化，摩尔气化焓并不是常数。摩尔气化焓随温度升高而降低，温度趋近于临界温度，其值趋近于零，因此式（8.1-16）得出的前提条件是远低于临界温度。因为该方程将蒸气压、相变温度及摩尔气化焓联系在一起，可用于求不同压力下的相变点的变化，或不同温度下两相平衡的蒸气压。特别是通过测定不同温度下蒸气压来计算汽化焓，这比量热实验要简便得多。

【例 8-2】已知水的正常沸点为 373K，摩尔气化焓为 40.81kJ/mol，求①363K 时水的饱和蒸气压；②1.06658×10⁵Pa 下水的沸点。

解：① 将已知条件 $T_1=373\mathrm{K}$、$p_1=1.01325\times10^5\mathrm{Pa}$、$\Delta_\mathrm{vap}H_\mathrm{m}=40.81\mathrm{kJ/mol}$、$T_2=363\mathrm{K}$ 代入克-克方程，得

$$\ln\left(\frac{p_2}{p_1}\right)=\frac{\Delta_\mathrm{vap}H_\mathrm{m}}{R}\left(\frac{1}{T_1}-\frac{1}{T_2}\right)$$

即

$$\ln\frac{p_2}{1.01325\times10^5}=\frac{40.81\times10^3}{8.314}\left(\frac{1}{373}-\frac{1}{363}\right)$$

可得 $p_2=7.05\times10^4\mathrm{Pa}$。即在 363K 时水的饱和蒸气压为 $7.05\times10^4\mathrm{Pa}$，低于 373K 时的蒸气压。

② 将已知条件 $T_1=373\mathrm{K}$、$p_1=1.01325\times10^5\mathrm{Pa}$、$\Delta_\mathrm{vap}H_\mathrm{m}=40.81\mathrm{kJ/mol}$、$p_2=1.06658\times10^5\mathrm{Pa}$ 代入克-克方程，即

$$\ln\frac{1.06658\times10^5}{1.01325\times10^5}=\frac{40.81\times10^3}{8.314}\left(\frac{1}{373}-\frac{1}{T_2}\right)$$

经求解得 $T_2 = 374.5\mathrm{K}$。即在压力为 $1.06658 \times 10^5\mathrm{Pa}$ 时，水的沸点为 $374.5\mathrm{K}$。

3）固-气平衡。固体升华时，形成了固-气两相平衡。此时式（8.1-11）可写成

$$\frac{\mathrm{d}p}{\mathrm{d}T} = \frac{\Delta_s^\beta H_m}{T\Delta_s^\beta V_m} = \frac{\Delta_{sub} H_m}{T\Delta_{sub} V_m} \qquad (8.1\text{-}18)$$

式中，$\Delta_{sub} H_m$ 为摩尔升华焓变；$\Delta_{sub} V_m$ 为摩尔升华体积变。式（8.1-18）描述了固体饱和蒸气压与温度之间的关系。

与气体的体积相比，固体体积可忽略不计，同时若将升华的气体视为理想气体，则

$$\Delta_{sub} V_m = V_m^g - V_m^s \approx V_m^g = \frac{RT}{p} \qquad (8.1\text{-}19)$$

将式（8.1-19）代入式（8.1-18）中，得

$$\frac{\mathrm{d}\ln p}{\mathrm{d}T} = \frac{\Delta_{sub} H_m}{RT^2} \qquad (8.1\text{-}20)$$

式（8.1-20）也是克拉珀龙-克劳修斯方程，也可简称为克-克（C-C）方程。对式（8.1-20）积分，同样可得

$$\ln\left(\frac{p_2}{p_1}\right) = \frac{\Delta_{sub} H_m}{R}\left(\frac{1}{T_1} - \frac{1}{T_2}\right) \qquad (8.1\text{-}21)$$

（2）外压对蒸气压的影响　实际上，外压对蒸气压的影响也属于气-液平衡问题。对于一元系的气-液平衡，其出发点为 $\mu^g(T,p) = \mu^l(T,p)$，其中气相与液相的压力相等（均为 p），该压力称为液体的饱和蒸气压。显然，饱和蒸气压只是温度的函数。

但对于外压影响蒸气压的问题，气相压力（蒸气压）不等于液相压力，如图 8.1-4 所示，图中作用于液相的压力 p^l 称为外压，中间的半透膜（可由素烧陶瓷制备）将气、液两相隔开，保证了两相压力的不同。

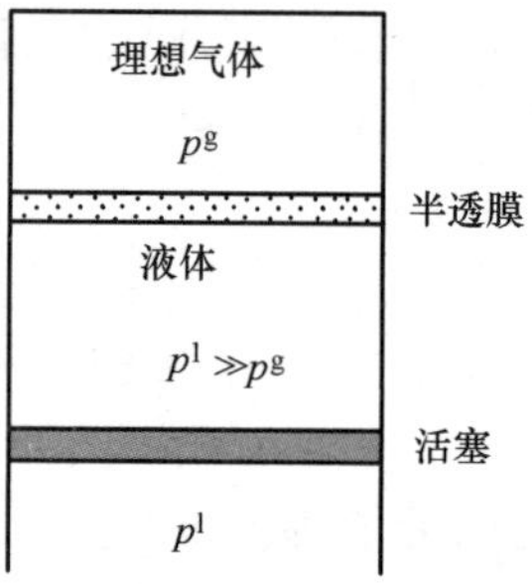

因此，外压影响蒸气压是一种新的气-液两相平衡问题，它要求两相温度相等、化学势相等，但压力不同。这样，外压影响蒸气压问题的出发点变为

$$\mu^g(T,p^g) = \mu^l(T,p^l), p^g \neq p^l \qquad (8.1\text{-}22)$$

在等温条件下，上式可简化为

$$\mu^g(p^g) = \mu^l(p^l), p^g \neq p^l \qquad (8.1\text{-}23)$$

图 8.1-4　外压影响
蒸气压示意图

需要说明的是，与前面气-液平衡不同，外压影响蒸气压问题中，气相压力既是温度的函数，也与外压（液相压力）有关。同时，由于三大平衡都满足时的气体压力称为饱和蒸气压，本问题中的气体压力称为蒸气压。

对式（8.1-23）两侧微分，可得 $\mathrm{d}\mu^g(p^g) = \mathrm{d}\mu^l(p^l)$。又因为等温下有 $\mathrm{d}\mu = V_m \mathrm{d}p$，因此

$$V_m^g \mathrm{d}p^g = V_m^l \mathrm{d}p^l \qquad (8.1\text{-}24)$$

式中，V_m^g 是气体的摩尔体积，假定是理想气体，则 $V_m^g = RT/p^g$。将其代入式（8.1-24），可得

$$\frac{RT}{p^g}\mathrm{d}p^g = V_m^l \mathrm{d}p^l \qquad (8.1\text{-}25)$$

积分上式可得

$$\int_{p_g^*}^{p^g} \frac{RT}{p^g}\mathrm{d}p^g = \int_{p_g^*}^{p^l} V_m^l \mathrm{d}p^l \tag{8.1-26}$$

即

$$RT\ln \frac{p^g}{p_g^*} = V_m^l(p^l - p_g^*) \tag{8.1-27}$$

式中，p_g^* 为温度 T 下液体的饱和蒸气压，温度一定时，p_g^* 是确定的；液相摩尔体积 V_m^l 可视为常数。式（8.1-27）就是外压影响蒸气压的公式，不难看出，外压影响蒸气压在极限条件下（即外压等于蒸气压时），问题就退化为三大平衡都满足的气-液平衡情况。

基于式（8.1-27），对 H_2O 进行计算。设 $T = 298K$，此时水的摩尔体积约为 $0.000018 m^3 \cdot mol^{-1}$，$p_g^* = 3190Pa$。数值计算结果发现，尽管外压 p^l 对蒸气压有影响，但这种影响不大，液体施加 100 个大气压，蒸气压增加约 7.6%。

8.2　二元系中常用的吉布斯自由能模型

二元系相平衡分析同样要找到一定温度、压力下所有可能相态中摩尔吉布斯自由能最小的相态。其中单相涉及溶液（液态溶液或固溶体）及化合物等。本节将介绍相关的自由能模型，为后面的相平衡分析奠定基础。

8.2.1　溶液的吉布斯自由能模型

溶液是以原子或者分子作为基本单元的粒子混合系统，宏观上为一个均相。热力学中，常将液相及置换式固溶体视为完全无序的溶体相（solution phase），因而溶液模型成为最基本的吉布斯自由能模型。一般来说，不同组元混合后的吉布斯自由能通常包含三项，即机械混合项 $x_A G_{m,A}^* + x_B G_{m,B}^*$、混合熵项 $-T\Delta S_{mix}$ 及过剩自由能项 G^{ex}。图 8.2-1 给出了上述三项自由能曲线的示意图。由于吉布斯自由能模型中前两项的形式是确定的，所以不同的溶液 Gibbs 自由能模型主要体现在对过剩自由能项 G^{ex} 的处理上，主要包括理想溶液、规则溶液、亚规则溶液等模型。

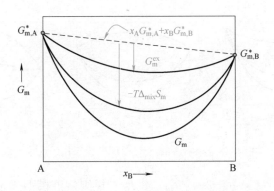

图 8.2-1　二元系统实际溶液自由能构成示意图

（1）理想溶液（ideal solution）模型　根据混合性质定义式（5.3-1）及表 6-1 中理想溶液的混合吉布斯自由能公式，可得理想溶液的摩尔吉布斯自由能公式：

$$G_m = x_A G_{m,A}^* + x_B G_{m,B}^* + RT(x_A \ln x_A + x_B \ln x_B) \qquad (8.2\text{-}1)$$

式中，$G_{m,A}^*$ 和 $G_{m,B}^*$ 分别为纯组元 A 和 B 的摩尔吉布斯自由能，$x_A G_{m,A}^* + x_B G_{m,B}^*$ 也称为线性项；$RT(x_A \ln x_A + x_B \ln x_B)$ 为摩尔混合自由能；由表 6-1 可知理想溶液混合焓为零，因此混合自由能仅仅有混合熵的贡献，通常也将该项称为理想混合熵项。理想混合熵将会显著降低系统的自由能，利于溶液的形成。

（2）规则溶液（regular solution）模型　相比于理想溶液，规则溶液进一步考虑了不同组元间的相互作用，即混合前后键能的变化。假设规则溶液中不同组元的相互作用键能仅与组元的种类有关，而与成分、温度、压力无关，表示混合前后键能变化的相互作用系数 Ω 可表示为

$$\Omega = z N_{av}\left[E_{AB} - \frac{1}{2}(E_{AA} + E_{BB}) \right] \qquad (8.2\text{-}2)$$

其中，z 为配位数，N_{av} 为 Avogadro（阿伏伽德罗）常数，E_{ij} 为 $i\text{-}j$ 原子间的键能。$\Omega = 0$ 时，溶液中不同原子间的相互作用力和同类原子间的相互作用力相等，为理想溶液，因此，理想溶液可看成是规则溶液的一种特殊情况。$\Omega < 0$ 时，$E_{AB} < \frac{1}{2}(E_{AA} + E_{BB})$，溶液中异类原子相互吸引，使溶体趋向于形成化合物或有序相。$\Omega > 0$ 时，$E_{AB} > \frac{1}{2}(E_{AA} + E_{BB})$，溶液中异类原子相互排斥，使溶体趋向形成同类原子的偏聚。

规则溶液的摩尔吉布斯自由能可表示为

$$G_m = x_A G_{m,A}^* + x_B G_{m,B}^* + RT(x_A \ln x_A + x_B \ln x_B) + \Omega x_A x_B \qquad (8.2\text{-}3)$$

式中，$x_A x_B$ 可表示形成 A—B 键的概率；$\Omega x_A x_B$ 为混合前后键能的改变。由于 Ω 为常数，此时的过剩自由能 $G_m^{ex} = \Omega x_A x_B$ 就是过剩焓 H_m^{ex}。

图 8.2-2 给出了不同原子间相互作用系数下规则溶液吉布斯自由能-成分曲线，可以发现，Ω 的正负及数值决定了吉布斯自由能曲线的形状，如极小值点的数目及位置等，这将决定溶液的溶解度和相的稳定性。规则溶液模型虽然简单，却可以描述很多类型的相图，在相图的热力学计算中具有重要的作用。

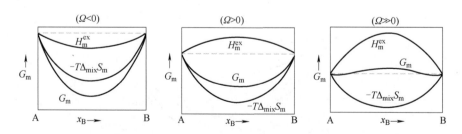

图 8.2-2　规则溶液自由能曲线随原子间的相互作用系数的变化规律

（3）亚规则溶液（sub-regular solution）模型　规则溶液模型通过引入相互作用系数 Ω 来描述不同组元混合过程的过剩焓，这相对于理想溶液模型而言是一大进步。然而，规则溶

液模型还不能完全准确地描述实际溶液的摩尔吉布斯自由能。

因此，需要建立比规则溶液更贴近实际的热力学模型来描述溶液。通常，人们选择保留规则溶液模型的基本形式，对过剩自由能进行修正，使之成为成分及温度的函数，从而达到准确描述实际溶液自由能的目的，这就是亚规则溶液模型的基本思想。亚规则溶液模型中，Ω 便不再具有明确的物理意义，而只是体现各种修正的一个参数。亚规则溶液模型中，摩尔吉布斯自由能的表达形式为

$$G_\mathrm{m} = x_\mathrm{A} G^*_{\mathrm{m,A}} + x_\mathrm{B} G^*_{\mathrm{m,B}} + RT(x_\mathrm{A}\ln x_\mathrm{A} + x_\mathrm{B}\ln x_\mathrm{B}) + \Omega x_\mathrm{A} x_\mathrm{B} \tag{8.2-4}$$

式中，$\Omega = f(T, x_\mathrm{B})$ 为温度和成分的函数。热力学计算中对相互作用系数 Ω 的描述普遍采用成分对称的里德里希-基斯特（Redich-Kister）多项式形式，即

$$\Omega = \Omega_0^0 + \Omega_0^1 T + (\Omega_1^0 + \Omega_1^1 T)(x_\mathrm{A} - x_\mathrm{B}) + (\Omega_2^0 + \Omega_2^1 T)(x_\mathrm{A} - x_\mathrm{B})^2 + \cdots \tag{8.2-5}$$

该多项式的优点在于较易求各阶导数，便于应用。

8.2.2　化合物相的自由能模型

化合物（compound）是固体材料中重要相态之一，例如钢铁材料中的 Fe_3C、铝合金中的 Al_2Cu 与 Al_3Mg_2 以及镍基高温合金中的 Ni_3Al 等。溶液中的原子通过金属键及分子间作用力相结合，而化合物中的原子则通过强相互作用相结合，更重要的是化合物相中的元素含量有一定比例限制，这与固溶体相有很大不同。以下介绍描述化合物相吉布斯自由能的亚点阵（sub-lattice）模型。

亚点阵模型是 20 世纪 70 年代开始应用的模型，在间隙固溶体、化学计量相、置换固溶体和离子型熔体的相图计算中发挥了明显的优势。亚点阵模型认为晶格由几个亚点阵相互穿插构成，粒子在每个亚点阵中随机混合。亚点阵模型的建立基于以下几个假设：各亚点阵之间的相互作用可以忽略不计，只考虑同一亚点阵内组元的相互作用；亚点阵模型中每一个亚点阵的结点数目可以相同，也可以完全不同；计算时在每一个亚点阵内实行的是规则溶液近似。

考虑形如 $(\mathrm{A},\mathrm{B})_a(\mathrm{C},\mathrm{D})_{1-a}$ 的双亚点阵模型，第一个亚点阵中充满 A、B 原子，第二个亚点阵中充满 C、D 原子，两点阵的比例分数分别为 a 和 $1-a$。定义亚点阵 s 中组元 i 的点阵分数 y_i^s 为

$$y_i^s = \frac{n_i^s}{\sum\limits_i n_i^s} \tag{8.2-6}$$

式中，n_i^s 为组元 i 在亚点阵 s 中所占据的结点数；$\sum\limits_i n_i^s$ 为亚点阵 s 中所有结点数。A、B、C、D 各组元在两个亚点阵中点阵分数与各组元在化合物中摩尔分数的关系分别为

$$y_\mathrm{A}^\mathrm{I} = \frac{x_\mathrm{A}}{a},\ y_\mathrm{B}^\mathrm{I} = \frac{x_\mathrm{B}}{a},\ y_\mathrm{C}^\mathrm{II} = \frac{x_\mathrm{C}}{1-a},\ y_\mathrm{D}^\mathrm{II} = \frac{x_\mathrm{D}}{1-a} \tag{8.2-7}$$

需要说明的是，考虑组元的点阵分数与其摩尔分数的关系时，需考虑该组元在所有点阵的情况，如对点阵 $(\mathrm{A},\mathrm{B})_a(\mathrm{A},\mathrm{B})_{1-a}$，其关系应为 $x_\mathrm{A} = a y_\mathrm{A}^\mathrm{I} + (1-a)y_\mathrm{A}^\mathrm{II}$。

吉布斯自由能仍包含机械混合项、理想混合熵项及过剩自由能项，即

$$G = G^\mathrm{ref} + G^\mathrm{id} + G^\mathrm{ex} \tag{8.2-8}$$

亚点阵模型中吉布斯自由能的参考态可由每一个亚点阵中只有一种组元存在时的状态

来定义，可看作是 A_aC_{1-a}、B_aC_{1-a}、A_aD_{1-a}、B_aD_{1-a} 等线性化合物吉布斯自由能的机械混合，即

$$G^{\text{ref}} = y_A^{\text{I}} y_C^{\text{II}} G_{A_aC_{1-a}}^* + y_B^{\text{I}} y_C^{\text{II}} G_{B_aC_{1-a}}^* + y_A^{\text{I}} y_D^{\text{II}} G_{A_aD_{1-a}}^* + y_B^{\text{I}} y_D^{\text{II}} G_{B_aD_{1-a}}^* \qquad (8.2\text{-}9)$$

亚点阵模型中，假设各亚点阵之间的相互作用可以忽略不计，一个亚点阵内组元的相互作用与其他亚点阵内组元的种类无关，所以，将每一个亚点阵中不同组元混合的理想混合熵相加，就可得到理想混合熵对吉布斯自由能的贡献

$$G^{\text{id}} = RT \left[a \left(y_A^{\text{I}} \ln(y_A^{\text{I}}) + y_B^{\text{I}} \ln(y_B^{\text{I}}) \right) + (1-a) \left(y_C^{\text{II}} \ln(y_C^{\text{II}}) + y_D^{\text{II}} \ln(y_D^{\text{II}}) \right) \right] \qquad (8.2\text{-}10)$$

亚点阵模型的过剩吉布斯自由能可描述同一亚点阵内组元的相互作用对理想溶体的偏差。如果一个亚点阵上只有一种组元，则这个亚点阵上的过剩吉布斯自由能为零。当亚点阵上有两种及以上的组元时，按规则溶液模型计算其过剩吉布斯自由能，故

$$G^{\text{ex}} = y_A^{\text{I}} y_B^{\text{I}} \left(y_C^{\text{II}} L_{A,B:C} + y_D^{\text{II}} L_{A,B:D} \right) + y_C^{\text{II}} y_D^{\text{II}} \left(y_A^{\text{I}} L_{A:C,D} + y_B^{\text{I}} L_{B:C,D} \right) \qquad (8.2\text{-}11)$$

式中，$L_{A,B:C}$ 表示当第二个亚点阵中充满了 C 组元时，第一个亚点阵中 A 和 B 之间的相互作用参数，其他参数 $L_{A,B:D}$、$L_{A:C,D}$ 及 $L_{B:C,D}$ 含义类似。

间隙固溶体的吉布斯自由能也可用亚点阵模型来描述。可将间隙固溶体看作由两个亚点阵组成，一个由基体元素及其他置换元素充满，而另一个仅部分被间隙元素占据，未被占据的部分是空位，可作为间隙元素处理。这样的间隙固溶体可以用 $(A,B)_a(C,V_a)_{1-a}$ 所示的双亚点阵模型描述。其中，A 和 B 分别为基体元素和置换元素；C 为间隙元素，V_a 为空位。例如，体心立方结构的 α 铁素体中，Fe 及置换式溶质如 Cr、Mn、Mo 等进入结点点阵，C 及间隙式溶质如 N、O、H 等进入空隙点阵。对 α 铁素体 $(Fe)_1(C,Va)_3$，其吉布斯自由能可表示为：

$$G = y_C G_{FeC_3}^* + y_{Va} G_{FeVa_3}^* + 0.75RT(y_C \ln y_C + y_{Va} \ln y_{Va}) + 0.75 y_C y_{Va} \Omega_{CVa} \qquad (8.2\text{-}12)$$

式中，I_{CVa} 为第二个亚点阵中 C 原子和空位的相互作用参数。

对于严格遵守化学计量比或成分范围很小的化合物，每个亚点阵只有一种原子，如 A_aC_{1-a} 的吉布斯自由能可根据亚点阵模型简化为

$$G = G^{\text{ref}} + G^{\text{id}} + G^{\text{ex}} = y_A^{\text{I}} y_C^{\text{II}} G_{A_aC_{1-a}}^* = G_{A_aC_{1-a}}^* = aG_A^* + (1-a) G_C^* + \Delta G_{A_aC_{1-a}}^{\text{f}} \qquad (8.2\text{-}13)$$

式中，$\Delta G_{A_aC_{1-a}}^{\text{f}}$ 为化合物 A_aC_{1-a} 的标准生成吉布斯自由能。

8.2.3 磁性有序对吉布斯自由能的贡献

对磁性材料（如 Fe、Ni 等），还需考虑磁性部分对吉布斯自由能的贡献，相应的吉布斯自由能由两部分组成：

$$G = G_{\text{nmg}} + G_{\text{mag}} \qquad (8.2\text{-}14)$$

式中，G_{nmg} 为非磁性部分对吉布斯自由能的贡献；G_{mag} 是磁性部分对吉布斯自由能的贡献，可表示为

$$G_{\text{mag}} = RT\ln(B_0 + 1) G(\tau) \qquad (8.2\text{-}15)$$

式中，$\tau = T/T^*$，T^* 为材料在某一成分磁性转变的临界温度，对于铁磁性材料，$T^* = T_C$（Curie（居里）温度），而反铁磁性材料，$T^* = T_N$（Neel（尼尔）温度）；B_0 为玻尔（Bohr）磁子中每摩尔原子的平均磁通量；$G(\tau)$ 为关于 τ 的多项式。

8.3　二元系的相平衡

有了多元系统的吉布斯自由能，就可以进一步分析多元系统的相平衡。在一定温度和压力下，系统平衡时呈现的相态，也即该温度压力下的稳定相态。下面以二元系为例，分析吉布斯自由能与相平衡的关系。

8.3.1　相平衡分析判据

二元系的相平衡仍取决于系统的摩尔吉布斯自由能，在一定温度和压力条件下，系统平衡相态为所有可能相态中摩尔吉布斯自由能最小的相态。如果是多相平衡，此时的摩尔吉布斯自由能未必相等，而各相中同一组元的化学势相等。但需要注意，满足化学势相等的相态并非一定为平衡相态，也可能是亚稳态。

图 8.3-1 给出了二元系部分互溶固溶体的共晶相图。在单相区，该相的摩尔吉布斯自由能最低。在两相区或者三相点，二相或三相共存的摩尔吉布斯自由能最小，且组元在两相或三相中的化学势相等。

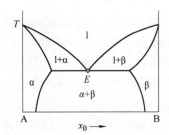

图 8.3-1　二组分体系部分互溶固溶体的共晶相图示意图

系统中某一项的摩尔吉布斯自由能为

$$G_m = \sum_i x_i G_{m,i}^* + \Delta_{mix} G_m \qquad (8.3\text{-}1)$$

由于自由能的绝对值是未知的，且相稳定性只取决于自由能的相对值大小，因此通常设定纯组元的自由能为 0，并作为参考状态，即

$$\sum_i x_i G_{m,i}^* = 0 \qquad (8.3\text{-}2)$$

此时，$G_m = \Delta_{mix} G_m$，故相稳定性分析主要通过分析 $\Delta_{mix} G_m$ 进行。对式（8.3-2），某一组元只能设定其在一种相态下自由能为零，而该组元在其他相态下的自由能值不可再随意设定，而由其与自由能为零的相态之间的差异决定。例如，设定组元 A 的固相为参考状态，其摩尔吉布斯自由能为零，则组元 A 的液相摩尔吉布斯自由能等于其固液相变中吉布斯自由能的变化。

8.3.2　多相共存时系统的摩尔吉布斯自由能

基于摩尔吉布斯自由能判据分析相平衡的前提是需要清楚两相混合物系统总的摩尔吉布斯自由能。两相混合物的摩尔吉布斯自由能 G_m 处于两种组成相的摩尔自由能 G_m^α 和 G_m^β 连线上，如图 8.3-2 所示，证明如下。

设混合物中 α 和 β 两相的物质的量分别为 n_α 和 n_β，两相的浓度分别为 x_B^α 和 x_B^β。

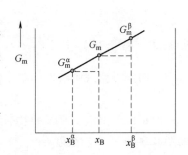

图 8.3-2　两相混合物摩尔吉布斯自由能-浓度关系图

$$G_m = \frac{n_\alpha G_m^\alpha + n_\beta G_m^\beta}{(n_\alpha + n_\beta)} \rightarrow n_\alpha (G_m - G_m^\alpha) = n_\beta (G_m^\beta - G_m) \quad (8.3\text{-}3)$$

$$x_B = \frac{n_\alpha x_B^\alpha + n_\beta x_B^\beta}{n_\alpha + n_\beta} \rightarrow n_\alpha(x_B - x_B^\alpha) = n_\beta(x_B^\beta - x_B) \tag{8.3-4}$$

结合以上两式可得

$$\frac{G_m - G_m^\alpha}{x_B - x_B^\alpha} = \frac{G_m^\beta - G_m}{x_B^\beta - x_B} \tag{8.3-5}$$

上述方程为直线方程两点式的标准形式。可见，两相混合物的自由能处于两相自由能的连线上，称为直线定则。

8.3.3 理想溶液稳定性

下面根据吉布斯自由能最小判据考察理想溶液的稳定性，理想溶液的摩尔吉布斯自由能为

$$G_m = x_A G_{m,A}^* + x_B G_{m,B}^* + RTx_A \ln x_A + RTx_B \ln x_B \tag{8.3-6}$$

设定纯组元的摩尔吉布斯自由能为0，即为参考状态，则

$$\Delta_{mix}G_m = RTx_A \ln x_A + RTx_B \ln x_B \tag{8.3-7}$$

图8.3-3给出了理想溶液的混合摩尔吉布斯自由能曲线。从图中可以看出，摩尔吉布斯自由能曲线向上凹，在$x_B = 0$、1处与纵轴相切。且任意浓度的理想溶液总是比同浓度的纯A和纯B两相混合物系统稳定。两种成分为x_2和x_3的溶液混合形成x_1的溶液后，系统摩尔吉布斯自由能的变化从位置c减小到b，单相溶液更为稳定。对于曲线上任一点，其自由能总比两种不同浓度溶液的混合物的自由能低，其中两种浓度溶液的平均浓度与该点的成分相等。意味着任意浓度的理想溶液总是比同浓度的两种理想溶液混合物稳定。因此，对理想溶液，单相状态是最稳定的热力学状态。

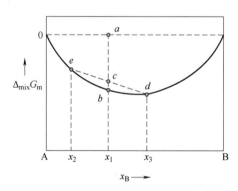

图8.3-3 理想溶液的混合自由能曲线

8.3.4 规则溶液稳定性

下面，考察规则溶液的稳定性，规则溶液的混合摩尔吉布斯自由能模型为

$$\Delta_{mix}G_m = RTx_A \ln x_A + RTx_B \ln x_B + \Omega x_A x_B \tag{8.3-8}$$

对正偏差溶液$\Omega > 0$，自由能曲线可发生凹凸变化，且过两极小值点c、d有一公切线，如图8.3-4a所示。浓度在x_1与x_2之间的溶液，其自由能总高于浓度x_1溶液和浓度x_2溶液二者的混合物。因此，浓度在x_1与x_2之间的单项溶液会分解为浓度为x_1与x_2的两相溶液混合物。而浓度小于x_1或大于x_2的单项溶液自由能比其他任何两相混合物都小，因此系

统仍以单相稳定存在。对于给定系统，随着温度的降低，自由能曲线两个极值点位置不断变化。不同温度下极值点对应浓度的连线构成相图上的不混溶区边界，如图 8.3-4b 所示。两个极值点可以通过下式求出，即

$$\left(\frac{\partial \Delta_{mix} G_m}{\partial x_B}\right)_T = RT\ln\frac{x_B}{1-x_B}+\Omega(1-2x_B) = 0 \qquad (8.3-9)$$

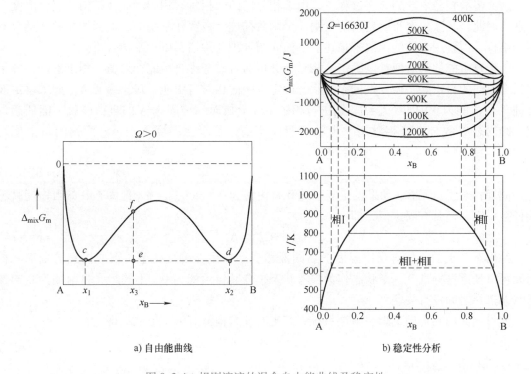

a) 自由能曲线　　　　　　　　　　b) 稳定性分析

图 8.3-4　规则溶液的混合自由能曲线及稳定性

8.3.5　实际溶液稳定性

实际溶液的稳定性同样可通过对自由能曲线分析获得。以亚规则溶液模型为例，其摩尔吉布斯自由能为

$$\Delta_{mix} G_m = RTx_A\ln x_A + RTx_B\ln x_B + \Omega(T,x_B)x_A x_B \qquad (8.3-10)$$

图 8.3-5 给出了实际溶液的混合自由能曲线。如图所示，混合焓大于零时，自由能曲线可能发生凹凸性变化，即发生两相不混溶现象。由于实际溶液的混合焓是浓度的函数，此时自由能曲线不具有对称性，因而公切点不一定是自由能曲线的最低点。公切点可以由化学势相等的条件计算得到。

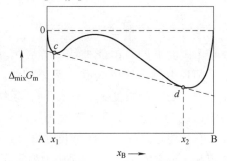

$$\begin{cases}\Delta_{mix}\overline{G}_A^{l_1} = \Delta_{mix}\overline{G}_A^{l_2}\\\Delta_{mix}\overline{G}_B^{l_1} = \Delta_{mix}\overline{G}_B^{l_2}\end{cases} \qquad (8.3-11)$$

图 8.3-5　实际溶液的混合自由能曲线

其中，化学势 $\Delta_{\mathrm{mix}}\overline{G}_i^{l_1}$ 可由 $\Delta_{\mathrm{mix}}G_{\mathrm{m}}^{l_1}$ 与组成浓度的关系可按式（5.3-10）求出，即

$$\Delta_{\mathrm{mix}}\overline{G}_{\mathrm{B}}^{l_1}=\Delta_{\mathrm{mix}}G_{\mathrm{m}}^{l_1}+(1-x_{\mathrm{B}})\frac{\mathrm{d}\Delta_{\mathrm{mix}}G_{\mathrm{m}}^{l_1}}{\mathrm{d}x_{\mathrm{B}}} \tag{8.3-12}$$

8.3.6　多相系统相平衡分析

前文溶液相稳定性的分析过程中，由于相分离的两相具有相同的晶体结构，仅仅浓度有区别，因此，其摩尔吉布斯自由能仅用一个函数描述。在实际系统中，不同的相通常具有不同的结构，需要用不同的函数来描述。下面介绍处理这种情况下相平衡分析。

由于自由能的绝对值难以确定，相平衡分析通常需考虑自由能相对值。相态不同，纯组元具有不同的自由能，需要根据参考状态确定系统的相对自由能。对于组元 A，如果设定液态纯 A 自由能为 0，即 $G_{\mathrm{m,A}}^{*,l}=0$，则进行相稳定性分析时，纯固态 A 的自由能就不能任意设定。纯固态 A 的自由能相对于参考状态有固定值，等于该温度下固、液两相的自由能之差，即

$$G_{\mathrm{m,A}}^{*,\mathrm{s}}=G_{\mathrm{m,A}}^{*,\mathrm{s}}-G_{\mathrm{m,A}}^{*,l}=\Delta G_{\mathrm{m,A}}^{*,l\to\mathrm{s}} \tag{8.3-13}$$

同理，对于组元 B，如果设定液态纯 B 自由能为 0，即 $G_{\mathrm{m,B}}^{*,l}=0$。纯固态 B 的自由能就不能任意设定，而是有固定值，即

$$G_{\mathrm{m,B}}^{*,\mathrm{s}}=G_{\mathrm{m,B}}^{*,\mathrm{s}}-G_{\mathrm{m,B}}^{*,l}=\Delta G_{\mathrm{m,B}}^{*,l\to\mathrm{s}} \tag{8.3-14}$$

纯固态 B 的自由能等于该温度下其固液相变中自由能的变化值。需要注意的是每一种组元可以任意选择唯一一个状态作为参考状态，令其自由能为 0。不同组元自由能为 0 的参考状态选择之间没有关联。

假设固液两相均满足理想溶液系统，其吉布斯自由能有如下形式，即
液相 l：
$$G_{\mathrm{m}}^{l}=x_{\mathrm{A}}^{l}G_{\mathrm{m,A}}^{*,l}+x_{\mathrm{B}}^{l}G_{\mathrm{m,B}}^{*,l}+RTx_{\mathrm{A}}^{l}\ln x_{\mathrm{A}}^{l}+RTx_{\mathrm{B}}^{l}\ln x_{\mathrm{B}}^{l} \tag{8.3-15}$$
固相 s：
$$G_{\mathrm{m}}^{\mathrm{s}}=x_{\mathrm{A}}^{\mathrm{s}}G_{\mathrm{m,A}}^{*,\mathrm{s}}+x_{\mathrm{B}}^{\mathrm{s}}G_{\mathrm{m,B}}^{*,\mathrm{s}}+RTx_{\mathrm{A}}^{\mathrm{s}}\ln x_{\mathrm{A}}^{\mathrm{s}}+RTx_{\mathrm{B}}^{\mathrm{s}}\ln x_{\mathrm{B}}^{\mathrm{s}} \tag{8.3-16}$$

设液态纯 A 和液态纯 B 分别为各自的参考状态，其自由能均为 0，即 $G_{\mathrm{m,A}}^{*,l}=0$，$G_{\mathrm{m,B}}^{*,l}=0$。则

$$G_{\mathrm{m}}^{l}=RTx_{\mathrm{A}}^{l}\ln x_{\mathrm{A}}^{l}+RTx_{\mathrm{B}}^{l}\ln x_{\mathrm{B}}^{l} \tag{8.3-17}$$

$$G_{\mathrm{m}}^{\mathrm{s}}=x_{\mathrm{A}}^{\mathrm{s}}\Delta G_{\mathrm{m,A}}^{*,l\to\mathrm{s}}+x_{\mathrm{B}}^{\mathrm{s}}\Delta G_{\mathrm{m,B}}^{*,l\to\mathrm{s}}+RTx_{\mathrm{A}}^{\mathrm{s}}\ln x_{\mathrm{A}}^{\mathrm{s}}+RTx_{\mathrm{B}}^{\mathrm{s}}\ln x_{\mathrm{B}}^{\mathrm{s}}$$
$$\tag{8.3-18}$$

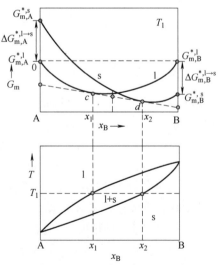

图 8.3-6 给出了式（8.3-17）、式（8.3-18）在某个温度下的自由能曲线。如图所示，一定温度下两自由能曲线可能有一条公切线。根据自由能判据，公切点浓度 x_1、x_2 之间，系统的平衡状态为浓度为 x_1 的液相和浓度为 x_2 的固相两相共存。在公切点之外，系统浓度小于 x_1 时，液相为稳定相。浓度大于 x_2 时，固相为稳定相。根据 5.1

图 8.3-6　理想溶液的固液自由能
曲线及对应的相图

节中截距作图可知，公切点物理意义为两点处各组元在两相中的化学势相等，即 $\mu_{\mathrm{A}}^{l}=\mu_{\mathrm{A}}^{\mathrm{s}}$

和 $\mu_B^l = \mu_B^s$。因此两相平衡的化学势相等条件也称为公切线法则。

相平衡状态与纯组元自由能参考状态选择无关。如图 8.3-7 所示，选择不同的参考状态，自由能的曲线有所调整，但最终固-液两相自由能曲线的公切点不变。其根本原因在于，参考状态的自由能在化学势相等的计算中相互抵消。

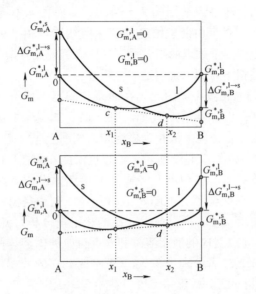

图 8.3-7 不同参考状态下系统的两相平衡点不变

对于二组元系统中存在三相平衡的情况，系统自由能与相图的关系同两相平衡分析类似。系统中可能存在两条两相平衡公切线，也可能存在一条三相平衡公切线，如图 8.3-8 所示。

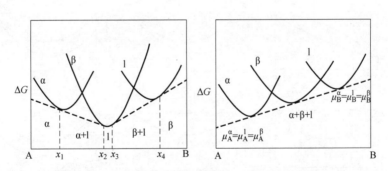

图 8.3-8 三相平衡系统中自由能曲线及相平衡情况

8.4 二元系相图计算

本节首先介绍二元相图计算的基本思路，然后基于此思路，分别介绍匀晶型相图和简单低共熔（共晶）型相图的具体计算过程。为使方程有解析解，采用理想溶液模型描述液态溶液和固溶体的摩尔吉布斯自由能。在此基础之上，将进一步采用规则溶液模型描述两相自由能，通过调整两相自由能中过剩自由能相互作用系数 Ω 的相对大小，获得各种形式的相图。最后将介绍有关化合物的相平衡计算方法及实际复杂二元系的相图计算方法。

8.4.1　二元相图计算的基本思路

相图是相平衡状态图，对最为常用的 $T\text{-}x$ 相图，其描述了不同温度下的平衡相态。因此，只要在一系列温度下，对自由能随浓度的变化曲线进行相平衡分析，将分析结果总结在一张图中，便可得到相图。下面以两组元液态、固态都完全互溶的匀晶相图和液态完全互溶、固态部分互溶的共晶相图为例，说明这一分析过程。

如图 8.4-1a 所示的匀晶相图中，两组元在液态和固态下均可无限互溶，形成单相的溶液或固溶体。当系统温度在组元 B 熔点温度 T_B 以上时，如图 8.4-1b 所示，在整个浓度范围内，液相自由能均低于固相自由能，液相为稳定相，相图上应对应液相的单相区。当温度降低至组元 B 的熔点 T_B 时，如图 8.4-1c 所示，液相自由能和固相自由能在纯 B 处重合，表明纯 B 固体和液体可以平衡共存。在相图上将纯 B 的熔点标出，该点即为纯 B 液相相点，也为纯 B 固相相点。当温度降低至 T_1，如图 8.4-1d 所示，两条自由能曲线相交，并且存在一条公切线与两条自由能曲线相切，根据前面介绍的相平衡分析可知，物系浓度在公切点 a、b 之间时，系统总是处于 a 点对应的液态溶液和 b 点对应的固溶体两相平衡共存的相态。把 a、b 两点在相图上标出来，二者分别为 T_1 温度下平衡共存的液相相点和固相相点。当温度进一步降到 T_2 时，采用相同的分析思路，可以在相图中确定 T_2 温度下平衡共存的液相相点 c 和固相相点 d，如图 8.4-1e 所示。当温度进一步降到 T_A 时，如图 8.4-1f 所示，液相自由能和固相自由能在纯 A 处重合，纯 A 固体和纯 A 液体可以平衡共存，在相图中将纯 A 的熔点标出。最后，将上述分析获得的不同温度下两相平衡时液相相点用曲线连接，得到液相线，把固相相点用曲线连接，得到固相线，这样就得到了匀晶相图。

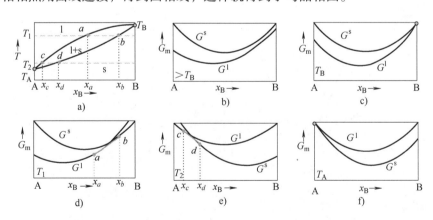

图 8.4-1　完全互溶固溶体系统的自由能曲线及相图绘制

对于图 8.4-2 给出的部分互溶型共晶相图，其分析思路与上面类似，只要将一系列温度下多相平衡共存的相点在相图中标出，然后将代表同一相的各个相点用曲线连接，并将共晶温度下平衡共存三相的 3 个相点用直线连接，即可得到相图。

由上可知，计算相图的关键在于确定各个温度下多相平衡共存时各相的相点，将相应的相点连接便可得到相图。上述作图分析过程中，采用公切线法则寻找各相自由能曲线的公切

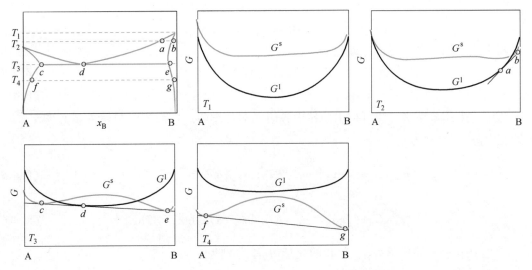

图 8.4-2　部分互溶固溶体系统的自由能曲线及相图绘制

点，公切点即为平衡共存各相的相点。由于公切线法则本质上对应化学势相等条件，因此定量计算时，可以从化学势相等条件出发，获得平衡各相的相点。以 A、B 二元系固-液两相平衡为例，具体流程如下：

① 从两相的自由能出发，利用截距法公式求出每个组元的化学势；

② 根据化学势相等条件，得到两个关于温度和浓度的方程，满足方程的浓度即为平衡浓度；

③ 当上述方程组有解析解时，求解上述方程组，获得两相平衡浓度随温度的函数关系，其中液相浓度随温度的变化关系曲线即为相图中固-液两相区的液相线，固相浓度随温度的变化关系曲线即为固-液两相区的固相线；

④ 当上述方程组没有解析解时，通过数值求解，得到若干特定温度下离散的相点，最后再用曲线将其连接。

8.4.2　匀晶相图计算

当 A-B 两组元形成的溶液和固溶体都接近理想溶液时，二者形成匀晶相图，其中固-液两相区呈"橄榄"状，如图 8.4-1 所示。本小节将基于理想溶液模型假设，介绍匀晶相图的具体计算过程。

对理想溶液，其中任意组元的化学势可利用 6.4.2 小节给出的化学势表达式，表达为温度与浓度的函数，而后进一步通过两相中组元化学势相等条件列出方程。但为了展示从自由能求相图的一般过程，此处首先从自由能出发，通过截距法公式求出各组元化学势。采用理想溶液模型时，液相摩尔自由能 G_m^l 和固溶体相摩尔自由能 G_m^s 分别表示为

$$G_m^l = x_A^l G_{m,A}^{*,l} + x_B^l G_{m,B}^{*,l} + RTx_A^l \ln x_A^l + RTx_B^l \ln x_B^l \tag{8.4-1}$$

$$G_m^s = x_A^s G_{m,A}^{*,s} + x_B^s G_{m,B}^{*,s} + RTx_A^s \ln x_A^s + RTx_B^s \ln x_B^s \tag{8.4-2}$$

设定纯 A 液态和纯 B 液态自由能为 0，即 $G_{m,A}^{*,l} = G_{m,B}^{*,l} = 0$，则纯 A 固态和纯 B 固态的自由能为

$$G_{m,A}^{*,s} = G_{m,A}^{*,s} - 0 = G_{m,A}^{*,s} - G_{m,A}^{*,l} = \Delta G_{m,A}^{*,l \to s}$$

$$G_{m,B}^{*,s} = G_{m,B}^{*,s} - 0 = G_{m,B}^{*,s} - G_{m,B}^{*,l} = \Delta G_{m,B}^{*,l \to s}$$

将上述纯物质自由能代入理想溶液模型后可得

$$G_m^l = RTx_A^l \ln x_A^l + RTx_B^l \ln x_B^l \tag{8.4-3}$$

$$G_m^s = x_A^s \Delta G_{m,A}^{*,l \to s} + x_B^s \Delta G_{m,B}^{*,l \to s} + RTx_A^s \ln x_A^s + RTx_B^s \ln x_B^s \tag{8.4-4}$$

进一步采用截距法，便可得出两相中各组元的化学势。在液相中组元 A 的化学势 μ_A^l 和 B 的化学势 μ_B^l 分别为

$$\mu_A^l = G_m^l + (1 - x_A^l) \frac{dG_m^l}{dx_A^l} = RTx_A^l \ln x_A^l + RTx_B^l \ln x_A^l = RT\ln x_A^l \tag{8.4-5}$$

$$\mu_B^l = G_m^l + (1 - x_B^l) \frac{dG_m^l}{dx_B^l} = RTx_A^l \ln x_B^l + RTx_B^l \ln x_B^l = RT\ln x_B^l \tag{8.4-6}$$

固相中组元 A 的化学势 μ_A^s 和 B 的化学势 μ_B^s 分别为

$$\mu_A^s = G_m^s + (1 - x_A^s) \frac{dG_m^s}{dx_A^s} = \Delta G_{m,A}^{*,l \to s} + RTx_A^s \ln x_A^s + RTx_B^s \ln x_A^s = \Delta G_{m,A}^{*,l \to s} + RT\ln x_A^s \tag{8.4-7}$$

$$\mu_B^s = G_m^s + (1 - x_B^s) \frac{dG_m^s}{dx_B^s} = \Delta G_{m,B}^{*,l \to s} + RTx_A^s \ln x_B^s + RTx_B^s \ln x_B^s = \Delta G_{m,B}^{*,l \to s} + RT\ln x_B^s \tag{8.4-8}$$

将式（8.4-5）和（8.4-7）代入化学势相等条件 $\mu_A^l = \mu_A^s$，得

$$RT\ln x_A^l = \Delta G_{m,A}^{*,l \to s} + RT\ln x_A^s \tag{8.4-9}$$

将式（8.4-6）和（8.4-8）代入化学势相等条件 $\mu_B^l = \mu_B^s$ 得

$$RT\ln x_B^l = \Delta G_{m,B}^{*,l \to s} + RT\ln x_B^s \tag{8.4-10}$$

式（8.4-9）和（8.4-10）可进一步化为

$$\frac{x_A^s}{x_A^l} = \frac{1 - x_B^s}{1 - x_B^l} = e^{\left(-\frac{\Delta G_{m,A}^{*,l \to s}}{RT}\right)} \tag{8.4-11}$$

$$\frac{x_B^s}{x_B^l} = e^{\left(-\frac{\Delta G_{m,B}^{*,l \to s}}{RT}\right)} \tag{8.4-12}$$

式中，$\Delta G_{m,A}^{*,l \to s}$ 和 $\Delta G_{m,B}^{*,l \to s}$ 分别为纯 A 和纯 B 在任意温度凝固时的摩尔吉布斯自由能变化量，为温度 T 的函数。为简化表达，令

$$\begin{cases} K_1(T) = e^{\left(-\frac{\Delta G_{m,A}^{*,l \to s}}{RT}\right)} \\ K_2(T) = e^{\left(-\frac{\Delta G_{m,B}^{*,l \to s}}{RT}\right)} \end{cases} \tag{8.4-13}$$

$K_1(T)$ 和 $K_2(T)$ 同样只是温度 T 的函数，将其代入式（8.4-11）和式（8.4-12），联立求解可得

$$x_B^l = \frac{K_1 - 1}{K_1 - K_2} \tag{8.4-14}$$

$$x_B^s = K_2 \frac{K_1 - 1}{K_1 - K_2} \tag{8.4-15}$$

式（8.4-14）等号左侧 x_B^l 为固-液两相平衡时的液相浓度，等号右侧是温度 T 的函数，该式给出了液相平衡浓度随平衡温度的变化关系，即为相图 8.4-1 中的液相线。同理，式（8.4-15）即为相图 8.4-1 中的固相线。至此，便计算得到了整个匀晶相图。

由上可以看出，相图中液相线和固相线形状由 K_1 和 K_2 决定，也即取决于纯 A 和纯 B 在任意温度凝固时的摩尔自由能变化量 $\Delta G_{m,A}^{*,l \to s}$ 和 $\Delta G_{m,B}^{*,l \to s}$。因此在定量计算时，首先需确定 $\Delta G_{m,A}^{*,l \to s}$ 和 $\Delta G_{m,B}^{*,l \to s}$ 随温度的关系。由热力学关系式 $G = H - TS$ 可知，在等温等压相变过程中，有

$$\Delta G_m^*(T) = \Delta H_m^*(T) - T\Delta S_m^*(T) \tag{8.4-16}$$

式中，

$$\Delta H_m^*(T) = \Delta H_m^*(T_0) + \int_{T_0}^{T} \Delta C_p^*(T)\,\mathrm{d}T$$

$$\Delta S_m^*(T) = \Delta S_m^*(T_0) + \int_{T_0}^{T} \frac{\Delta C_p^*(T)}{T}\,\mathrm{d}T$$

如忽略纯物质固液两相的热容差异，则 $\int_{T_0}^{T} \Delta C_p^*(T) = 0$，此时可以用纯物质在熔点 T_0 时的可逆相变焓变 $\Delta H_m^*(T_0)$ 以及熵变 $\Delta S_m^*(T_0)$ 代替任意温度下的相变焓变 $\Delta H_m^*(T)$ 和熵变 $\Delta S_m^*(T)$，且纯物质在熔点 T_0 时，$\Delta H_m^*(T_0)$ 与 $\Delta S_m^*(T_0)$ 之间满足 $\Delta H_m^*(T_0) = T_0 \Delta S_m^*(T_0)$，将上述关系代入式（8.4-16）得

$$\Delta G_m^*(T) = \Delta S_m^*(T_0)(T_0 - T) \tag{8.4-17}$$

根据式（8.4-17）便可求出纯 A 和纯 B 在任意温度凝固时的摩尔吉布斯自由能变化量 $\Delta G_{m,A}^{*,l \to s}$ 和 $\Delta G_{m,B}^{*,l \to s}$，将其代入式（8.4-13），可得

$$K_1(T) = \mathrm{e}^{\left(-\frac{\Delta S_{m,A}^*(T_{0,A} - T)}{RT}\right)}$$

$$K_2(T) = \mathrm{e}^{\left(-\frac{\Delta S_{m,B}^*(T_{0,B} - T)}{RT}\right)}$$

相图中液相线和固相线的形状取决于两种纯组元的熔点 $T_{0,A}$ 和 $T_{0,B}$，以及二者在熔点时的摩尔熔化熵 $\Delta S_{m,A}^*$ 和 $\Delta S_{m,B}^*$。图 8.4-3 为 $\Delta S_{m,A}^*$ 和 $\Delta S_{m,B}^*$ 分别取不同数值时由上式计算获得的 A-B 二元系匀晶相图。液相线和固相线之间的宽度与两组元的摩尔熔化熵的数值大小有关。摩尔熔化熵数值越大，液相线和固相线之间的宽度也越大。

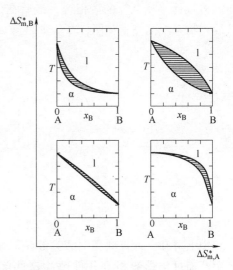

图 8.4-3　A-B 二元系匀晶相图
随纯 A、纯 B 摩尔熔化熵的变化

8.4.3　简单低共熔型相图计算

图 8.4-4 为典型的简单低共熔型相图，液态下 A 和 B 无限互溶，而固态下 A 和 B 则完全不互溶，温度为 T_E 时，发生低共熔转变，或者从凝固角度说，发生了共晶转变。

对此类系统的摩尔吉布斯自由能曲线分析如图 8.4-5 所示，其中曲线为液态溶液的摩尔吉布斯自由能随浓度变化曲线，而左、右两边纵轴上的 2 个点分别代表纯 A 固体以及纯 B

固体的自由能，根据前面介绍的直线定则，此两点连线为纯 A 固体和纯 B 固体形成的两相混合物的自由能。当温度为 T_1 时，纯 A 固体自由能在液相自由能曲线上方，从固体 A 的自由能所在点无法得到液相自由能曲线的切线；但纯 B 固体自由能在液相自由能曲线下方，可以过此点绘出液相自由能曲线的切线，如图 8.4-5a 所示，切点对应浓度为 x_1，这表明温度为 T_1 时浓度为 x_1 的溶液和纯 B 固体可以平衡共存，可将此液相的相点在相图 8.4-4 中标出，由于此时固相即为右侧坐标轴，因此可以不必再专门画出其相点。当温度降到 T_2 时，纯 A 和纯 B 固体的自由能都位于溶液自由能曲线下方，所以过两种纯固体自由能所在点都可以绘出溶液自由能曲线的切线，如图 8.4-5b 所示，其中左边的切点

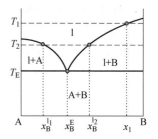

图 8.4-4　典型的简单低共熔型相图

代表与纯 A 固体平衡共存的溶液，右边的切点代表与纯 B 固体平衡共存的溶液，把这两个切点也在相图中标出。当温度降到 T_E 时，如图 8.4-5c 所示，纯 A 固体和纯 B 固体自由能的连线和液相自由能曲线相切，这表明中间切点对应的溶液可以同时和纯 A 固体以及纯 B 固体平衡共存，即此温度下三相平衡共存，所以这个温度就是低共熔转变（或共晶转变）温度，把此液相的相点也在相图中标出。最后，将上述在相图中标出的可与纯 A 固体平衡的相点连接，即得到与纯 A 固体平衡共存的液相线，把与纯 B 固体平衡的相点连接，即得到与纯 B 固体平衡共存的液相线，最后在低共熔转变温度处绘出水平线，就得到了简单低共熔混合物系统的完整相图。

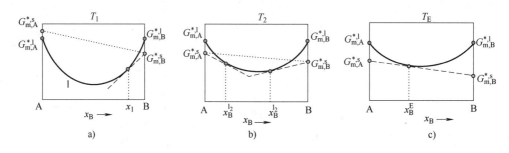

图 8.4-5　不同温度下简单低共熔系统的相平衡分析

由上可知，计算此相图的关键在于确定两条液相线以及共晶转变温度。下面仍从自由能入手，通过化学势相等条件解决这些问题。液相摩尔自由能 G_m^l 仍采用理想溶液模型近似，即

$$G_m^l = x_A^l G_{m,A}^{*,l} + x_B^l G_{m,B}^{*,l} + RTx_A^l \ln x_A^l + RTx_B^l \ln x_B^l \tag{8.4-18}$$

纯 A 和纯 B 固相的摩尔自由能分别为 $G_{m,A}^{*,s}$ 和 $G_{m,B}^{*,s}$。对于纯物质，化学势即摩尔吉布斯自由能，因此 $\mu_A^s = G_{m,A}^{*,s}$、$\mu_B^s = G_{m,B}^{*,s}$。对于液相，通过截距法公式可得

$$\mu_A^l = G_m^l + (1 - x_A^l)\frac{dG_m^l}{dx_A^l} = G_{m,A}^{*,l} + RT\ln x_A^{l1} \tag{8.4-19}$$

$$\mu_B^l = G_m^l + (1 - x_B^l)\frac{dG_m^l}{dx_B^l} = G_{m,B}^{*,l} + RT\ln x_B^{l2} \tag{8.4-20}$$

在与纯 A 固体平衡共存的溶液 l_1 中，液相内 A 的化学势 $\mu_A^{l_1}$ 与纯 A 固体的化学势 μ_A^s 相等，即 $\mu_A^{l_1}=\mu_A^s$，将 $\mu_A^s=G_{m,A}^{*,s}$ 以及式（8.4-18）代入，得

$$RT\ln x_A^{l_1}=G_{m,A}^{*,s}-G_{m,A}^{*,l}=\Delta G_{m,A}^{*,l\text{-}s} \tag{8.4-21}$$

式中，$\Delta G_{m,A}^{*,l\rightarrow s}$ 为纯 A 在任意温度凝固时的摩尔吉布斯自由能变化量，为温度 T 的函数。进一步整理后可得

$$x_B^{l_1}=1-e^{\left(\frac{\Delta G_{m,A}^{*,l\text{-}s}}{RT}\right)} \tag{8.4-22}$$

该式即为与纯 A 固体平衡共存的液相成分 $x_B^{l_1}$ 随温度的变化关系，对应图 8.4-4 中左侧的液相线，具体计算时可利用式（8.4-17）确定 $\Delta G_{m,A}^{*,l\text{-}s}$。

同理，通过与纯 B 固体平衡共存的溶液 l_2 中 B 的化学势 $\mu_B^{l_2}$ 与纯 B 固体的化学势 μ_B^s 相等，即 $\mu_B^{l_2}=\mu_B^s$，可得

$$x_B^{l_2}=e^{\left(\frac{\Delta G_{m,B}^{*,l\text{-}s}}{RT}\right)} \tag{8.4-23}$$

该式为与纯 B 固体平衡共存的液相浓度 $x_B^{l_2}$ 随温度的变化关系，对应图 8.4-4 中右侧的液相线。具体计算时同样可用式（8.4-17）确定 $\Delta G_{m,B}^{*,l\text{-}s}$。

共晶温度 T_E 时，两条液相线重合，即 $x_B^{l_2}=x_B^{l_1}$，将式（8.4-22）和式（8.4-23）代入，即可解出 T_E。将 T_E 代入式（8.4-22）或式（8.4-23）中的任何一个，即可得到共晶转变的液相浓度。

8.4.4　基于规则溶液模型的各种形式相图

相比于理想溶液模型，当液相和固溶体相自由能均满足规则溶液模型时，可以形成更多不同形式的相图。从二元规则溶液的摩尔吉布斯自由能表达式（8.2-4）出发，通过截距法可以求出其中任意组元 i 的化学势为

$$\mu_i=G_{m,i}^{*}+RT\ln x_i+\Omega(1-x_i)^2 \tag{8.4-24}$$

可见，与理想溶液模型相比，此时化学势表达式中多了系数 Ω。据此，可分别写出液相中组元 A 和 B 的化学势 μ_A^l 和 μ_B^l，以及固相中组元 A 和 B 的化学势 μ_A^s 和 μ_B^s，具体如下

$$\begin{cases}\mu_A^l=G_{m,A}^{*,l}+RT\ln x_A^l+\Omega^l(1-x_A^l)^2\\[4pt]\mu_B^l=G_{m,B}^{*,l}+RT\ln x_B^l+\Omega^l(1-x_B^l)^2\\[4pt]\mu_A^s=G_{m,A}^{*,s}+RT\ln x_A^s+\Omega^s(1-x_A^s)^2\\[4pt]\mu_B^s=G_{m,B}^{*,s}+RT\ln x_B^s+\Omega^s(1-x_B^s)^2\end{cases} \tag{8.4-25}$$

将式（8.4-25）代入化学势相等条件 $\mu_A^l=\mu_A^s$，可得

$$\frac{\Delta G_{m,A}^{*,l\rightarrow s}}{RT}+\frac{\Omega^s}{RT}(x_B^s)^2-\frac{\Omega^l}{RT}(x_B^l)^2+\ln\frac{1-x_B^s}{1-x_B^l}=0 \tag{8.4-26}$$

同理，代入化学势相等条件 $\mu_B^l=\mu_B^s$，可得

$$\frac{\Delta G_{m,B}^{*,l\rightarrow s}}{RT}+\frac{\Omega^s}{RT}(1-x_B^s)^2-\frac{\Omega^l}{RT}(1-x_B^l)^2+\ln\frac{x_B^s}{x_B^l}=0 \tag{8.4-27}$$

当已知液相和固相中组元之间相互作用系数 Ω^l 与 Ω^s，以及纯 A 和纯 B 在任意温度凝固时的摩尔吉布斯自由能变化量 $\Delta G_{m,A}^{*,l\to s}$ 和 $\Delta G_{m,B}^{*,l\to s}$ 随温度的变化关系，通过式（8.4-26）和式（8.4-27）两个方程联立求解，即可分别获得在任意温度 T 下两相的平衡浓度。需要注意，此方程组不存在解析解，只能通过迭代计算的方法求出数值解。

图 8.4-6 即为 Ω^l 与 Ω^s 取不同数值时，按照上述公式计算获得的相图。可以发现，当 Ω^l 与 Ω^s 取不同数值组合时，可能出现溶解度间隙、固液两相区极大值与极小值、包晶转变、偏晶转变、共晶转变等多种相平衡形式，从而形成各种形状的相图。

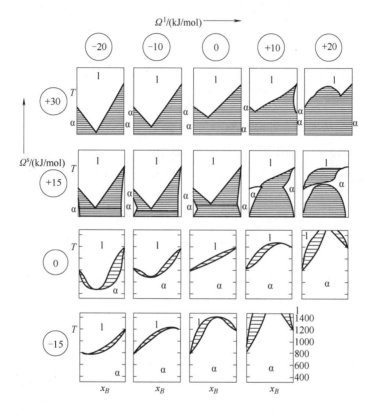

图 8.4-6　不同相互作用系数下规则溶液的相图

8.4.5　包含化合物的相图计算

很多二元系统中，两组元之间会形成一种或多种化合物相，如图 8.4-7 所示。化合物通常具有固定的浓度，仅能在极其微小的范围内发生浓度波动，因此，在相图中，化合物相区通常对应一条竖直线或一条宽度狭窄的竖直条带；而在摩尔吉布斯自由能随浓度变化的图中，化合物通常对应一个点或一小段陡峭的曲线。在此类相图中，除化合物相，其他相态间的相平衡计算与前面介绍的方法相同，下面以液态溶液与化合物之间的相平衡为例，说明如何计算涉及化合物时的相平衡成分。

理论上，当溶液与化合物 A_mB_n 达到相平衡状态时，溶液的 A、B 原子分别与化合物中的 A、B 原子平衡，即存在化学势相等关系 $\mu_A^l=\mu_A^{A_mB_n}$ 和 $\mu_B^l=\mu_B^{A_mB_n}$。但对于化合物 A_mB_n，由于其组成基本固定，难以获得其自由能随组元浓度的变化关系，因而无法直接求出其中 A 和 B 的化学势。但是通过实验测量（比热容及反应焓）或者理论计算，可以获取化合物所对应的摩尔吉布斯自由能 G^*_{m,A_mB_n}。进而根据关系式

$$G^*_{m,A_mB_n} = m\mu_A^{A_mB_n} + n\mu_B^{A_mB_n} \qquad (8.4\text{-}28)$$

即可从中求出液相的平衡成分。

例如，当用规则溶液模型描述液相自由能时，各组元的化学势见式（8.4-25），将其代入式（8.4-28），得

$$G^*_{m,A_mB_n} = m\left[G^{*,l}_{m,A} + RT\ln(1-x_B^l) + \Omega^l(x_B^l)^2 \right] +$$
$$n\left[G^{*,l}_{m,B} + RT\ln x_B^l + \Omega^l(1-x_B^l)^2 \right] \qquad (8.4\text{-}29)$$

当已知化合物摩尔吉布斯自由能 G^*_{m,A_mB_n} 以及纯 A 液体和纯 B 液体摩尔吉布斯自由能 $G^{*,l}_{m,A}$ 和 $G^{*,l}_{m,B}$ 随温度 T 的变化关系时，根据式（8.4-29），即可求出任意温度 T 时的液相平衡浓度 x_B^l，即求出相图中与化合物平衡共存的液相线。

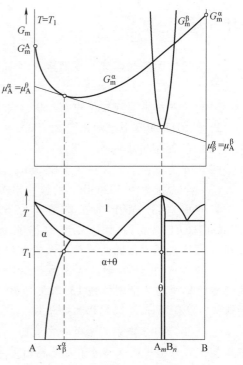

图 8.4-7 液体与化合物平衡时的溶解度

8.4.6 实际复杂相图计算简介

前面介绍了二元相图计算的基本思路，对实际二元系，虽然相图计算过程与此类似，但需要处理的对象和任务都更加复杂。实际二元系中，固态下通常可能形成多种不同晶体结构的相，此时需要考虑每种固相的自由能，且需要采用亚规则溶液模型或亚点阵模型才能做出较好的描述。当具有多种可能相态时，通过化学势相等求出的两相平衡，可能仅仅是亚稳平衡，还需判断是否为自由能最小的相态。此外，实际的相平衡方程组为包含多个未知数的隐函数方程组，并不存在解析解，只能通过数值计算求解。因此，相图计算是涉及材料热力学性质的收集整理及实验测定、相平衡方程建立及求解策略制定、计算程序编制开发及最终结果图形化显示的系统性工作。

相图计算已发展为一门成熟的学科，英文简称为 CALPHAD（calculation of phase diagrams），国际上关于相图计算的专业学术期刊有 *CALPHAD* 和 *Journal of Phase Equalibria*，这些期刊专门发表有关相图测定的实验数据、计算方法以及计算结果。如今已经形成了较为成熟的计算软件和数据库，包括：瑞典皇家理工学院希勒特（Hillert）、桑德曼（Sundman）等开发的计算软件 Thermo-Calc 和相应的数据库（http://www.thermocalc.com）；加拿大蒙特里尔综合理工大学佩尔顿（Pelton）和贝尔（Bale）领导开发的 FactSage 软件及各种材料体系数据库（http://www.factsage.com）；美国威斯康星大学张（Chang）以及陈（Chen）等人开发的 Pandat 软件及其数据库（http://www.computherm.com）。由于相图计算的进展，推动了整个相图研究领域的快速发展。据统计，20 世纪前 25 年，每年仅有约 10 个三元系相图研究报道，到 1950 年前，也仅仅发展到每年发表约 50 个三元体系相图报告。而随着相图计算的发展，到 1990 年，每年发表约 500 个三元系相图。

习 题

1. 写出二元理想溶液、规则溶液和实际溶液的摩尔吉布斯自由能表达式，并说明三者的区别。

2. 讨论亚规则溶液模型中单相固溶体稳定性的关键影响因素。

3. 在 101325Pa 下水的沸点为 100℃，气化热为 40.6kJ/mol，

（1）求 25℃ 时水的蒸汽压。

（2）若某高山上的气压为 79996Pa，求高山上水的沸点。

（3）今有压力为 202650Pa 的饱和水蒸气，求其温度。

4. 甲醇（CH_3OH）的正常沸点为 65℃，气化热为 35.15kJ/mol，由 0.5molCHCl$_3$ 和 9.5molCH$_3$OH 构成的理想溶液的沸点为 62.5℃，试计算在 62.5℃ 时由 1molCHCl$_3$ 和 9molCH$_3$OH 形成溶液的总蒸气压及气相组成。

5. 液体 A 在 319K 时蒸气压为 6666Pa，它比同温下固体 A 的蒸气压高 67Pa。318K 时，该液体的蒸气压又比固体高 133Pa，已知液体 A 的蒸发热 $\Delta_l^g H_m = 37.66$kJ/mol，求①固体 A 的熔点；②固体 A 的熔化热和升华热。

6. A-B 二组分体系，两组分在液态、固态均完全互溶，二者形成固溶体 α 满足理想溶液模型，二者形成高温溶液 l 满足规则溶液模型，且相互作用参数 Ω 为负值。已知高温 T_1 下液相和固相摩尔自由能曲线如第 6 题图所示，画出确定相图所需的其他代表性温度下的自由能曲线以及该体系的相图，并在自由能曲线相图中标出相平衡时两相组成，在相图中标出所画自由能曲线的温度。

7. 设 A 和 B 液相和固相均形成理想溶液，讨论决定固液两相区最大宽度（给定温度下固相和液相浓度差异最大）的因素。

8. Au 和 Si 在固态下完全不互溶、液相下完全互溶，在 636K 时发生共晶转变，共晶转变时液相组成为 $x_{Si} = 0.186$，求共晶转变时液相的摩尔混合吉布斯自由能。已知纯 Au 的熔点为 1338K，摩尔熔化焓为 12600J/mol；纯 Si 的熔点为 1685K，摩尔熔化焓为 50200J/mol；二者的固相和液相比等压热容差异可忽略。

9. 第 9 题图为固相和液相均为规则溶液模型组成的相图，给出不同的相互作用系数 Ω_l 和 Ω_s 之间的大小关系，并给出证明。

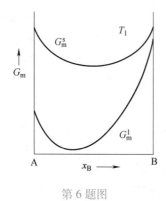

第 6 题图

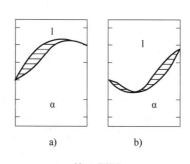

a) b)

第 9 题图

10. A、B 组元固相完全不混溶，液相为完全混溶的理想溶液。A、B 两组元的固相完全不混溶，而液相为完全混溶的理想溶液。线性化合物 AB 的形成能为 $\Delta G_{AB}^{f} = G_{AB}^{*} - G_{A}^{*,s} - G_{B}^{*,s} = -25\text{kJ/mol}$。A、B 的熔点分别为 $T_A = 1000\text{K}$，$T_B = 500\text{K}$。假设 A、B 的熔化熵均为摩尔气体常数 R。求 1200K 下的相组成及平衡浓度。

11. AB 二元系的液相和固相均满足理想溶液模型，其熔点分别为 $T_A = 1000\text{K}$、$T_B = 800\text{K}$，熔化焓分别为 $\Delta H_{A}^{s \to l} = 12\text{kJ/mol}$、$\Delta H_{B}^{s \to l} = 18\text{kJ/mol}$。计算该二元体系固相线和液相线，并画出相图。

12. B 溶解在 A 中形成规则固溶体为 α 相，A 在 B（β 相）中完全不溶解。证明 B 在 α 相的溶解度 x_B^{α} 曲线满足 $x_B^{\alpha} = e^{\left[\frac{(G_B^{*,\beta} - G_B^{*,\alpha}) - (1 - x_B^{\alpha})\Omega_{AB}^{\alpha}}{RT} \right]}$。$\Omega_{AB}^{\alpha}$ 为规则固溶体相互作用系数，$G_B^{*,\beta}$、$G_B^{*,\alpha}$ 分别为 B 在两相中的参考自由能。

第 9 章　相变热力学

　　相是系统中具有相同物理和化学性质的均匀部分，而相变（phase transformation）是指在外部条件（如温度、压力、电场、磁场等）作用下系统中不同相之间的转变过程。当系统中的一个或多个相由于组成相的原子、分子、离子或电子等重新配置而改变其聚集状态、晶体结构、有序度或组成时，材料中就会发生相变。这种重新配置是热力学量的变化导致更稳定状态出现的结果。相变过程中，相关热力学量的微小变化将导致系统性质的显著变化，这种显著变化可表现为：①结构的变化，例如气-液、固-液转变或固相中不同晶体结构间的转变；②化学成分的不连续变化，例如脱溶分解或脱溶沉淀等；③某种物理性质的突变，这可以是某一物理性质的出现或消失，例如铁电、铁磁、超导、超流等，也可以是电子态或原子态的突变，例如金属-非金属转变或液态-玻璃态转变等。

　　相变可用于控制材料的结构和性质，是材料科学的核心内容。材料科学中常见的相变包括固-液相变和固态相变等。凝固和熔化属于固-液相变，而马氏体相变、沉淀析出、同素异构转变等则属于固态相变。相变过程与热力学密切相关，相变驱动力直接由热力学确定。

　　本章主要介绍如何从热力学的角度认识和分析相变过程。首先介绍相变的分类，然后重点分析形核-长大型相变和连续长大型相变，并介绍等自由能线（T_0 线）在热力学分析中的作用，最后简单介绍朗道相变热力学。

9.1　相变的分类

　　相变种类繁多，可按不同方式分类，下面进行简要介绍。

　　（1）按热力学特征分类　各种相变中，有些相变既有相变潜热又有体积变化，如固-液相变、不同晶体结构间的固态相变等；而有些相变既无相变潜热又无体积改变，如超导-常导相变；铁磁-顺磁相变及部分有序-无序转变等。根据这两类相变在热力学上的特征，20世纪30年代，荷兰物理学家埃仑菲斯特（Ehrenfest）提出：如果在相变点温度处，两相的化学势相等，但化学势相对于某个热力学变量（如温度、压力等）的一阶偏导数不连续，就为一级相变；如果开始呈现不连续性的是其 n 阶偏导数，就是 n 级相变。

　　1）一级相变。两相平衡时化学势必然相等，但化学势的一阶偏导数却不一定相等。如果化学势的一阶偏导数在相变点发生突变，则称为一级相变（first-order phase transition），即

$$\begin{cases} \mu_i^\alpha = \mu_i^\beta \\ \left(\dfrac{\partial \mu_i^\alpha}{\partial T}\right)_p \neq \left(\dfrac{\partial \mu_i^\beta}{\partial T}\right)_p \\ \left(\dfrac{\partial \mu_i^\alpha}{\partial p}\right)_T \neq \left(\dfrac{\partial \mu_i^\beta}{\partial p}\right)_T \end{cases} \tag{9.1-1}$$

根据热力学基本关系式，对单组元体系有

$$\begin{cases} \left(\dfrac{\partial \mu}{\partial T}\right)_p = -S \\ \left(\dfrac{\partial \mu}{\partial p}\right)_T = V \end{cases} \tag{9.1-2}$$

所以，在一级相变中某些热力学变量将在相变点发生突变，如熵、体积、焓等，这使得这类相变既有相变潜热产生又有体积变化。图 9.1-1 给出了一级相变临界点处不同热力学性质的变化，除化学势在相变点两侧连续变化外，熵、体积、焓等热力学量均在相变点发生不连续变化，一级相变的一个特点是允许两相共存，而且可以有亚稳态。

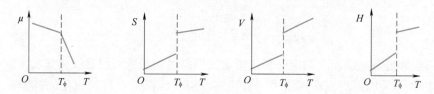

图 9.1-1　一级相变临界点处不同热力学性质的变化

2）二级相变。某些相变中，两相平衡时化学势相等，化学势的一阶偏导数也相等，但其二阶偏导数不相等，此类相变称为二级相变（second-order phase transition），即该相变满足

$$\begin{cases} \mu_i^\alpha = \mu_i^\beta \\ \left(\dfrac{\partial \mu_i^\alpha}{\partial T}\right)_p = \left(\dfrac{\partial \mu_i^\beta}{\partial T}\right)_p \\ \left(\dfrac{\partial \mu_i^\alpha}{\partial p}\right)_T = \left(\dfrac{\partial \mu_i^\beta}{\partial p}\right)_T \end{cases} \tag{9.1-3}$$

$$\begin{cases} \left(\dfrac{\partial^2 \mu_i^\alpha}{\partial T^2}\right)_p \neq \left(\dfrac{\partial^2 \mu_i^\beta}{\partial T^2}\right)_p \\ \left(\dfrac{\partial^2 \mu_i^\alpha}{\partial p^2}\right)_T \neq \left(\dfrac{\partial^2 \mu_i^\beta}{\partial p^2}\right)_T \\ \left[\dfrac{\partial}{\partial T}\left(\dfrac{\partial \mu_i^\alpha}{\partial p}\right)_T\right]_p \neq \left[\dfrac{\partial}{\partial T}\left(\dfrac{\partial \mu_i^\beta}{\partial p}\right)_T\right]_p \end{cases} \tag{9.1-4}$$

在这类相变中，$S_1 = S_2$，$V_1 = V_2$，$H_1 = H_2$，即相变过程中没有热效应，其体积和熵也不发生改变。但化学势的二阶偏导数在相变点发生突变，相关的热力学参数满足

$$\begin{cases} 等压热容:C_p = \left(\frac{\partial H}{\partial T}\right)_p = -T\left(\frac{\partial^2 \mu}{\partial T^2}\right)_p \\[2mm] 热膨胀系数:\alpha = \frac{1}{V}\left(\frac{\partial V}{\partial T}\right)_p = \frac{1}{V}\left[\frac{\partial}{\partial T}\left(\frac{\partial \mu}{\partial p}\right)_T\right]_p \\[2mm] 压缩系数:\beta = -\frac{1}{V}\left(\frac{\partial V}{\partial p}\right)_T = -\frac{1}{V}\left(\frac{\partial^2 \mu}{\partial p^2}\right)_T \end{cases} \tag{9.1-5}$$

图 9.1-2 为二级相变临界点处不同热力学性质的变化,可见二级相变时既无相变潜热,又无体积改变。但两相的等压热容、热膨胀系数和压缩系数将在临界点处发生突变,因此热容的变化曲线常用于判断相变过程是否属于二级相变。典型二级相变有超流转变、超导转变、铁磁-顺磁转变以及部分有序-无序转变等。由于相变时二级相变系统的宏观状态不发生突变,而且是连续变化的,因此二级相变又称连续相变。

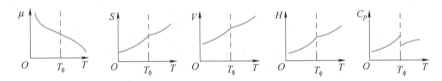

图 9.1-2 二级相变临界点处不同热力学性质的变化

按照一级相变和二级相变的定义,还可定义更高级的相变,但高级相变非常少见,在凝聚态物理中玻色-爱因斯坦凝聚现象为三级相变,但这也仅是一种理想化的模型,三级及三级以上相变的实际物理系统至今尚未发现。

（2）按相变空间方式分类

1）形核-长大型相变。又称为非匀相转变,是由振幅较大、空间范围较小的浓度起伏开始,形成新相核心及核心后续长大而完成的相变过程。形核长大类相变通常需一定过冷度,而不能在相变点处发生。在一定驱动力下,空间上呈现不连续点状形核,最终形核点长大连接到一起完成相变过程。绝大部分实际观测到的相变均属于形核-长大型相变,如凝固、沉淀相析出、马氏体相变等。

2）连续长大型相变。也称为匀相转变,是从振幅较小、空间范围较大的浓度起伏连续地长大形成新相。连续型相变无需形核,故不需要提供驱动力便可完成相变初始过程,从而可在相变点温度发生。相变在体系的整体范围内同时发生,直到相变完成。调幅分解属于连续长大型相变。

（3）按原子迁移特征分类

1）扩散型相变。相变过程受扩散控制,相变依靠原子的扩散迁移而进行。相变过程中新相和母相的平衡成分存在差异,新相长大需要排出或吸收溶质,界面前沿存在溶质边界层。溶液中析出晶体、气-固和固-液相变、有序-无序转变等相变均属扩散型相变。

2）无扩散型相变。相变过程中新相和母相成分一致,无需成分扩散。该类相变主要是低温下纯金属（如 Zr、Ti、Co 等）的同素异构转变及一些合金（如 Fe-C、Fe-Ni、Cu-Al 等）中的马氏体转变。马氏体相变由晶体的整体切变完成,而同素异构转变通常由界面的原子重排迁移完成。

（4）按晶体结构变化特征分类　多数固态相变涉及晶体学结构的变化，据此相变可分为：

1）重构型相变。重构型相变中原来的结构拆散成许多小单元，再重新组合起来，原子近邻的拓扑关系不复保留，相变过程涉及大量化学键的破坏，例如方石英-鳞石英的相变。

2）位移型相变。该类相变中，相变前后原子位移较小，新相与母相间存在晶体学关系。一般的位移型相变以晶胞中各原子之间发生少量的相对位移为主，但也引起少量的晶格畸变，例如铁电相变。同时也存在以晶格畸变为主，并可能涉及晶胞内原子相对位移的位移型相变，例如马氏体相变。

9.2　形核-长大型相变热力学

形核-长大型相变是材料相变过程中最常见的一种，凝固、沉淀相析出等均属于这一类相变。下面从形核和生长两个阶段来分析该类相变的驱动力。

9.2.1　形核驱动力

对于形核-长大型相变，材料发生相变时，往往在形成新相前出现结构及浓度起伏，形成晶胚，晶胚越过形核势垒后再成为新相晶核，继而长大，完成相变过程。经典形核理论认为，形核时系统自由能变化包括体积自由能变化和表面自由能变化两部分。体积自由能变化指晶核从一相转变为另一相的吉布斯自由能变化，是形核驱动力；而表面自由能变化指新出现的两相界面所导致的能量增加，是形核的阻力。

（1）无成分变化　首先讨论的是单一组分系统（元素或化合物）中的相变。以纯物质凝固为例，当系统温度低于纯物质的熔点 T_m 时，固相自由能小于液相自由能，原始液相可形成固相晶核。通过分析固相和液相的吉布斯自由能随温度的变化，可以获得晶核出现前后的能量差异，也就是形核驱动力。假设晶核中包含 n mol 原子，则形核驱动力为

$$\Delta G^{l \to s} = G^s - G^l = nG_m^s - nG_m^l \tag{9.2-1}$$

进一步根据吉布斯自由能的表达式，摩尔形核驱动力可表示为

$$\Delta G_m^{l \to s} = G_m^s - G_m^l = \Delta H_m^{l \to s} - T\Delta S_m^{l \to s} \tag{9.2-2}$$

如果系统温度 T 在熔点温度 T_m 附近时，忽略固液两相热容的差异，则形核驱动力可近似表示为

$$\Delta G_m^{l \to s} = \Delta H_m^{l \to s} \frac{T_m - T}{T_m} \tag{9.2-3}$$

由此可见，形核驱动力是相变焓和温度的函数，且与过冷度 $\Delta T = T_m - T$ 成正比。因此，如果要促进形核，则需降低系统温度使形核驱动力增加。纯物质固-液相变过程中两相自由能随温度的变化及形核驱动力如图 9.2-1 所示，由图可见随着温度的降低，两相自由能差异逐渐增加，驱动力逐渐增大。

形核过程中，固-液界面的出现给系统带来界面能的增加，这不利于系统整体自由能的降低，会阻碍形核的发生。所以，形核阻力是由于固-液界面所带来的界面能项，该项可表

示为 $\sigma_{sl}A$。这样，系统的总自由能改变量可表示为

$$\Delta G_{nucl} = V\Delta G_m + \sigma_{sl}A \qquad (9.2\text{-}4)$$

式中，ΔG_m 为化学驱动力；σ_{sl} 为固-液界面能；V 和 A 分别为晶核的体积和表面积。

均质形核是指在均一液相中，直接通过液相本身的结构起伏和能量起伏形成新相核心的过程，也称自发形核或均匀形核。凝固过程中均质形核不借助于低界面能杂质，晶核形状完全由界面能决定（应变能可忽略）。当界面能各向同性时，晶核形状为球形，假设该球形晶核的半径为 r，则式（9.2-4）可以表示为

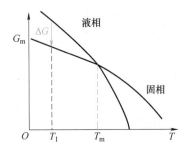

图 9.2-1　纯物质固-液相变过程中两相自由能随温度的变化及形核驱动力

$$\Delta G_{nucl} = \frac{4}{3}\pi r^3 \Delta G_m + \sigma_{sl}4\pi r^2 \qquad (9.2\text{-}5)$$

图 9.2-2 给出了形核过程中体自由能、界面能以及系统自由能随晶核半径 r 的变化情况。由图 9.2-2 可知，ΔG_{nucl} 曲线存在一个临界晶核半径 r^*。当 $r<r^*$，ΔG_{nucl} 随着 r 的增大而增大；当 $r>r^*$，ΔG_{nucl} 随着 r 的增大而减小。因此，只有尺寸大于 r^* 的晶核才可以继续长大。而临界晶核半径 r^* 可以通过对式（9.2-5）求极值获得，即

$$r^* = \frac{2\sigma_{sl}}{\Delta G_m} \qquad (9.2\text{-}6)$$

将 r^* 代回至式（9.2-5）即可求出图 9.2-2 中的临界形核半径 r^* 所对应的晶核表面积 A^* 和临界形核自由能 ΔG^*，分别为

$$A^* = 4\pi(r^*)^2 = 16\pi\frac{\sigma_{sl}^2}{\Delta G_m^2} \qquad (9.2\text{-}7)$$

$$\Delta G^* = \frac{16}{3}\pi\frac{\sigma_{sl}^3}{\Delta G_m^2} = \frac{1}{3}A^*\sigma_{sl} \qquad (9.2\text{-}8)$$

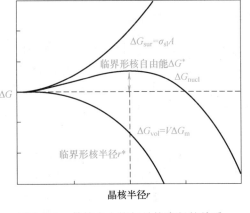

图 9.2-2　晶核自由能与晶核半径的关系

可见，临界形核自由能是表面能的 1/3，这意味着相变驱动力只能供给形成临界晶核所需克服界面能的 2/3，而其余 1/3 的能量则依赖于原子热运动的能量起伏。

另外，某些合金体系中，相变前后新相和母相的成分相同，也属于无成分变化相变。如图 9.2-3 所示，母相 α 和新相 β 浓度均为 x_0。形核后，1mol 新相 β 晶核中的原子组成为 x_0 mol B+$(1-x_0)$ mol A，相应晶核自由能为 $G_m = G_m^\beta(x_0)$。形核前原子集团（α 相）的原子组成同样为 x_0 mol B+$(1-x_0)$ mol A，形核前原子集团的自由能 $G_m = G_m^\alpha(x_0)$。所以，形核驱动力为两相自由能在该浓度处的差异，即 $\Delta G_m = G_m^\beta(x_0) - G_m^\alpha(x_0)$。

（2）相变前后有浓度变化　当晶核的浓度与母相浓度不同时，形核驱动力的计算需考虑浓度变化而引起的自由能差异。沉淀相析出是物理冶金领域最常见的浓度改变的相变过程，下面以沉淀相析出为例，说明相变前后有浓度变化时形核驱动力的计算。

如图 9.2-4 所示，高温时 α 固溶体相稳定存在，当温度降低时，α 固溶体呈过饱和状态，过饱和固溶体 α 相中将析出另一种结构的 β 相，同时母相 α 由原始浓度变为与 β 相平

衡共存的新浓度，即 $\alpha(x_0) \rightarrow \beta(x_\beta) + \alpha(x_\alpha)$。

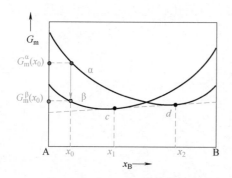

图 9.2-3　新相 β 和母相 α 浓度相同时，
α→β 相变形核驱动力示意图

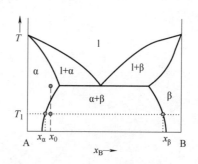

图 9.2-4　沉淀相析出的相变过程

该类相变过程形核驱动力的具体分析如图 9.2-5 所示。初始母相 α 浓度为 x_1，新相 β 形核时浓度为 x_2。此时，形核驱动力的计算不能简单地认为是两相自由能在浓度 x_1 和 x_2 处的差异，而要从形核过程中浓度的调整和化学势的变化来处理。

首先考察新相晶核的自由能。假设包含 1mol 原子的 β 相晶核，其组成为 x_2 mol B+$(1-x_2)$ mol A，晶核吉布斯自由能为 $G_m = G_m^\beta(x_2)$（图 9.2-5 中的 c 点）。根据物质守恒条件，形核前原子集团（α 相）的组成依然为原子集团 x_2 mol B+$(1-x_2)$ mol A，每一个原子对 α 相系统自由能的贡献需按其在 α 相中的化学势进行计算。由于形核前原子集团中每个原子的化学势与母相中原子的化学势相等，因此其自由能为

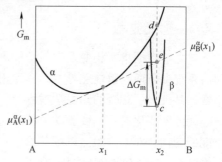

图 9.2-5　新相 β 和母相 α 浓度不同时，
α→β 相变形核驱动力示意图

$$G_m = (1-x_2)\mu_A^\alpha(x_1) + x_2\mu_B^\alpha(x_1) \qquad (9.2-9)$$

如图 9.2-5 所示，其自由能应为图中的 e 点，而不是 d 点，也不是 x_1 处母相的自由能，即 $G_m \neq G_m^\alpha(x_2) \neq G_m^\alpha(x_1)$。其形核驱动力应为图中 c 点和 e 点的距离，即

$$\Delta G_m = G_m^\beta(x_2) - (1-x_2)\mu_A^\alpha(x_1) - x_2\mu_B^\alpha(x_1) \qquad (9.2-10)$$

由于晶核尺寸非常小，故在形核过程中晶核所占整个系统的摩尔分数也非常小，这相当于从无穷大系统中取出少量的 A 原子和 B 原子，所以形核引起的基体相浓度变化及能量变化可以忽略，仅考虑晶核相变前后的能量变化。需要说明的是，此处分析假设直接从母相中形成具有一定浓度的晶核，即先有浓度的调整，再有结构相变发生。然而实际形核过程中，晶核浓度和结构的调整可能同时进行，形核驱动力与形核过程中的浓度和结构调整相关，在此不做考虑。

以上分析表明，也可基于自由能随浓度变化的曲线 G_m-x，通过图解法来计算形核驱动力。具体方法如下：在母相自由能曲线的原始浓度处绘制切线，该切线到新相自由能曲线中新相晶核浓度处的垂直连线即为形核驱动力。图 9.2-6 给出了图解法计算形核驱动力示意图。图中，x_0 为初始母相浓度，首先通过该处 α 相的自由能曲线绘制公切线获得该浓度下 A 和 B 组元的化学势；然后通过公切线法则获得析出的新相平衡浓度 x_β，该浓度处

自由能差 $\Delta G^{\alpha \to \beta}$ 即为 β 相的形核驱动力。同理，对于亚稳相 γ，也可获得其形核驱动力 $\Delta G^{\alpha \to \gamma}$。如图 9.2-6 所示，亚稳相的形核驱动力有可能比稳定相更大，因此某些情况下亚稳相更容易形核。

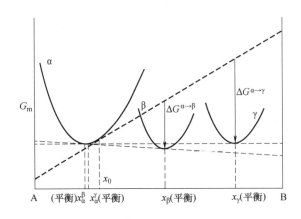

图 9.2-6　图解法计算形核驱动力示意图

9.2.2　相变驱动力

热力学判据指明相变发生与否取决于相变前后系统整体吉布斯自由能的变化情况。相变前后系统吉布斯自由能差异 $\Delta G_m^{\alpha \to \beta}$ 为相变驱动力，相变驱动力是温度、压力以及两相组成的函数，其决定了相变的动力学过程。

无浓度变化时，相变驱动力计算与形核驱动力相同，即相变驱动力为系统摩尔吉布斯自由能的变化。对于单组分系统相变，以纯物质凝固为例，相变驱动力 $\Delta G_m = G_m^s - G_m^l = \Delta G_m^{l \to s}$，其中，$\Delta G_m^{l \to s} = \Delta H_m^{l \to s} - T \Delta S_m^{l \to s}$。对于合金的无扩散相变，如马氏体转变、块体转变等，若母相 α 和新相 β 浓度均为 x_0，相变前（α 相）$G_m = G_m^\alpha(x_0)$，相变后（β 相）$G_m = G_m^\beta(x_0)$，则相变驱动力为 $\Delta G_m = G_m^\beta(x_0) - G_m^\alpha(x_0)$。

对于相变前后有浓度变化的情形，相变后新系统由平衡共存的两相组成，其相变驱动力与形核驱动力明显不同，原因在于形核占整个母相的比例非常小，故可认为母相的成分不变，而相变时母相的成分在相变前后会发生显著变化，这将显著影响相变驱动力。下面以沉淀相析出为例，说明有浓度变化时相变驱动力的计算。

沉淀相析出过程的自由能曲线及相变驱动力计算示意图如图 9.2-7 所示。首先计算相变前系统的吉布斯自由能。假设 1mol 的 α 相中析出 β 相，相变前 1mol α 相（浓度 x_0）的组成为：x_0 mol B 原子 + $(1-x_0)$ mol A 原子，此时自由能为图 9.2-7 中的 c 点，可采用化学势表示为

$$G_m(相变前) = x_0 \mu_{B(x_0)}^\alpha + (1-x_0) \mu_{A(x_0)}^\alpha \qquad (9.2\text{-}11)$$

相变后系统构成为：β 相（浓度 x_B^β）+ α 相（浓度 x_B^α）。

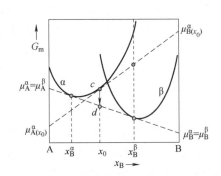

图 9.2-7　沉淀相析出过程的自由能曲线及相变驱动力计算示意图

相变后系统中平衡共存的两相满足化学势相等，即 $\mu_B^{\alpha} = \mu_B^{\beta}$ 及 $\mu_A^{\alpha} = \mu_A^{\beta}$。由于相变后的化学势与相变前并不相同，求解系统的吉布斯自由能比较麻烦。传统方法是通过杠杆定律求出两相的摩尔分数，并根据两相的吉布斯自由能求出总的自由能。另外一种方法是，考虑 A、B 原子总数在相变前后守恒，根据两相混合物的吉布斯自由能求解法则，相变后系统的总自由能可直接采用系统总浓度与化学势算出，即为图中的 d 点，则

$$G_m(\text{相变后}) = x_0\mu_B^{\alpha} + (1-x_0)\mu_A^{\alpha} \qquad (9.2\text{-}12)$$

因此相变驱动力可以表示为图 9.2-7 中点 c、d 之间的距离，具体表达式为

$$\Delta G_m = x_0\left[\mu_B^{\alpha} - \mu_{B(x_0)}^{\alpha}\right] + (1-x_0)\left[\mu_A^{\alpha} - \mu_{A(x_0)}^{\alpha}\right] \qquad (9.2\text{-}13)$$

如果 α 相满足理想溶液，则 B 组元相变前后在 α 相中的化学势分别为：$\mu_{B(x_0)}^{\alpha} = G_{m,B}^{*,\alpha} + RT\ln x_0$，$\mu_B^{\alpha} = G_{m,B}^{*,\alpha} + RT\ln x_B^{\alpha}$；而 A 组元相变前后在 α 相中的化学势分别为 $\mu_{A(x_0)}^{\alpha} = G_{m,A}^{*,\alpha} + RT\ln(1-x_0)$，$\mu_A^{\alpha} = G_{m,A}^{*,\alpha} + RT\ln(1-x_B^{\alpha})$。

将化学势的表达式代入式（9.2-13）中，可以计算出满足理想溶液的母相中析出沉淀相的热力学驱动力为

$$\Delta G_m = x_0 RT\ln\frac{x_B^{\alpha}}{x_0} + (1-x_0)RT\ln\frac{1-x_B^{\alpha}}{1-x_0} \qquad (9.2\text{-}14)$$

对于实际溶液，化学势应采用相应的活度表示，其沉淀相析出的驱动力为

$$\Delta G_m = x_0 RT\ln\frac{a_B^{\alpha}}{a_{B(x_0)}^{\alpha}} + (1-x_0)RT\ln\frac{a_A^{\alpha}}{a_{A(x_0)}^{\alpha}} \qquad (9.2\text{-}15)$$

由于沉淀相析出是扩散控制相变，实际相变过程中相界面两侧为相变后的平衡浓度，母相中存在扩散形成的溶质边界层。在初始浓度时，相变驱动力为式（9.2-15）计算的结果，相变的驱动力用于维系扩散过程。但在相变后期，剩余母相的浓度逐渐接近相平衡时母相的浓度，其相变驱动力逐渐降低，这表明整个相变过程中，相变驱动力与扩散过程密切相关。

9.3　连续长大型相变热力学

连续长大型相变是由振幅较小、空间范围较大的浓度起伏连续地长大而形成新相。因为无需形核，所以相变可在相变点发生。调幅分解（spinodal 分解）是一种典型的扩散型连续相变，下面以调幅分解为例来说明连续长大型相变的热力学描述。

调幅分解过程中母相成分的自发涨落使浓度振幅不断增加，均相固溶体最终自发地分解成结构相同而浓度不同的两相固溶体。该类相变的特点是直接由浓度起伏而连续长大为新相，也称为失稳分解。图 9.3-1 给出了调幅分解形成的典型组织形态，两相呈无规则的连通状结构。调幅分解在材料中普遍存在，如永磁合金中大多都有调幅分解现象，故调幅分解在设计高性能磁性合金中具有重要应用；Cu-Al 合金脱

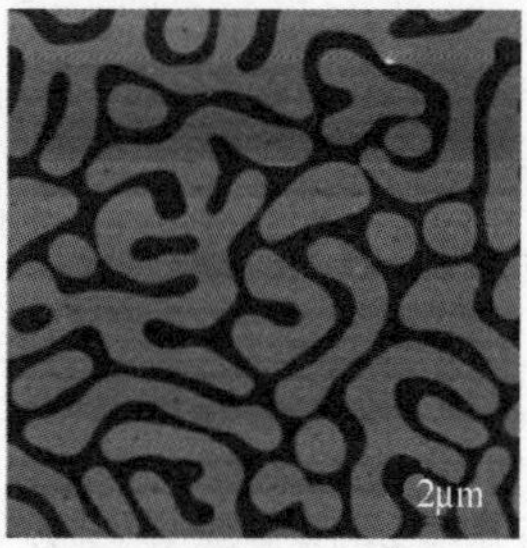

图 9.3-1　调幅分解形成的
典型组织特征

溶形成的 G-P 区也是亚稳相的调幅分解。

9.3.1 调幅分解的热力学条件

调幅分解的热力学条件可通过吉布斯自由能随浓度变化曲线分析得到。固溶体的吉布斯自由能曲线形态取决于组元间的相互作用能，当不同组元间的相互作用能为负时，自由能曲线上凹。此时，在任何初始浓度的母相中，微弱的浓度起伏将自动消退，如图 9.3-2a 所示。而当系统不同组元间的相互作用能为正时，在一定温度条件下，自由能曲线发生凹凸性转变。在上凹曲线范围内的浓度对应的母相中，任意小的浓度起伏将使系统的自由能升高，导致其不能自发增益，此时发生相变需借助形核来实现。而上凸曲线对应浓度的母相中，任意小的浓度起伏将导致系统整体自由能的自发降低，因此浓度起伏可不断发展，最终分解为平衡的两相组织，如图 9.3-2b 所示。

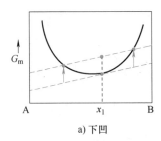
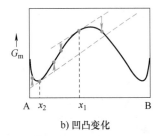

a) 下凹　　　　　　　b) 凹凸变化

图 9.3-2　固溶体自由能曲线的稳定性分析

因此，对于具有正混合焓的规则溶液，必存在一个临界温度 T_c，高于此温度时，各组元完全混溶，而低于此温度时，系统由两种溶液混合而成，即存在不混溶区。不混溶区与完全混溶区的边界称为双节线（Binodal line），如图 9.3-3 下图中实线所示，双节线是单相区（稳定区）与两相区（亚稳区）的边界。浓度在自由能曲线两个凹凸拐点之间的合金，会自发地不断失稳分解，直至两相平衡。在临界温度以下可发生失稳分解的临界浓度点称为调幅点，该点由吉布斯自由能曲线的凹凸性拐点决定，数学描述为

$$\frac{\partial^2 G_m}{\partial x_B^2} = 0 \qquad (9.3\text{-}1)$$

相图中不同温度下调幅点的连线即调幅分解线，也称为旋节线，如图 9.3-3 中下图虚线所示，它是亚稳区与不稳定区的分界线。

调幅分解线内侧区域 $\frac{\partial^2 G_m}{\partial x_B^2}<0$，为不稳定区，此区域内发生的相变为调幅分解，此时过饱和固溶体 α 中任何微小的浓度起伏都会使 α 分解为富 A 和富 B 的两相，引起体积自由能的下降。由于浓度起伏在固溶体

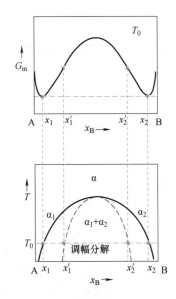

图 9.3-3　根据自由能曲线拐点确定调幅分解区域

中总会随机存在，过拐点线内侧的固溶体发生分解时，不需要克服热力学势垒，无须形核，而直接由上坡扩散引起的浓度增大就可导致新相的生成。而在调幅分解线外侧区域 $\dfrac{\partial^2 G_m}{\partial x_B^2} > 0$，此区域为亚稳区域，发生的相变属于形核-长大机制。此时，过饱和固溶体中任何微量的浓度起伏都会使系统自由能升高，所以拐点线以外的母相要分离成浓度不同的两相，需存在较大的浓度起伏。此时在母相内浓度梯度的作用下，会引起溶质原子的下坡扩散。

9.3.2　调幅分解临界条件

下面以规则溶液模型为例，推导调幅分解线及临界温度 T_c 等临界条件。对二元规则溶液，其摩尔吉布斯自由能可表达为

$$G_m = x_A G_{m,A}^* + x_B G_{m,B}^* + RT(x_A \ln x_A + x_B \ln x_B) + \Omega x_A x_B \tag{9.3-2}$$

根据临界条件式（9.3-1）可得

$$-2\Omega + RT\left(\frac{1}{x_B} + \frac{1}{1-x_B}\right) = 0$$

进一步整理可得

$$2\Omega x_B(1-x_B) = RT \tag{9.3-3}$$

式（9.3-3）表示自由能曲线拐点浓度随温度的变化情况，对应于图 9.3-3 中的虚线。如果相互作用系数 Ω 为常数（对二元合金，调幅分解存在的条件是组元间相互作用为正，即排斥作用，所以 $\Omega > 0$），调幅分解曲线 $x_B \sim T$ 为一开口向下的抛物线，且顶点在 $x_B = 1/2$ 处，对应于调幅分解发生的临界温度为

$$T_c = \frac{\Omega}{2R} \tag{9.3-4}$$

低于该温度时，将出现调幅分解区。

而在亚规则溶液中，相互作用系数 Ω 是温度和浓度的函数，两相分离曲线则会呈现非规则形状，甚至会出现倒立型的调幅分解曲线。进一步假设 $\Omega = \Omega_0 + \Omega_1 T$，忽略浓度的影响，则有

$$2(\Omega_0 + \Omega_1 T) x_B(1-x_B) = RT \tag{9.3-5}$$

因此，此时 $x_B \sim T$ 并非抛物关系，但调幅分解线的顶点温度仍在 $x_B = 1/2$ 处，此时

$$T_c = \frac{\Omega_0}{2R - \Omega_1} \tag{9.3-6}$$

为确定调幅分解曲线 $x_B \sim T$ 的开口方向，对其进行凸凹性分析，对式（9.3-5）求 x_B 的二阶导，可得

$$2\Omega_1 x_B(1-x_B)\frac{d^2 T}{dx_B^2} + 4\Omega_1(1-2x_B)\frac{dT}{dx_B} - 4(\Omega_0 + \Omega_1 T) = R\frac{d^2 T}{dx_B^2} \tag{9.3-7}$$

又因为，$T = T_c$ 时，$dT/dx_B = 0$，所以 $x_B = 1/2$ 时

$$\left(\frac{d^2 T}{dx_B^2}\right)_{T_c} = -\frac{8(\Omega_0 + \Omega_1 T_c)}{2R - \Omega_1} = \frac{16RT_c}{\Omega_1 - 2R} = -\frac{16R\Omega_0}{(\Omega_1 - 2R)^2} \tag{9.3-8}$$

根据上式可知，当 $\left(\dfrac{\mathrm{d}^2 T}{\mathrm{d}x_\mathrm{B}^2}\right)_{T_c} < 0$ 时，即 $\Omega_0 > 0$（此时还需满足 $T_\mathrm{c} > 0$，即 $\Omega_1 < 2R$），调幅分解曲线开口向下，为正常的两相分离线；而当 $\left(\dfrac{\mathrm{d}^2 T}{\mathrm{d}x_\mathrm{B}^2}\right)_{T_c} > 0$ 时，即 $\Omega_0 < 0$（此时还需满足 $T_\mathrm{c} > 0$，即 $\Omega_1 > 2R$），调幅分解曲线开口向上，即出现倒立型两相分离线。图 9.3-4 为不同相互作用系数 Ω 下的调幅分解曲线，当 $\Omega_0 < 0$、$\Omega_1 > 2R$ 时，调幅分解曲线开口向上。而当 $\Omega_0 = 0$ 时，$T_\mathrm{c} = 0$，调幅分解曲线退化为两条平行线。

三元合金中也存在类似相分离区域，不同的是多元系统中，即使相互作用系数都是负的，也有可能出现相分离，其相分离的判定则需利用多元函数自由能二阶导数海森矩阵（Hessian matrix）的正定性来判定。

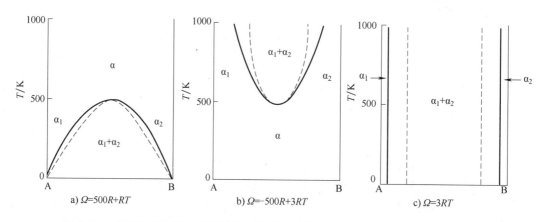

图 9.3-4　相互作用系数 Ω 为温度的函数时，计算所得的两相分离线和调幅分解线

9.4　T_0 线及其应用

9.4.1　T_0 线

T_0 线是热力学中一条特殊的线，它是不同温度下母相与新相摩尔吉布斯自由能相等的各点成分连线，也称为等自由能线。T_0 线在理解和预测可能发生的相变方面具有重要作用，可帮助确定相变路径。相图上等自由能线（T_0 线）可用于判断高温相的哪些成分可以转变为具有不同晶体结构但相同成分的低温相，这对分析马氏体转变、块体转变及非晶转变等无扩散相变非常重要。

考虑图 9.4-1 所示的相图和在温度为 T' 时的平衡吉布斯自由能曲线，左侧相图中的虚线就分别代表了 α 相和 γ 相及 β 相和 γ 相的等自由能线，即为 T_0 线。假设成分为 x_1 的 γ 相从单相区淬火到温度 T'，此时可能发生的相变有两种可能，一是 γ 相在成分不改变的情况下直接转变为 α 相；二是 γ 相分解为平衡的 α+β 两相混合物。但如果是成分为 x_2 的 γ 相从单相区淬火到温度 T'，此时仅有一种可能，即 γ 相分解为平衡的 α+β 两相混合物。那么究竟是什么原因会造成这种差异呢？

如图 9.4-1 所示，成分为 x_1 时，γ 相的自由能（图中表示为 S' 点）高于同成分 α 相的吉布斯自由能（图中表示为 E' 点），所以随着自由能的降低，γ 相可直接转变为 α 相而到达 E' 点，即 γ 相可在不改变其成分的情况下直接转变为 α 相。这种相变称为无扩散相变，因为完成相变不需要原子的长程扩散，但由于两相结构不同，所以这种转变中晶体结构必须发生变化。而在成分为 x_2 时，γ 相的自由能（图中的 S 点）小于该成分 α 相的自由能（图中的 R 点）。因此，此时 γ 相不能转变为具有相同成分的 α 相，而只能分解为平衡的 $\alpha+\beta$ 两相混合物。

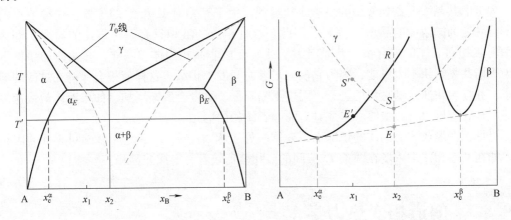

图 9.4-1　二元合金相图中 α 相和 γ 相、β 相和 γ 相的 T_0 线及 T' 温度下各相的吉布斯自由能曲线

9.4.2　T_0 线的应用

（1）马氏体相变　在某些成分的合金钢中，如果将合金温度保持在高温奥氏体（γ）相区内，并快速淬火至低温，将生成四方相 α'（即马氏体）。该相与体心立方（BCC）α 相有关，但由于新相在特定位置捕获了碳原子，使得晶体结构有些扭曲，从而降低了其对称性，这种较低对称性的 α' 相可极大地提高合金的强度。淬火处理后，马氏体不是平衡相，如果给予足够的温度和时间，马氏体将分解成平衡的 $\alpha+Fe_3C$ 相。

马氏体相变是一种典型的非扩散相变，即马氏体的浓度与母相浓度相等。所以可以采用 T_0 线来判断哪些浓度下可以发生马氏体相变以及马氏体相变温度（马氏体点）。由于马氏体相变要克服的阻力（如界面能、弹性能）较大，需要较大的驱动力，所以马氏体点要比 T_0 线温度低得多。不过，马氏体点是以 T_0 线为根据来分析的，T_0 线的走向也决定了马氏体点的走向。

（2）块状转变　使用 T_0 线研究的另一种固态转变是块状转变，因块状转变具有"块状"微观组织的特征而得名。20 世纪 30 年代，对 Cu-Zn 和 Cu-Al 合金的研究中首次发现了这种转变。再次考虑图 9.4-1 所示的自由能曲线，如果 γ 相的成分位于 α 相和 γ 相自由能曲线交点（T_0）浓度的左侧，那么低温 α 相只能由高温 γ 相形成，γ 相（S' 点）直接形成相同浓度（E' 点）的晶体相。同理对于 β 相，只有当 γ 相的浓度大于 γ 和 β 自由能曲线交点时，才能形成 β 相。

（3）非晶转变　T_0 线的另一个应用是可以帮助了解哪些合金从液态快淬时能够形成非晶相。非晶相是过冷熔体在快速冷却时因其黏度快速增加而被冻结形成的一种特殊组织。考虑如图 9.4-1 所示的二元共晶相图及其吉布斯自由能曲线图。如果浓度为 S' 点的液体快速骤冷至温度 T'，它有以下几种可能情形：①转变为 α 相和 β 相的平衡混合物；②转变为非晶相固体；③转变为相同浓度的晶态 α 固相。

情形①不太可能发生，因为淬火时冷却速度非常快，没有足够的时间进行分解并形成两种浓度完全不同的固相。情形②和情形③均有可能发生，但由于液相直接转化为相同浓度的晶态固相，其自由能变化（相变驱动力）较大，所以情形③更有可能，这种凝固有时称为同成分凝固。

现考虑共晶浓度点处液相的快速冷却过程，由于其相对于 T_0 线的位置，这种浓度的液相不能转变为同浓度的晶态 α 固相。因此，这种组成的液相只有两种可能的转变，即转变为平衡 α 相和 β 相的混合物（共晶组织）或转变成非晶相固体。同样，在快淬的条件下转变为平衡共晶组织不太可能，因为它没有足够时间发生扩散。这样液相会保持在过冷的熔体状态，并随着快速冷却过程的进行，温度不断降低，黏度会逐渐增加，如果液体被快速冷却到非晶转变温度以下，最终会形成具有非晶态结构的固相。

可见，在形成非晶固体的情况下，液体应处于相对于 T_0 线不允许形成同成分的固相位置，如在共晶相图中浓度在两条 T_0 线间的液相就比较容易形成非晶相。

9.5 朗道相变热力学

前面讨论的凝固、相析出、调幅分解等相变都属于一级相变，本节将介绍可以处理一级相变及高级相变的朗道（Landau）相变热力学模型。20 世纪 30 年代末，朗道提出用描述系统重要特征（如自旋、力矩、密度、应变等）的参量 η 来表征相变，并定义这种参量为序参量。通常，在临界温度 T_c 以下的相，对称性较低、有序度较高、序参量非零；而在临界温度以上的相，对称性较高、有序性较低、序参量为零。随着温度的降低，序参量在临界点连续地从零变到非零。所以序参量在临界点附近变化的方式是对相变进行分类的重要依据。朗道提出通过自由能在临界点附近的展开方式，并应用自由能极小的条件求出序参量的解，计算出各个临界指数，从而描述相变热力学。朗道的连续相变理论是建立在平均场近似的基础上的，其理论形式简单、概括性强，不仅是理解连续相变的必要基础，而且也成功地应用到多种一级相变分析中。

在朗道相变热力学模型中，序参量对系统热力学的影响是通过自由能中的过剩自由能项来描述，将有序（$\eta \neq 0$）和无序（$\eta = 0$）两种状态的过剩自由能 $G^{ex}(\eta)$ 在临界点附近用序参量 η 的幂级数来表示，即

$$G^{ex}(\eta) = G(\eta \neq 0) - G(\eta = 0) = A\eta^2 + B\eta^3 + C\eta^4 + D\eta^5 + E\eta^6 \cdots \qquad (9.5\text{-}1)$$

式中，系数 A、B、C 等为温度 T 和压力 p 的函数。在恒定压力下，系数 A 为温度的线性函数，可表示为

$$A = a(T - T_c) \qquad (9.5\text{-}2)$$

式中，系数 a 为正的常数。系数 B、C、D 和 E 在第一近似中视为常数。可以看出，系数 A 的值在临界温度 T_c 时会发生符号改变，即 $T > T_c$ 时，$A > 0$；$T = T_c$ 时，$A = 0$；$T < T_c$ 时，$A < 0$。而且系数 A 正比于 $\eta = 0$ 时曲线 $G^{ex}(\eta) \sim \eta$ 的曲率，$A > 0$ 时，该点曲率为正值。

9.5.1　二级相变的描述

描述二级相变时，朗道自由能展开式可仅保留二次及四次幂项，此时 $A=a(T-T_c)$，$C>0$，$B=D=E=0$。此时过剩自由能变为

$$G^{ex}(\eta)=a(T-T_c)\eta^2+C\eta^4 \tag{9.5-3}$$

图 9.5-1a 给出了不同温度条件下 $G^{ex}(\eta)$ 随序参量 η 的变化情况，图中 $T_1>T_2>T_c>T_3>T_4$。可见，温度高于 T_c 时（如 T_1 和 T_2），$G^{ex}(\eta=0)$ 为唯一最小值，此时稳定相是无序相；温度为 T_c 时，$G^{ex}(\eta=0)$ 的曲率等于零，这意味着此时无序相变得不稳定；而在 T_c 温度以下时（如 T_3 和 T_4），出现了两个非零序参量的极值状态。

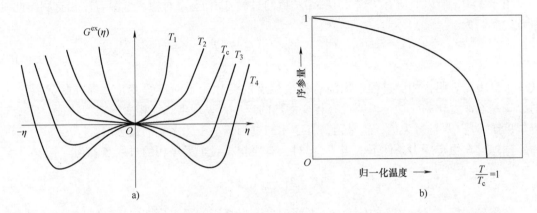

图 9.5-1　朗道自由能展开式 2-4 型过剩吉布斯自由能曲线及其序参量与归一化温度的关系曲线

平衡条件下，过剩自由能的极小值可通过式（9.5-3）对 η 求一阶导获得，即

$$\frac{\partial G^{ex}(\eta)}{\partial \eta}=2a(T-T_c)\eta+4C\eta^3=0 \tag{9.5-4}$$

上述方程的解为

$$\eta_{eq}=0 \ \text{及} \ \eta_{eq}^2=-\frac{a(T-T_c)}{2C} \tag{9.5-5}$$

进一步假设 $T=0$ 时，$\eta=1$（根据热力学第三定律，该假设是合理的），此时有 $T_c=2C/a$，因此

$$\eta_{eq}^2=\frac{T_c-T}{T_c}=1-\frac{T}{T_c} \tag{9.5-6}$$

式（9.5-6）表明两个解 $+\eta_{eq}$ 和 $-\eta_{eq}$ 绝对值相等，且分别对应于低温相的不同区域，如图 9.5-1a 所示。

$T>T_c$ 时，方程只有一个实数解，即 $\eta=0$。对 $G^{ex}(\eta)$ 求二阶导，可得

$$\frac{\partial^2 G^{ex}(\eta)}{\partial \eta^2}=2a(T-T_c)+12C\eta^2 \tag{9.5-7}$$

则

$$\left(\frac{\partial^2 G^{ex}(\eta)}{\partial \eta^2}\right)_{\eta=0}=2a(T-T_c)>0 \tag{9.5-8}$$

式（9.5-8）表明，当温度高于临界温度 T_c 时，在极值点 $\eta = 0$ 处的二阶导数大于零，说明此处自由能是下凹的，表明无序相在 T_c 温度以上是稳定的。当温度低于临界温度 T_c，此时高温相变得不稳定，温度的任何进一步下降都将导致向有序相连续相变。图 9.5-1b 给出了平衡序参量值随归一化温度 T/T_c 的变化情况，序参量在临界温度附近连续变化，这也是二级相变的特征之一。

该连续相变与二级相变的行为基本一致，下面进一步简要说明。通过将 η 的平衡值代入式（9.5-3），可得 $T<T_c$ 时的过剩吉布斯自由能 G^{ex} 为

$$G^{ex} = \frac{-a(T-T_c)^2}{2T_c} \qquad (9.5\text{-}9)$$

由于 $a>0$，所以对所有 $T<T_c$，$G^{ex}<0$。负的过剩自由能 G^{ex} 对稳定低温有序相有利。此时系统过剩熵为

$$S^{ex} = -\left(\frac{\partial G^{ex}}{\partial T}\right)_p = a\frac{T-T_c}{T_c} \qquad (9.5\text{-}10)$$

式（9.5-10）表明，相变过程中熵随着相变温度的变化而不断连续变化，即在临界温度 T_c 时，熵是连续变化的，这也说明没有相变潜热的产生，表现出二级相变的典型特征。低于临界温度 T_c 时，S^{ex} 符号为负，这是因为有序相的过剩熵小于无序相的过剩熵。

同理，在恒定压力条件下，当 $T<T_c$ 时，有序相相对于无序相的过剩热容为

$$C_p^{ex} = T\left(\frac{\partial S^{ex}}{\partial T}\right)_p = \frac{aT}{T_c} \qquad (9.5\text{-}11)$$

在临界温度 T_c 时，C_p^{ex} 的值为 a，而当温度刚好高于临界温度 T_c 时，稳定相的过剩吉布斯自由能为零，则过剩热容降为零。这说明热容在临界温度 T_c 附近产生了不连续性，这与二级相变特征一致，这是因为热容是自由能的二阶导数 $[C_p = -T(\partial^2 G/\partial T^2)]$，所以首先在转变温度处变得不连续。

过剩焓 H^{ex} 可以表示为

$$H^{ex} = \frac{a(T^2-T_c^2)}{2T_c} \qquad (9.5\text{-}12)$$

同样可见，此时过剩焓在相变点附近连续变化，没有相变潜热产生，这是二级相变的另一个特征。以上说明朗道热力学模型可以描述二级相变。

9.5.2　一级相变的描述

当朗道自由能展开式三次项不为零时，相变一定为一级相变。一般情况下，若六次项可忽略，自由能展开式保留到四次项即可。当三次项不存在时，就要看四次项的系数，若四次项的系数大于零，则相变为二级相变，且自由能展开式保留到四次项足够；若四次项系数小于零，这就要求自由能展开式保留高次项，一般考虑到六次项，此时相变为一级相变。所以，将朗道理论推广到一级相变，有两种不同的处理方法：一是德热纳（De Gennes）引入的，考虑系数不为零的三次项；二是德文希尔（Devonshire）引入的，考虑系数为正值的六次项。

首先，介绍德热纳的处理方法。在上述二级相变的 Landau 自由能展开式中进一步考虑奇次项的影响，且忽略四次方以上高阶项的影响，即 $B\neq 0$、$C\neq 0$，此时过剩自由能为

$$G^{ex}(\eta) = a(T-T_c)\eta^2 + B\eta^3 + C\eta^4 \qquad (9.5\text{-}13)$$

上述自由能形式存在 3 个可能的平衡解

$$\eta_{eq} = 0 \text{ 及 } \eta_{eq} = \frac{-3B \pm \sqrt{9B^2 - 32aC(T-T_c)}}{8C} \qquad (9.5\text{-}14)$$

高温下，方程的唯一实解是 $\eta_{eq} = 0$。因为 $T > T_c$ 时

$$\left(\frac{\partial^2 G^{ex}(\eta)}{\partial \eta^2}\right)_{\eta=0} = 2a(T-T_c) + 6B\eta + 12C\eta^2 = 2a(T-T_c) > 0 \qquad (9.5\text{-}15)$$

所以，$\eta = 0$ 时，$G^{ex}(\eta)$ 具有极小值。

　　如图 9.5-2a 所示，当温度降低到 T_0 时，无序相（$\eta = 0$）与有序相的自由能相等，这种两相平衡是一级相变的标志。随着温度继续降低，自由能曲线有两个极小值，一个对应于有序相，一个对应于无序相。在更低的温度下，$\eta = 0$ 处的极小值变成了极大值，此时如果无序相过冷到该温度，则它将变得不稳定并转化为有序相，此温度即为该相的临界转变温度 T_c。图 9.5-2b 也给出了此时平衡序参量值随归一化温度 T/T_0 的变化情况，在临界温度 T_c 时，具有非零值序参量的有序状态变为稳定状态，而在 T_0 温度下，序参量具有明显的不连续性，表现出典型的一级相变特征。

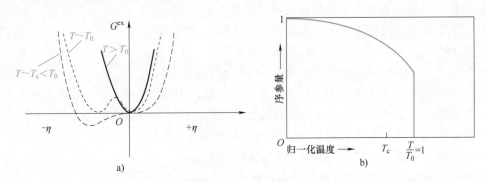

图 9.5-2　朗道自由能展开式 2-3-4 型过剩吉布斯自由能曲线
及其序参量与归一化温度的关系曲线

　　根据德文希尔的处理方法，在描述二级相变的朗道自由能展开式中保留六次方项，便可描述一级相变，即 $A \neq 0$、$C \neq 0$ 和 $E \neq 0$。此时过剩自由能为

$$G^{ex}(\eta) = A(T-T_c)\eta^2 + C\eta^4 + E\eta^6 \qquad (9.5\text{-}16)$$

　　上述自由能形式关于 $\eta = 0$ 是对称的，在 $C < 0$ 和 $E > 0$ 条件下，可得如图 9.5-3 所示的自由能曲线。由图可见，所描述的相变是一级相变。在 $T = T_c$ 时，有 3 个极小值，包括两个有序态的非零序参量和一个无序态（$\eta = 0$）。无序相具有与有序相相同的自由能，但有序态与无序态间存在能垒。这说明在一定温度范围内，高对称相（有序态）和低对称相（无序态）可以共存，需通过热激活以越过势垒，这体现了一级相变形核长大的特点。

　　朗道相变热力学模型可用于许多领域，包括超导、液晶、铁电体等多种材料的连续相变中。另外，还可通过添加序参量的梯度项将其扩展到非均匀相，或可引入两个或多个序参量，并考察不同类型序参量的相互作用。近年来在材料微观组演化模拟中具有重要地位的相场模型就是建立在朗道相变热力学模型的基础上。

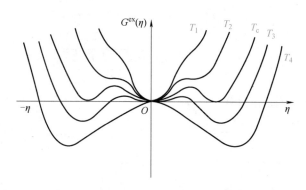

图 9.5-3　朗道自由能展开式 2-4-6 型过剩吉布斯自由能曲线

习　题

1. 对固-液两相系统假设两相均满足理想溶液模型，固相和液相均为理想溶液时，推导固-液相变的驱动力，并画图说明。

2. 给出二级相变的热力学描述并说明二级相变的特点。

3. 比较沉淀相析出过程中形核驱动力与相变驱动力的异同。

4. 273K 下，饱和水蒸汽的压力从 $p^{\ominus}$ 增加到 $2p^{\ominus}$，计算此时水滴的临界晶核半径。已知水的表面张力为 0.07N/m，摩尔体积为 $1.8\times10^{-5}\text{m}^3/\text{mol}$。

5. 实验发现某些合金中可形成细小的圆柱形晶核。①圆柱长度 l 和半径 r 为何值时可使得形核势垒最小？②试说明什么样的表面能利于形成细长的圆柱体晶核？已知圆柱体圆形端面的界面能为 γ_1、柱面的界面能为 γ_2，并假定晶核体积为常数。

6. 推导在异质基底上的形核驱动力公式满足 $\Delta G^{*}_{\text{异质}} = \Delta G^{*}_{\text{均质}}(2-3\cos\theta+\cos^3\theta)/4$，构型如第 6 题图所示。

7. A-B 二元合金组成理想溶液，A-10%B（摩尔分数）的合金在 500℃ 下发生无扩散 α/β 转变，求此时的相变驱动力。已知该温度下 $\Delta G^{\alpha\rightarrow\beta}_{\text{B}} = -528\text{J/mol}$，$\Delta G^{\alpha\rightarrow\beta}_{\text{A}} = 680\text{J/mol}$。

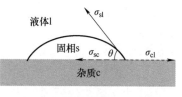

第 6 题图

8. A-B 二元合金的固溶体相满足亚规则溶液模型 $G^{\text{ex}} = \Omega x_A x_B$，其中 $\Omega = -10000Rx_B$，推导合金调幅分解出现的临界条件。

9. 讨论 T_0 线在分析相变过程中的作用。

10. 有人认为马氏体相变是热力学驱动力导致的塑性变形，该说法是否正确，为什么？

11. 温度 T 下二元过饱和固溶体 α 可析出另一结构的化合物 θ，试用图解法确定此时的相变驱动力和形核驱动力。

12. 试在摩尔吉布斯自由能温度曲线上标出，一个二元固溶体 α 析出同结构固溶体的相变驱动力和形核驱动力，并分析该相变路径对两组元的相互作用能和温度的要求，析出什么成分的晶核时驱动力最大。

13. 已知纯 Ti 的 $\alpha\rightarrow\beta$ 平衡相变温度为 882℃，相变潜热为 $\Delta H^{\alpha\rightarrow\beta}_{\text{Ti}} = 3.3\text{kJ/mol}$，试计算

α→β 相变驱动力 $\Delta G_{T_1}^{\alpha \to \beta}$ 与温度的关系。

14. 朗道自由能展开式为 $G^{ex}(\eta) = a(T-T_c)\eta^2 + C\eta^4 + E\eta^6$（其中 $C<0, a>0, E>0$）。①当有序相与无序相具有相同吉布斯自由能时，非零序参量值 η 是多少？②绘制 T_0 温度下 $G^{ex}(\eta) \sim \eta$ 的关系曲线。③确定该转变是否为一级转变并给出说明。④计算 T_0 温度下的相变热效应 ΔH。

第 10 章 化学平衡

热力学平衡包括热平衡、力平衡、相平衡和化学平衡，前三种平衡前文均有述及，本章将讨论化学平衡。化学平衡是指当化学反应达到极限，宏观上反应物和生成物的量及组成均不随时间而改变，此时系统就处于平衡状态。化学平衡的研究就是要找出平衡时温度、压力与系统组成的关系，这对工业生产具有重要意义。

材料科学中存在许多化学反应，在材料制备（如合成、冶炼）、加工（电解、表面处理）及服役（腐蚀、氧化）等过程中多有涉及。判断这些化学反应的方向、限度及影响因素也是材料热力学的重要内容之一。本章将主要讨论化学反应的平衡条件、反应方向以及影响化学平衡的主要因素等，最后给出一些化学平衡的应用实例。

10.1 化学反应的平衡条件、方向和限度

10.1.1 化学反应的平衡条件

5.4.2 节中已讲述多元多相系统热力学平衡一般条件的推导，本节将讨论含化学反应的多元均相系统的热力学平衡条件。下面以气体反应为例，说明化学反应的热力学平衡条件。

考虑由 O_2、CO 和 CO_2 三种成分气体混合物组成的孤立系统，这些组分中只存在一种化学反应

$$2CO + O_2 \rightleftharpoons 2CO_2 \tag{10.1-1}$$

根据前面章节类似的处理方法，从熵判据出发，可推导出该系统的热力学平衡条件。多组分系统的热力学基本关系式为：

$$dU = TdS - pdV + \sum_B \mu_B dn_B \tag{10.1-2}$$

根据上式可得，系统熵的微小变化为：

$$dS = \frac{1}{T}dU + \frac{p}{T}dV - \frac{1}{T}\sum_B \mu_B dn_B \tag{10.1-3}$$

进一步将上述反应的具体组元代入上式，可得

$$dS = \frac{1}{T}dU + \frac{p}{T}dV - \frac{1}{T}(\mu_{CO}dn_{CO} + \mu_{O_2}dn_{O_2} + \mu_{CO_2}dn_{CO_2}) \tag{10.1-4}$$

热力学第二定律表明，孤立系统达到平衡时，熵值最大。而对孤立系统而言，其内能不变、体积也不变，即：

$$\begin{cases} dU = 0 \\ dV = 0 \end{cases} \tag{10.1-5}$$

对于多组分孤立系统，如果组分间不存在化学反应，各组分的物质量是守恒的，此时有

$$dn_B = 0, (B = 1, 2, \cdots, c) \tag{10.1-6}$$

然而，如果系统中可发生化学反应，那么在上述组分的物质守恒不再成立，即此时物质虽不能越过系统边界，但每种组分的摩尔数仍可能改变。在化学反应过程中，系统中包含的原子可能会在分子种类上重新排列，从而某些组分的分子数量会减少，而其它组分的数量会增加。因此，在含化学反应的孤立系统中

$$dn_B \neq 0, (B = 1, 2, \cdots, c) \tag{10.1-7}$$

然而，无论它们在分子层面如何重新排列，根据物质守恒定律，每一种元素的物质的量不会改变。因此，有

$$dm_i = 0, (i = 1, 2, \cdots, e) \tag{10.1-8}$$

式中，m_i 是系统中元素 i 的物质量，此条件适用于系统中的每个元素。

对式（10.1-1）所示的化学反应系统，共包含碳（C）和氧（O）两种元素，其中碳原子的物质的量 m_C 为：

$$m_C = n_{CO} + n_{CO_2} \tag{10.1-9}$$

而氧原子的物质的量 m_O 为

$$m_O = n_{CO} + 2n_{CO_2} + 2n_{O_2} \tag{10.1-10}$$

上式中右侧各项系数对应于相应分子式中所含该元素的原子数。对于孤立系统，无论系统内发生了什么反应，碳原子和氧原子的数量都不会改变。这样可得

$$\begin{cases} dm_C = 0 = dn_{CO} + dn_{CO_2} \\ dm_O = 0 = dn_{CO} + 2dn_{CO_2} + 2dn_{O_2} \end{cases} \tag{10.1-11}$$

因此，有

$$\begin{cases} dn_{CO} = -dn_{CO_2} \\ dn_{O_2} = -\dfrac{1}{2}dn_{CO_2} \end{cases} \tag{10.1-12}$$

这些关系也体现在化学反应方程式中，由化学反应方程式（10.1-1）可知，每生成 1mol 的 CO_2，须消耗 1mol 的 CO 和 0.5mol 的 O_2。将上述方程代入熵表达式（10.1-4），可得：

$$dS_{iso} = -\frac{1}{T}\left[\mu_{CO_2} - \left(\mu_{CO} + \frac{1}{2}\mu_{O_2}\right)\right]dn_{CO_2} \tag{10.1-13}$$

对于任意化学反应

$$aR_1 + bR_2 + \cdots = eP_1 + fP_2 + \cdots \tag{10.1-14}$$

可将该化学反应简写为 $0 = \sum_B \nu_B B$，其中 ν_B 是物质 B 的化学计量数，对反应物其为负值，而对产物其为正值。定义化学反应的亲和势（chemical affinity）为反应物与产物的化学势之差，即

$$A = \mu_{反应物} - \mu_{产物} = -\sum_B \nu_B \mu_B \tag{10.1-15}$$

化学反应亲和势是状态函数，具有强度性质，与系统的温度、压力和组成有关，可用作化学反应平衡条件的判据。这样，对反应（10.1-1）有：

$$A = (2\mu_{CO} + \mu_{O_2}) - 2\mu_{CO_2} \tag{10.1-16}$$

引入该定义后，方程（10.1-13）变为

$$dS_{iso} = \frac{2}{T} A dn_{CO_2} \qquad (10.1\text{-}17)$$

如果已知气体混合物的温度、压力和组成，则可以计算出各组分的化学势，从而计算化学反应亲和势 A。若 $A>0$，则意味着对于给定的状态，反应物的化学势高于产物的化学势，根据孤立系统中的熵增加原理，$dS_{iso}>0$，则 dn_{CO_2} 必须为正，因此，如果反应物的化学势高于产物的化学势，那么唯一可能的过程就是增加产物的摩尔数，即反应正向进行。若 $A<0$，则产物比反应物具有更高的化学势，此时，dn_{CO_2} 必须为负，产物将分解，即反应逆向进行。系统达到平衡时，系统的熵值达到最大，此时 $dS_{iso}=0$，即

$$A = (2\mu_{CO} + \mu_{O_2}) - 2\mu_{CO_2} = -\sum_B \nu_B \mu_B = 0 \qquad (10.1\text{-}18)$$

因此，当反应物的化学势等于产物的化学势的状态时，系统达到平衡。

实际上，上述推导过程可应用到任意化学反应过程，所以，对任意化学反应 $0 = \sum_B \nu_B B$，其热力学平衡条件为

$$A = -\sum_B \nu_B \mu_B = 0 \qquad (10.1\text{-}19)$$

即对化学反应，其平衡条件为产物与反应物化学势相等，或产物与反应物化学势的代数和（化学反应亲和势）为 0。当 $A>0$ 时，反应正向进行；$A<0$ 时，反应逆向进行；而当 $A=0$ 时，反应处于平衡状态。

10.1.2　化学反应的方向和限度

由上一节可知，与相平衡类似，化学平衡的条件是产物的整体化学势与反应物的整体化学势相等，所以可根据化学反应产物和反应物的化学势来判断化学反应的方向和限度问题。

当 $\sum_B \nu_B \mu_B < 0$ 时，反应正向进行；当 $\sum_B \nu_B \mu_B > 0$ 时，反应逆向进行，而 $\sum_B \nu_B \mu_B = 0$ 时，化学反应处于平衡状态。

也可根据摩尔吉布斯自由能变化来判断化学反应的方向和限度。根据热力学基本关系式，均相系统的吉布斯自由能微分可写为

$$dG = -SdT + Vdp + \sum_B \mu_B dn_B \qquad (10.1\text{-}20)$$

进一步结合反应进度与物质的量的变化关系 $dn_B = \nu_B d\xi$，式（10.1-20）可改写为

$$dG = -SdT + Vdp + \sum_B \nu_B \mu_B d\xi \qquad (10.1\text{-}21)$$

在等温等压条件下，式（10.1-21）可进一步简化得

$$dG = \sum_B \nu_B \mu_B d\xi \qquad (10.1\text{-}22)$$

若反应进度 $\Delta\xi = 1mol$（一般只讨论反应进度在 0~1mol 范围内的变化），则有

$$\Delta_r G_m = \sum_B \nu_B \mu_B \qquad (10.1\text{-}23)$$

式（10.1-23）表明，等温等压条件下化学反应摩尔吉布斯自由能变化与该反应的化学势代数和是等价的，所以也可用 $\Delta_r G_m$ 来判断化学反应的方向和限度，但其仅适用于等温等压条件下的化学反应。不过由于在大多数情况下，化学反应系统的温度和压力是恒定的，即等

温等压条件是满足的。

还可根据化学反应的吉布斯自由能随反应进度的变化来判断化学反应的方向和限度。根据式（10.1-22），进一步可得

$$\left(\frac{\partial G}{\partial \xi}\right)_{T,p}=\sum_{B}\mu_{B}\nu_{B} \tag{10.1-24}$$

结合式（10.1-23）和式（10.1-24）可知，化学反应进行时，由于 $\Delta_r G_m \neq 0$，所以 $\left(\frac{\partial G}{\partial \xi}\right)_{T,p} \neq 0$，这表明化学反应系统的吉布斯自由能随反应进度的不同而改变。又因为在确定温度和压力下，吉布斯自由能仅是反应进度 ξ 的函数，所以对等温等压下的化学反应，$\Delta_r G_m$ 也仅与反应进度 ξ 相关。随着反应的进行，反应进度 ξ 增加，反应物的化学势 μ_B 降低，产物的化学势 μ_B 增加，因而化学反应的 $\Delta_r G_m = \sum_{B}\mu_{B}\nu_{B}$ 值逐渐增大。当化学反应达到平衡时，$\Delta_r G_m = 0$，即 $\left(\frac{\partial G}{\partial \xi}\right)_{T,p}=0$，这表明达到化学平衡时，系统的吉布斯自由能有最小值 G_{min}。

图 10.1-1 所示为化学反应系统的吉布斯自由能随反应进度的变化情况示意图，图中 R 点是反应物的吉布斯自由能，P 点是生成物的吉布斯自由能，ξ_c 是达到平衡时的反应进度。由图可以看出，等温等压条件下，平衡状态是吉布斯自由能 G 值最小的状态，此时 $\left(\frac{\partial G}{\partial \xi}\right)_{T,p}=0$。由于系统总是自发地趋向平衡状态，所以在平衡位置左侧，$\left(\frac{\partial G}{\partial \xi}\right)_{T,p}<0$，即 $\Delta_r G_m<0$，反应正向进行；而在平衡位置右侧，$\left(\frac{\partial G}{\partial \xi}\right)_{T,p}>0$，即 $\Delta_r G_m>0$，反应逆向进行。

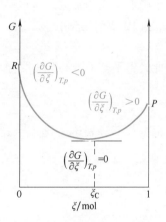

图 10.1-1　化学反应系统的吉布斯自由能随反应进度的变化情况示意图

10.2　标准平衡常数与化学反应等温式

10.2.1　标准平衡常数

反应达到平衡时，平衡条件为 $\sum_{B}\nu_{B}\mu_{B}=0$。进一步结合化学势的表达通式，即

$$\mu_{B}=\mu_{B}^{\ominus}+RT\ln a_{B}+F_{B} \tag{10.2-1}$$

式中，对于气体，$F_B=0$；对于液体和固体物质，F_B 代表一个积分，是系统温度和压力的函数，与系统浓度无关。进一步可得

$$\sum_{B}\nu_{B}\mu_{B}^{\ominus}+RT\sum_{B}\nu_{B}\ln a_{B}+\sum_{B}\nu_{B}F_{B}=0 \tag{10.2-2}$$

式中，$\sum\limits_{B} \nu_B \mu_B^{\ominus}$ 为系统中各物质均处于标准状态时化学势的代数和。根据化学反应标准摩尔吉布斯自由能变化量 $\Delta_r G_m^{\ominus}$ 的定义，$\Delta_r G_m^{\ominus} = \sum\limits_{B} \nu_B \mu_B^{\ominus}$，可将式（10.2-2）改写成

$$\Delta_r G_m^{\ominus} + RT \sum_{B} \nu_B \ln a_B + \sum_{B} \nu_B F_B = 0 \tag{10.2-3}$$

整理后，可得

$$e^{\left(-\frac{\Delta_r G_m^{\ominus}}{RT}\right)} = \prod_{B} a_B^{\nu_B} \cdot e^{\sum\limits_{B} \frac{\nu_B F_B}{RT}} \tag{10.2-4}$$

式（10.2-4）是任意化学反应达到平衡时需服从的关系，即平衡条件。

为了方便，定义标准平衡常数 $K^{\ominus}$（通常简称为平衡常数）为

$$K^{\ominus} = e^{\left(-\frac{\Delta_r G_m^{\ominus}}{RT}\right)} \tag{10.2-5}$$

由于 $\Delta_r G_m^{\ominus}$ 仅与温度相关，这表明在一定温度下，不论反应在什么压力下进行，$K^{\ominus}$ 都是一个确定不变的常数，这也是 $K^{\ominus}$ 称为平衡常数的原因。

式（10.2-5）还可写成

$$\Delta_r G_m^{\ominus} = -RT \ln K^{\ominus} \tag{10.2-6}$$

此式将平衡常数与热力学量联系起来，是一个非常重要的关系式。

10.2.2 化学反应等温式

根据化学势表达通式 $\mu_B = \mu_B^{\ominus} + RT \ln a_B + F_B$，及等温等压条件下化学反应的摩尔吉布斯自由能定义式 $\Delta_r G_m = \sum\limits_{B} \nu_B \mu_B$，并结合式（10.2-6）可得

$$\begin{aligned}
\Delta_r G_m &= \Delta_r G_m^{\ominus} + RT \ln \prod_{B} a_B^{\nu_B} + \sum_{B} \nu_B F_B \\
&= -RT \ln K^{\ominus} + RT \ln \prod_{B} a_B^{\nu_B} + \sum_{B} \nu_B F_B
\end{aligned} \tag{10.2-7}$$

根据化学势表达通式可知，对气体，$F_B = 0$；而对液体和固体物质，当系统压力不高时，$F_B \approx 0$，因此在具体计算时一般认为 $\sum\limits_{B} \nu_B F_B \approx 0$。定义反应式中物质的实际活度积 $J = \prod\limits_{B} a_B^{\nu_B}$，于是式（10.2-7）可简化为

$$\Delta_r G_m = -RT \ln K^{\ominus} + RT \ln J = RT \ln \frac{J}{K^{\ominus}} \tag{10.2-8}$$

式（10.2-8）称为化学反应等温式。化学反应达到平衡时，$\Delta_r G_m = 0$，故此时 $K^{\ominus}$ 与 J 相等，即

$$K^{\ominus} = J_{eq} = \prod_{B} a_B^{\nu_B} \tag{10.2-9}$$

式中，J_{eq} 为平衡活度积。式（10.2-9）可简述为平衡常数等于平衡活度积。由于活度可理解为校正浓度或有效浓度，所以 J_{eq} 值越大，平衡系统中产物的含量越高，即反应进行的程度越彻底，这表明平衡常数是反应限度的标志。

由前面可知，$\Delta_r G_m$ 的符号可用于判断化学反应的方向和限度。由式（10.2-8）可知，$\Delta_r G_m$ 的正负取决于 $K^{\ominus}$ 与 J 的相对大小，因此只要确定了 $K^{\ominus}$ 与 J 的相对大小，就可判定系统中化学反应的方向和限度，即

$$\begin{cases} J<K^\ominus & \text{反应正向进行} \\ J>K^\ominus & \text{反应逆向进行} \\ J=K^\ominus & \text{化学平衡} \end{cases} \tag{10.2-10}$$

需要说明的是，等温条件下，$K^\ominus$ 不随系统状态的变化而变化，但 J 却随系统状态的变化而变化。图 10.1-1 中，曲线上各点对应着系统的不同组成，曲线上各点的 $K^\ominus$ 相同而 J 不同，在平衡点左侧，$J<K^\ominus$，而在平衡点右侧，$J>K^\ominus$，在平衡点处，$J=K^\ominus$。

10.2.3 $\Delta_r G_m^\ominus$ 的意义及计算

化学反应标准摩尔吉布斯自由能变化量 $\Delta_r G_m^\ominus$ 是由标准状态的反应物变为标准状态的产物时，1mol 反应的吉布斯自由能变化量。它与化学反应的 $\Delta_r G_m$ 有不同的意义，$\Delta_r G_m$ 是反应系统处于任意指定情况下反应的 ΔG，而 $\Delta_r G_m^\ominus$ 则是处于标准状态下反应的 ΔG，二者对应的状态不同。需要指出的是，$\Delta_r G_m^\ominus$ 只与 T 有关，是指在诸多的客观因素（如 T、p、x 等）下，$\Delta_r G_m^\ominus$ 只是 T 的函数，但 $\Delta_r G_m^\ominus$ 的值还与如何选标准状态这一主观因素有关。习惯上，对液相反应，各物质按规定Ⅰ或规定Ⅱ两种方法选取标准状态；对有固体参加的反应，固体物质总是选择处于反应温度下压力为 $p^\ominus$ 的纯固体作为标准状态；而对气体，总是选择处于反应温度及 $p^\ominus$ 下的纯理想气体作为标准状态。

由式（10.2-6）可知，只要用热力学方法求出 $\Delta_r G_m^\ominus$，就可以计算 $K^\ominus$ 值，所以如何计算 $\Delta_r G_m^\ominus$ 对判断化学反应的方向和限度就很重要。$\Delta_r G_m^\ominus$ 的常用计算方法如下。

1）根据公式 $\Delta_r G_m^\ominus = \Delta_r H_m^\ominus - T\Delta_r S_m^\ominus$ 计算 $\Delta_r G_m^\ominus$。$\Delta_r H_m^\ominus$ 和 $\Delta_r S_m^\ominus$ 分别为在温度 T 时反应 $\sum_B \nu_B B = 0$ 的标准摩尔焓变和标准摩尔熵变，它们的计算方法已在热力学第一定律和热力学第二定律中讨论过。

2）根据物质的标准生成吉布斯自由能计算 $\Delta_r G_m^\ominus$。首先计算物质的标准生成吉布斯自由能 $\Delta_f G_m^\ominus$。标准状态下，由稳定单质生成 1mol 化合物 B，该反应的吉布斯自由能变化即为化合物 B 的标准生成吉布斯自由能，用符号 $\Delta_f G_m^\ominus$ 表示。显然，任何物质的 $\Delta_f G_m^\ominus$ 就是该物质生成反应的吉布斯自由能变化量。稳定单质的 $\Delta_f G_m^\ominus$ 等于零，而各种化合物的 $\Delta_f G_m^\ominus$ 可通过 $\Delta_f H_m^\ominus$（标准生成焓）与 $\Delta_f S_m^\ominus$（标准生成熵）求得。再根据标准生成吉布斯自由能计算 $\Delta_r G_m^\ominus$。对于反应 $\sum_B \nu_B B = 0$，有 $\Delta_r G_m^\ominus = \sum_B \nu_B \Delta_f G_{m,B}^\ominus$，因此，化学反应的标准摩尔吉布斯自由能变化量等于各物质的标准生成吉布斯自由能的代数和。

10.3　不同反应的标准平衡常数及化学平衡的影响因素

10.3.1　不同反应的标准平衡常数

平衡常数表示式为

$$K^\ominus = \prod_B a_B^{\nu_B} \tag{10.3-1}$$

式（10.3-1）适用于任意反应。对于不同类型的反应，该式有不同的具体形式。根据平衡常数的定义可知，$K^{\ominus}$ 与标准状态化学势有关，所以它与参与反应各物质的性质和标准状态选择有关。标准状态不同，$\Delta_r G_m^{\ominus}$ 值不同，必然导致平衡常数不同。同一个化学反应有不同的写法，它们的化学计量数 ν_B 不同，由 $K^{\ominus} = J_{eq} = \prod a_B^{\nu_B}$ 可知，ν_B 的变化会使平衡常数变化。不过，物质标准状态的选择和反应方程的写法虽然能够改变平衡常数的数值，但并不影响一个化学反应的平衡特性。因此，通常说 $K^{\ominus}$ 只是温度的函数，记作 $K^{\ominus} = f(T)$。下面分别讨论不同反应的标准平衡常数表达式。

（1）气相反应　如果反应物及产物全是气体，则整个反应系统仅有气相一相。由于气体的活度定义为 $a_B = \dfrac{f_B}{p^{\ominus}}$，所以平衡常数变为

$$K^{\ominus} = \prod_B \left(\frac{f_B}{p^{\ominus}} \right)_e^{\nu_B} \tag{10.3-2}$$

如果气体是理想气体，则 $f_B = p_B$，式（10.3-2）可进一步简化为

$$K^{\ominus} = \prod_B \left(\frac{p_B}{p^{\ominus}} \right)_e^{\nu_B} \tag{10.3-3}$$

（2）溶液反应　反应物和产物全部在同一个溶液中的化学反应，由于物质（尤其是溶质）的标准状态有多种取法，使得 $K^{\ominus}$ 有不同形式。

1）理想溶液反应。选 T、$p^{\ominus}$ 下的纯液体为标准状态，此时 $a_B = x_B$，于是平衡常数表达式转化为

$$K^{\ominus} = \prod_B x_B^{\nu_B} \tag{10.3-4}$$

即理想溶液反应的平衡常数等于平衡时摩尔分数之积。

2）理想稀溶液反应。工业生产中，许多化学反应以水或其他有机液体作为溶剂，反应物和产物都是溶质。由于溶剂是大量的，可近似作为稀溶液，此时选取不同的标准状态可得到不同的平衡常数具体形式。例如，选取 T、$p^{\ominus}$ 下组成为 $x_B = 1$ 但服从亨利定律的假想液体为标准状态，此时 $a_B = x_B$，则 $K^{\ominus} = \prod_B x_B^{\nu_B}$；而选取 T、$p^{\ominus}$ 下质量摩尔浓度为 $1 \mathrm{mol/kg}$ 且服从亨利定律的假想液体为标准状态，此时 $a_B = m_B / m^{\ominus}$，则 $K^{\ominus} = \prod_B (m_B / m^{\ominus})^{\nu_B}$，其中，$m^{\ominus}$ 为标准质量摩尔浓度。

（3）复相反应　如果一个反应系统中，既有液态或固态物质参与，又有气态物质参与，则这种反应为复相化学反应。以 $B(g)$ 代表系统中的任意气体物质，$B(1)$ 代表任意液态物质，而 $B(s)$ 代表任意固态物质，则有

$$K^{\ominus} = \prod_B a_B^{\nu_B} = \prod_{B(g)} a_B^{\nu_B} \cdot \prod_{B(1)} a_B^{\nu_B} \cdot \prod_{B(s)} a_B^{\nu_B} \tag{10.3-5}$$

为简便起见，一般假设凝聚相（固相或液相）处于纯态，且忽略压力对凝聚相的影响，则所有纯凝聚相的化学势近似等于其标准状态的化学势，即 $\mu_B(T, p^{\ominus}) \approx \mu_B(T)$，所以纯凝聚相的活度 $a_B = 1$。又假设气相是理想气体混合物或单种理想气体，则这种反应的标准平衡常数只与气相物质的压力有关，即

$$K^{\ominus} = \prod_{B(g)} \left(\frac{p_B}{p^{\ominus}} \right)^{\nu_B} = \prod_B \left(n_B \right)^{\nu_B}_e \left(\frac{p}{\sum_B n_B p^{\ominus}} \right)^{\Sigma \nu_B}_e \tag{10.3-6}$$

化学反应的平衡常数通常可通过两种方法得到。①实验测定法。在一定温度下，当化学反应达平衡时，实验测定平衡混合物的组成（浓度、分压等），若为非理想系统，还需测定逸度系数或活度系数，然后由 $K^{\ominus}$ 的表达式计算出它的值。②由反应的标准摩尔吉布斯自由能变化量 $\Delta_r G_m^{\ominus}$，根据 $\Delta_r G_m^{\ominus} = -RT\ln K^{\ominus}$ 求得平衡常数 $K^{\ominus}$。

10.3.2　化学平衡的影响因素

影响化学平衡的因素较多，如温度、压力及惰性气体等，都有可能使已经达到平衡的反应系统发生移动，从原来的平衡移动到新条件下的平衡。但各种因素影响的程度是不同的，其中温度的影响最为显著。温度的改变会引起平衡常数的改变，而压力及惰性气体一般只影响平衡的组成，不改变平衡常数值。

1. 温度对化学平衡的影响

温度对化学反应平衡常数的影响来自于温度对标准化学势或标准摩尔吉布斯自由能的影响。根据吉布斯-亥姆霍兹方程，若参加化学反应的物质均处于标准状态，则有

$$\left[\frac{\partial (\Delta_r G_m^{\ominus}/T)}{\partial T} \right]_p = -\frac{\Delta_r H_m^{\ominus}}{T^2} \tag{10.3-7}$$

又因为 $\Delta_r G_m^{\ominus} = -RT\ln K^{\ominus}$，代入式（10.3-7）可得

$$\frac{d\ln K^{\ominus}}{dT} = \frac{\Delta_r H_m^{\ominus}}{RT^2} \tag{10.3-8}$$

式（10.3-8）为化学平衡中范特霍夫公式的微分式。式（10.3-8）表明，对于吸热反应，$\Delta_r H_m^{\ominus} > 0$，$K^{\ominus}$ 值随温度的升高而增大，说明升高温度对吸热反应有利；而对于放热反应，$\Delta_r H_m^{\ominus} < 0$，$K^{\ominus}$ 值随温度的升高而下降，说明升高温度对放热反应不利。

如果在一定温度区间内 $\Delta_r H_m^{\ominus}$ 值近似不随温度改变（产物与反应物的热容差很小），在对范特霍夫微分式进行积分时，可将 $\Delta_r H_m^{\ominus}$ 视作常数，则对式（10.3-8）在 $T_1 \sim T_2$ 的温度区间内积分，可得

$$\ln \frac{K^{\ominus}(T_1)}{K^{\ominus}(T_2)} = \frac{\Delta_r H_m^{\ominus}}{R} \left(\frac{1}{T_2} - \frac{1}{T_1} \right) \tag{10.3-9}$$

式（10.3-9）为范特霍夫公式的定积分式。如果已知不同温度下的平衡常数值，用该式可计算出 $\Delta_r H_m^{\ominus}$；如果已知 $\Delta_r H_m^{\ominus}$ 值和某一温度的平衡常数，也可计算另一温度下的平衡常数值。

2. 压力对化学平衡的影响

标准平衡常数仅是温度的函数，所以改变压力对标准平衡常数值没有影响，但可能会改变平衡的组成。由于凝聚相的体积受压力影响极小，通常忽略压力对固相或液相反应平衡组成的影响，所以一般只讨论压力对有理想气体参与反应的平衡组成的影响。

根据理想气体混合物反应的标准平衡常数表达式 $K_p^{\ominus} = \prod_B \left(\frac{p_B}{p^{\ominus}} \right)^{\nu_B}_e$ 及理想气体分压定律 $p_B = x_B p$，可得

$$K_p^\ominus = \prod_B (x_B)_e^{\nu_B} \cdot \left(\frac{p}{p^\ominus}\right)_e^{\Sigma \nu_B} \tag{10.3-10}$$

对于气体分子数增加的反应，即 $\sum \nu_B > 0$，增加总压 p 时，式（10.3-10）右侧第二项增大，为保证 $K_p^\ominus$ 值保持不变，右侧第一项 $(x_B)_e^{\nu_B}$ 需变小，即产物在反应混合物中占的比例 x_B 要下降，所以增加总压对气体分子数增加的反应不利。

对于气体分子数减少的反应，即 $\sum \nu_B < 0$，增加总压 p 时，式（10.3-10）右侧第二项减小，此时式（10.3-10）右侧第一项需增大，导致产物所占比例上升，说明增加总压对气体分子数减少的反应有利。

而对于反应前后气体分子数不变的反应，即 $\sum \nu_B = 0$，式（10.3-10）右侧第二项不变，压力对平衡组成没有影响。

3. 惰性气体对化学平衡的影响

惰性气体的加入同样只影响平衡的组成，而不影响平衡常数值。在化工生产中，原料气体中常混有不参加反应的气体。例如在 SO_2 转化为 SO_3 的反应中，需要的是 O_2 气，而通入的是空气，因此 N_2 气就成了惰性气体。有时惰性气体的存在会提高产物的比例，因此不但不必去除，还会人为加入；而有时惰性气体会降低产物的比例，此时必须定时去除。

由式（10.3-10）第2个等号对应等式可知，在温度和压力不变时，$K_p^\ominus$ 和总压 p 为定值，增加惰性气体，会影响 $\sum\limits_B n_B$ 值，从而影响该式（10.3-10）第2个等号右侧第一项的平衡组成。对于气体分子数增加的反应，即 $\sum \nu_B > 0$，加入惰性气体后，$\sum\limits_B n_B$ 变大，式（10.3-10）右侧第二项值下降，但 $K_p^\ominus$ 值不变，故右侧第一项值需增大，故产物比例增多，利于正向反应，相当于对气体起了稀释作用，与降压效果相同。而对气体分子数减少的反应，即 $\sum \nu_B < 0$，加入惰性气体后，$\sum\limits_B n_B$ 变大，式（10.3-10）右侧第二项值也变大，则式（10.3-10）右侧第一项值减小，不利于正向反应。而若 $\sum \nu_B = 0$，惰性气体的加入与否不影响反应的平衡组成。

10.4 化学平衡应用实例

10.4.1 金属中的渗碳

渗碳是一种金属表面热处理技术，采用渗碳的多为低碳钢或低合金钢，具体是将工件置入活性渗碳介质中，加热到 900~950℃ 的单相奥氏体区，保温足够时间后，使渗碳介质中分解出的活性碳原子渗入钢件表层，从而获得表层高碳而心部仍保持原有成分的构件。相似的处理工艺还有渗氮处理。

金属渗碳过程中涉及的化学反应如下

$$2CO(g) \Longrightarrow CO_2(g) + [C] \tag{10.4-1}$$

该反应的标准吉布斯自由能变化量为 $\Delta_r G_m^\ominus = -170707 + 174.47T$。根据化学反应进行方向的判据可确定金属渗碳的反应条件。

【例 10-1】 以摩尔分数分别为 $x_{CO} = 0.8$，$x_{CO_2} = 0.2$ 的 CO 和 CO_2 混合气体为碳源，在 1300K 下向钢中渗碳。钢中碳以石墨为标准态，活度为 0.02。要使渗碳反应正向进行，气体的总压力应为多少？

解：首先可根据该反应的等温方程

$$\Delta_r G_m = \Delta_r G_m^\ominus + RT\ln \frac{a_C(p_{CO_2}/p^\ominus)}{(p_{CO}/p^\ominus)^2}$$

计算该反应的摩尔吉布斯自由能变化 $\Delta_r G_m$。根据吉布斯自由能判据可知，要使渗碳反应正向进行，则 $\Delta_r G_m \leqslant 0$。假定使渗碳反应正向进行的气体总压力为 $xp^\ominus$，进一步根据混合气体的分压定律及其他相关条件，可得到 $\Delta_r G_m$ 的表达式

$$\Delta_r G_m = -170707 + 174.47 \times 1300 + 8.314 \times 1300 \times \ln \frac{0.02 \times 0.2x}{(0.8x)^2} \leqslant 0$$

求得　$x \geqslant 1.12$

因此，要使渗碳反应正向进行，气体的总压力至少为 $1.12p^\ominus$。

10.4.2　莫来石-氮化硼烧结条件分析

莫来石-氮化硼是一类综合性能较好的耐火材料，在高温领域有广泛的应用。常压下合成耐火材料锆刚玉莫来石-氮化硼复合材料时，如何选择合适的烧结气氛是材料研究者关注的问题。一般来讲，烧结气氛有氧化气氛、弱氧化气氛、还原气氛以及中性气氛等，那么哪一种是合适的气氛呢？

在氧化气氛或弱氧化气氛条件下，氮化硼 BN 均被氧化为 B_2O_3，氧化硼在 450℃ 时变为液相，且在高温下挥发。BN 的氧化反应为

$$4BN(s) + 3O_2(g) \Longrightarrow 2B_2O_3(s) + 2N_2(g) \tag{10.4-2}$$

已知，该反应的标准吉布斯自由能变化量为 $\Delta_r G_m^\ominus = -2804.1 + 0.26T\ln T - 0.82T$，且在 $T = 1948K$ 时，空气中的 $p_{O_2} = 0.0213MPa$，$p_{N_2} = 0.079MPa$。根据上述条件，可判断上述温度下该反应是否可以进行。计算得

$$\Delta_r G_m = \Delta_r G_m^\ominus + RT\ln \frac{p_{N_2}^2 p^\ominus}{p_{O_2}^3} = -592.2 \text{kJ/mol}$$

这说明含 BN 材料不宜在氧化气氛下烧结。那么在还原气氛下是否可行呢？考虑在 CO 还原气氛下进行烧结，在此气氛下，莫来石从 1000℃ 时开始分解，其反应为

$$3Al_2O_3 \cdot 2SiO_2(s) + 2CO(g) \Longrightarrow 3Al_2O_3(s) + 2SiO(g) + 2CO_2(g) \tag{10.4-3}$$

该反应的标准吉布斯自由能变化量为 $\Delta_r G_m^\ominus = 1028.8 - 0.337T$，而且在 1800K 时，如果空气中的氧已全部与碳反应，则 $p_{CO} = 0.035MPa$，$p_{N_2} = 0.065MPa$，$p_{SiO} = 3.2 \times 10^{-4}MPa$，$p_{CO_2} = 3.04 \times 10^{-6}MPa$。这样计算可得

$$\Delta_r G_m = \Delta_r G_m^\ominus + RT\ln \frac{p_{CO_2}^2 p_{SiO}^2}{p_{CO}^2 (p^\ominus)^2} = -27.2 \text{kJ/mol}$$

结果表明，在还原或弱还原气氛中，莫来石会分解。因此，一般采用中性气氛条件（埋粉、通氮气）来烧结制备莫来石-氮化硼复合材料。

10.4.3　氧势图

氧势图又称埃林汉姆（Ellingham）图。稳定单质（M）与 1mol 氧结合成氧化物（M_xO_y）反应，反应式为

$$\frac{2x}{y}M(p) + O_2(g) \Longleftrightarrow \frac{2}{y}M_xO_y(p) \tag{10.4-4}$$

式中，p 表示物质的相态。反应中，氧的化学势为

$$\mu_{O_2} = \mu_{O_2}^{\ominus} + RT\ln\frac{p_{O_2}}{p^{\ominus}} \tag{10.4-5}$$

则有

$$\Delta\mu_{O_2} = \mu_{O_2} - \mu_{O_2}^{\ominus} = RT\ln\frac{p_{O_2}}{p^{\ominus}} \tag{10.4-6}$$

式中，$\Delta\mu_{O_2}$ 代表此平衡体系中氧的相对化学势，常简称为氧势（oxygen potential）。金属氧化反应达到平衡时的氧分压 p_{O_2} 称为化合物 M_xO_y 的分解压，此值越低，氧势越低，金属氧化物 M_xO_y 越稳定。

由于该化学反应的

$$\Delta G_m^{\ominus} = -RT\ln K^{\ominus} = RT\ln\frac{p_{O_2}}{p^{\ominus}} = \Delta\mu_{O_2} \tag{10.4-7}$$

因此，$\Delta G_m^{\ominus}$-T 图中的纵坐标 $\Delta G_m^{\ominus}$ 也就是氧势坐标，故此图称为氧势图。

氧势图可直观地表明各种氧化物稳定性的次序，对冶金过程中氧化物还原反应的热力学判断很有用。图 10.4-1 为几种氧化物的氧势图，图中直线位置越低，它所代表的氧化物越稳定。

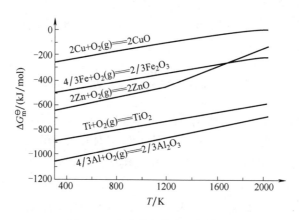

图 10.4-1　几种氧化物的氧势图

同样，可以定义氮化物、硫化物、氯化物等物质的氮势、硫势、氯势等，并可利用其判断同类化合物的相对稳定性。

【例 10-2】 高炉炼铁过程中，炉渣中的 SiO_2 被还原成 Si 而溶于铁液中，其化学反应方程式为 $2C(s)+(SiO_2)\Longleftrightarrow[Si]+2CO(g)$，式中，$(SiO_2)$ 表示溶解在炉渣中的 SiO_2；$[Si]$ 表示溶于铁液中的 Si。反应温度为 1500℃，CO 压力为 1atm；铁液中 Si 的含量为 $w_{[Si]}=0.409$。以假想符合亨利定律 $w_{Si}/w^{\ominus}=1$ 的铁液为标准状态，铁液中 Si 的活度系数为 $\gamma_{Si}=\gamma_{Si}^{\ominus}f_{Si}$，其中 $f_{Si}=8.3$；以纯固态 SiO_2 为标准状态，炉渣中 SiO_2 的活度为 $a_{SiO_2}=0.1$。铁液中 γ_{Si}^0 与温度的关系为 $\lg\gamma_{Si}^0=-6870/T+0.8$，试计算该化学反应的摩尔吉布斯自由能变化量 ΔG 及平衡常数 K。

解： 该化学反应的摩尔吉布斯自由能变化量 ΔG 为

$$\Delta_rG_m=\Delta_rG_m^{\ominus}+RT\ln\frac{a_{Si}^R(p_{CO}/p^{\ominus})^2}{(a_C^R)^2a_{SiO_2}^R}$$

式中，CO 以 $p_{CO}/p^{\ominus}=1$ 的纯 CO 为标准状态，其余组元以纯物质为标准状态，C 以纯固体 C 为标准状态，Si 以纯液态硅为标准状态，SiO_2 以纯固态二氧化硅为标准状态。

该反应的标准摩尔吉布斯自由能变化量为

$$\Delta_rG_m^{\ominus}=\Delta_fG_m^{\ominus}(Si,l)+2\Delta_fG_m^{\ominus}(CO,g)-2\Delta_fG_m^{\ominus}(C,s)-\Delta_fG_m^{\ominus}(SiO_2,s)$$

查阅相关手册可知

$$\Delta_fG_m^{\ominus}(Si,l)=\Delta_fG_m^{\ominus}(C,s)=0$$
$$\Delta_fG_m^{\ominus}(CO,g)=-116300-83.9T$$
$$\Delta_fG_m^{\ominus}(SiO_2,s)=-960200+209.3T$$

因此

$$\Delta_rG_m^{\ominus}=727600-377.1T$$

所以，当 $T=1773K$ 时，$\Delta_rG_m^{\ominus}=59002J/mol$。故有

$$\ln K^{\ominus}=-\frac{\Delta_rG_m^{\ominus}}{RT}=-4.0025$$

所以

$$K^{\ominus}=0.0183$$

由于 $\frac{p_{CO}}{p^{\ominus}}=1$，$a_C^R=1$，所以

$$\Delta_rG_m=\Delta_rG_m^{\ominus}+RT\ln\frac{\gamma_{Si}x_{Si}}{a_{SiO_2}^R}$$

其中，

$$x_{Si}=\frac{M_{Fe}}{100M_{Si}}\left(\frac{w_{Si}}{w^{\ominus}}\right)=\frac{0.5585}{28.09}\times0.409=7.95\times10^{-3}$$

而 $\gamma_{Si}=\gamma_{Si}^0f_{Si}$，当温度 $T=1773K$ 时，根据

$$\lg\gamma_{Si}^0=-\frac{6870}{T}+0.8=-3.0748$$

可得

$$\gamma_{Si}^0=8.42\times10^{-4}$$

最终可得，$\Delta_rG_m=-51.50kJ\cdot mol^{-1}$

所以，该化学反应的摩尔吉布斯自由能变化 ΔG 为 $-51.50kJ\cdot mol^{-1}$，平衡常数 K 为 0.0183。

习 题

1. 已知 900 ℃下 CuO 的标准形成吉布斯自由能为$-52.7kJ$，试计算 900℃下纯 Cu 与 CuO 平衡共存时氧气的分压。

2. 查表获得固态镍和液态镍形成 NiO 的标准吉布斯自由能，计算镍的熔化温度、摩尔熔化焓和摩尔熔化熵。

3. 在总压为 1atm 的水蒸气-氢气混合气体中，试确定可使铬在 1500K 下加热而不会发生氧化的水蒸气最大压力。水蒸气对铬的氧化是放热还是吸热？

4. 在反应器中氯化 NiO 的反应为 $NiO(s) + Cl_2(g) \Longrightarrow NiCl_2(s) + 0.5O_2(g)$，已知 $T = 900K$ 时，该反应的 $\Delta_r G_m^{\ominus} = -15490J/mol$。如果要求在该温度下一次通过反应器可实现 90% 的氯气转化率，试计算所需的气体总压。

5. 将 200g 液态锌置于 1030K 的坩埚中，将 2mol 空气注入通过液态锌，气体在离开系统之前与液体达到平衡。如果气体的总压力在整个过程中保持在 0.8atm，坩埚中还有多少克金属锌？Zn 和 O 的相对原子质量分别为 65.38 和 16。

6. 在露点实验中，将 Cu-Zn 合金置于真空封闭管的一端，并加热至 900℃，当管的另一端冷却至 740℃时，锌蒸气开始冷凝。计算合金中锌相对于纯锌的活度。

7. $x_{Cu} = 0.5$ 的 Cu-Au 合金在 600℃ 的氩气中退火，氩气在进入退火炉前通过加热的纯铜屑进行脱氧。Cu-Au 体系的固相自由能可由规则溶液模型进行描述，混合摩尔吉布斯过剩自由能为 $G^{ex} = -28280x_{Cu}x_{Au}(J)$，假设在脱氧炉中可达到平衡，计算铜不氧化的情况下，脱氧炉可运行的最高温度。

8. 根据 Mg 的氧化反应 $Mg + 0.5O_2(g) \Longrightarrow MgO(s)$，可得如下几个吉布斯自由能表达式：
$$\Delta G° = -604000 - 5.36T\ln T + 142.0T$$
$$\Delta G° = -759800 - 13.4T\ln T + 317.0T$$
$$\Delta G° = -608100 - 0.44T\ln T + 112.8T$$

这些表达式一个用于固体镁的氧化、一个用于液体镁的氧化和一个用于气态镁的氧化。确定上述方程式分别适用于哪种氧化，并计算镁的熔化温度和正常沸点。

第 11 章 界面热力学

任何两种不同相的交汇处都有界面存在，自然界中常见的界面包括气-固、气-液、固-液、液-液和固-固等界面，通常将气-液或气-固界面称为表面，而将其他如固-液、固-固界面称为界面，在无需严格区分的情况下统称为界面。由于界面层中分子所处的环境与体积相中分子的环境有很大不同，由此产生了许多特殊的现象和性质，称之为界面现象。界面现象无处不在，雨滴、露珠等自然现象都与界面现象有关。

界面不仅存在于材料外部（表面），而且广泛存在于材料内部，如晶界、相界、畴界等。界面是具有几个原子厚度的过渡区域，这些过渡区域对材料的组织与性能具有非常重要的影响，材料的强韧化、腐蚀、老化等都与界面密切相关。晶体形核、枝晶生长、组织粗化等重要材料微观组织演化过程在很大程度上均受到界面的显著作用，而且随着材料尺寸的减小，界面影响更加显著。在常规多晶材料中，晶界区域的原子数只占总原子数的很小一部分；而在纳米材料中，晶界原子所占分数可高达 50%，这将对材料性能产生显著影响。因此，随着材料科学向尺度更小的方向发展，界面在材料科学中的作用越来越突出，界面热力学的重要性就更加凸显。

本章将从热力学角度考察界面在材料科学中作用，首先介绍含界面系统的热力学基本方程，并推导含弯曲界面系统的热力学平衡条件及拉普拉斯（Laplace）方程，然后介绍表面张力和界面能，说明晶体的平衡形态和界面形态，最后介绍界面曲率效应对相平衡的影响。

11.1　含界面系统的热力学基本方程

界面通常是从一相过渡到另一相的区域，是一个结构复杂、厚度约为几个分子或原子的准三维区域。图 11.1-1a 所示为一个由 α 和 β 两个体积相及一个界面层构成的实际系统。实际的两相界面处并非有一界限分明的几何面将两相分开，而是存在一个只有几个分子或原子厚且界限不是特别清晰的界面层，界面层处的结构、成分和性质均呈现不均匀的特征。然而由于界面层的厚度仅为纳米级，强度性质由一相到另一相又是渐变的，因而界面的分界面位置难于准确确定，这使得界面层中的热力学性质也难以准确确定。

对界面层的描述主要有两种模型。一是古

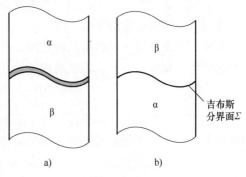

图 11.1-1　α 和 β 两均质相间实际界面
示意图以及吉布斯界面模型

根海姆（Guggenheim）模型，该模型认为界面是一有一定厚度的过渡区，它在体系中自成一相，界面层是一个既占有体积又有物质的不均匀区域，该模型能较客观地反映实际情况，但数学处理较复杂。另一模型是吉布斯模型，如图 11.1-1b 所示，吉布斯界面模型将界面层抽象为几何面，即将分隔相邻两体积相（α、β 相）的界面看作是无厚度、无体积的数学平面，故在热力学上无须考虑界面层的体积功，这样处理不但能够较好地解释界面现象，而且因为界面位置清晰，使界面热力学的处理得到极大简化。下面基于吉布斯界面模型来推导含界面系统的热力学基本方程。

根据吉布斯界面模型，考虑各向同性 α 相和 β 相间的界面。在界面两侧的两相中，组元 i 的物质的量分别为 n_i^α 和 n_i^β。假设界面含有组元 i 的物质的量为 n_i^σ，由于整个系统满足物质守恒，所以该系统中组元 i 的总物质的量 n_i 为

$$n_i = n_i^\alpha + n_i^\beta + n_i^\sigma \tag{11.1-1}$$

界面上的热力学性质常称为界面过剩性质（excess properties），界面过剩性质就是指体系因含有界面而额外具有的性质。所以界面过剩物质的量（界面过剩量）为

$$n_i^\sigma = n_i - n_i^\alpha - n_i^\beta \tag{11.1-2}$$

界面过剩量实际上就是界面的吸附量或脱附量，常用单位面积上组元 i 在界面上的过剩物质的量来表示，即 $\Gamma_i = n_i^\sigma / A_s$（$A_s$ 为界面面积），该值可能为正或为负，取决于所讨论的特定界面。

类似于界面过剩量的定义，还可定义界面过剩内能 U^σ、界面过剩熵 S^σ 和界面过剩吉布斯自由能 G^σ 等，则

$$\begin{cases} U^\sigma = U - U^\alpha - U^\beta \\ S^\sigma = S - S^\alpha - S^\beta \\ G^\sigma = G - G^\alpha - G^\beta \end{cases} \tag{11.1-3}$$

考虑吉布斯界面模型中界面厚度为 0，所以界面的过剩体积为 0，即

$$V^\sigma = V - V^\alpha - V^\beta = 0 \tag{11.1-4}$$

由于吉布斯模型是将界面看作无厚度、无体积的数学平面，这样两体积相 α 和 β 的体积 V^α 和 V^β 是随界面位置的不同而变化的，这也使得界面过剩量 n_i^σ 和 Γ_i 的确定具有随意性。为避免这种不确定性，吉布斯建议以溶剂为参照物来定义溶质相对于溶剂的单位界面过剩量，称为吉布斯单位界面过剩量，这样可消除界面位置对界面过剩热力学性质的影响。因此，在后续推导含界面系统的热力学方程中仅考虑界面形状变化对系统热力学性质的影响，而不考虑界面位置变化的影响。

下面，首先推导无界面形状变化时，界面相的热力学基本方程。根据热力学基本关系式可知，可逆变化条件下开放系统的内能变化量为

$$dU = TdS - pdV + \sum_i \mu_i dn_i \tag{11.1-5}$$

由于无界面形状变化且界面位置不影响界面热力学性质，所以考虑界面位置保持静止下的两相平衡，此时两相体积不变，系统总体积也不变，所以 $dV = 0$，故有

$$dU = TdS + \sum_i \mu_i dn_i \tag{11.1-6}$$

而对于界面过剩内能的微小变化，有

$$dU^\sigma = dU - dU^\alpha - dU^\beta \tag{11.1-7}$$

式中，

$$dU^{\alpha} = TdS^{\alpha} + \sum_i \mu_i dn_i^{\alpha}$$

$$dU^{\beta} = TdS^{\beta} + \sum_i \mu_i dn_i^{\beta}$$

所以，综合可得

$$dU^{\sigma} = T(dS - dS^{\alpha} - dS^{\beta}) + \sum_i \mu_i (dn_i - dn_i^{\alpha} - dn_i^{\beta}) = TdS^{\sigma} + \sum_i \mu_i dn_i^{\sigma} \tag{11.1-8}$$

为说明界面形状变化，引入界面曲率来描述界面形状。如图 11.1-2 所示，定义任意曲面上点 Q 处的两个主曲率 H_1 和 H_2，首先根据点 Q 处法线和两个主方向的单位向量 $\boldsymbol{u}$ 和 $\boldsymbol{v}$ 来确定在点 Q 处与曲面垂直的两个平面；其次在两个平面中分别寻找在点 Q 处与曲面相切的圆，则圆的半径 r_1 和 r_2 就是点 Q 处的两个主半径，而主曲率为 $H_1 = 1/r_1$ 和 $H_2 = 1/r_2$。实际问题中，经常使用平均曲率来描述界面形状，其定义为 $H = (H_1 + H_2)/2$。

界面的变化对能量的影响包括与界面面积及与界面曲率变化相关的两个方面。吉布斯认为对界面厚度远小于界面曲率的系统（由于界面厚度很小，所以大多数系统均满足），选择合适的界面分割位置可使界面曲率的变化对系统能量的贡献忽略不计。假设系统中可以找到这样的界面位置（实际上也确实能找到），那么仅需考虑与界面面积变化相关的对系统能量有贡献的部分，此时，界面过剩内能的微小变化可表示为

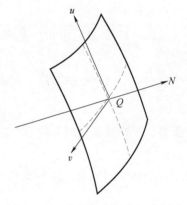

$$dU^{\sigma} = TdS^{\sigma} + \sum_i \mu_i dn_i^{\sigma} + \sigma dA_s \tag{11.1-9}$$

式中，σ 是内能 U 对面积 A_s 的偏导，即

$$\sigma = \left(\frac{\partial U}{\partial A_s}\right)_{S,V,n_i}$$

式（11.1-9）为可逆条件下的界面相热力学基本方程。

图 11.1-2　曲面曲率的求解示意图

对含界面系统的热力学基本方程，可根据

$$dU = dU^{\sigma} + dU^{\alpha} + dU^{\beta} \tag{11.1-10}$$

其中

$$dU^{\alpha} = TdS^{\alpha} + \sum_i \mu_i dn_i^{\alpha} - p^{\alpha} dV^{\alpha}$$

$$dU^{\beta} = TdS^{\beta} + \sum_i \mu_i dn_i^{\beta} - p^{\beta} dV^{\beta}$$

并结合式（11.1-1）和式（11.1-4），可得系统内能变化为

$$dU = TdS + \sum_i \mu_i dn_i - p^{\alpha} dV^{\alpha} - p^{\beta} dV^{\beta} + \sigma dA_s \tag{11.1-11}$$

式中

$$\sigma = \left(\frac{\partial U}{\partial A_s}\right)_{S,V^{\alpha},V^{\beta},n_i} \tag{11.1-12}$$

此即根据吉布斯界面模型所得表面张力 σ 的定义。

式（11.1-11）即为含界面系统的热力学基本方程。同理根据 U、H、A、G 间的联系，还可得其他含界面系统的热力学基本方程。

11.2　含弯曲界面系统的热力学平衡条件及拉普拉斯方程

对界面系统的热力学平衡条件，其温度和化学势的平衡条件与不考虑界面效应时的多相平衡条件相同，即

$$
\begin{cases}
T^\alpha = T^\beta = T^\sigma \\
\mu^\alpha = \mu^\beta = \mu^\sigma
\end{cases}
\tag{11.2-1}
$$

但压力的平衡条件是不一样的，这是因为弯曲界面会带来曲率效应，而曲率效应会有附加压力的产生。

如图 11.2-1 所示，设想一个吉布斯界面模型由 α 相、β 相以及弯曲界面相 σ 组成的气-液两相单组分系统，其中 α 相是液滴，β 相是气体。下面根据亥姆霍兹函数的变化来推导平衡条件。

由式（11.1-11）可得，系统总的亥姆霍兹自由能变化为

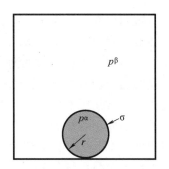

图 11.2-1　存在弯曲界面的两相系统

$$
\mathrm{d}A = - (S^\sigma \mathrm{d}T^\sigma + S^\alpha \mathrm{d}T^\alpha + S^\beta \mathrm{d}T^\beta) + \sum_i (\mu_i^\sigma \mathrm{d}n_i^\sigma + \mu_i^\alpha \mathrm{d}n_i^\alpha + \mu_i^\beta \mathrm{d}n_i^\beta)
$$
$$
- p^\alpha \mathrm{d}V^\alpha - p^\beta \mathrm{d}V^\beta + \sigma \mathrm{d}A_s
\tag{11.2-2}
$$

在等温、等容且各相间无物质交换的条件下，上式可简化为

$$
\mathrm{d}A = -p^\alpha \mathrm{d}V^\alpha - p^\beta \mathrm{d}V^\beta + \sigma \mathrm{d}A_s
\tag{11.2-3}
$$

由于系统总体积恒定，且界面相无体积，所以 $\mathrm{d}V^\alpha = -\mathrm{d}V^\beta$，上式变为

$$
\mathrm{d}A_{T,V} = -p^\alpha \mathrm{d}V^\alpha + p^\beta \mathrm{d}V^\alpha + \sigma \mathrm{d}A_s
\tag{11.2-4}
$$

根据等温等容且不做其他功条件下的热力学平衡判据，$\mathrm{d}A = 0$，可得

$$
(p^\alpha - p^\beta) \mathrm{d}V^\alpha = \sigma \mathrm{d}A_s
\tag{11.2-5}
$$

此式即为存在界面时的压力平衡条件。通过面积变化 $\mathrm{d}A_s$ 与体积变化 $\mathrm{d}V^\beta$ 间的几何关系，可对该平衡条件进行进一步推导。如图 11.2-1 所示，界面所包围的体积就是 α 相的体积，此时对球形的 α 相，$A_s = 4\pi r^2$，$V^\alpha = \dfrac{4}{3}\pi r^3$，所以 $\mathrm{d}A_s = \dfrac{2}{r}\mathrm{d}V^\alpha$，所以，对球形弯曲界面，

$$
p^\alpha - p^\beta = \frac{2\sigma}{r}
\tag{11.2-6}
$$

而对更具一般性的情形，可用界面主曲率 H_1 和 H_2 来表示，即

$$
\mathrm{d}A_s = (H_1 + H_2) \mathrm{d}V^\alpha = -(H_1 + H_2) \mathrm{d}V^\beta
\tag{11.2-7}
$$

因此，可得弯曲界面的压力平衡条件为

$$
p^\alpha - p^\beta = \sigma (H_1 + H_2)
\tag{11.2-8}
$$

上述方程即为著名的拉普拉斯方程，也称杨-拉普拉斯方程，它定义了弯曲界面两侧的压力平衡条件。这表明在界面能的作用下，α 相不仅要承受着环境的压力，即 p^β，还要承受着附加压力的作用，该附加压力即为压力差 $\Delta p = p^\alpha - p^\beta$。对半径为 r 的球形颗粒，$r_1 = r_2 = r$，平均曲率 $H = 1/r$，附加压力 Δp 为

$$\Delta p = p^{\alpha} - p^{\beta} = \frac{2\sigma}{r} = 2\sigma H \tag{11.2-9}$$

上式表明附加压力的大小与曲率半径成反比，而与表面张力成正比，这表明只要曲率半径足够小，就可引起足够大的压力差。上式还表明，表面张力越小，附加压力越小；如果没有表面张力，也就不存在附加压力，因此，可以说表面张力是产生附加压力的根本原因。

对平界面，界面上的压差为零，此时压力平衡条件为

$$p^{\beta} = p^{\alpha} = p \tag{11.2-10}$$

此时，含界面系统的热力学基本方程为

$$dU = TdS + \sum_i \mu_i dn_i - pdV + \sigma dA_s \tag{11.2-11}$$

这样表面张力 σ 的定义，即式（11.1-12）可写为

$$\sigma = \left(\frac{\partial U}{\partial A_s} \right)_{S,V,n_i} \tag{11.2-12}$$

这表明平界面的界面位置不再影响表面张力 σ 的定义。

需要指出的是，上述含弯曲界面系统的热力学平衡条件，也可从熵判据或其他判据出发推导得到。

11.3　表面张力与界面能

由于界面层上的原子或分子，其所处环境与体积相内部的原子或分子不同，所以界面具有不饱和力场，沿着界面的切线方向存在表面张力。液滴呈球形就是因为液体表面存在表面张力使液体表面积减小来最大限度地降低表面能。所以，表面张力是一个由于分子引力不均衡而产生的存在于表面内且使表面面积收缩的力。

根据含界面系统的热力学基本方程，可知

$$\sigma = \left(\frac{\partial U}{\partial A_s} \right)_{S,V,n_i} = \left(\frac{\partial H}{\partial A_s} \right)_{S,p,n_i} = \left(\frac{\partial A}{\partial A_s} \right)_{T,V,n_i} = \left(\frac{\partial G}{\partial A_s} \right)_{T,p,n_i} \tag{11.3-1}$$

此即根据吉布斯界面模型所得表面张力 σ 的定义，可通过上式与内能、焓、亥姆霍兹自由能及吉布斯自由能相联系，但不同的偏微分，其下标条件不一样。表面张力的单位是 N/m。

表面张力是存在于表面，使单位长度表面收缩的力。从热力学上讲，张力可视为表面或界面拥有的相比于体积相内部过剩的能量，称为"表面能"或"界面能"。在等温等压条件下，可逆地使系统的界面面积增加 dA_s，则所需外界做的功为

$$dW_{T,p} = \gamma dA_s \tag{11.3-2}$$

式中，γ 为界面能，单位是 J/m^2。界面能是相对于体积相的过剩自由能，与单位面积下的键数和键强有关。由于可逆功等于由于表面形成而引起吉布斯自由能的变化，因此，对于含界面系统的吉布斯自由能变化可写为

$$dG = -SdT + Vdp + \sum_i \mu_i dn_i + \gamma dA_s \tag{11.3-3}$$

可见，表面的形成总是导致系统吉布斯自由能的增加，这意味着巨大表面系统是不稳定

的，较小的粒子相对于较大的粒子也是不稳定的。式（11.3-3）中

$$\gamma = \left(\frac{\partial G}{\partial A_s} \right)_{T,p,n_i} \tag{11.3-4}$$

式（11.3-4）表明界面能的定义与表面张力的定义完全相同，所以表面张力和界面能是从不同角度对同一表面现象的描述，二者具有相同的量纲，数值也相同。不过二者在应用上各有特色，采用界面能概念，便于用热力学原理和方法处理界面问题，对各种界面具有普适性，特别是对于固体表面，由于力平衡方法难以应用，用界面能更合适；表面张力更适合于实验，对解决流体界面（如气-液界面、液-液界面）的问题具有直观方便的优点。界面能和界面张力由于其数学上的等同性，在许多论著中是互用的。严格地讲，这两个概念是有区别的。表面张力是强度量，是作用于表面周界上的力。对流体界面，表面张力在数值上与表面能相等。但对固相界面，表面张力在数值上并不等于表面自由能，这是由于固体表面自由能包括了弹性能，弹性能随表面形变而增加；而表面张力并不因表面积的扩展而增加。表 11.3-1 是常见体系的界面能值，由此可见界面能与材料属性、界面类型及温度等条件密切相关。物质的表面张力通常随着温度升高而降低，即表面张力的温度系数为负值。这是因为温度升高物质体积膨胀，密度降低，削弱了体相分子对表面层分子的作用力；同时温度升高，气相蒸气压变大，气相分子对液体表面分子作用增强，这些都使表面张力下降。

表 11.3-1 常见体系的界面能值

界面类型	材　　料	界面能/(mJ/m^2) $(T/℃)$	界面类型	材　　料	界面能/(mJ/m^2) $(T/℃)$
纯金属气-液界面	Ce	60（熔点）	纯金属气-液界面	Au	1140（熔点）
	Pb	450（熔点）		Cu	1300（熔点）
	Al	866（熔点）		Ni	1780（熔点）
	Si	730（熔点）		Rh	2700（熔点）
纯金属气-固界面	Bi	550（250）	纯金属气-固界面	Cu	1780（925）
	Al	980（450）		Ni	2280（1060）
	Au	1400（1100）		W	2800（2000）
纯金属固-液界面	Na	20	纯金属固-液界面	Au	132
	Li	30		Cu	177
	Pb	33		Pt	240
纯金属晶界	Al	324（550）	纯金属晶界	Cu	625（925）
	δ-Fe	468（1450）		Ni	866（1060）
	γ-Fe	756（1350）		W	1080（2000）
化合物	水（液态）	72（25）	化合物	MgO	1000（25）
	NaCl（100）面	300（25）		TiC	1190（1100）
	Be_2O_3（液态）	80（900）		CaF_2（111）面	450（25）
	Al_2O_3（液态）	700（2080）		$CaCO_3$（1010）面	230（25）
	Al_2O_3（固态）	905（1850）		LiF（100）面	340（25）

11.4　晶体平衡形态与界面形态

11.4.1　晶体平衡形态

晶体平衡形态是具有一定体积的晶体，随着生长逐渐趋于平衡，晶体将不断调整自身形貌以使表面自由能达到最小而得到的一种晶体生长形态。对于界面自由能各向同性的液体，在体积给定的条件下，界面面积最小的形状为球形，因而液体的平衡状态为球状。而对于晶体，晶体的界面能与单位表面积的键数和键强密切相关，不同晶面有不同的单位面积键数，不同类型的晶面有不同的界面能，所以晶体的界面能具有各向异性的特征。

晶体平衡形态受界面能各向异性控制，是晶体自身与晶体结构有关的本征特性的基本反映。当晶体处于或接近平衡状态且体积和温度保持恒定时，晶体总表面能的降低是体系形态演化的主要驱动力。这将使晶体低能面部分的面积分数增加，同时高能面部分的面积分数减小，即界面能高的晶面，其生长会受到抑制，而较低界面能的表面，其生长会加速。根据"快面隐没、慢面显露"的晶面淘汰规律，生长速率快的界面就容易消失，而生长速率慢的界面容易显露，这样所显露出来的面应尽可能为界面能较低的晶面，最终使晶体的表面能达到最小，从而获得平衡形态。

根据乌尔夫（Wulff）理论，晶体平衡形状可由一系列与晶向有关的界面能推导出来。图 11.4-1 说明了从各个已知晶向的界面能出发，推导晶体平衡形状的过程。①从中心点 O 沿各晶面法向方向绘制一系列的线段（如图中的 h_1、h_2），线段长度正比于相应晶面的界面能大小；②连接各线段的另一端点，所围成的曲线即为界面能极图，通常称为 γ 极图；③经过 γ 极图的任意一点，作该点与中心 O 连线（如 h_1、h_2）的法线（如图中与 h_1 及 h_2 垂直的虚线）；这些法线组成一系列相交的法向平面，即此二维晶体的晶面，这些晶面围成的区域便构建出晶体平衡形状。不难看出，晶体平衡形状主要由一些界面能较低的晶面组成，且晶面的界面能 γ_i 与该晶面到中心 O 的距离 h_i 成正比，即

$$\frac{\gamma_1}{h_1}=\frac{\gamma_2}{h_2}=\cdots=\frac{\gamma_N}{h_N} \tag{11.4-1}$$

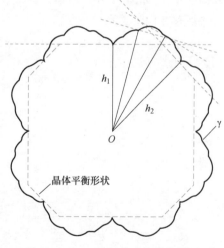

图 11.4-1　二维四重对称晶体界面能极图及其平衡形状

不过，上述方程所定义的晶体平衡形状仅适用于特定尺寸的晶体。因为对于大尺寸晶体，其形状的变化涉及大量原子的扩散。而与体积自由能相比，表面能的贡献较小，其造成的生长驱动力可能不够，不易长大成较大尺寸且具有热力学平衡形状的晶体，而是更容易长成晶体的亚稳态形状。另外，即使对于小晶体，乌尔夫关系也可能不成立，如孪晶的形成可能会使体系的吉布斯自由能降低，从而形成不同的晶体形态。

11.4.2 界面形态

11.4.1 节表明晶体的平衡形状是一种多面体结构，其晶面大小与界面能成反比。本小节将继续考虑其他类型的界面，进一步说明界面能是如何影响界面形态的。

如图 11.4-2 所示为 α、β 和 χ 三相平衡接触面的二维投影图，其中 3 个相边界的接触线相交构成的角度分别为 θ^α、θ^β 和 θ^χ。由于是投影图，所以图中任意两相在其过相边界的垂直面中两相平衡共存，而在沿垂直于纸面的公共线中三相平衡共存。3 个两相交界面上都存在使界面面积减小的界面张力。假设界面张力与方向无关，且为系统中唯一存在的力，则对三相交点，其力平衡方程为

$$\sigma^{\alpha\beta}t^{\alpha\beta}+\sigma^{\beta\chi}t^{\beta\chi}+\sigma^{\alpha\chi}t^{\alpha\chi}=0 \tag{11.4-2}$$

式中，t^{ij} 为在三相交点处与 i-j 相边界相切的单位向量。根据图 11.4-2 中定义的角度，上述平衡方程可变为

$$\frac{\sigma^{\alpha\beta}}{\sin\theta^\chi}=\frac{\sigma^{\beta\chi}}{\sin\theta^\alpha}=\frac{\sigma^{\alpha\chi}}{\sin\theta^\beta} \tag{11.4-3}$$

如果 3 个界面张力相等，则 3 个角度也相等，即 $\theta=120°$，此即大部分三晶交线间的角度为 120° 的原因。

将上述力平衡条件进一步应用于气-液-固三相情况，将液滴放置在平衡的气-固界面上，如图 11.4-3 所示。液滴在固相上的润湿性可用接触角 θ 来表示。当固体和液体相互接触且达到平衡时，该系统内存在固-液、气-固及气-液 3 个界面，以界面能 γ^{sl} 表面张力 σ^{lg} 和固体的表面能 γ^{sg}。如图 11.4-3 所示，在气、液、固三相交点，同时存在 3 种力，根据力平衡原理，必然存在以下关系

$$\gamma^{sg}=\gamma^{sl}+\sigma^{lg}\cos\theta \tag{11.4-4}$$

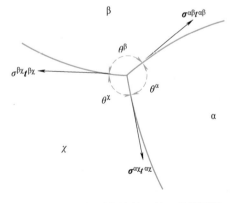

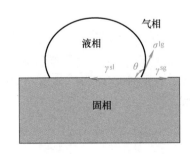

图 11.4-2　三相平衡接触面的二维投影图　　　图 11.4-3　表面润湿的力平衡示意图及接触角 θ

此时体系的能量最低。上述方程常称为杨氏（Young）方程，也称为杨氏-杜普雷（Young-Dupré）方程。该方程可进一步改写为

$$\cos\theta=\frac{\gamma^{sg}-\gamma^{sl}}{\sigma^{lg}} \tag{11.4-5}$$

通常可根据接触角的大小来区分完全润湿和部分润湿。从式（11.4-5）可清楚看出，液体对固体表面是否润湿，主要取决于三相界面间界面能的相对大小。$\gamma^{sg}-\gamma^{sl}=\sigma^{lg}$ 时，$\cos\theta=1$，$\theta=0°$，此时完全润湿，液体可在固体表面完全铺展开来；$0<\gamma^{sg}-\gamma^{sl}<\sigma^{lg}$ 时，$0<\cos\theta<1$，θ 值为 $0°\sim90°$，固体表面能被部分润湿；$\gamma^{sg}-\gamma^{sl}<0$ 时，$\cos\theta<0$，$\theta>90°$，固体不被液体所润湿。从式（11.4-5）还可以看出，润湿的必要条件是 $\gamma^{sg}>\gamma^{sl}$，或 γ^{sl} 非常小，固-液两相化学性质或化学结合方式非常接近时，可满足这一条件。因此，硅酸盐在氧化物固体上一般会形成小的润湿角，甚至完全将固体润湿；而在熔融金属与氧化物之间，由于结构不同，界面能 γ^{sl} 很大，$\gamma^{sg}<\gamma^{sl}$，不能润湿。金属冶炼过程的造渣除杂过程就利用了这一原理。

界面能对多晶固体材料的相分布也具有重要影响。随着晶粒的长大，未固溶的杂质在晶界富集，所以第二相或杂质颗粒常在晶界处出现。但如果晶界没有被第二相或杂质颗粒钉扎，第二相或杂质颗粒就可能嵌在晶内。在粉末冶金及陶瓷烧结中，常有意引入第二相以强化烧结或抑制晶粒长大。

图 11.4-4a 定义了晶界的一个重要特征——二面角 ϕ，点 O 处的二面角可根据下面的平衡条件得到

$$\gamma^{\alpha\alpha}-2\gamma^{\alpha\beta}\cos\left(\frac{\phi}{2}\right)=0 \tag{11.4-6}$$

根据两个界面能取值的不同，二面角可在 $0°\sim180°$ 变化。不同的二面角包裹的第二相形状如图 11.4-4b 所示。虽然第二相数量对多晶固体材料力学性能的影响很大，但实际上是二面角的大小控制了第二相的分布情况，所以材料的力学性能在很大程度上也取决于界面能。例如，复合材料的断裂韧性在很大程度上将取决于两相间界面的强度，而界面强度可通过改变界面能从而改变相的分布来调控。

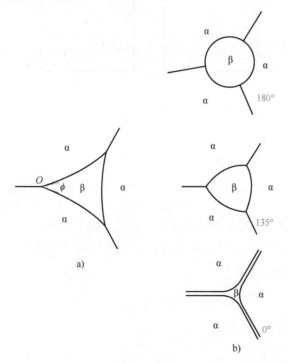

图 11.4-4　多晶固体中三晶交界处的二面角以及不同二面角所包裹第二相的形状示意图

11.5 界面效应对相平衡的影响

在材料科学中，材料的体积对系统能量的贡献比其表面能比其表面能大得多时，表面能通常以忽略，但当表面与体积比不可忽略时，如金属粉末、微小液滴等情况，则需要考虑表面能的贡献。弯曲界面对材料热力学性质的影响主要表现在与力平衡条件密切相关的相平衡上。如果固相以微小颗粒的形式存在，则该相的熔点会发生改变；而如果液相以分散的微小液滴形式存在，则液相的平衡蒸气压会升高；二元系中，如果第二相很细小，相图中两相区边界会稍微发生偏移。虽然通常情况下这些影响都很小（除非颗粒非常细小），但它们在材料科学的许多微观过程中均具有重要作用，本节将讨论界面效应对相平衡的影响。

如果两相 α 和 β 被平界面分开，则其平衡条件不涉及界面，但如果 α 和 β 两相被弯曲界面分开，那么两相的压力不再相等，此时压力的平衡条件由拉普拉斯方程来确定，即

$$p^\alpha - p^\beta = \sigma^{\alpha\beta}(H_1 + H_2) \tag{11.5-1}$$

11.5.1 平衡饱和蒸气压

对弯曲界面条件下的气-液两相单组分系统，如图 11.5-1 所示，考虑等温条件下被气化气体所包围的球形液滴。平衡时两相化学势相等，即

$$\mu^l = \mu^g \tag{11.5-2}$$

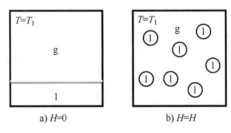

图 11.5-1 气-液两相单组分系统

对于任意可逆变化，有

$$d\mu^l = d\mu^g \tag{11.5-3}$$

温度恒定的条件下，对于单组分均相系统，$d\mu = Vdp$，因此式（11.5-3）可改写为

$$V^l dp^l = V^g dp^g \tag{11.5-4}$$

式中，V^l 和 V^g 分别是液、气两相的摩尔体积，此处忽略了下标 m。

两相压力的关系可由拉普拉斯方程获得，由于球形液滴半径为 r，其平均曲率 $H = 1/r$，所以其拉普拉斯方程的微分形式可表示为

$$d(p^l - p^g) = d\left(\frac{2\sigma^{lg}}{r}\right) = d(2\sigma^{lg}H) \tag{11.5-5}$$

结合式（11.5-4），进一步可得

$$\frac{V^g - V^l}{V^l} dp^g = d(2\sigma^{lg}H) \tag{11.5-6}$$

假定气相满足理想气体状态方程，即 $p^g V^g = RT$，由于气体的摩尔体积远大于相同条件下液体的摩尔体积，故有 $V^g - V^l \approx V^g$，可得

$$\frac{RT}{V^l}\frac{\mathrm{d}p^g}{p^g} = \mathrm{d}(2\sigma^{lg}H) \tag{11.5-7}$$

进一步假设液相的摩尔体积与压力无关，并以 $H = 0$ 表示平界面，对式（11.5-7）积分可得

$$\ln\frac{p^g}{p^g_{H=0}} = \frac{2V^l\sigma^{lg}}{RT}H \tag{11.5-8}$$

式（11.5-8）即为著名的开尔文方程，该方程从理论上描述了弯曲的气-液界面所引起的蒸气压变化情况。液滴半径越小，其平均曲率 H 越大，导致其表面蒸气压越大。日常生活中有时空气湿度很大却不下雨，就与此有关，这是因为蒸气中要形成新液相，需要先有尺寸非常小的液滴形核，而这需要较高的饱和蒸气压。

为更方便地使用式（11.5-8），常定义气-液系统的毛细长度 λ_V 为

$$\lambda_V = \frac{2V^l\sigma^{lg}}{RT} \tag{11.5-9}$$

对式（11.5-8）积分可得

$$p^g = p^g_{H=0}\mathrm{e}^{\lambda_V H} \tag{11.5-10}$$

当 $\lambda_V H \ll 1$ 时，式（11.5-10）可近似为

$$p^g = p^g_{H=0}(1 + \lambda_V H) \tag{11.5-11}$$

式（11.5-11）说明对于微小液滴系统，其蒸气压高于相同温度下体积液体的值，且 $\lambda_V H > 0.01$ 时，曲率的影响会很显著。

11.5.2　沸腾温度

下面考虑在恒定压力 p^l 下的气-液两相平衡，如图 11.5-2 所示，考虑球形蒸气泡在液相中气-液两相共存。对于可逆变化，其平衡条件为

$$-S^g\mathrm{d}T + V^g\mathrm{d}p^g = -S^l\mathrm{d}T \tag{11.5-12}$$

根据平衡条件下的气化熵与气化焓间的关系，式（11.5-12）进一步可整理为

$$V^g\mathrm{d}p^g = (S^g - S^l)\mathrm{d}T = (H^g - H^l)\frac{\mathrm{d}T}{T} \tag{11.5-13}$$

进一步假设气体为理想气体，$p^g V^g = nRT$，且 $H^g - H^l = n\Delta_{vap}H_m$，式（11.5-13）可变为

$$\frac{\mathrm{d}T}{T^2} = \frac{R}{\Delta_{vap}H_m}\frac{\mathrm{d}p^g}{p^g} \tag{11.5-14}$$

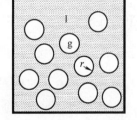

图 11.5-2　液体沸腾时的气泡曲率示意图

进一步基于拉普拉斯方程用平均曲率表示压力，即 $p^g = p^l + 2\sigma^{lg}H$，代入式（11.5-14）得

$$\frac{\mathrm{d}T}{T^2} = \frac{R}{\Delta_{vap}H_m}\frac{2\sigma^{lg}\mathrm{d}H}{(p^l + 2\sigma^{lg}H)} \tag{11.5-15}$$

若假设蒸发焓与界面曲率无关，则积分可得

$$\left(\frac{1}{T}\right)_{H=0} - \left(\frac{1}{T}\right)_H = \frac{R}{\Delta_{vap}H_m}\ln\left(1 + \frac{2\sigma^{lg}}{p^l}H\right) \tag{11.5-16}$$

式（11.5-16）表明，沸腾温度会随气泡尺寸的变化而变化。计算结果表明，相对于平坦的气-液界面，半径为 $1\mu m$ 的气泡可使熔融钠的沸腾温度增加至少 100K。另外，曲率对气泡热力学的影响比对液滴的影响更为明显，这是因为曲率效应本质上是一种压力效应，气体的摩尔体积较大，故其压力效应比凝聚态物质的压力效应大得多。

11.5.3 溶解度

进一步考虑固-液体系的曲率效应问题，假设半径为 r 的单组分固相球形颗粒弥散分布在多组分液相中。同理可得拉普拉斯方程的微分形式

$$d(p^s - p^l) = d(2\gamma^{sl}H) \tag{11.5-17}$$

考虑等温及液相压力 p^l 恒定的条件下系统中的可逆变化，假设除固相的组分 i，液体中所有组分的平衡浓度是固定的。根据平衡条件，有

$$d\mu_i^l = d\mu_i^s = V_i^s dp^s = V_i^s d(2\gamma^{sl}H) \tag{11.5-18}$$

进一步可假设 V_i^s 与压力无关，则积分后可得

$$(\mu_i^l)_r - (\mu_i^l)_{r=\infty} = 2V_i^s\gamma^{sl}H \tag{11.5-19}$$

式中，$(\mu_i^l)_r$ 是液相中组元 i 的化学势。进一步采用活度表示化学势，上述方程可改写为

$$\ln\frac{(a_i^l)_H}{(a_i^l)_{H=0}} = \frac{2V_i^s\gamma^{sl}}{RT}H \tag{11.5-20}$$

若液相为理想溶液，则组分的活度等于组分的摩尔分数，这样液相中组分 i 的摩尔分数与固相颗粒半径的关系为

$$\ln\frac{(x_i^l)_H}{(x_i^l)_{H=0}} = \frac{2V_i^s\gamma^{sl}}{RT}H \tag{11.5-21}$$

式（11.5-21）表明，固体颗粒的溶解度（即组分 i 在液相中的浓度 x_i^l）随固相颗粒半径 r 的减小而增加。虽然这个影响不是太大，但也说明液相中发生均质形核需要溶质过饱和。这是因为形核过程中形成的晶胚尺寸很小，故其相对于体积相的溶解度更高，为了形成晶胚进而发生形核，液相必须过饱和。

11.5.4 熔化温度

同理，固体颗粒的尺寸同样会影响到熔化温度，固体颗粒越小，其表（界）面缺陷（包括表面缺陷和内部界面缺陷）越多，能量高，因此破坏其晶格所需能量相对来说就较低，故熔点较低。首先，考虑相同质量的固体颗粒和液滴间的平衡，即如图 11.5-3 所示固-液两相系统压力和温度对化学势的贡献可用幂级数表示

$$\mu(T,p) = \mu^* + \left(\frac{\partial\mu}{\partial T}\right)_p(T-T^*) + \left(\frac{\partial\mu}{\partial p}\right)_T(p-p^*) + \cdots \tag{11.5-22}$$

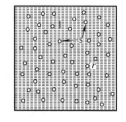

图 11.5-3　固-液两相系统示意图

式中，μ^* 为温度和压力处于参考状态（T^*, p^*）下的化学势。

由于化学势对温度和压力的偏导数分别为$-S_m$ 和 V_m，因此可得化学势表达式为

$$\mu(T,p)=\mu^*(T^*,p^*)-S_m(T-T^*)+\frac{M}{\rho}(p-p^*)+\cdots \tag{11.5-23}$$

式中，M/ρ 为物质的摩尔体积。平衡时两相温度相等，但由于曲率不同，两相压力并不相同。根据化学势相等的平衡条件，平衡时固相颗粒和液滴的化学势相等，则

$$\mu^s(T,p^s)=\mu^l(T,p^l) \tag{11.5-24}$$

进一步使用两相的化学势公式，可得

$$\mu_l^*(T^*,p^*)-\mu_s^*(T^*,p^*)+(S_m^l-S_m^s)(T-T^*)+\frac{M}{\rho_l}(p^l-p^*)-\frac{M}{\rho_s}(p^s-p^*)=0 \tag{11.5-25}$$

式中，ρ_s 和 ρ_l 分别为固相和液相的密度；p^s 和 p^l 分别为固相和液滴内部的压力。重新整理式（11.5-25）可得

$$-\frac{\Delta_{fus}H_m}{T^*}(T-T^*)+\frac{M}{\rho_l}(p^l-p^*)-\frac{M}{\rho_s}(p^s-p^*)=0 \tag{11.5-26}$$

式中，$\Delta_{fus}H_m$ 为物质的摩尔熔化焓。颗粒和液滴内部的压力可由拉普拉斯方程给出，则

$$p^s=p^g+2\gamma^{sg}H_s \qquad p^l=p^g+2\sigma^{lg}H_l \tag{11.5-27}$$

式中，p^g 为环境中蒸气的压力，假设为标准压力 p^*。将上两式代入式（11.5-25）

$$-\frac{\Delta_{fus}H_m}{T^*}(T-T^*)+\frac{M}{\rho_l}2\sigma^{lg}H_l-\frac{M}{\rho_s}2\gamma^{sg}H_s=0 \tag{11.5-28}$$

而液体和固体颗粒间的曲率差异可通过关系式 $\rho_l V^l=\rho_s V^s$ 和 $V^i=\frac{4}{3}\pi(r^i)^3$ 得到，进一步考虑液滴和固体颗粒的质量相等，可得

$$r^l=\left(\frac{\rho_s}{\rho_l}\right)^{1/3}r^s \tag{11.5-29}$$

将式（11.5-29）代入式（11.5-28），可得熔化温度与固相颗粒平均曲率 H 的函数关系为

$$1-\frac{(T_{fus})_H}{(T_{fus})_{H=0}}=\frac{2M}{\rho_s\Delta_{fus}H_m}\left[\gamma^{sg}-\sigma^{lg}\left(\frac{\rho_s}{\rho_l}\right)^{2/3}\right]H_s \tag{11.5-30}$$

式中，$(T_{fus})_{H=0}=T^*$ 和 $(T_{fus})_H$ 分别代表块体材料和半径为 r^s 颗粒材料的熔化温度。

上面考虑的情况是相同质量的固体颗粒熔化成液滴的情形。如果固相颗粒在大体积液相中，如图 11.5-3 所示，则 $p^s=p^l+2\gamma^{sl}H_s$，$p^l=p^g=p^*$，根据式（11.5-28），可得

$$\Delta T=T-T^*=-\frac{2M\gamma^{sl}H_s}{\rho_s\Delta_{fus}H_m}T^* \tag{11.5-31}$$

定义毛细长度

$$\lambda_m=\frac{2M\gamma^{sl}}{\rho_s\Delta_{fus}H_m}=\frac{2V^s\gamma^{sl}}{\Delta_{fus}H_m} \tag{11.5-32}$$

则颗粒半径为 r^s 的固相，$H_s=1/r^s$，其熔点为

$$T=(1-\lambda_m H_s)T^* \tag{11.5-33}$$

11.5.5 奥斯瓦尔德（Ostwald）熟化

前几小节讨论的是界面曲率对热力学性质的影响，下面介绍材料研究中一种常见的由于曲率效应而导致的组织演化现象。在真实微观组织中，系统中界面的平均曲率是存在一定分布的，而非均一值。即使在最简单的球形颗粒情况下，这些颗粒组织也表现出尺寸上的分布。此时，在后续组织演化过程中，往往会出现大颗粒长大、小颗粒消失的现象。此现象即为奥斯瓦尔德熟化，也称粗化（Coarsening），那么此现象的机理是什么呢？

实际上，奥斯瓦尔德熟化是界面曲率影响的结果，其驱动力是系统总的界面能降低。如图 11.5-4 所示，考虑在液相中存在半径分别为 r_1 和 r_2 的两个固相颗粒，根据方程（11.5-18）和式（11.5-21）可得不同半径颗粒间化学势差及溶解度分别为

$$
\begin{cases}
(\mu_i^s)_{r_1} - (\mu_i^s)_{r_2} = 2V_i^s\gamma^{sl}\left(\dfrac{1}{r_1} - \dfrac{1}{r_2}\right) \\[2mm]
\ln\dfrac{(x_i^l)_{r_1}}{(x_i^l)_{r_2}} = \dfrac{2V_i^s\gamma^{sl}}{RT}\left(\dfrac{1}{r_1} - \dfrac{1}{r_2}\right)
\end{cases}
\tag{11.5-34}
$$

上述方程表明，对半径为 r_1 的小颗粒，其组元 i 的化学势及其在液相中的平衡成分 x_i^l 均高于半径为 r_2 的大颗粒。如图 11.5-4 所示，当液相与较小的固相颗粒处于局部平衡时，固相组分在液相中的溶解度更大。这样在小尺寸颗粒和大尺寸颗粒间产生了成分梯度，导致了两种不同尺寸颗粒间成分及化学势梯度的存在，而化学势的梯度正是成分扩散的驱动力。因此，组元 i 将离开尺寸较小的颗粒而进入尺寸较大的颗粒中，导致小颗粒溶解而大颗粒长大，最终大颗粒将以小颗粒的消溶为代价而长大。所以，奥斯瓦尔德熟化是由于曲率效应而导致小尺寸颗粒周围的液相浓度高于大颗粒周围的液相浓度，从而为大颗粒吸收过饱和组元而继续长大提供了条件，这一过程就会使小颗粒溶解消失，而大颗粒继续长大。

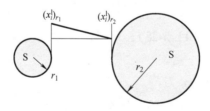

图 11.5-4　奥斯瓦尔德熟化原理示意图

奥斯瓦尔德熟化在材料科学中具有重要作用，常出现在各种微观组织的演化过程中。例如在耐火金属或陶瓷粉末烧结的最后阶段，晶粒长大和孔隙消除（孔隙长大）就与此机制有关，在粉末材料（如陶瓷或硬质金属）的烧结过程中，如果存在液相，晶粒会以消溶-析出的机制发生长大，其驱动力可通过分析系统的溶解度和形核而得到。

11.5.6 两相区边界迁移

曲率效应导致力平衡条件的改变对相图的两相区边界会产生重要影响。考虑具有弯曲界面的 A-B 二元 $\alpha+\beta$ 两相系统，此时系统的热力学平衡条件为

$$
T^\beta = T^\alpha \qquad \mu_A^\beta = \mu_A^\alpha \qquad \mu_B^\beta = \mu_B^\alpha \qquad p^\beta = p^\alpha + 2\gamma H
\tag{11.5-35}
$$

将 B 组元的摩尔分数作为独立组成变量，则组元 A 在 α 相中的化学势为

$$\mathrm{d}\mu_A^\alpha = -\overline{S}_A^\alpha \mathrm{d}T^\alpha + \overline{V}_A^\alpha \mathrm{d}p^\alpha + \mu_{AB}^\alpha \mathrm{d}x_B^\alpha \tag{11.5-36}$$

式中，$\overline{S}_A^\alpha$ 和 $\overline{V}_A^\alpha$ 分别为 α 相中组元 A 的偏摩尔熵和偏摩尔体积，而系数 $\mu_{AB}^\alpha = \left(\dfrac{\partial \mu_A}{\partial x_B}\right)_{T,p}^\alpha$ 则表征了组元 A 的化学势随 α 相组成 x_B 的变化情况，该系数可根据 α 相的溶液模型计算得到。类似地，可得到系统中其他 3 种化学势随组成 x_B 的变化情况 μ_{BB}^α、μ_{AB}^β 和 μ_{BB}^β。

当 $\alpha+\beta$ 两相系统的状态改变时，若 α 相和 β 相仍保持平衡，则平衡条件为

$$\mathrm{d}T^\beta = \mathrm{d}T^\alpha = \mathrm{d}T \tag{11.5-37}$$

$$\mathrm{d}p^\beta = \mathrm{d}p^\alpha + 2\gamma \mathrm{d}H \tag{11.5-38}$$

$$\mathrm{d}\mu_A^\beta = \mathrm{d}\mu_A^\alpha \tag{11.5-39}$$

$$\mathrm{d}\mu_B^\beta = \mathrm{d}\mu_B^\alpha \tag{11.5-40}$$

根据式（11.5-36）和式（11.5-39），可得

$$\mathrm{d}\mu_A^\alpha = -\overline{S}_A^\alpha \mathrm{d}T^\alpha + \overline{V}_A^\alpha \mathrm{d}p^\alpha + \mu_{AB}^\alpha \mathrm{d}x_B^\alpha = \mathrm{d}\mu_A^\beta = -\overline{S}_A^\beta \mathrm{d}T^\beta + \overline{V}_A^\beta \mathrm{d}p^\beta + \mu_{AB}^\beta \mathrm{d}x_B^\beta \tag{11.5-41}$$

进一步结合式（11.5-37）和式（11.5-38），并整理得

$$-\left(\overline{S}_A^\alpha - \overline{S}_A^\beta\right)\mathrm{d}T + \left(\overline{V}_A^\alpha - \overline{V}_A^\beta\right)\mathrm{d}p^\alpha - 2\gamma \overline{V}_A^\beta \mathrm{d}H + \mu_{AB}^\alpha \mathrm{d}x_B^\alpha - \mu_{AB}^\beta \mathrm{d}x_B^\beta = 0 \tag{11.5-42}$$

定义 $\Delta\overline{S}_A = \overline{S}_A^\alpha - \overline{S}_A^\beta$ 及 $\Delta\overline{V}_A = \overline{V}_A^\alpha - \overline{V}_A^\beta$，上式可变为

$$-\Delta\overline{S}_A \mathrm{d}T + \Delta\overline{V}_A \mathrm{d}p^\alpha - 2\gamma \overline{V}_A^\beta \mathrm{d}H + \mu_{AB}^\alpha \mathrm{d}x_B^\alpha - \mu_{AB}^\beta \mathrm{d}x_B^\beta = 0 \tag{11.5-43}$$

同理可得，B 组元的类似方程

$$-\Delta\overline{S}_B \mathrm{d}T + \Delta\overline{V}_B \mathrm{d}p^\alpha - 2\gamma \overline{V}_B^\beta \mathrm{d}H + \mu_{BB}^\alpha \mathrm{d}x_B^\alpha - \mu_{BB}^\beta \mathrm{d}x_B^\beta = 0 \tag{11.5-44}$$

上述两个方程给出了 T、p、H、x_B^α 和 x_B^β 这 5 个变量间的关系。为确定界面曲率 H 对相界组成的影响，需要进一步给定温度和压力条件。下面分析等温等压条件下，即 $\mathrm{d}T=0$ 和 $\mathrm{d}p^\alpha=0$ 时，相成分随曲率的变化情况，此时式（11.5-44）变为

$$-2\gamma \overline{V}_A^\beta \mathrm{d}H + \mu_{AB}^\alpha \mathrm{d}x_B^\alpha - \mu_{AB}^\beta \mathrm{d}x_B^\beta = 0 \tag{11.5-45}$$

$$-2\gamma \overline{V}_B^\beta \mathrm{d}H + \mu_{BB}^\alpha \mathrm{d}x_B^\alpha - \mu_{BB}^\beta \mathrm{d}x_B^\beta = 0 \tag{11.5-46}$$

每个相的化学势导数（如 μ_{AB}^α 和 μ_{BB}^α）可通过吉布斯-杜亥姆方程关联，对任意给定的相，有

$$x_A \mathrm{d}\mu_A + x_B \mathrm{d}\mu_B = 0 \tag{11.5-47}$$

在等温等压条件下，根据 $\mu_{AB} = \left(\dfrac{\partial \mu_A}{\partial x_B}\right)_{T,p}$，可得

$$(\mathrm{d}\mu_A)_{T,p} = \mu_{AB} \mathrm{d}x_B \tag{11.5-48}$$

同理，可得

$$(\mathrm{d}\mu_B)_{T,p} = \mu_{BB} \mathrm{d}x_B \tag{11.5-49}$$

因此，结合式（11.5-47）、式（11.5-48）和式（11.5-49）可得

$$x_A \mu_{AB} \mathrm{d}x_B + x_B \mu_{BB} \mathrm{d}x_B = 0 \tag{11.5-50}$$

所以，可得每个相的化学势导数间的关系为

$$\mu_{BB} = -\frac{x_A}{x_B}\mu_{AB} \tag{11.5-51}$$

将上述方程分别应用到 α 相和 β 相中，即式（11.5-45）和式（11.5-46），可得

$$\mu_{AB}^{\alpha}\left(\frac{dx_B^{\alpha}}{dH}\right)+\mu_{AB}^{\beta}\left(\frac{dx_B^{\beta}}{dH}\right)=2\gamma\,\overline{V}_A^{\beta} \tag{11.5-52}$$

$$-\frac{x_A^{\alpha}}{x_A^{\alpha}}\mu_{AB}^{\alpha}\left(\frac{dx_B^{\alpha}}{dH}\right)-\frac{x_A^{\beta}}{x_B^{\beta}}\mu_{AB}^{\beta}\left(\frac{dx_B^{\beta}}{dH}\right)=2\gamma\,\overline{V}_A^{\beta} \tag{11.5-53}$$

上述方程中括号内的导数是 α/β 相区边界浓度随界面曲率的变化率，它们构成了两个线性方程。该线性方程组通过代换法或行列式法进行求解，可得

$$\left(\frac{dx_B^{\alpha}}{dH}\right)=2\gamma\left(x_A^{\beta}\,\overline{V}_A^{\beta}+x_B^{\beta}\,\overline{V}_B^{\beta}\right)\frac{x_B^{\alpha}}{\mu_{AB}^{\alpha}(x_B^{\alpha}-x_B^{\beta})} \tag{11.5-54}$$

$$\left(\frac{dx_B^{\beta}}{dH}\right)=2\gamma\left(x_A^{\alpha}\,\overline{V}_A^{\beta}+x_B^{\alpha}\,\overline{V}_B^{\beta}\right)\frac{x_B^{\beta}}{\mu_{AB}^{\beta}(x_B^{\alpha}-x_B^{\beta})} \tag{11.5-55}$$

需要说明的是，上式 $\left(x_A^{\beta}\,\overline{V}_A^{\beta}+x_B^{\beta}\,\overline{V}_B^{\beta}\right)$ 是 β 相的摩尔体积 V^{β}；而 $\left(x_A^{\alpha}\,\overline{V}_A^{\beta}+x_B^{\alpha}\,\overline{V}_B^{\beta}\right)$ 虽有摩尔体积的单位，但不是相的摩尔体积。

图 11.5-5 给出了界面曲率对 $\alpha+\beta$ 两相区相平衡浓度的影响，可以发现，随着 α/β 相边界曲率的增加，两相中组元 B 的含量在增加。这种变化对 μ_{AB} 的值和两相区宽度 $x_B^{\beta}-x_B^{\alpha}$ 特别敏感，两相区越窄，两相区边界的迁移程度越大。

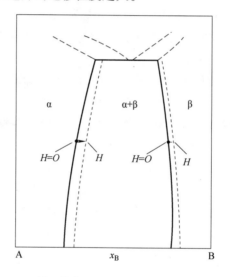

图 11.5-5　界面曲率对 $\alpha+\beta$ 两相区相平衡浓度的影响

下面继续讨论 α 和 β 两相均为稀溶液的情形。假设 α 相中组元 B 是溶质，而 β 相中组元 A 是溶质。组元 A 在 α 相中的化学势可由拉乌尔定律给出

$$\mu_A^{\alpha}=\mu_A^{*,\alpha}+RT\ln x_A^{\alpha} \tag{11.5-56}$$

稀溶液 α 中，$x_A^{\alpha}\approx1$，可得

$$\mu_{AB}^{\alpha}=\left(\frac{d\mu_A^{\alpha}}{dx_B^{\alpha}}\right)_{T,p}=\left(\frac{d\mu_A^{\alpha}}{dx_A^{\alpha}}\right)_{T,p}\frac{dx_A^{\alpha}}{dx_B^{\alpha}}=-\frac{RT}{x_A^{\alpha}}\approx-RT \tag{11.5-57}$$

β 相中组元 A 是溶质，根据亨利定律，也可得组元 A 在 β 相中的化学势

$$\mu_A^{\beta}=\mu_A^{\alpha}+RT\ln x_A^{\beta} \tag{11.5-58}$$

同理可得

$$\mu_{AB}^{\beta} \equiv \left(\frac{d\mu_A^{\beta}}{dx_B^{\beta}}\right)_{T,p} = \left(\frac{d\mu_A^{\beta}}{dx_A^{\beta}}\right)_{T,p}\frac{dx_A^{\beta}}{dx_B^{\beta}} = -\frac{RT}{x_A^{\beta}} \tag{11.5-59}$$

由于 α 相和 β 相都满足稀溶液近似，所以 $x_B^{\beta} - x_B^{\alpha} \approx x_B^{\beta} \approx 1$，故可得

$$\left(\frac{dx_B^{\alpha}}{dH}\right) = \frac{2\gamma V_B^{\beta}}{RT}x_B^{\alpha} \tag{11.5-60}$$

$$\left(\frac{dx_B^{\beta}}{dH}\right) = \frac{2\gamma \overline{V}_A^{\beta}}{RT}x_A^{\beta} \tag{11.5-61}$$

需要说明的是上式使用了 $x_A^{\alpha}\overline{V}_A^{\beta} + x_B^{\alpha}\overline{V}_B^{\beta} \approx \overline{V}_A^{\beta}$ 的近似条件（因为 $x_B^{\alpha} \approx 0, x_A^{\alpha} \approx 1$），对式（11.5-60）分离变量后进行积分可得

$$\int_{x_B^{\alpha}(H=0)}^{x_B^{\alpha}(H)} \frac{dx_B^{\alpha}}{x_B^{\alpha}} = \int_{H=0}^{H} \frac{2\gamma V^{\beta}}{RT}dH \tag{11.5-62}$$

式中，$x_B^{\alpha}(H=0)$ 是具有平直界面的系统中两相区 α 相的浓度；$x_B^{\alpha}(H)$ 是 α/β 相界面具有平均曲率 H 时与 β 平衡的 α 相的浓度。由于右侧被积函数与界面曲率无关，因此积分结果为

$$\ln\left(\frac{x_B^{\alpha}(H)}{x_B^{\alpha}(H=0)}\right) = \frac{2\gamma V^{\beta}}{RT}H \tag{11.5-63}$$

进一步定义成分偏移毛细长度 λ_c^{α} 为

$$\lambda_c^{\alpha} = \frac{2\gamma V^{\beta}}{RT} \tag{11.5-64}$$

将式（11.5-64）代入式（11.5-63），可得

$$x_B^{\alpha}(H) = x_B^{\alpha}(H=0)e^{\lambda_c^{\alpha}H} \tag{11.5-65}$$

当 $\lambda_c^{\alpha} \ll 1$ 时，有

$$x_B^{\alpha}(H) = x_B^{\alpha}(H=0)(1+\lambda_c^{\alpha}H) \tag{11.5-66}$$

因此，在具有平均曲率 H 的界面系统中，α 相中与 β 相平衡的组元 B 的浓度要高于平界面体积相中的浓度，这与前面所述的溶解度与界面平均曲率 H 成正比的结论一致。

类似，还可得到 β 相中的结果

$$x_B^{\beta}(H) = x_B^{\beta}(H=0)e^{\lambda_c^{\beta}H} \tag{11.5-67}$$

式中，

$$\lambda_c^{\beta} \equiv \frac{2\gamma V_1^{\beta}}{RT}$$

当 $\lambda_c^{\beta} \ll 1$ 时，有

$$x_B^{\beta}(H) = x_B^{\beta}(H=0)(1+\lambda_c^{\beta}H) \tag{11.5-68}$$

因此，β 相中组元 B（溶剂）的平衡浓度是随界面平均曲率的增大而成比例增加。

需要指出的是，上述推导是在假设平均曲率 H 为正值时进行的，其微观组织可想象为球形 β 相颗粒嵌在 α 相基体中，此时相对于 β 相，两相界面是凸的。如果两相组织是 α 相以颗粒形式存在于 β 相基体中，则其平均曲率 H 为负值，此时两相区边界会沿相反方向移动。

习 题

1. 293K 时，若将半径为 0.5cm 的汞珠分散成半径为 0.1μm 的小汞珠，需消耗的最小功是多少？表面吉布斯自由能增加多少？已知 293K 下，汞的表面张力为 $\sigma = 0.476$N/m。

2. 试求 25℃下水滴半径为 10^{-8}m 时水的饱和蒸汽压，并确定温度改变多少时可得到相同效果。已知水的密度为 0.998×10^3kg/m³，表面张力为 0.007197N/m，摩尔蒸发焓为 40.668kJ/mol。

3. 试推导第 3 题图中各种形状颗粒内部由表面张力所产生附加压力 p 的表达式，假定各面的表面张力 σ 相等。

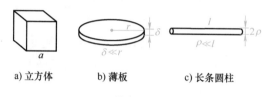

a) 立方体   b) 薄板   c) 长条圆柱

第 3 题图

4. 镍双晶结构与其蒸气平衡时，形成如第 4 题图所示的凹槽。已知 1400K 时镍-蒸气的界面能为 2.04J/m²，且为各向同性，试确定该晶界的界面能。

5. 将固体在材料高温下保温，直至达到平衡，其表面形成如第 5 题图所示凹槽。①推导晶粒 α_1 和 α_2 间晶界能的表达式。②α_1/α_2 和 α_2/α_3 哪个晶界能较大？③如果 $\phi_{ij} = \pi$，晶界能是多少？④如果 $\phi_{ij} = 0$，晶界能又是多少？

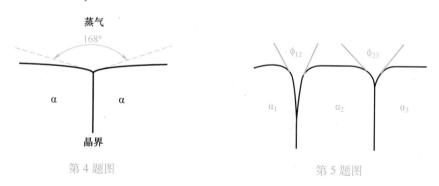

第 4 题图   第 5 题图

6. 当熔体冷却至其熔点以下时会有固相晶核形成并生长为枝晶形态，枝晶尖端半径是一个重要的微观组织特征尺度参量，与凝固速度、尖端过冷度等凝固参量密切相关。试计算过冷度为 5℃的过冷硅枝晶，若枝晶尖端半径为 0.5μm，则其尖端过冷度是多少？已知该体系固-液界面能为 1.05J/m²，熔点为 1685K，熔化潜热为 50.7kJ/mol，固态硅的摩尔体积为 12cm³/mol。

7. 系统 A-B 的相图在 892K 以下由固溶体 α 和 β 相组成，且没有中间相。在 680K 时，溶解度极限为 $x_B^\alpha = 0.025$ 和 $x_B^\beta = 0.967$。β 相的摩尔体积是 9.5cm³/mol，β 相中浓度为 1 的偏摩尔体积为 11.2cm³/mol，界面自由能为 0.5J/m²。①计算 α 相和 β 相的毛细长度；②计算并绘制平衡界面组成随颗粒尺寸变化曲线，假设颗粒相为球形。

8. 纯钛在 1155K 时会发生 $\varepsilon \to \beta$ 相变，添加元素 B 到钛中时可增加 β 相的稳定性。假设 β 相和 ε 相都符合理想溶液模型，系统性质见第 8 题表。①计算 1100K 下的浓度 x_B^ε 和 x_B^β；②将浓度为 $x_B = 0.12$ 的合金从 β 相淬火至 1100K，ε 相会形核长大，计算并绘制出 β 相中的界面浓度随 ε 相颗粒半径变化的曲线；③在相图上绘制相界迁移图。已知 ε-β 界面能为 $\gamma = 0.47 \mathrm{J/m}^2$。

第 8 题表

组元	$T_k^{\varepsilon \to \beta}/\mathrm{K}$	$\Delta S_k^{\circ\,\varepsilon \to \beta}/[\mathrm{J/(mol \cdot K)}]$	$V^\beta/(\mathrm{cm}^3/\mathrm{mol})$
Ti	1155	4.2	11.5
B	830	5.2	9.7

9. 液态钠可作为冷却剂在反应堆堆芯中循环，如果在核反应堆的热交换器中使用不锈钢管道，液态钠会穿透不锈钢晶界吗？已知不锈钢的平均晶界能为 $250\mathrm{mJ/m}^2$，而固-液界面的平均界面能为 $110\mathrm{mJ/m}^2$。

参 考 文 献

[1] 徐祖耀，李麟. 材料热力学 [M]. 3 版. 北京：科学出版社，2005.

[2] 王崇琳. 相图理论及其应用 [M]. 北京：高等教育出版社，2008.

[3] 傅献彩，沈文霞，姚天扬，等. 物理化学 [M]. 5 版. 北京：高等教育出版社，2005.

[4] 沈文霞. 物理化学核心教程 [M]. 2 版. 北京：科学出版社，2009.

[5] 朱文涛. 基础物理化学：上册 [M]. 北京：清华大学出版社，2011.

[6] 郝士明. 材料热力学 [M]. 北京：化学工业出版社，2003.

[7] 李钒，李文超. 冶金与材料热力学 [M]. 北京：冶金工业出版社，2012.

[8] ATKINS P, PAULA J, KEELER J. Physical Chemistry [M]. 11th ed. Oxford：Oxford University Press，2018.

[9] 彭昌英，胡英. 物理化学（下册）[M]. 北京：高等教育出版社，2022.

[10] LEVINE I N. Physical Chemistry [M]. 6th ed. New York：McGraw-Hill Education，2012.

[11] DEHOFF R. Thermodynamics in Materials Science [M]. 2nd ed. Boca Raton, FL：CRC Press, Taylor & Francis，2006.

[12] GASKELL D R, LAUGHLIN D E. Introduction to the Thermodynamics of Materials [M]. 6th ed. Boca Raton, FL：CRC Press, Taylor & Francis，2018.

[13] NISHIZAWA T. Thermodynamics of Microstructures [M]. Ohio：ASM international，2008.

[14] CHANG Y A, OATES W A. Materials Thermodynamics [M]. Hoboken：John Wiley & Sons, Inc.，2009.

[15] STLEN S, GRANDE T, ALLAN N. Chemical Thermodynamics of Materials：macroscopic and microscopic aspects [M]. Chichester：John Wiley & Sons Ltd，2004.

[16] RAGONE D V. Thermodynamic of Materials [M]. New York：John Wiley &Sons Inc，1995.

[17] 王海鹏. 液态金属结构与性质 [M]. 北京：高等教育出版社，2021.